全国农业高等院校规划教材
农业部兽医局推荐精品教材

宠物内科疾病

● 杜护华　王怀友　主编

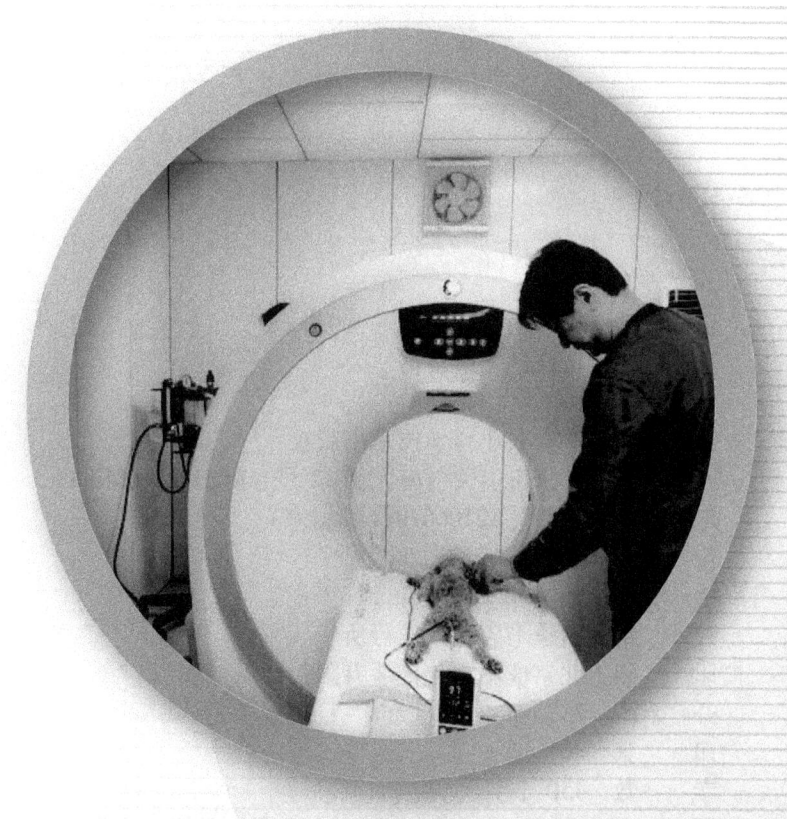

中国农业科学技术出版社

图书在版编目（CIP）数据

宠物内科疾病/杜护华　王怀友主编．—北京：中国农业科学技术出版社，2008.8
（2025.1重印）
全国农业高等院校规划教材．农业部兽医局推荐精品教材
ISBN 978-7-80233-566-0

Ⅰ．宠⋯　Ⅱ．①杜⋯ ②王⋯　Ⅲ．观赏动物－兽医学：内科学
Ⅳ．S856

中国版本图书馆CIP数据核字（2008）第118147号

责任编辑　杜　洪
责任校对　贾晓红　康苗苗

出版发行	中国农业科学技术出版社
	北京市中关村南大街12号　邮编：100081
电　　话	（010）82106629（编辑室）
传　　真	（010）62121228
社 网 址	http://www.castp.cn
经　　销	新华书店北京发行所
印　　刷	北京虎彩文化传播有限公司
开　　本	787 mm×1 092 mm　1/16
印　　张	20
字　　数	450千字
版　　次	2008年8月第1版　2025年1月第3次印刷
定　　价	32.00元

版权所有·翻印必究

《宠物内科疾病》
编委会

主　编　杜护华　黑龙江生物科技职业学院
　　　　　王怀友　周口农业职业学院

副主编　王福军　东北农业大学
　　　　　吴明福　东北农业大学
　　　　　李忠显　黑龙江畜牧兽医职业学院

参　编（按姓氏笔画为序）
　　　　　王　瑞　信阳农业高等专科学校
　　　　　邢厚娟　东北农业大学
　　　　　朱俊平　山东畜牧兽医职业学院
　　　　　汤俊一　黑龙江生物科技职业学院
　　　　　张久丽　黑龙江畜牧兽医职业学院
　　　　　陈　强　辽宁医学院动物医学学院
　　　　　陆江宁　黑龙江农业职业技术学院

主　审　杨宗泽　河北科技师范学院
　　　　　徐世文　东北农业大学
　　　　　贺生中　江苏畜牧兽医职业技术学院

内 容 简 介

《宠物内科疾病》以犬和猫的内科疾病为主，同时也兼顾了观赏鸟等其他宠物内科疾病的相关内容；在阐述器官系统疾病的同时，也特别注重了相关疾病的症状鉴别诊断。本教材共分十一章，前十章按消化器官、呼吸器官、血液及心脏、泌尿器官、内分泌、神经器官、皮肤、营养代谢及中毒等疾病的顺序，全面论述了宠物内科疾病的病因、发病机制、临床症状、诊断及鉴别诊断以及内科疾病的治疗与预后等内容；最后一章对宠物内科疾病实训的材料、设备、方法、步骤、诊治技术等进行了论述，并制订了相应的考核标准。

《宠物内科疾病》内容全面，取材新颖，既有深入的理论知识，又有实用的新技术，是一本理论与实践并重的教材，可供从事与宠物有关的教学、科研、畜牧兽医工作者及宠物临床诊治人员学习参考。

序

中国是农业大国，同时又是畜牧业大国。改革开放以来，我国畜牧业取得了举世瞩目的成就，已连续20年以年均9.9%的速度增长，产值增长近5倍。特别是"十五"期间，我国畜牧业取得持续快速增长，畜产品质量逐步提升，畜牧业结构布局逐步优化，规模化水平显著提高。2005年，我国肉、蛋产量分别占世界总量的29.3%和44.5%，居世界第一位，奶产量占世界总量的4.6%，居世界第五位。肉、蛋、奶人均占有量分别达到59.2千克、22千克和21.9千克。畜牧业总产值突破1.3万亿元，占农业总产值的33.7%，其带动的饲料工业、畜产品加工、兽药等相关产业产值超过8 000亿元。畜牧业已成为农牧民增收的重要来源，建设现代农业的重要内容，农村经济发展的重要支柱，成为我国国民经济和社会发展的基础产业。

当前，我国正处于从传统畜牧业向现代畜牧业转变的过程中，面临着政府重视畜牧业发展、畜产品消费需求空间巨大和畜牧行业生产经营积极性不断提高等有利条件，为畜牧业发展提供了良好的内外部环境。但是，我国畜牧业发展也存在诸多不利因素。一是饲料原材料价格上涨和蛋白饲料短缺；二是畜牧业生产方式和生产水平落后；三是畜产品质量安全和卫生隐患严重；四是优良地方畜禽品种资源利用不合理；五是动物疫病防控形势严峻；六是环境与生态恶化对畜牧业发展的压力继续增加。

我国畜牧业发展要想改变以上不利条件，实现高产、优质、高效、生态、安全的可持续发展道路，必须全面落实科学发展观，加快畜牧业增长方式转变，优化结构，改善品质，提高效益，构建现代畜牧业产业体系，提高畜牧业综合生产能力，努力保障畜产品质量安全、公共卫生安全和生态环境安全。这不仅需要全国人民特别是广大畜牧科教工作者长期努力，不断加强科学研究与科技创新，不断提供强大的畜牧兽医理论与科技支撑，而且还需要培养一大批掌握新理论与新技术并不断将其推广应用的专业人才。

培养畜牧兽医专业人才需要一系列高质量的教材。作为高等教育学科建设的一项重要基础工作——教材的编写和出版，一直是教改的重点和热点之一。为了支持创新型国家建设，培养符合畜牧产业发展各个方面、各个层次所需的复合型人才，中国农业科学技术出版社积极组织全国范围内有较高学术水平和多年教学理论与实践经验的教师精心编写出版面向21世纪全国高等农林院校，反映现代畜牧兽医科技成就的畜牧兽医专业精品教材，并进行有益的探索和研究，其教材内容注重与时俱进，注重实际，注重创新，注重拾遗补缺，注重对学生能力、特别是农业职业技能的综合开发和培养，以满足其对知识学习和实践能力的迫切需要，以提高我国畜牧业从业人员的整体素质，切实改变畜牧业新技术难以顺利推广的现状。我衷心祝贺这些教材的出版发行，相信这些教材的出版，一定能够得到有关教育部门、农业院校领导、老师的肯定和学生的喜欢。也必将为提高我国畜牧业的自主创新能力和增强我国畜产品的国际竞争力作出积极有益的贡献。

国家首席兽医官
农业部兽医局局长

二〇〇七年六月八日

前　言

《宠物内科疾病》是在《教育部关于加强高职高专教育人才培养工作的意见》、《关于加强高职高专教育教材建设的若干意见》、《关于全面提高高等职业教育教学质量的若干意见》等文件精神的指导下，由中国农业科学技术出版社组织国内有关高职高专院校和部分大学的教师共同编写完成的教材。

在编写过程中，力求突破传统模式，以符合现代高职高专教学规律和教学目标为重点，充分考虑了教材与教学的紧密结合，针对高职高专动物医学专业的教学特点，在编写思路上有所创新，在编写内容上以应用技术为主，在编写结构上条理清晰，确保教材的前瞻性、创新性、实用性，增加了犬、猫、观赏鸟、观赏鱼的内科疾病以及内科疾病的实训技能等内容，以满足高职高专宠物医疗专业学生及畜牧兽医临床工作人员的学习、参考需要。

《宠物内科疾病》主要以犬和猫的内科疾病为主，同时也兼顾了观赏鸟等其他宠物内科疾病的相关内容；在阐述器官系统疾病的同时，也特别注重了相关疾病的症状鉴别诊断。本教材共分十一章，前十章按消化器官、呼吸器官、血液及心脏、泌尿器官、内分泌、神经器官、皮肤、营养代谢及中毒等疾病的顺序，全面论述了宠物内科疾病的病因、发病机制、临床症状、诊断及鉴别诊断以及内科疾病的治疗与预后等内容；第十章对宠物的相关症状鉴别诊断进行了论述；最后一章详细介绍了对宠物内科疾病实训的材料、设备、方法、步骤、诊治技术，并制定相应的考核标准。本书结合我国宠物临床实际，客观、全面、翔实地反映了目前国内外宠物临床内科疾病的新进展。简明扼要、科学性强、定义准确、概念清楚、结构严谨、言之有据是我们编写本书的指导方针。本书的编写内容实用、可操作性强。

《宠物内科疾病》内容全面，取材新颖，既有深入的理论知识，又有实用的新技术，是一本理论与实践并重的工具书，可供从事与宠物有关的教学、科研、畜牧兽医工作者及宠物临床诊治人员学习参考。

在本书的编定过程中，得到了有关高等院校领导和教师的大力支持，承蒙东北农业大学徐世文教授的指导和帮助；特别是河北科技师范学院杨宗泽副教授审阅了全书，并提出了许多建设性的意见；同时我们还参阅了国内兽医同仁的最新研究进展，在此一并致以衷心的感谢。

需要指出的是，尽管我们在本书内容的选择上进行了广泛的调查了解，同时也参考了大量国外文献，但是疾病的发生和发展有着明显的地域差别和年代差别，而且新的治疗药物也在不断推出，读者在使用本书时一定要注意选择性使用相关内容和参考药物生产商提供的使用说明。

《宠物内科疾病》的编者们虽经尽心竭力，但由于时间和水平所限，书中缺点错误在所难免，诚请广大读者批评指正，不吝赐教，以便今后改正。

编 者

2008 年 5 月 30 日

目 录

序
前言

绪论 ··· 1

第一章 消化器官疾病 ·· 6
第一节 概述 ·· 6
第二节 口、唾液腺、咽和食道的疾病 ··· 8
第三节 胃肠疾病 ··· 19
第四节 肝、胰及腹膜疾病 ··· 40
第五节 其他宠物常见的消化器官疾病 ··· 56

第二章 宠物的呼吸器官疾病 ·· 62
第一节 概述 ·· 62
第二节 上呼吸道疾病 ··· 64
第三节 支气管及肺部疾病 ··· 68
第四节 胸膜疾病 ·· 80
第五节 其他宠物常见呼吸器官疾病 ·· 84

第三章 血液及心脏疾病 ·· 87
第一节 概述 ·· 87
第二节 血液疾病 ·· 90
第三节 心脏的疾病 ··· 101

第四章 泌尿器官疾病 ··· 119
第一节 概述 ·· 119
第二节 肾脏疾病 ·· 121
第三节 尿路疾病 ·· 127

第五章 犬猫的内分泌器官疾病 ·· 141
第一节 概述 ·· 141

第二节　甲状腺及甲状旁腺疾病 ……………………………………………… 143
　　第三节　垂体及肾上腺疾病 …………………………………………………… 148
　　第四节　糖尿病 ………………………………………………………………… 153

第六章　神经系统疾病 ……………………………………………………………… 155
　　第一节　概述 …………………………………………………………………… 155
　　第二节　中枢神经疾病 ………………………………………………………… 158
　　第三节　外周神经疾病 ………………………………………………………… 168

第七章　皮肤病 ……………………………………………………………………… 171
　　第一节　概述 …………………………………………………………………… 171
　　第二节　宠物常见的皮肤病 …………………………………………………… 174

第八章　营养与代谢障碍性疾病 …………………………………………………… 181
　　第一节　概述 …………………………………………………………………… 181
　　第二节　糖、蛋白质、脂肪代谢障碍性疾病 ………………………………… 184
　　第三节　矿物质缺乏症 ………………………………………………………… 190
　　第四节　维生素及微量元素代谢性疾病 ……………………………………… 195
　　第五节　其他宠物常见的营养代谢障碍性疾病 ……………………………… 210

第九章　中毒性疾病 ………………………………………………………………… 220
　　第一节　概述 …………………………………………………………………… 220
　　第二节　常见的中毒病 ………………………………………………………… 224

第十章　宠物疾病的类症鉴别诊断 ………………………………………………… 257
　　第一节　概述 …………………………………………………………………… 257
　　第二节　常见的类症鉴别诊断 ………………………………………………… 261

第十一章　宠物内科实验实训 ……………………………………………………… 286
　　实训一　宠物肠梗阻的诊断与治疗 …………………………………………… 288
　　实训二　宠物肠套叠的诊断与治疗 …………………………………………… 289
　　实训三　宠物胃肠炎的诊断与治疗 …………………………………………… 290
　　实训四　肛周腺疾病的诊断与治疗 …………………………………………… 291
　　实训五　宠物洗胃技术 ………………………………………………………… 293
　　实训六　宠物腹腔插管和腹腔灌注技术 ……………………………………… 294
　　实训七　肝炎的诊断 …………………………………………………………… 296
　　实训八　小叶性肺炎的诊断与治疗 …………………………………………… 297

实训九　膀胱结石的诊断与治疗 …………………………………………… 298
实训十　钙磷代谢紊乱性疾病的诊断 ……………………………………… 300
实训十一　宠物药物过敏的抢救 …………………………………………… 303
实训十二　中暑宠物的抢救 ………………………………………………… 304
实训十三　中毒犬猫的抢救 ………………………………………………… 305

参考文献 …………………………………………………………………………… 307

绪　论

一、宠物内科学的概念、内容、地位

（一）宠物内科疾病的概念

宠物内科疾病就是以研究宠物非传染性内脏器官病变的诊断、治疗为主的一门综合性临床学科，是兽医内科学的重要分支；是运用系统的兽医学理论及相应的诊疗手段，研究宠物内科疾病的发生与发展规律、临床症状、病理变化、转归、诊断和防治等理论与临床实践问题。

（二）宠物内科学的内容

宠物内科学的主要内容包括：消化器官疾病、呼吸器官疾病、心血管疾病、血液及造血器官疾病、泌尿器官疾病、神经系统疾病、营养代谢性疾病、中毒性疾病以及类症鉴别诊断等。根据宠物内科学的概念，还应包括遗传性疾病、免疫性疾病等。

宠物内科疾病是兽医内科学中的重要分支之一。它使现代兽医内科学的范围进一步扩大，内容更加丰富。随着研究范围和层次逐渐增加，并朝着生物医学和比较医学方向发展。由于宠物的种属、品系、分布、解剖生理和生活习性非常复杂，在长期的生活过程中，受内外不利因素的作用，导致不同种类疾病的发生，其中内科疾病最为普遍，尤其是消化器官疾病、营养代谢性疾病及中毒性疾病等，对宠物造成严重健康危害。因此世界许多国家都把宠物的内科病列为兽医临床科学的重点研究项目，以保证宠物的健康和公共卫生事业的发展。

宠物内科疾病的研究是随着内科学的不断发展而发展的，也是兽医内科学研究备受关注的新领域，为宠物的健康和公共卫生事业的发展提供保障。

（三）宠物内科疾病学在兽医医学中的地位

宠物内科疾病以宠物解剖学、生理学、宠物行为学、宠物遗传学、宠物生物化学、宠物病理学、宠物临床诊断学、宠物药理学与毒理学、微生物学与免疫学以及宠物营养学为基础，并与其他宠物临床学科（传染病学、寄生虫病学、外科学、产科学等）横向联系。进一步研究宠物内科疾病的病因，阐明疾病的发病机制，观察疾病的病理变化，掌握疾病的临床症状特征，确定疾病的性质与诊断，掌握疾病的发生和发展规律，均离不开以上各学科的发展和贡献，更需要与各有关学科的交叉、渗透和协作攻关。

由于宠物内科学发展，也促进了兽医内科学的发展，同时也拓宽了兽医内科学领域。使现代兽医科学已经突破了"兽医就是治疗家畜疾病"的传统的狭隘观念，兽医学与现代生物学和现代医学有机地结合已成为一个不可分割的整体，只有这种结合才能促进有关科学的发展，这是现代科学发展的必然趋势，是多学科相互交叉渗透的结果。

二、宠物内科疾病学的发展趋势

随着西方兽医内科诊疗技术的不断传入，我国兽医内科学的内容也得到了更新和发展。

宠物内科学在继承了传统兽医内科的的基础上，随着宠物数量和品种的增加而不断发展与拓宽新领域，宠物内科学成为兽医内科学发展最为迅速的领域之一。

近年来，随着对宠物内科疾病研究的迅速发展和深入，大批科研成果不断涌现，新的学科领域逐渐形成，如宠物中毒学、宠物毒理学、宠物营养代谢病学、宠物遗传病学等。

（一）分子生物学手段的运用日趋成熟

随着分子生物学的迅速发展，及其分子生物学技术的广泛应用，使得对宠物内科疾病在分子水平和基因水平的研究成为可能。分子生物学的方法、技术，为宠物内科疾病的发病机制、临床治疗提供了理论依据和医疗创新，能从基因水平方面解释某些疾病的致病原因并进行预防和治疗，如应急综合征、遗传性痛风等。

（二）逆环境性疾病和营养代谢疾病备受关注

随着人民生活水平的提高和生活方式的改变，宠物饲养的数量越来越多，但也使宠物疾病的种类构成发生了变化，新的疾病不断出现；环境污染给自然界带来的危害，也给宠物带来了许多新的致病因素。当前宠物营养代谢疾病逐渐增多，特别是宠物饲养者一味追求营养，加大宠物的生理负荷而导致各种宠物代谢疾病的发生，如宠物肥胖症，宠物高血脂症，糖尿病，钙磷代谢紊乱性疾病，蛋白质、脂肪、糖、微量元素及维生素缺乏等营养代谢疾病，长期室内生活带来的一些行为性疾病，部分兽医从业人员素质较低造成的医源性疾病等，已成为宠物内科疾病的重点内容。

（三）医疗对象的多样化

随着我国城市人口的不断增加和生活水平的不断改善，伴侣动物（犬和猫）、观赏动物（鸟、鱼、龟及动物园动物等）和竞技动物（赛马、斗鸡等）在兽医临床病例中的比例不断增多，已成为宠物内科学的医疗对象，在这些方面的医疗水平、医疗质量及相关的科学研究已取得了长足的进步和发展。

（四）高新技术的应用和多学科的交叉势在必行

宠物内科疾病的发展离不开其他相关学科的科技进步和推动作用。对宠物内科疾病的深入研究，必须实行多学科的交叉，利用高新技术揭示宠物内科疾病的深刻内涵，如对毒素中毒的临床诊断和治疗，可通过现代免疫的方法加以解决；利用现代分析技术（高效液相色谱技术等）为毒物分析、药物残留分析、重金属盐类的分析等提供了实验技术保证。随着高新技术的应用和多学科的交叉相互渗透，必将使宠物内科学向更深层次发展。

三、宠物内科疾病学的治疗技术及今后研究的方向

（一）药物治疗技术

宠物内科治疗技术的应用是兽医临床上最重要的实践性活动，其目的是充分利用现有技术和物质条件，尽快改善患病宠物机体的生理功能，促进疾病的转归和痊愈，以维持和延长生命。

1. 中药治疗技术　采用传统医学的辨证施治理论和中药组方原则，沿用前人的经验良方或配制特定中药剂型，经过一定方式给予患病宠物，以达到治疗疾病的目的。目前临床常用的一些方剂，均属药简效高的经验良方，赢得了临床宠物医师的高度评价，并被广泛推广应用。利用现代科学技术，研究中药的药用成分和萃取技术等，已成为今后中药在宠物临床应用的发展方向。

2. 西药治疗技术　针对疾病的病原、病因、症状等，选用某些特定的生物药剂和化学药剂，如抗生素类、激素制剂、维生素类或普鲁卡因溶液等，通过一定的用药技术给予患病宠物，以达到治愈疾病，恢复健康的目的。如抗生素、磺胺类药物以各自特异的抑菌、杀菌能力而在宠物临床上广泛应用；肾上腺皮质激素类具有较强的抗炎、抗过敏、抗毒素、抗休克作用，多用于治疗某些感染性疾病和炎症、变态反应性疾病、胶原性疾病以及功能性减退疾病；用维生素药物或富含维生素的饲料治疗原发性或继发性维生素缺乏病。今后一段时间内，生物药剂和化学药剂仍然是宠物临床用药的主流。

3. 特效解毒治疗技术　应用对某些毒物引起的中毒病具有特殊解毒效果的药物，可协助中毒动物迅速战胜毒物，消除症状，恢复健康。例如解救有机磷酸酯类中毒时用生理性解毒剂（阿托品类抗胆碱药）配合胆碱酯酶复活剂（解磷定等）；解救铜、锌等金属以及砷等类金属中毒，可选用竞争性解毒剂（二巯基丙醇、二巯基丙磺酸钠等含巯基制剂），或选用络合解毒剂（依地酸二钠、依地酸钙钠等）；亚硝酸盐中毒时用适量亚甲蓝静脉注射，并配合大剂量维生素C、高浓度葡萄糖；氰化物中毒时亚硝酸钠配合硫代硫酸钠效果良好；有机氟化物中毒的特效解毒剂为乙酰胺，静脉或肌肉注射，也可用稀释酒精或白酒内服。特效解毒剂在今后的中毒病解救过程中，仍然会扮演重要的角色。研制各类中毒的特效解毒剂是一项长期而艰巨的任务。

（二）常见用药方法

正确用药是贯彻治疗方案的重要步骤，常见用药方法有以下几种：

1. 口服法　中药散剂、少量水剂，特别是苦味健胃药，常用特制胶球或专用给药器，装入药液，经口投服。丸（片）剂、胶囊剂可将动物口角打开，将药投到舌根部，令其咽下。舔膏剂需要涂在投药板的前端，将其抹在舌面根部，或直接将舔膏经口角挤到舌面

上，由宠物自行咽下。近年来，用于预防或治疗疾病等的多种药物常与宠物食品混合，制成不同疾病的专用食品，供患病动物自由采食。

2. 胃管法　投服大量药液或液体、流体食物时常用此法。即用适当粗细的橡胶管插入鼻或口腔，通过咽和食道，将药液投入胃内。本法需严格判断胃管的走向，确保药液或食物进入胃内，严禁进入气管，否则会造成异物性肺炎。

3. 注射法　即通过注射针头将药液输入血液、肌肉或宠物机体的特定位置，以到达全身或局部的目的。如皮下注射、肌肉注射、静脉注射、气管内注射、腹腔内注射、穴位注射等。要求药液必须符合国家规定标准，注射器械及注射部位要充分消毒，卫生操作，技术熟练。

4. 灌肠法　即用药物或肥皂水灌入直肠，浅部灌肠可进行人工营养、直肠消炎、排除直肠积粪。深部灌肠多用于宠物的便秘，可以软化粪便，促进排除。

5. 洗胃法　通过胃管把温水或药液灌入胃内，再借虹吸原理或胃液抽取器导出，反复进行，以洗出胃内容物。对宠物食入有毒物质尚未完全吸收时，可进行洗胃疗法。

6. 腹腔透析法　对急性胃肠炎晚期，大量静脉输液发生困难的垂危病例，利用腹膜的半通透性和表面积大等特性，通过腹腔底部（放腹水处）或右肷窝上方，向腹腔注射药液，1h后从腹腔底部放出液体，必要时再重复进行，以达到补充血液容量，调整血液电解质数量和质量，改善血液循环，排除体内有毒代谢产物，挽救病犬的效果。适用于脱水、电解质紊乱、酸中毒、尿毒症、肝昏迷、肾衰竭等。

7. 封闭疗法　将不同浓度和剂量的普鲁卡因溶液注入组织内，以改变神经的反射兴奋性，促进中枢神经系统的机能恢复，从而阻断恶性刺激的传导和病理性循环，促使疾病痊愈，如腰部肾区封闭和静脉注射封闭疗法等。

8. 吸入法　宠物吸入药物，直接作用于呼吸道黏膜，起到消炎、收敛、促使渗出物排除，或通过气体吸入治疗呼吸道疾病。如药物性水蒸气、氧气、全身麻醉药、抗生素喷雾等。

（三）其他特异治疗技术

其他特异治疗技术是针对某一疾病或某一类疾病的治疗技术。如输血疗法、穿刺治疗术、针灸术、非特异性刺激疗法等。

（四）今后研究的方向

宠物内科疾病学的研究方向一是要利用现代生物学高新技术，在核酸、蛋白质等生物大分子水平上阐述内科疾病的本质，并利用基因技术治疗某些宠物内科疾病；二是要跨学科、高水平、综合性地从整体、离体组织、细胞、分子水平等多种水平上研究宠物内科疾病；三是利用高科技手段，使无损伤诊疗技术、非侵入式诊疗技术被宠物临床广泛采用。

目前宠物内科疾病学研究方法可分为分子水平、细胞水平、组织或器官水平、整体水平、群体水平。

常用的实验研究方法：有分子生物学研究方法、细胞生物学研究方法、免疫学研究方法、原子吸收光谱与色谱技术。

常用的临床研究方法：基因技术在宠物内科疾病中的应用、心电图的应用、内窥镜技术的应用、影像技术的应用等。

（黑龙江生物科技职业学院　杜护华）

【本章复习思考题】
一、名词解释
1. 宠物内科学
2. 中药治疗技术
3. 西药治疗技术
4. 特效解毒治疗技术

二、简答题
1. 谈谈你对宠物内科疾病学的发展趋势的认识。
2. 简述宠物内科疾病学中常见的给药方法。

第一章 消化器官疾病

第一节 概述

一、消化器官的组成与功能

宠物消化系统包括消化道和消化腺两部分。消化道起始于口腔，经咽、食道、胃、小肠和大肠，终止于肛门。消化腺主要包括唾液腺、胃腺、肠腺、肝和胰腺等。消化腺分泌的消化液中有许多种消化酶，在消化过程中发挥着重要作用。与消化道相关的淋巴组织和腹膜，也与许多胃肠疾病有着密切的关系。

宠物在生命活动过程中，其生长、发育、繁殖、运动等所需要的能量和营养物质，都来自于外界的食物。而食物中的蛋白质、脂肪、糖类、水、维生素、矿物质和微量元素等，不能直接被吸收和利用，必须通过消化道进行物理、化学和生物的消化过程，变成溶于水或脂类的小分子物质，才能被机体吸收和利用，以保证宠物机体的营养、健康和生长发育的需要。因此，研究宠物消化器官疾病及其防治问题，必须熟悉宠物消化器官的形态结构和生理学方面的知识。

宠物消化系统的主要功能包括采食、咀嚼和吞咽，贮存食物和水分，分泌消化液，消化食物，吸收营养成分，维持体液及电解质平衡，排出废物。这些功能可分为四大类，即消化功能、吸收功能、运动功能和排泄功能。

二、消化器官的病理生理

宠物消化系统各个器官都有独特的生理机能，如采食、咀嚼、分泌、运动、消化、吸收以及排泄等。所以，不论是宠物消化系统的任何一个器官发生机能障碍时，都会影响到整个消化吸收过程，也可对消化系统以外的机体其他器官和系统产生影响，甚至对宠物整个机体产生影响。同样，机体的任何一个器官或系统的疾病，也对消化器官产生有害的影响。

宠物胃肠道消化食物的能力取决于胃肠的运动和分泌功能，还与犬猫的盲肠及结肠中的微生物活力有关，微生物能消化纤维素，发酵碳水合物生成挥发性脂肪酸，转化含氮物质生成氨、氨基酸和自体蛋白。在某些条件下，微生物的活力会受到抑制，使消化机能发生障碍。不正确的饲喂、长时间饥饿、过食、食物过酸、食物霉败，都会破坏微生物的活力，此外口服抗生素或使胃内容物的 pH 值急剧改变的药物都能影响细菌、酵母菌等微生物的消化活力。当肠壁肌肉无力、低钾血或急性腹膜炎时，可导致肠道运动机能减弱，肠壁弛缓，排粪减少，形成便秘，并使液体（唾液、胃液与肠液）和气体潴留在胃内，而导致胃肠扩张。胃肠扩张导致疼痛和邻近肠段的反射性痉挛，胃肠道分泌增加，使胃肠扩张加重，继而发生脱水、酸碱和电解质平衡失调及循环衰竭，肠积液可刺激积液处前段肠道分泌更多的肠液和电解质，使病情加重甚至导致休克。

腹泻的主要机理是在致病因素的作用下，引起肠黏膜通透性升高，肠液分泌增多和肠腔内渗透压增高，刺激肠蠕动。在正常状态下，水和电解质通过肠黏膜持续不停地运转，分泌和吸收同时进行，而且吸收作用大于分泌作用。肠壁发生炎症时，肠黏膜的通透性增大，体液从血液进入肠腔的总量超过肠道的吸收能力时，导致腹泻。当致病因素刺激绒毛隐窝上皮细胞，使肠液分泌超过肠的吸收能力时，导致分泌性腹泻。当肠腔中的营养物质吸收不全引起渗透压升高，使肠液蓄积时，发生渗透性腹泻。

吸收障碍是由于肠绒毛表面成熟的消化吸收细胞功能缺损造成消化吸收减弱，也可由任何损伤肠道吸收能力的疾病引起。

三、消化器官疾病的原因和症状

由于消化器官的生理功能特点，以及与外界直接相通的结构特点，因此消化系统极易受到致病因素的作用而发病。宠物消化器官疾病是常见病、多发病。其发病率高，死亡率也较高，危害性大。根据资料的统计，消化器官疾病约占内科疾病的 60%~80%，而且死亡率也比较高，约占内科疾病总死亡率的 30%~60%，这说明其发病率和死亡率是很高的。特别是胃肠疾病，经常不断地导致宠物的死亡，给宠物的饲养造成很大的危害和损失。因此，对宠物消化器官疾病的诊断和防治应特别引起重视。

消化器官疾病发生的主要原因：给宠物喂食了劣质、发霉变质以及被病原微生物污染的食物等；饲养管理不当；突然更换食物，饲喂不定时，饥饱不均，食物过热、过冷，饮水不足，卫生不良，喂给污染的食物或饮水等；某些传染病、胃肠道的寄生虫病或误食有毒、有刺激性和腐蚀性的物质等，均可引起消化器官疾病。

宠物消化器官疾病分为口、咽、食道疾病；胃肠疾病；肝及腹膜疾病和其他消化器官疾病等。

消化器官疾病时常表现出明显的临床症状，如饮食欲的减退或废绝，采食与咀嚼异常，吞咽困难，唾液的分泌减少或过多、呕吐、腹泻、便秘或少便、胃肠道出血、腹痛、腹胀、排粪失禁、消化功能减退、脱水、休克等。

四、消化器官的检查

根据完整而准确的病史和临床检查，对大多数患消化系统疾病的病例可作出诊断。

临床和实验室检查包括：视诊，可以观察到采食、咀嚼、吞咽和咽下的状况，口腔变化、腹围大小、肛门疾病和粪便的感官变化；触诊，腹壁触诊和直肠指检，可以判定腹壁紧张性，腹腔脏器的形状、硬度、大小和位置；胃蠕动的力量、频率、持续时间和胃内容物的性质；冲击式触诊，可根据有无回击波或振水音，以判定胃肠内或腹腔内有无积液；直肠检查可发现直肠有无便秘及肛周腺有无炎症和肿大。叩诊腹壁有无鼓音，以确定胃肠有无臌气。听诊胃肠蠕动音的强弱、频率和持续时间，以判断胃肠运动情况。胃和食管探诊，可以判定食管有无阻塞、狭窄或胃扩张的性质。粪便检查，可评价粪便的量、形状、颜色、有无黏液、血液、纤维蛋白膜、未消化的食物颗粒等；必要时可作粪便的细菌培养和病毒分离。内窥镜检查食管、胃、结肠和直肠的黏膜表面，可判定这些器官有无炎症、溃疡、肿瘤等。对于诊断不确切或手术治疗的病例可作剖腹探查及取材进行活检。此外 X 射线检查和超声波检查可以诊断宠物的肠阻塞、肠变位、食管阻塞、胆结石等疾病，X 射线检查还可以判定宠物消化器官相应病灶的形状、位置等。

显微镜检查粪便，可查出有无寄生虫；有无脂肪滴或中性脂肪（苏丹Ⅲ染色法）是检查宠物是否患脂肪痢的敏感方法；直肠或结肠黏液涂片（瑞氏染色法）可检查粪内有无白细胞、脓细胞，以判断肠道有无炎症；腹腔穿刺液检查可以判定是漏出液还是渗出液。

五、消化器官疾病的防治原则

消化器官系统疾病的发生往往与饲养管理有关，要贯彻预防为主的方针，做到精心喂养，给予质量良好的、合乎卫生要求的全价日粮；饮饲应有规律，不能突然改变；搞好宠物卫生，尽量减少应激因素对宠物的影响；宠物每天应到室外作适当运动，增强体质。

消化系统疾病可源于其他器官或系统疾病，也可影响到其他系统。因此，治疗时不应只考虑某一症状或局部病灶，而应进行整体和局部相结合的疗法，才能收到理想的疗效。对消化系统疾病应早期诊断、早期治疗。对需进行手术治疗的病例，如肠套叠、肠扭转等，内外科医生要通力合作，才能获得最佳效果。对于某些疾病，采取中西医结合治疗的疗效优于单一的治疗，应予考虑。用药要有针对性，要选择疗效好、经济、简便而副作用小的药物；并应随病情变化而调整所使用的药物。

第二节　口、唾液腺、咽和食道的疾病

一、口炎

口炎又叫口膜炎，是口腔黏膜表层和深层组织的炎症。在临床上以食欲减退、咀嚼困难、流涎和口腔黏膜潮红、肿胀为特征。

按炎症的性质可分为卡他性口炎、水泡性口炎、溃疡性口炎、霉菌性口炎和坏疽性口炎；按病因可分为原发性口炎和继发性口炎；按经过的时间分为急性和慢性口炎；按部位又分为口唇炎和舌炎以及口腔异物等。犬常见的为溃疡性口炎。

【病因】

1. 原发性口炎的病因

(1) 机械性损伤与烫伤　如食物中混有尖锐的异物、牙结石、齿位异常或骨片的直接

损伤；食物过热，灌服药物过热或食入霉变的食物等。

（2）化学性刺激　如有刺激性的药物或腐蚀性的药物（强酸和强碱、吐酒石、石炭酸铵盐等）；或误食生石灰、氨水等；或有毒植物的刺激，如毛茛、附子、毒芹、芥子等。

（3）感染病原体　奋森氏螺旋体（奋森氏口炎）、白色念珠菌（霉菌性口炎）、猫鼻气管炎病毒和嵌杯病毒、犬口腔乳头状瘤病毒等感染。

（4）自体免疫性疾病　如天疱疮。

（5）舌组织血液供应受阻性疾病　如坏疽性舌炎。

（6）牙及牙周的疾病　如牙齿磨灭不整，牙周炎等。

2. 口内异物的原因　当乳齿更换期或消化系统有病时，犬容易异嗜，啃咬硬物。犬食入大块骨片、带鱼钩的鱼肉以及成串的食物等或食物长期残留在齿凹陷处等。此外先天性硬腭裂口、外伤性上腭破裂以及拔牙等也可使食物残留于齿龈凹陷处。

3. 继发性口炎的病因　多发生于尿毒症、犬肝炎、犬瘟热、钩端螺旋体病和烟酸缺乏症；也可继发于维生素A、维生素B族缺乏；也发生于舌伤、咽炎和消化不良等疾病的过程中；由于犬唇部触及了如下病灶：如仔犬急性脓疱性皮炎、疥癣、毛囊虫病、皮肤真菌病等，长耳犬种的外耳炎流出的渗出物刺激，四肢及躯干的细菌性皮炎，感染病灶以及涂在皮肤上的药物等刺激，过敏反应等都可继发本病。

此外，唇部皮肤皱襞发达的犬种（西班牙犬、瑞士救护犬）因唾液和脱落的黏膜组织等贮留的刺激以及唾液分泌旺盛的犬，均可诱发本病。

【发病机制】

在病因的作用下，宠物的口腔黏膜发生充血、肿胀，即之发生黏膜损伤。由于口腔黏膜炎症的刺激，使唾液腺大量分泌，引起流涎。同时由于炎症的刺激引起口腔黏膜敏感性增强，宠物在采食时出现程度不同的疼痛和咀嚼障碍，特别是采食含盐较多的食物表现更明显。由于采食困难，宠物在短时间内急剧消瘦。如此时感染败血症往往造成不良后果。

【症状】

1. 卡他性口炎　口腔大量流涎，采食时更加明显；食欲不振或废绝；口腔黏膜出现红、肿、热、痛和感觉过敏，咀嚼障碍，硬腭肿胀，上皮容易脱落，口腔恶臭难闻，局部淋巴结肿大，拒绝检查口腔；同时在舌面上有灰白色或黄白色的舌苔；口渴喜饮；重者口腔流出黏稠的血性分泌物，气味恶臭。

2. 水泡性口炎　除有卡他性口炎的症状外，在口腔黏膜、唇的内面、硬腭、口角、舌缘和舌尖及齿龈上有散在的米粒大水泡，几天后水泡破溃形成鲜红色的溃疡面，有的体温升高。口腔疼痛，食欲减退，几天后痊愈。

3. 溃疡性口炎、霉菌性口炎和坏疽性口炎　犬最常见，除有卡他性口炎的症状外，一般多在门齿和犬齿的齿龈部分发生肿胀，呈暗红色或紫红色，容易出血。经1~2d后形成柔软、灰白色、稍隆起的斑点，病变部变为黄色或黄绿色糊状脂样的坏死、糜烂，逐渐与邻近的唇黏膜和颊黏膜形成污秽不洁的溃疡；口角流出浓稠的唾液；口腔散发腐败的腥臭味；往往伴发败血症。食欲废绝、下痢、消瘦、体质衰竭，造成不良的后果。

4. 口内异物　发病后会出现明显的不安，舌不断舐动，有流涎。如异物夹在齿间，犬经常用前肢搔抓颜面部、口腔。常摇头，虽有食欲，但因咀嚼疼痛而采食困难。有时口角有血液流出。口腔黏膜局限性充血、肿胀，病程长时，一侧面部肿胀。

5. 口腔唇部发炎 主要表现流涎、口臭（要与胃炎、尿毒症等鉴别），下颌前端被毛湿润、污秽，犬用前肢搔抓面部或直接在其他物体上摩擦口唇，口唇黏膜红肿，形成溃疡。慢性病例口唇出现很多硬结节。维生素B缺乏时，口唇黏膜发红、干燥，唇和唇周围及与皮肤结合部形成龟裂或痂皮，舌与齿龈多有溃疡或坏死性变化。唇周围皮炎除皮肤红肿外，周围被毛变色脱落。慢性病例唇周围附有黄色或褐色的恶臭渗出物，并伴有皮肤溃疡性变化。

【诊断】

根据临床症状、问诊和口腔的详细检查，即可作出诊断。如有异物刺入时，仔细检查口腔可发现异物，也可通过X线检查确认。唾液或黏膜刮取物涂片镜检、细菌培养、姬姆萨染色确定有无原虫等，均可帮助进一步诊断。如由疥癣、毛囊虫等体外寄生虫感染或皮肤真菌感染扩散引起的唇周围皮炎，可在面部病灶取样镜检或分离培养。但应与咽炎、狂犬病、中毒等病相鉴别。

咽炎时有明显的吞咽障碍和咽部触诊敏感；狂犬病时除有流涎外，有明显的攻击行为和明显的神经症状；中毒性疾病除有流涎外，同时有明显的呕吐和神经表现。

以上疾病都有口炎的表现，但各有其不同的病因和临床症状，同时要注意流行病学调查与鉴别诊断，避免发生误诊。

【病程及预后】

卡他性和水泡性口炎，多预后良好，一般经5~10d即可治愈。其他型口炎如治疗及时，一般预后良好。如果继发败血症，则预后不良。如果是口内异物，一般诊断准确，治疗及时则预后良好，约5~7d。先天性硬腭裂口或外伤性上腭破裂取决于手术治疗的效果，预后应慎重，病程较长。口唇性口炎，病程长短不一，预后多良好。舌性口炎，治疗及时预后良好。引起舌体发生坏死或缺损的可造成不良的后果。

【治疗】

1. 治疗原则 消除病因，清凉止痛，消毒收敛和对症治疗。

2. 加强护理 保定、麻醉后及时清除口腔内的异物，必要时除去患病宠物口内的松动牙齿或异物；给柔软易消化的流体食物或半流体食物。

3. 治疗措施

(1) 喂食营养丰富的流食 给予牛奶、肉汤、菜汁等营养丰富的食物。

(2) 净化口腔、消炎、收敛 口腔清洗液可选用生理盐水、3%双氧水、2%~3%硼酸溶液、5%明矾液、0.01%溴化杜米芬含漱液、0.2%聚烯吡酮碘含漱液、0.01%利凡诺液、1%硫酸锌等，反复冲洗口腔。冲洗3~4次/d。对口腔恶臭、流涎明显的病犬，宜用0.1%高锰酸钾液冲洗口腔。同时可用硫酸阿托品0.5~1mg肌肉注射。不断流涎时，用明矾溶液冲洗。清洗后，根据口炎的性质选择西瓜霜、复方碘甘油或硼酸甘油、地塞米松软膏、制霉菌素软膏、5%硝酸银溶液等。

(3) 外科处理 若是外伤引起的，可用0.1%高锰酸钾溶液或3%双氧水清洗伤口，做外科缝合。

(4) 切除增生的赘肉组织 对顽固性增生性唇周围皮炎，可外科切除不良的肉芽组织，涂5%~10%硝酸银溶液，每日局部注射普鲁卡因青霉素1万IU/kg体重。

(5) 全身疗法 如出现全身症状时（坏疽性口炎），应给予抗生素和磺胺类药物全身治疗。青霉素钠：犬2万~4万IU/kg体重，猫3万~5万IU/kg体重，2次/d，肌肉注射。霉菌性口炎用0.2%龙胆紫水溶液或制菌霉素软膏在患部涂抹，2~3次/d，口服制菌霉素50万IU/次，3次/d，连用5~10d。

(6) 溃疡面的处理　如黏膜溃疡时，可用0.1%硝酸银溶液冲洗腐蚀溃疡的表面，也可用饱和食盐水。溃疡面也可涂布冰硼散。

(7) 维生素疗法　维生素C犬100~300mg/只，猫50~100mg/只，1次/d，肌肉或静脉注射。也可投与维生素A、复合维生素B等药物。

(8) 杀灭原虫　有原虫感染时，可投与甲硝唑60mg/kg体重，2次/d，连投5d。

(9) 辅助治疗　可根据情况输液，以防脱水。

(10) 针灸疗法　也可以用毫针或圆利针刺入承浆穴（在唇下外缘正中）0.5~1cm，提捻10min，留针5min，2次/d，连用3d。

【预防】

注意食物的来源、温度。清除食物内的异物。做好宠物的自身卫生和其他疾病的预防工作。同时也应注意在捕抓时要严禁用粗硬的器材。在食物调制时，要避免粗硬、尖锐食物混入；及时修理病牙；防止误食毒物；经口投服刺激性药物时，避免浓度过大。对上腭畸形的病犬，根据情况进行淘汰。

二、唾液腺炎

唾液腺又称口腔腺，包括耳下腺、颌下腺、舌下腺及腮腺。唾液腺炎是指唾液腺及其导管的炎症。常见于腮腺炎及耳下腺炎。犬和猫有时呈地方性流行。按病因可分为原发性和继发性两种。按病程可分为急性和慢性两种。

【病因】

原发性的唾液腺炎常为唾液腺或其邻近组织的创伤或感染所致。如犬之间的咬伤、外伤；有芒刺的食物，或尖刺儿、鱼钩等异物混进食物刺入组织等而引发感染。

继发性的唾液腺炎常见于咽炎、舌炎、口炎、腮腺管结石及葡萄状真菌病等继发本病。

【病理】

由于病因的作用，使唾液腺感染而引发炎性反应，造成唾液腺充血肿胀和渗出，引起患部变形；当炎症产物被机体吸收后引起体温升高等反应。上述病因，可引起腮腺炎的急性炎症，也可引起慢性的病理过程。腮腺管的结石，往往造成慢性的炎症变化。

【症状】

1. 急性唾液腺炎　感染初期体温升高，颌部疼痛。感染的腺体呈弥漫性或局部性肿胀，常表现流涎、不食和吞咽困难，严重时脓肿破溃流出脓汁，甚至形成瘘管。耳根部及下颌水肿。腮腺感染时，眼睑肿胀，眼球突出，同侧臼齿侧面的口腔黏膜发炎、肿胀。头部僵直，拒绝触摸。如腮腺化脓，局部肿胀明显，患部触诊有波动感，最后破溃排脓。

2. 慢性唾液腺炎　仅见局部肿胀，触之发硬，其他症状不明显。

【诊断】

根据触诊和视诊，结合临床症状，如患部肿胀、流涎、咀嚼困难等可初步诊断。造影法可准确诊断患病部位，造影剂常用丙碘吡酮1~3ml。X线检查可确认唾液腺结石。

【病程及预后】

急性型多预后良好，经8~10d痊愈。化脓性的病程长，往往形成瘘管，预后不良。少数因继发败血症，预后不良。病程长短不一。

【治疗】

1. 治疗原则　消除炎症，防止化脓继发感染，对症治疗。
2. 加强护理　给予营养丰富的食物。
3. 治疗方法

(1) 物理及药物疗法　早期消除或缓解炎症，防止脓肿转移，全身投与抗生素药物。轻型的腮腺炎，可用50%浓度的乙醇热敷，或涂擦碘软膏（即碘：碘化钾：凡士林为1:5:15的软膏），促进炎症的消散和渗出物的吸收。严重感染未形成脓肿前，发炎部位每日热敷数次。已经形成脓肿时，刺激脓肿表面，使其破裂或切开排脓。由异物所致，应及早除去异物，冲洗脓腔。

(2) 手术疗法　耳下腺脓肿应切开最浅的部分。腮腺脓肿应先切一小口用钳子扩张，由上颌最后臼齿的侧后方排脓。脓腔大时，用酸灼烧其内壁加速愈合。若有复发，应手术摘除腺体。

【预防】

预防感冒，防止犬之间的咬伤、创伤感染、异物刺激等。加强管理。

三、咽炎

咽炎是咽黏膜及其深层组织、软腭黏膜、咽淋巴结及扁桃体炎症的总称。临床上以宠物吞咽困难，咽部肿胀、敏感，流涎为主要特征。按病因分为原发性和继发性咽炎；按炎症的性质分为卡他性咽炎、纤维素性咽炎、蜂窝织性咽炎；按病程分为急性和慢性咽炎。

【病因】

1. 原发性咽炎　比较少见，多是因机械、化学、温热刺激引起。由异物、化学药品等刺激损伤咽部黏膜也可引起本病。口腔、扁桃体、鼻腔等邻近器官的细菌感染，受寒感冒是咽炎的重要诱因，因为受寒感冒能使宠物机体和咽黏膜的抵抗力下降，致使咽内寄生的微生物或外来微生物大量增殖而发病。因此，本病的发生与季节有明显的关系。

2. 继发性咽炎　多发生于犬瘟热、犬传染性肝炎、狂犬病以及钩端螺旋体病，也可因传染性上呼吸道的炎症、流行性感冒等继发所致。有时也继发于口炎、鼻炎及支气管炎等。

【发病机制】

1. 咽的解剖特点及病理机制　咽是消化道和呼吸道的共同通道，其上为鼻咽，中为口咽、下为喉咽；咽黏膜下有黏液腺和混合腺。因此，当机体的抵抗力下降时，各种不良的病因作用于咽部黏膜时，引起咽部黏膜发生充血、肿胀炎性反应。由于炎性的作用，咽部的敏感性增强而引起吞咽困难，渗出多量浆液性炎性渗出液和黏液以及上皮细胞脱落等。当发生纤维素性或蜂窝织炎性咽炎时，可在咽部黏膜上形成一层纤维膜，并在膜下形成溃疡。当蜂窝织炎性咽炎时，在黏膜下层及咽周围的结缔组织严重肿胀、化脓而形成脓肿。当大量的炎性产物被机体吸收后，则引起宠物体温升高，严重的在咽深部组织有胶样浸润，造成喉狭窄，引起呼吸困难，甚至发生窒息现象。

2. 卡他性咽炎　急性病例咽黏膜出现充血、肿胀，有点状或条纹状充血或红斑。慢性病例黏膜苍白、肥厚，形成皱襞，被覆黏液。有的病例咽黏膜糜烂，形成糜烂性咽炎的病理现象。

3. 纤维素性咽炎　渗出的纤维蛋白和白细胞浸润黏膜表层，形成一种灰白色的膜样物病理变化。

4. 蜂窝织炎性咽炎　咽部黏膜下的疏松结缔组织，呈弥漫性化脓性炎症的病理特征。

此外，在口腔和鼻患有卡他性炎症时，咽部周围淋巴结肿胀、化脓、喉炎，声门水肿，支气管卡他及异物性肺炎等原发病的病理特征。

【症状】

1. 急性卡他性咽炎　病初采食缓慢并逐渐出现采食困难或不食，咽部肿胀，增温，吞咽障碍，有时饮入的水或食入的食物会逆流回口腔，并表现经常流涎、呕吐、空咽，有时吐出白色泡沫状黏稠物，下颌淋巴结肿大。咽部触诊敏感性增加，人工诱咳呈阳性，打开口腔检查，咽黏膜和扁桃体呈暗红色，有时在扁桃体上可见附有白色的伪膜。体温升高。有发作性咳嗽。

2. 纤维素性咽炎　除上述症状外，有时在鼻液中常有灰白色的薄膜流出。全身症状较严重。

3. 蜂窝织炎性咽炎　除卡他性咽炎症状外，局部肿胀明显，发热，疼痛，后期常变为脓肿，有时从鼻腔流出脓液。体温升高，精神极度沉郁，呼吸困难。白细胞明显增多。

【诊断】

根据临床症状及咽部检查可以确诊。要注意与咽部异物、咽麻痹、腮腺炎鉴别。

【病程及预后】

原发性急性咽炎，3～4d 内发展到极期，如无并发症，1～2 周内可治愈，预后良好。纤维素性咽炎或蜂窝织炎性咽炎，病程长，如继发败血症或异物性肺炎预后不良。

【治疗】

1. 治疗原则　加强护理，消炎，清热解毒，对症治疗。

2. 治疗措施　给柔软的易消化的刺激性小的液体食物。对采食困难的宠物要进行人工喂养。但在治疗期间应慎重口腔投药，防止误咽。

（1）消除病因，加强护理　用复方醋酸铅溶液在颈部冷敷，2～3d 后改用 20% 硫酸镁溶液温敷。对重症病例应禁食，局部去除假膜，涂擦复方碘甘油，可用脱氢皮质醇 1～2mg/kg 体重，分 2 次口服。但应注意要防止误咽，造成不良的后果。

（2）抗生素治疗　青霉素钠犬 2 万～4 万 IU/kg 体重，猫 3 万～5 万 IU/kg 体重，2 次/d，肌肉注射。磺胺甲基嘧啶初次量 30mg/kg 体重，而后 15mg/kg 体重，口服，2 次/d，连用 4d。或磺胺二甲基嘧啶 20～100mg/kg 体重，口服，1 次/d。或 10% 磺胺嘧啶钠注射液 0.05～0.1mg/kg 体重，肌肉注射，2 次/d。

（3）重症的治疗　对严重吞咽障碍的宠物，在应用上述药物的同时，可静脉注射 25% 葡萄糖 5ml/kg 体重，也可加入维生素 C 20mg/kg 体重。同时喂以刺激性小的流体食物即可。

(4) 封闭疗法　对严重影响呼吸的可采用气管切开术进行急救。

(5) 其他对症疗法　如果是由异物刺伤引起的应立即清除异物。若软腭过长，则应用外科手术纠正。

【预防】

关于本病的预防，要着重搞好平常的饲养管理工作，防止机体受寒感冒；同时注意食物的质量，防止发霉变质；并要注意环境卫生。

四、咽麻痹

咽麻痹是因中枢神经和外周神经疾病而引起的一种以吞咽障碍为主的疾病。临床特征与咽炎基本相似。常为脑炎的一个症状。

咽麻痹常伴发喉麻痹。喉麻痹多发生于小型观赏犬和短头品种犬，可分为背腹型气管麻痹和侧面型气管麻痹两种。背腹型气管麻痹在临床上多为自然病例，以胸腔入口的气管段为易发部位；一般在犬的外鼻狭窄、软腭过长或浮肿的情况下多发本病。

【病因】

1. 神经系统机能障碍　常见于脑血管障碍、脑干肿瘤、各种遗传因素、中枢神经障碍、迷走神经咽支、吞咽神经和神经肌肉传导障碍等。

2. 骨骼肌障碍　常见于多发性肌炎、肌营养障碍、甲状腺功能减退等。

3. 其他因素　在狂犬病、伪狂犬病中也有咽麻痹。中毒过程中如肉毒梭菌毒素中毒、霉菌毒素中毒也可发生。

4. 喉麻痹　单纯气管麻痹分为先天性和后天性两种，确切的病因目前尚不明了。先天性气管麻痹与品种有关，例如先天性软骨钙化，小型观赏犬、短头犬种的先天性鼻孔狭窄和软腭过长症等较为多发；后天性的气管麻痹与某些疾病有关，如严重支气管阻塞、支气管炎、细支气管炎等常可造成气管麻痹；慢性呼吸困难往往使气管疲劳易发生麻痹；气体交换量减少也可发生气管麻痹；另外，后天性骨软化症或严重缺钙症等都可造成气管麻痹。

【发病机制】

支配咽部的神经有迷走神经分支的咽神经和部分咽神经。这一经路的神经及其中枢发生障碍时，可发生咽麻痹，导致吞咽障碍，甚至发生异物性肺炎。

【症状】

1. 咽麻痹　患病宠物突然失去吞咽能力，食物和唾液从口鼻中流出，由咽部发出水泡音。进行咽部触诊时，无肌肉收缩反应。有时出现咀嚼困难、口不能闭合、舌头脱出口外。饮水时，虽能将水吸入口腔，但不能下咽，从鼻口中流出。因吞咽障碍，在短时间内急剧的消瘦，同时极易造成误咽，引发异物性肺炎，造成不良的后果。

2. 喉麻痹　通常在犬采食、饮水、运动时，发出特征性"嘎"样的干性间歇性咳嗽声，常表现为呼吸困难的症状。临床上病犬表情痛苦，用力呼吸、出现明显的缺氧症状，表现为可视黏膜发绀。呼气延长、用力呼吸提示胸腔入口处的气管麻痹；吸气延长、用力呼吸提示颈部气管麻痹。换气不足出现体温升高时，容易引起犬的热射病。气管麻痹时，触诊颈部气管变平；听诊可听到气管内的捻发音，呼气比吸气长并发出高亢的气管呼吸音。

【诊断】

1. 咽麻痹　根据临床症状可作出初步诊断。X线摄影可见咽部因有气体而明显扩张影像。钡透时可见咽部肌肉收缩力减弱或消失，而钡剂滞留于咽部，被吸入气管。

2. 喉麻痹　根据病史及临床特征进行诊断。通过听诊、气管触诊和X线检查，可进一步做出诊断。X线检查气管麻痹的侧面像为颈部后方到胸部前方的气管内腔变窄，气管背侧缘因麻痹而管壁模糊不清，腹侧缘清晰。

【预后】

本病难以治疗，预后不良。常因异物性肺炎或饥饿而死亡。

【治疗】

1. 治疗原则　恢复肌力，并配合抗菌消炎，如伴有喉麻痹要平喘镇咳。

2. 对麻痹的治疗　对重症肌无力的病犬，用甲基硫酸新斯的明0.5mg/kg体重，3次/d，口服。酶抑宁0.5mg/kg体重，口服，1次/d。

3. 抗菌消炎

（1）对多发性肌炎　可用泼尼松1~2mg/kg体重，口服。

（2）若有喉麻痹　可配合用氨苄青霉素10~20mg/kg体重，口服，2次/d。卡那霉素30~50mg/kg体重，口服，1次/d。也可用先锋霉素口服或肌肉注射。

4. 镇咳平喘　可配合应用氨茶碱10mg/kg体重，口服或肌肉注射，2次/d；盐酸麻黄素5~15mg/kg体重，口服，1~3次/d。地塞米松0.5mg/kg体重，口服，1~2次/d。

5. 供氧　对于呼吸困难、严重缺氧的患病犬、猫，应予以吸氧。

6. 喷雾疗法　1%异丙基肾上腺素0.6ml、庆大霉素100mg、卡那霉素500mg、多黏菌素60mg及生理盐水5ml，溶解后经口腔喷雾，3次/d，每次20min。

7. 改善饲养条件　可供给流食，把食物放到高处有利于吞咽，也可用胃管补给营养。

【预防】

预防脑和神经的损伤，增加营养。对不能治疗的病犬要及时淘汰。

五、食道炎

食道炎是食道黏膜的表层及深层的炎症。临床上以流涎、吞咽障碍为主要特征。按病因分为原发性和继发性食道炎。按炎症的性质可分为卡他性、溃疡性、坏死性食道炎。临床上以继发性食道炎比较多发。

【病因】

食道炎的病因是多种多样的。如食物内混有尖硬锐利的物体，或食物及饮水过热，颈部外伤，化学药物刺激都可引起本病。此外，食道梗塞、食道痉挛、食道狭窄、食道憩室等使食物滞留于食道，是发生食道炎的主要原因。长时间麻醉时，胃液逆流入食道，可继发食道炎。使用肌肉松弛类药物、食道周围肿瘤和淤血以及感染食道虫等，均可导致食道炎。

此外，在外伤或摄入腐蚀性的食物时也可发生本病；在寄生虫病中如狼旋尾线虫时有发生；作为贲门修补手术后的并发症也可发生。

【发病机制】

食道黏膜对刺激物质具有高度的抵抗力，在一般情况下不容易发生炎症。当胃酸进入食道后，可将食道的pH值降到2左右，导致食道黏膜的蛋白质变性。当上述的病因作用于食道后，引起食道黏膜发生充血、肿胀等炎性反应，引起食道发炎。由于炎性的作用，在宠物吞咽时有疼痛反应，严重的会造成不良的后果。

【症状】

病的初期食欲不振，很快表现出吞咽困难、大量流涎和呕吐。食道发炎引起食道疼痛，因疼痛而表现出种种症状，表现咽下痛苦，并且拒绝采食；由于饥饿而出现想吃而又吃不下的症状。有时吞咽食物表现紧张，或有时出现用前爪挠地的动作。当出现食道广泛性坏死性病变时，患病动物可发生剧烈的干呕或呕吐。常拒食或吞咽后不久即发生食物返流。急性食道炎由于胃液逆流发出异常呼噜音，口角粘着牵缕状液。当出现急性严重的咽下困难时，会呈现食道梗阻样反应。

体温一般正常，但严重的病例体温升高。重者常因形成瘢痕而造成食道狭窄或食道扩张，难以治愈。

【诊断】

本病根据症状可作出初步诊断。如作X线检查不易发现，仅见胸部食道末端的阴影增粗和部分食道内有气体滞留等。在急性期，食道造影可发现食道黏膜面不规则，有带状阴影和一过性痉挛。用食道内窥镜可以直接观察食道壁，并可正确判断病变的类型及程度。

【病程及预后】

食道炎的病程可达到7~10d，一般预后良好。一旦形成食道狭窄或食道扩张，很难治愈，预后不良。

【治疗】

1. 治疗原则　除去刺激食道黏膜的因素，给予无刺激性、松软的食物，少食多餐。
2. 治疗方法

（1）镇痛、清洗法　若是误食腐蚀性物质和胃液逆流等引起急性炎症时，为减缓疼痛，可口服利多卡因等局部麻醉药；同时用抗生素水溶液反复冲洗；并结合全身抗感染治疗。

（2）急性食道炎　可用0.5%普鲁卡因溶液1000ml，青霉素160万IU，混合后，一天数次口服。青霉素10万IU/kg体重，一次肌肉注射，2~3次/d，连用3~5d。或用利多卡因4mg/kg体重，静脉注射。或杜冷丁3~5mg/kg体重，每8~12h 1次。

（3）口服抗酸剂　如氢氧化铝10~30mg/kg体重或氧化镁0.2mg/kg体重，以缓解病情。或用乌拉胆碱0.5~1.0mg/kg体重，口服，1次/8h，或用灭吐灵（胃复安）0.5mg/kg体重，食后口服，每8h 1次。如果用抗酸剂无效时，则口服甲氰脒胍5~10mg/kg体重，每6h 1次；也可用氢化可的松0.5~1mg/kg体重，分成2~4次口服。

（4）制止流涎　大量流涎时，用硫酸阿托品0.05mg/kg体重，皮下注射。

（5）加强护理　对长期不能饮食的，应进行人工营养。

【预防】

在饲养时要特别注意食物的来源，及时清除食物内的不良物质。及时治疗原发病，防止食道的损伤。

六、食道梗阻

食道梗阻就是食团或异物阻塞食管引发的一种吞咽障碍性疾病。在采食过程中突然发生，临床上以不安、咽下障碍、逆流为主要特征。可分为完全或不完全阻塞。犬最易发生的部位是食管的胸腔入口处、心底部。

【病因】

因宠物过度饥饿而采食过急，咀嚼不细，吞咽过猛，或贪食而致使食物形成的食团阻塞而引起；犬在采食中突然受到惊吓，食物未经咀嚼即突然扬头吞咽而发病；由于犬在嬉戏时误咽手套、球等异物而致使食管梗阻；食物中混有骨块、肉块、鱼刺等物，在吃食时发生阻塞；喂饲的食物未经加工或加工不细，块较大，采食急，在吞咽时发生食管梗塞；因犬缺乏某些营养物质，而舔食异物而引发本病。

此外，如果食道出现麻痹、肿瘤、狭窄和痉挛，也会发生本病。

【发病机制】

在病因的作用下，食道阻塞可发生于食管的任何部位，但犬常发生于食管的胸腔入口部和心底部。由于阻塞物的大小、形状不同，可发生食管完全阻塞或不完全阻塞。当出现不完全阻塞时，流体食物和饮水尚可咽下，胃内的气体也能排出来。当食管发生完全阻塞时，任何的食物和饮水都不能咽下，同时，胃内的气体也不能通过食管排出。因此，胃内的气体会逐渐增多，致使胃的体积逐渐增大。由于阻塞物的刺激，而引起食管的肌肉发生痉挛性的收缩，病犬不断表现出吞咽的动作，并神情苦闷，精神紧张。而阻塞物愈接近贲门，则食管的痉挛收缩表现愈剧烈，持续的时间愈长，紧张和苦闷愈明显。由于阻塞物的作用，大量的唾液不能下咽到胃内，而潴留在阻塞物的上部，可见到颈部食道膨大。由于食道的逆蠕动，而将蓄积于食道中的唾液从病犬的口、鼻排出，致使膨胀暂时消失。这种逆蠕动，在食道阻塞中具有特征性，患有本病宠物均可见到。

由于食道阻塞而引发误咽，可造成异物性肺炎，引起死亡。

如果不能及时将阻塞物清除，因阻塞物的压迫，会造成不同程度的呼吸困难，严重的可引起窒息，造成不良的后果。同时阻塞物压迫食管，可引起食管黏膜发炎、坏死、穿孔等变化。

【症状】

犬在采食中，突然发病。当食管不完全阻塞时，病犬仅有不太明显的躁动不安，呕吐和哽噎动作，摄食较缓慢，并拒食大块的食物，吞咽谨慎，咽下障碍，稍有疼痛现象。当食管完全阻塞时或患穿孔性异物阻塞时，病犬表现完全的拒食，极度的不安，头颈伸直，不时地有呕吐和不断地出现哽噎动作，大量的流涎，有饮欲感，有时吐出带有泡沫样的黏液和血液，常用后肢搔抓颈部，病情严重时还发生咳嗽，甚至窒息。在颈部食道可见有膨大的食道，用手触摸时有波动感，用手向上推压时，则有大量的黏液性的唾液从口或鼻孔内流出，膨大部消失，但不久又重复出现。用胃管探诊时，胃管前进受阻。梗塞在颈部食管时，在外部可触摸到阻塞物，而患犬表现出不安。如不及时解除，因异物压迫气管而有窒息的危险。

【诊断及鉴别诊断】

根据患病宠物在采食中突然发病，并表现不安的病史，进一步结合用胃管探诊可发现阻塞物，即可确诊。有条件的可做 X 线透视或照相，既可确诊阻塞物又可确诊阻塞的部位。注意与下述疾病相鉴别：

1. 食道憩室 食道憩室是食道壁的一部分呈囊状扩张，多发于胸腔入口处的食道。根据临床症状及 X 线摄影可确诊憩室。食道镜检查，可确定憩室部有无食道炎、食道下部狭窄以及憩室程度等。

2. 胃食道套叠症 胃食道套叠症是胃的一部分套入食道内，并表现巨大食道症。主要见于幼犬。

【病程及预后】

发现及时并确诊及时的病例，清除阻塞物即可治愈，预后良好。病程长短不一，短的几分钟或十几分钟。有的可达 1~2d。对发现不及时、治疗也不及时的病例，有窒息的危险，预后要慎重。预后如何完全取决于阻塞物的性质，阻塞物大而硬，既不能吐出口外又不能咽下入胃，病犬不能痊愈。阻塞物为尖锐物则引起食道的创伤而穿孔，造成病犬死亡。有的因误咽而死于异物性肺炎。

【治疗】

1. 治疗原则 消除病因，排出阻塞物。

2. 治疗方法 应根据阻塞物及阻塞部位的不同，采取针对性的治疗方法：

（1）异物的排除与取出 对阻塞物较小而光滑的异物，可用催吐剂，用阿朴吗啡 0.04~0.08mg/kg 体重，皮下注射，或用胃管将异物推入胃中。但大多数需要治疗，可先用 10~20ml 液状石蜡或植物油灌服，再皮下注射3%硝酸毛果云香碱，用量为每次 0.1~0.4mg/kg 体重，经数小时后有的即可获得治愈。也可在灌服液状石蜡后，用细胃管将异物轻轻向胃内推入。若阻塞物表面较光滑，还可在胃管的外口连接打气筒，有节奏地打气，趁食管扩张时，再用胃管将阻塞物推入胃内。如上述方法无效时，可用内窥镜作引导，用内窥镜钳将异物取出。

异物从口中取出，阻塞物在颈部的上 1/3 处，可从颈部向口腔部推动，将异物从口腔取出。

（2）手术疗法 阻塞物是金属物而用其他方法无效时，采用食道切开术取出异物。

（3）营养疗法 对病程较长的病犬，应注意及时补充营养。可进行静脉注射葡萄糖生理盐水，也可作营养灌肠。为补充水分，还可反复用1%的盐水进行深部灌肠。

（4）术后护理 手术后要加强护理，绝食 3~5d，采用营养疗法，可用静脉补充葡萄糖、氨基酸、电解质及抗生素，一周后即可喂服流食。

【预防】

平时要加强饲养管理，饲喂时要定时定量，不能使犬过度饥饿，以防采食过急、吞咽过猛，喂过其他食物后，方可让犬啃骨头。

七、食道憩室

食道憩室指某一段食管壁扩张形成的囊，一般多发在食管的胸腔入口处，分为鼓出性憩室和牵拉性憩室两种。病犬主要临床表现为食欲减少，吞咽困难，流涎，或伴随着间歇性呕吐等临床特征。

【病因】

1. 鼓出性憩室 临床上发生较少。大多是由于先天性食管肌肉收缩无力，在吞咽运动作用下，引起食管内的压力增高而逐渐鼓出而形成憩室，大多发生在咽和食管的交接处。

2. 牵拉性憩室 临床上发生较多。是受外部拉力的作用下，致使食管壁部分或全部呈囊状扩张。多见于食管周围淋巴结、脊椎、肺等器官炎症愈合时。这种憩室较小，多单独发生。主要发生部位为气管分支部。先天性血管环异常的犬，其前端的食管也可能出现憩室。

【症状】

根据食管憩室的大小、食物滞留量多少会表现出不同的临床症状。患犬主要表现食欲减少，身体消瘦，吞咽困难，流涎，间歇性呕吐等，呕吐物中常带有黏液以及未消化的食物。食后，会在颈部触摸到肿瘤样物质。鼓出性憩室多长期不表现出其他症状。

【诊断】

根据临床症状及X线摄影可确诊。食道检查，可确定憩室部有无食管炎，或食管下部有无食管炎、食管下部狭窄以及憩室程度等。

【治疗】

无症状的小憩室主要通过矫正狭窄部而缩小，有的可恢复近于正常。对于周围组织粘连而发生的食道憩室，可通过外科手术分离。憩室中有食物残留时，要冲洗干净，以防发生憩室炎。对已经出现出现症状的犬，可手术切除食管的囊状部。

第三节 胃肠疾病

一、胃炎

胃炎是由于摄取了刺激性物质或胃黏膜长期反复受到病因的刺激，引起胃黏膜表层及深层组织的炎症。按病因分为原发性和继发性胃炎；按病程经过分为急性和慢性胃炎。本病临床上主要表现为呕吐、腹痛、脱水和迅速消瘦为主要特征。

1. 急性胃炎 是由于摄取刺激性物质而引起胃黏膜的急性炎症。临床上以呕吐、胃压痛及脱水为特征。是犬、猫的常见病，以犬最为多见。

2. 慢性胃炎 以引起胃的分泌机能和运动机能严重紊乱为主要特征。多发于老龄犬。在临床上分为原发性和继发性的两种。以继发性为多，通常由急性胃炎反复发作引起。

【病因】

1. 急性胃炎 犬的急性胃炎发病率较高，分为原发性和继发性两种：

（1）原发性急性胃炎 见于摄取不易消化、腐败变质的食物、饮污水、食物过冷或过热，使胃黏膜受到刺激而发生；在牙齿疾病中因咀嚼不细也可引起本病；在投服有刺激性和腐蚀性的药物，误食磷、砷、铅、汞、硫酸等化学药物或化肥和有毒植物等，刺激胃肠黏膜也可引起本病。另外，在突然更换食物可引起过食等继而引起本病。饲喂鸡蛋、牛奶、鱼肉等可引起变态反应性胃炎。

（2）继发性急性胃炎　常继发于犬瘟热、犬细小病毒、犬传染性肝炎、钩端螺旋体病、急性胰腺疾病等急性传染病以及细菌性肾炎、肾盂肾炎、慢性肾衰竭、急性尿毒症、食物中毒、寄生虫病等疾病过程中。在口腔、咽、食管、心、肺、肝等器官疾病中也可发生。

2. **慢性胃炎**　本病的病因尚未完全查明。中枢神经机能失调，影响胃的功能的因素，均可能与本病有关。急性炎症因素长期刺激、胃酸缺乏、营养不足、内分泌机能障碍等，均可引起本病。

（1）原发性的慢性胃炎　其原因与急性胃炎相似，即急性胃炎的各种病因，长期反复作用所致。

（2）继发性的慢性胃炎　常继发于慢性心脏病、肺脏疾病、肝脏疾病，由于门脉循环障碍，使胃壁长期淤血所致。此外，在牙齿疾病中，对食物咀嚼不细，胃内容物的粗糙而长期刺激胃黏膜也可导致本病。另外，在某些慢性传染病、寄生虫病中也可发生本病。

（3）慢性肥大增生性胃炎　犬慢性肥大增生性胃炎可由尿毒症引起。猫的慢性胃炎是饲养管理不善，摄入毛球等易导致本病的发生。

【发病机制】

1. **急性胃炎**　在病因的作用下，可反射性地或直接地引起胃的运动机能和分泌机能受到抑制，而胃的黏膜并不发生任何炎症变化。但一些机械的、化学的、温热的刺激，多直接地引起胃的黏膜发生充血、渗出、黏液分泌增加和胃液分泌减少，胃的运动机能抑制，在胃的运动机能和分泌机能抑制的情况下，吃入的食物不能充分地接触胃液而不能充分地被消化，使胃内容物发酵腐败，产生大量的碳酸、醋酸、乳酸等酸性产物和有毒的蛋白质分解产物。这些产物进入小肠可引起其发生卡他性的炎性变化。同时，胃内容物过分的刺激，可反射性地引起呕吐中枢兴奋引起呕吐的发生。

2. **慢性胃炎**　胃黏膜长期的持续性的反复受到病因的作用后，可使胃的分泌机能与运动机能发生持久性的紊乱。胃黏膜长期的淤血，使胃黏膜长期的营养不良，从而导致胃黏膜及其分泌腺发生萎缩，或胃黏膜因长期受到慢性的刺激，而引起胃黏膜的结缔组织增生，使胃黏膜变得肥厚。这种萎缩或肥厚的病理变化是不可逆的，引起胃的分泌机能与运动机能长期严重紊乱，从而发生慢性、顽固性的消化不良。

【症状】

1. **急性胃炎**　病初表现出食欲减退或停食，并出现呕吐食糜、泡沫状黏液或胃液，呕吐物中常含有血液、脓汁或絮状物。如果是腐蚀剂引起的胃炎，呕吐物中可含有血液及胃黏膜的碎片，食欲不振或废绝。病犬精神沉郁，因呕吐而出现脱水、消瘦。体温正常，有时升高；病犬、猫表现口渴多饮，饮后胃呈现充满的状态，可加重呕吐。当呕吐后胃充满状态消除后，即恢复正常。病犬、猫精神沉郁，食欲不振或拒绝采食，甚至出现异嗜癖；急性患病宠物有拱腰、疼痛不安症状，触诊前腹部敏感、紧张，甚至出现呻吟、疼痛反抗及躲避现象；宠物常蹲坐或趴在凉的地面上。病犬在病初时便秘，继发肠炎时则发生腹泻。舌苔呈黄白色，口腔有口臭，有的可视黏膜黄染。

触诊腹壁紧张，前肢向前伸展。随病情加重，眼球凹陷，皮肤弹性降低。幼犬可迅速脱水，引起严重的电解质失调。听诊腹部肠音减弱而不整。心音正常，腹泻时心音加快。

2. 慢性胃炎　表现为食欲不定，时好时坏，或食量渐进性减少。有的患病宠物出现了异嗜现象，如舔食泥土等。特别表现出与采食无关的间歇性呕吐现象，呕吐物常混有少量鲜血。病犬常伏卧，回视腹部。常有逆呕动作，渐进性消瘦，被毛粗刚无光泽，衰弱无力，轻度贫血，体温和脉搏变化不大。口腔干燥，有舌苔，口腔有甘臭味。有时可触及到胃内异物。最后发展为腹围紧缩，极度消瘦，终成恶病质状态，导致死亡。

【诊断】

1. 急性胃炎　主要依据病史，结合临床症状有减食或停食，肠音减弱而稀少，体温正常以及其他的变化等可确诊。有条件的可用内窥镜检查胃黏膜症状而确诊。临床上要与胃溃疡、急性胰腺炎鉴别。在诊断时应抓住以下几点：

（1）饮食变化　犬的饮食习惯是否异常，采食的食物是否有异物，结合症状。

（2）内窥镜检查　可见有胃黏膜充血、肿胀、斑块、瘀点状出血，见有胃黏膜糜烂。

（3）X线检查　用X线摄影检查可发现异物的阴影，胃内用适量的造影剂之后，可易于观察溃疡面、新生物。

2. 慢性胃炎　根据长期的消化不良，逐渐的消瘦，食欲不振等可初步诊断。但主要靠胃内窥镜和胃液检查来确诊。

（1）胃镜检查　可见胃黏膜充血、肿胀，表面附有黏液。胃黏膜皱缩、增厚，提示萎缩性或增生性胃炎。

（2）胃液检查　慢性胃炎时胃酸减少或缺乏，胃液中含有上皮细胞、白细胞、黏液及细菌。

（3）胃黏膜活组织检查　幽门腺体闭合、细小、停滞性囊肿，有原生质细胞、淋巴细胞和嗜酸性粒细胞的出现。

【病程及预后】

1. 急性胃炎　原发性的急性胃炎，常在几天后，最多1～2周内就会完全恢复，预后良好。继发性的急性胃炎，取决于原发病的情况，预后慎重。

2. 慢性胃炎　在病的初期，如果即采取合理的饲养管理方法，消除病因，在短期内可以痊愈。若病程较长，萎缩达到胃的腺体，或黏膜结缔组织增生时难以痊愈，预后不良。

【治疗】

1. 治疗原则　改善饲养管理，尽快除去病因，减轻炎症，镇静止痛，纠正酸碱平衡和代谢紊乱。

2. 护理方法　先绝食1～2d，之后给予易消化吸收的食物，然后转为正常喂饲。

3. 治疗方法

（1）急性炎症的治疗方法　禁止饮水12h，禁食24h。之后供给冰块让患病动物舔食可抑制呕吐。但冰块不要给得太多，以免加重呕吐。禁食后，给动物易消化、刺激性小的食物。

①饮食疗法。由食物引起的轻度胃炎，应禁食24h，尽量限制饮水。之后，给予青菜汤、温热牛奶、稀饭等易消化的食物。应注意少食多餐。

②排除毒物。病初时胃内尚残留有毒、有害物质的，可用盐酸阿朴吗啡0.04～

0.08mg/kg 体重，皮下注射，或用其 1% 的水溶液灌服。有毒物质入肠道难以吐出时，经口灌服蓖麻油 15~60ml。

③顽固性呕吐。可镇静止吐，用氯丙嗪 1mg/kg 体重肌肉注射。也可口服胃复宁 1~2 片，2 次/d。

④增加食欲，健胃止痛。可投服橙皮酊、稀盐酸、苦味酊、人工盐、乳酶生等。

⑤及时补液。当呕吐剧烈或腹泻时，导致水、电解质丢失，应及时补液。如 5% 葡萄糖溶液、复方氯化钠溶液各 250ml 静脉注射，加入维生素 B_1 和维生素 C，有较好的效果。

⑥脱水不食、电解质或酸碱平衡紊乱。可用 5% 葡萄糖生理盐水，每日 40~60ml/kg，5% 碳酸氢钠注射液 2ml/kg，静脉注射，1 次/d。

⑦消炎。庆大霉素 1 万 IU/kg，肌肉注射，2 次/d。或按 2 万 IU/kg，口服，1~2 次/d。

⑧应用抗酸剂可减轻病情。用碳酸氢钠 0.3~1g/只，2~3 次/d，口服。或碳酸钙 100mg/kg 体重，1 次/d，口服，但肾脏有病的禁用。或用鞣酸液（0.6g 鞣酸溶于 30ml 水中），口服，犬 5~25ml，猫 2.5~20ml。用抗酸剂时，每次用量要小，可连续多次饮用。

⑨冰水洗胃。此法是抑制胃出血的一种无损伤的有效方法。

⑩针灸疗法。白针或电针刺后三里、脾俞穴。

（2）慢性胃炎治疗方法　剧烈呕吐时，投服止吐灵或氯丙嗪；为保护胃黏膜，口服硫糖铝片、丽珠得乐。乳酶生、胃蛋白酶、淀粉酶等可起到健胃作用。对胃酸缺乏的犬，可灌服稀盐酸 0.5~3.0ml，2~3 次/d。由传染病继发的慢性胃炎，可投与抗生素和磺胺类药物。

①由异物引起的慢性胃炎，可通过内窥镜或剖腹手术取出异物。若由毛球引起的慢性胃炎，可服用适量的凡士林。

②中药疗法。用参苓平胃散（党参 5g、茯苓 5g、苍术 5g、陈皮 3g、厚朴 3g、甘草 2g）煎熬，去渣取汁，内服，犬 100~150ml/次，2 次/d，猫 50~60ml/次，2~3 次/d，连用 5~7d。

【预防】

加强饲养管理，清除不良病因，避免病因的长期作用，定时定量喂饲，禁止长期饲喂单一食物，不给霉变的食物。及时治疗原发病。

二、胃肠溃疡

胃肠溃疡是由多种原因引起的胃肠黏膜的糜烂和损伤。按炎症的性质分为卡他性溃疡和消化性溃疡。在临床上以慢性呕吐、腹部有压痛、吐血、血便以及贫血为主要特征。2.5~12 岁的犬多发。且以母犬多发，无品种差异。猫有时也发生本病。

【病因】

1. **卡他性溃疡**　发生于胃肠黏膜的炎性浸润及黏膜组织出血时。急、慢性胃肠炎都可继发卡他性溃疡，与胃肠炎的病因相同。

2. **消化液分泌过多**　幽门狭窄或阻塞，可引起胃酸分泌过多。胆汁分泌过多及引起胃液分泌过多的其他因素。

3. **常继发其他疾病**　如伴发于胃肿瘤、肥大细胞瘤、严重尿毒症等疾病中也可引起胃肠溃疡；在做脊髓减压手术后，使用皮质类甾醇会继发本病。

4. 消化性溃疡　主要发生于胃的本身。

【发病机制】

消化性溃疡主要发生于胃。当胃的局部血液循环障碍时，酸性胃液不能被碱性唾液中和，局部黏膜被胃酸和胃蛋白酶自体消化，形成溃疡。临床也常见于投与阿司匹林、砷、铅、糖皮质激素类药物或慢性尿毒症、肝脏疾病等。动物实验研究表明，应激因素与消化性溃疡的发生有密切关系。一般认为溃疡与组织胺有关。胃幽门与十二指肠的肥大细胞瘤可继发消化性胃溃疡。连续给犬注射组织胺1~4月，会成功地复制出消化性胃溃疡。

【症状】

主要表现为慢性、顽固性呕吐，呕吐的病程长，呕吐物中有血。并伴有血便，多次。腹部有压痛，食欲不振，体重减轻。呕吐常发生于采食后。病犬可出现贫血，可视黏膜苍白。排的粪便呈深黑色。同时出现脱水，烦渴，频频饮水。溃疡易造成胃肠穿孔，可导致急性腹膜炎而休克死亡。

【诊断】

胃肠溃疡的诊断较困难，临床上呕吐物呈黑褐色，排泄煤焦油样便，提示出血性肠溃疡。确诊需要进行X线造影检查和胃窥镜检查或病理活体组织检查。

【病程及预后】

发现及时，经治疗可痊愈，预后良好。发现晚或治疗不及时，会穿孔而预后不良。

【治疗】

1. 治疗原则　消除病因，保护胃肠黏膜，促进胃黏膜的修复，加强饲养管理，喂给柔软易消化而无刺激的食物。

2. 治疗方法

(1) 减少刺激，保护胃黏膜　应用抗酸剂，减少对胃黏膜的刺激；也可应用氯丙嗪2~4mg/kg体重，1次/d，肌肉或静脉注射；氢氧化铝凝胶5ml灌服，3次/d，或硫酸铝1g，3次/d，食后3h服用。胃疡平1~2mg/kg体重，口服，3次/d。

(2) 物理疗法　用冰水洗胃对急性胃出血有好处，若在冰水中加入去甲肾上腺素（剂量是500ml水中加8mg），其控制胃出血的效果更好。或安络血0.1~0.6mg/kg体重，口服，3次/d，或止血敏0.3~0.8mg/kg体重，肌肉注射。

(3) 减少胃液分泌　可选用硫酸阿托品0.5mg或胃复康0.5mg，口服，3次/d，于喂食前1h投服。

(4) 药物治疗　甲氰咪胍是有效的抗消化性溃疡药物，可抑制胃酸、组织胺的分泌，犬10mg/kg体重，1次/8h，口服。猫5mg/kg体重，1次/8h，口服。若用上述药物无效时，可施行部分胃切除手术。中药可用参苓平胃散（见慢性胃炎）。

(5) 外科疗法　对出血多，药物治疗无效的病犬，应切除溃疡病灶。

(6) 食物疗法　给予柔软的易消化的营养丰富食物，宜少食多餐。食物中加淀粉酶和胃蛋白酶等量混合剂0.5~1.5g，或投服健胃、助消化药，同时限制饮水。

【预防】

加强饲养管理，消除致病因素，避免胃肠黏膜受到病因的作用。及时的治疗胃肠疾病。

三、胃扩张

胃扩张就是由于采食过量、胃的分泌增多、食物产气过多或气体聚积使胃的体积增大，发生扩张而引起的疾病。本病经过急剧，犬较易发生本病，发病率与犬的品种和年龄无关。或因胃扭转而发生。按病因分为原发性和继发性胃扩张。常伴发胃弛缓、鼓胀，多数因窒息而死亡。

【病因】

1. 原发性胃扩张　常因过食；或食入大量干燥难以消化；或易发酵的食物；或易膨胀的食物；或食后剧烈运动，饮用大量冷水，使食物和气体积聚于胃内，同时胃内分泌物增多，引发本病。

2. 植物神经受抑制　在异嗜、分娩、呕吐、全身麻醉、腹部手术、脊髓损伤、胃的恶性肿瘤等作用于胃壁及植物神经，抑制胃的运动和分泌功能，也可引发本病。

3. 继发于其他疾病　如胃扭转、肠梗阻、便秘等机械性阻塞，都可引起胃扩张。寄生虫、胰腺疾病，消化不完全，采食量增加而代偿性地使胃增大。

【发病机制】

在疾病发生上具有决定作用的有两个因素，一是饮食过量，二是饮食质量不佳。由于过多食物进入胃内，引起胃壁高度伸张，同时幽门紧张性增强，使之发生痉挛性地收缩，致使胃的内容物不能及时进入肠道。造成过多的食物停在胃内，并迅速地膨胀、发酵、产气，胃的体积逐渐增大扩张，达到超出生理的限度。胃黏膜受到膨大而多量的胃内容物的机械性的压迫，胃液分泌增多，所以胃内容物不能得到胃的消化，因胃酸缺乏胃内容物应有的酸度，幽门始终处于紧张关闭状态，胃的体积进一步增大扩张，反射性地引起胃平滑肌痉挛性的收缩，引起腹痛。

食物质量不佳，是引起胃扩张的另一个原因。其发病机理与饮食过量大致相同。质量不好的食物分解产物和微生物的毒素直接引起胃弛缓或幽门痉挛，为发病创造了条件。

同时，由于受胃的压迫，致使膈肌前移，从而压迫心脏与肺脏，使血液回流心脏受阻，肺脏的活动受到限制，引起呼吸和血液循环紊乱，并发生呼吸困难导致窒息。

当胃内容物继续发酵、膨胀、产气，胃壁继续扩张，极易导致胃破裂或压迫膈肌造成其破裂而死亡。

【症状】

表现为腹部胀满，腹部显著增大，动物因腹痛而嚎叫、不安，干呕，呕吐，流涎，可视黏膜潮红，呼吸困难，脉搏增数。触诊腹前部增大变硬，疼痛反抗。动物暴食后打嗝，呼出气酸臭。胃内积聚大量的气体，腹部叩诊呈鼓音。胃内积聚大量液体或出现食物中毒时，则叩诊呈浊音。胃内气体液体混杂时，按压腹部有振荡感。发病后期呼吸急促，心动过速，有干呕的现象或流涎。因脱水、自体中毒而使病情恶化。若不及时治疗，常会在短时间内因心肺功能衰竭致死。剖检时，胃容积增大，内含有大量的气体，胃内容物呈酸臭味；胃黏膜充血，并有呈黏液和散在的出血点；肠内有轻度臌气和卡他性炎症；肺充血或水肿；胃破裂腹腔内有胃内容物。

【诊断及鉴别诊断】

根据病史和临床症状不难诊断。由寄生虫、胰腺疾病所引起的本病，可根据病史和症状进行诊断。

胃扭转和急性胃扩张会产生同样的临床症状。其鉴别方法是：胃管能插入胃内，证明不是胃扭转，但有些急性胃扩张病例，也不能插入胃管。X线透视或剖腹手术，可准确地鉴别胃扭转。

【病程及预后】

患病轻的动物，经治疗以后，常在几小时之后即好转，并可迅速恢复健康。患病重的动物，常在1~2d内或几小时之后死于窒息、胃破裂或膈破裂。

当患病的动物发生胃破裂以后，腹痛可消失，但全身的状况迅速恶化，表现极度苦闷、虚弱，出现肌肉震颤、出汗、目光痴呆，脉搏迅速增加达200次/min以上，体温升高，常在短时间内死亡。

当发生膈破裂时，呼吸困难突然加重，呈现极度呼吸困难，体温上升，也常在数小时之内死亡。

【治疗】

1. 治疗原则　消除病因，对症治疗，缓解症状，加强喂养管理。
2. 单纯性过食引起的　可用催吐剂使犬呕吐，如阿朴吗啡0.04~0.08mg/kg体重，皮下注射。
3. 急性胃扩张　首先必须尽快的缓解胃内压力，应先将胃管插入胃内排出胃内气体，达到减压的目的。之后用温生理盐水反复洗胃。若用此法无效时，则必须用较长的套管针，经腹腔壁插入扩张的胃内，进行减压放气，同时以药物镇痛。若放气不能获得显著效果时，应尽早进行腹部手术，施行胃切开手术，使胃排空。
4. 洗胃　用温盐水或林格氏液反复洗胃。
5. 镇痛　对腹痛严重的病犬，可用杜冷丁2.5~6.5mg/kg体重，肌肉或皮下注射，1次/d。
6. 手术疗法　对胃扭转引起的胃扩张，可用胃导管插入胃内，排出胃内的积液和积气。若经排放后症状没有显著改善者，应进行剖腹术探查，并做整复手术。
7. 补液疗法　对有脱水症状的病犬，可用5%葡萄糖、生理盐水（45~55ml/kg）、5%碳酸氢钠（2~3ml/kg），缓慢静脉注射。
8. 药物预防　皮质类固醇类药物，如地塞米松0.5mg/kg体重，静脉注射，可防止败血性休克或微循环障碍。
9. 症状减缓后的护理　对耐过后存活的病犬，在症状减缓后，应禁食24h，然后在3h内给予流食，以后喂给易消化、刺激性不大的食物，并控制饮水和剧烈运动。

【预防】

平时加强饲养管理，饲喂要定时定量，严禁犬在饥饿后暴饮暴食。禁喂给动物腐败的食物，喂给曲子和酵母时必须要经过热处理后方可混入食物中。

四、胃内异物

胃内异物是犬猫吞食了块状、尖锐的或柔软的、不易消化的物体。临床上，常见到吞食的是家用的针线、小勺、硬果壳、果核、塑料袋、珠宝、石块、棋子、钥匙、抹布和袜子等。临床上主要表现呕吐、食欲不振或时好时坏，甚至出现胃穿孔等。

【病因与发病机制】

犬和猫吞食了不易消化而又没有营养价值的异物。

由于犬、猫的异嗜，还有宠物玩耍时有啃咬各种物品的习惯，误吞了不易消化而又没有营养价值的异物，引发本病。犬和猫的食管对大块、尖锐的物体有相当强的运输能力，胃对异物的承载能力也很惊人。临床上犬比猫多发。

【症状】

犬或猫主要表现呕吐和食欲不振。发生呕吐是由于幽门阻塞、胃扩张和异物对胃刺激造成的。胃内有异物时不同病例的食欲差异很大。有些患病宠物食欲正常，而有些则不太爱吃东西，还有些表现为厌食。长期的呕吐可以引起脱水，如果出现胃穿孔，会引起低血容量性休克。

【鉴别诊断】

注意与其他发生急和慢性呕吐疾病如食道梗塞、胃肠炎等疾病的区别。

【预后】

如果不出现吸入性肺炎、胃坏死、胃穿孔或腹膜炎的情况，预后良好。

【诊断】

如果主人看到宠物吃了什么东西，详细询问病史就会做出诊断。而大多数情况下，主人不知道宠物吃了什么东西，而只是观察到宠物不爱吃食物，经常呕吐。应该将胃内异物作为鉴别诊断的一项。多数宠物腹部触诊通常没有明显的异常，但也有偶而触摸到的物体，比如犬的胃内有一小段肋骨或猫的胃内有大的毛球等。

血浆电解质显示正常或宠物处于脱水状态。有些幽门阻塞的宠物表现出酸性胃液大量丢失而导致的低血钾症、低血氯症和低血钠症和代谢性酸中毒。

放射学检查可以发现胃内的肿块或不透射线物体，但大多数情况下在X线片上看不到异常。这时可以考虑造影（用胃肠道钡餐造影）或内镜检查。

【治疗】

1. 治疗原则　消除病因，尽早取出异物，消除症状，对症治疗，加强饲养管理。

2. 治疗方法　大多数异物可以用内镜或手术（开腹术和胃切开术）取出。这两种方法都需要对宠物进行全身麻醉，操作前必须保证宠物没有脱水且血浆电解质浓度正常。特别应注意的是要补充一定量的氯化钾，因低钾血症会导致宠物在麻醉时出现心律不齐。在生理盐水中添加氯化钾配成20~30mmol/L（约氯化钾1.5~3.0g）的溶液输给有代谢性碱中毒症状的宠物。然而，实际的补钾量应根据低钾血症的程度来确定。

【预防】

尽量不要把宠物啃咬、玩耍、能吞咽的物体放在外面，避免犬接触这些物体；发现宠物有异嗜的恶癖，要及时纠正。

五、胃肠卡他

犬消化不良又称为胃肠卡他，是胃肠黏膜表层的轻度炎症，胃肠消化机能发生障碍的一种疾病，是犬的常见病。多因犬的暴饮暴食，吞吃生冷不洁食物，腐败变质食物，或吞吃石块杂草等不能消化的杂物所引起的本病。某些传染病和寄生虫病也可以继发消化不良。临床上主要以呕吐、腹泻或便秘、粪便中含未消化的食物、多饮为主要特征。

【病因】

食物品质不良，如发霉、冰冻的食品等；或喂食不当，如过饥，或浓厚食品过食、过饱等；牙齿咬合不正；饲料突然变换；有毒植物中毒；受到冷水刺激；房舍湿冷等，均可引起胃肠卡他。宠物的幼仔在离乳期间，如果突然给予浓厚或粗硬的饲料，亦易引发本病。

继发性胃肠卡他，常见于许多传染病，如结核、副结核、口蹄疫、出血性败血症等；寄生虫病，如羊钩虫、结节虫、肝片形吸虫等。此外，其他器官，如牙齿、口腔、心、肺、肝、肾等的疾病，亦可继发胃肠卡他。

【发病机制】

一般是由于神经系统的调节作用不健全或下降；消化器官发育和功能不完善或下降；消化腺分泌机能下降等。当胃肠受到各种不良因素的刺激时，致使胃肠机能下降，胃肠内环境改变，消化酶活力下降，进入了胃肠的食物不能正常消化而引起异常分解，出现分解不全产物，这些物质又极易发酵，产生大量低级有机酸性物质，并刺激胃肠壁蠕动增强；同时由于内环境的改变，使胃肠道内的微生物菌群大量繁殖。由于产生大量发酵、腐败产物以及细菌毒素的作用，致使肠黏膜受刺激，引起机体脱水、蠕动和吸收功能障碍而发生腹泻。进一步引起机体脱水、循环障碍；有害物质被吸收，破坏肝脏屏障和解毒功能，出现自体中毒；入血的毒物刺激神经，会出现神经系统功能紊乱，患病宠物呈现精神沉郁、昏睡、昏迷、兴奋、痉挛等神经症状。

【症状】

临床表现主要是精神不振，食欲减退或废绝，体温不高，喜欢饮水，有时呕吐，有时拉稀，有时便秘，粪便中常有未消化的食物等。

1. 以胃机能紊乱为主的胃肠卡他症状　急性表现为精神倦怠，呆立嗜眠，常打哈欠，心跳增多，呼吸无变化，眼结膜充血或黄染，有时体温稍升高1℃左右，上唇肿胀，口腔黏膜潮红，口臭，舌苔白灰，肠音减弱，粪球干小，表面附有黏液，粪球内混有未消化的饲料。慢性表现为体温、呼吸、心跳无变化，食欲减少或不定，常不愿吃高蛋白食物，眼结膜苍白略黄染，上口唇肿胀，有舌苔，口臭，常打哈欠，肠音减弱，粪球少而干，表面有黏液，有时有下痢或腹痛，病情时好时坏，长期不能康复。

2. 以肠机能紊乱为主的胃肠卡他　急性表现下痢是主要症状，但有时又排干粪球。下痢时肠音亢进，排干粪时肠音又减弱。体温微升0.5~1℃，心跳，呼吸稍增加，眼结膜充血，口稍干或干臭。患畜精神不振，被毛粗乱，如全身生理指标恶化，则有危险。

慢性主要表现主症状是长期便秘与腹泻交替发生，体温不高，呼吸稍增，心率变慢且常有间歇，结膜苍白或略显黄染，口腔无变化或发臭，食欲无明显变化，被毛粗乱，活动易出汗，后期可出现自体中毒现象。

【诊断】

消化机能的紊乱是本病最主要的特征。其中胃卡他的上唇肿胀，结膜黄染，不食或少食精料及粪球干小有别于肠卡他；而肠卡他的便秘与腹泻交替，结膜苍白，活动易出汗也有鉴别意义。

【治疗】

1. 治疗原则　就是除去病因，加强护理，清肠制酵，调整胃肠功能。

2. 加强喂养管理　如牙齿有病需修整，更换劣质草料等。有针对性地改善管理，适当减少饲喂量。

3. 清肠制酵，调整胃肠机能　方法是给缓泻药，如硫酸钠溶液、石蜡油或植物油，约50～100g左右，清理胃肠之后再给一些健胃药以调整胃肠机能。如果病犬口腔干燥，肠音减弱，排粪迟滞，粪干色暗，交感神经兴奋性增高，消化道分泌被抑制的病例可应用苦味药如龙胆酊和稀盐酸。

如果病犬口腔湿润，肠音增强，不断腹泻则用人工盐，碳酸氢钠或健胃药。如果配合应用一些消化酶则效果更好，如酵母片、乳酶片、胃蛋白酶等，再给抗生素磷霉素钙即可治愈。用药剂量均应按体重计算。

方1　鞣酸蛋白1.5g，柳酸1g，磺胺脒1g，做成粉剂，混合均匀，分为4包，1d服完。

方2　鞣酸蛋白1.5g，矽炭银8片，活性炭3g，氟苯尼考粉0.5g，混合研细，分为4包，1d服完。

4. 中药治疗

平胃散：苍术3g，厚朴2g，枳壳2g，茯苓2g，陈皮2g，胆草3g，甘草3g等水煎，去渣灌服。

五苓散：茯苓3g，泽泻3g，白术4g，赤芍5g，桂皮2g，滑石3g，建曲5g等水煎，去渣灌服。

【预防】

改善饲养管理，合理使役，适当运动，定期驱虫与检查。

六、肠炎

肠炎是肠黏膜表层及其深层组织的重剧性炎症。按炎症类型分为黏液性炎、化脓性肠炎、出血性肠炎、坏死性肠炎、纤维素性肠炎等；按病因分为原发性和继发性肠炎；按病程经过分为急性和慢性肠炎等。在临床上以消化机能紊乱、腹痛、呕吐、腹泻、脱水、迅速消瘦、发热为主要特征。本病见于各种年龄和品种的犬，无明显的性别差异，但以2～4岁的小型纯种犬多发。

【病因】

1. 原发性的胃肠炎　主要是因为采食品质不良食物，如采食发霉、变质、腐败或受到污染的食物；或刺激药品（如阿司匹林、吲哚美辛、头孢菌素、多西环素）；或误食了有毒或混有毒物食品而致病；由于过劳、感冒等，使胃肠的屏障机能减弱；滥用抗生素而扰乱胃肠道的正常菌群以及引发变态反应性肠炎；或因犬的暴饮暴食，突然更换食物等，都会引发本病。

2. 继发性的胃肠炎　主要是在某些传染病（如犬瘟热、犬细小病毒病、钩端螺旋体病等）及寄生虫病（如钩虫病、鞭虫病、球虫病等）中也常伴发胃肠炎。

【发病机制】

在上述病因的作用下,肠黏膜的屏障功能减退,肠道内病原性细菌大量繁殖,产生的毒素损伤了肠壁,致使肠黏膜及黏膜下层的组织出现炎性变化,造成肠黏液分泌增多、黏膜水肿、充血、纤维蛋白渗出、白细胞浸润甚至形成溃疡、化脓或坏死。另外病原菌随食物进入肠道后,大量繁殖,会引起肠道内容物发生剧烈的腐败,产生大量有刺激性的有毒物质。肠黏膜在这些有害物质的作用下,使肠蠕动加强,甚至出现痉挛性收缩,导致患病宠物的呕吐、腹泻和腹痛,并出现不同程度的脱水和酸中毒。如果炎症过程继续发展,侵害到深层组织,会引起交感神经反射性抑制而使肠蠕动减慢或引起肠麻痹,如果肠内空虚还会造成肠蠕动停止,而出现肠积液、肠臌气;如果炎性产物、腐败产物、细菌性产物等这些有毒物质被吸收,会出现自体中毒、内毒素血症、内毒素休克等。

大量的纤维蛋白由于渗出而丢失,大量的水分和盐分由于腹泻而丢失,从而导致机体全身衰竭、脱水,酸碱平衡紊乱和渗透压改变,造成心、肝、肾等器官的变性。脱水后,引起血液浓缩,加重心脏的负担,会加速已经发生心肌变性的心脏的衰竭过程。当肠道内发酵、腐败的产物及病原微生物的产物被机体吸收后,引起机体中毒,可引起发热,如不及时治疗,往往造成患病动物的死亡。

【症状】

1. 急性肠炎 发病后出现频频呕吐,呕吐物中常混有血液或含有胆汁样的物质。此外,病犬饮水较多,但饮水之后又会发生呕吐。腹泻则呈现里急后重的症状,频频排水样、粥样或带血粪便,排便次数虽增多,但每次排的粪便量少。因肠道炎症的部位不同,其表现也有不同。如果小肠前段发生炎性出血时,其排出的粪便呈墨绿或黑色。若小肠后段发生炎性出血时,其排出的粪便表面带有血液,并有难闻的臭味。大肠段有炎症时,可排出胶冻样的粪便。病初进行肠听诊时,可听到肠音增强,病后期肠蠕动音减弱。病犬表现精神沉郁,食欲减退或废绝,有明显的脱水现象。当感染并发酸中毒时,病犬的体温升高达40~41℃。后期腹泻恶臭,病犬肛门松弛,排粪失禁。严重的病例,病犬因呕吐、腹泻剧烈,而出现严重脱水,病犬极度衰弱、无力,末梢厥冷,体温下降到正常以下,此时,有黄疸,最后陷入昏睡症状,抽搐死亡。

2. 慢性肠炎 病犬表现为持续性腹泻,并伴有消瘦、脱水等症状。因炎症的部位不同,其表现的症状也不同,小肠患慢性炎症,其食欲变化不大,但有明显的消瘦,饮水也比平时多;大肠患慢性炎症时,会排出大量混有血液的黏便。病情严重时,病犬的体温升高,心率加快。听诊肠蠕动音亢进。

3. 中毒性和传染性胃肠炎 除有急性胃肠炎的表现外,常伴发肾炎和神经症状。

【诊断】

根据病史和临床症状易于诊断,但要建立确切性诊断或确定病因,需要做实验室检查。

【病程及预后】

如果发现及时,治疗及时的病例,一般预后良好,经5~7d可痊愈。如果发现晚,治疗不及时的病例,预后要慎重。

【治疗】

1. 治疗原则 本着"三早"的原则:即早发现、早确诊、早治疗。消除病因,对症治疗，抑菌消炎，强心、补液，调整酸碱平衡，加强喂养和护理。

2. 护理措施　先绝食1~2d后，给予柔软的易消化吸收的食物和清洁的饮水，专人护理。

3. 治疗方法

（1）加强喂养与护理　病犬发生胃肠炎后，要精心护理，最好在24h内停食，以减少对胃肠道的刺激。之后喂给糖盐水米汤（每100ml米汤中加入食盐1g，多维葡萄糖10g），或肉汤、牛奶、豆浆等，此后可逐渐变稠，直到完全恢复正常的饮食。

（2）对症疗法　①可用维酶素200~800mg/kg体重，口服，2次/d；②病初为了排除肠内的不良产物，可投与盐酸阿朴吗啡0.04~0.08mg/kg体重，皮下注射。也可将硫酸铜0.1~0.5g，稀释成1%的溶液灌肠。或用蓖麻油15~50ml，口服；③持续性腹泻的病犬，可投与次硝酸铋6~20mg/kg体重，口服，2~3次/d；④呕吐严重时，可用维生素B_6、氯丙嗪、爱茂尔肌内注射等，或用盐酸氯苯甲嗪，25mg/kg体重，口服，2次/d；⑤腹痛剧烈时，可用镇痛剂，如哌替啶10mg/kg体重，1次/8h。或皮下注射阿托品，1mg/kg体重；⑥对严重肠出血的病例，可用维生素K、止血敏和安络血等止血药。在治疗期间，还可给予制酸药物，可用甲氰脒胍，1mg/kg体重，2次/d，肌肉注射，可有效地减少肠液的分泌，有利于病犬的康复。

（3）强心补液，调整酸碱平衡　胃肠炎严重时，可用5%葡萄糖溶液和乳酸林格氏液，以2∶1混合，静脉注射。或用复方氯化钠适量，维生素C 20mg/kg体重，一次混合静脉注射。或用5%葡萄糖溶液250ml，碳酸氢钠250ml，维生素K_3 35mg/kg体重，一次静脉注射；发生心力衰竭时，可用樟脑磺酸钠注射液0.15~0.2ml/kg体重，皮下注射。或用强尔心0.2~0.4mg/kg体重，安钠咖100~200mg/kg体重，皮下或肌肉注射。

（4）止泻、保护肠黏膜　可用磺胺脒30mg/kg体重、次硝酸铋6~20mg/kg体重，混合后一次灌服，2次/d，连用2~3d。

此外，对伴有体温升高的病犬，可用抗生素治疗。对继发性胃肠炎，在未确定病原之前，先作适当对症疗法，然后采取不同的病原疗法。对中毒性肠炎应以解毒为主；对传染性胃肠炎，应采取用抗血清和对症、维持疗法；对寄生虫性肠炎，应以驱虫为主，并辅以对症和支持疗法。

【预防】

加强饲养管理，注意食物的质量，减少病因的作用，及时预防传染病和寄生虫病，防止中毒性疾病的发生。

七、肠梗阻

肠梗阻是肠管发生机械性、功能性阻塞或肠管正常位置发生不可逆变化（如肠套叠、嵌壁或扭转等），致使肠内容物不能顺利下行，并伴随阻塞部位局部血液循环障碍性急腹症。临床上以剧烈腹痛、呕吐和明显的全身症状为特征。根据肠腔阻塞程度，可分为完全梗阻和不完全梗阻。本病发病急，发展迅速，如不能及时正确治疗，死亡率很高。

【病因与病理机制】

1. 物理性因素　原发性肠梗阻，多是肠内有异物，如宠物误吞了牵引带、布条、果核、石块、绳索、玻璃球、弹性玩具、骨头、毛球等；或继发于粪便秘结、肠道寄生虫、肠道内外肿瘤、肠炎、肠套叠、肠绞窄、肠扭转、肠道手术后形成疤痕及疝等，使肠腔闭塞，造成机械性肠梗阻。

2. 功能性因素　有支配肠壁的神经紊乱或发炎、坏死，导致肠蠕动减弱或消失，或肠系膜血栓，导致肠管血液循环发生障碍，继而使肠壁肌肉麻痹，肠内容物滞留。

【症状】

肠梗阻主要表现为腹痛、呕吐。腹部膨大，肠音病初增强，后期减弱，排出煤焦油样的粪便，最后排粪停止。腹部触诊，僵硬，可触摸到梗阻物，有疼痛和反抗。持续性的呕吐，呕吐物中含有食物和黏液。食欲完全废绝，严重的脱水，精神沉郁，消瘦。本病的病情发展迅速，全身症状加重，多在12h内即可出现脱水，可视黏膜发绀，心脏衰竭等自体中毒，如不及时解除梗阻，常在48h内死亡。慢性者体重逐渐下降，粪便稀薄黑色，偶有血丝；听诊肠音消失，叩诊可因气体和液体混合而发出钢管音。

【诊断】

肠梗阻根据症状结合以下方法可以作出诊断。

1. X线检查　阻塞前部的肠管扩张，有特征性气体像。站立位时，可见液体与气体之间的水平线，阻塞部位以下的肠管呈空虚像。

2. 肠道造影　灌服钡剂或发泡剂后，肠道造影可确定阻塞部位。物理性肠梗阻的急性期，可见肠蠕动亢进或逆蠕动。疑似大肠被秘结粪便堵塞时，肠道造影可确定大肠的通过障碍。

3. 血清学检查　血清淀粉酶、脂肪酶升高，血清尿素氮在阻塞初期无变化，长期阻塞或肠管内出血时，轻度至中度升高。

【治疗】

1. 治疗原则　强心补液，纠正脱水和酸中毒；消除病因，立即进行手术，除去梗阻物，解除梗阻，恢复肠道功能。

2. 治疗　一旦肠梗阻被确诊，首先要强心补液，纠正脱水和酸中毒，用生理盐水静注，补充量以宠物排尿为宜，然后按 20~40mmol/L 加入 KCl 补充液体，同时进行预防性抗生素治疗。当威胁宠物的症状消失，然后进行手术，取出梗塞物，或整复变位、套叠的肠管。如果肠有坏死部位，要切除，做肠管吻合术。

3. 术后治疗与护理　术后患犬要禁食 2~3d，并合理补充体液，供给能量，调节电解质平衡、酸碱平衡，选用广谱抗生素控制感染。也可同时应用皮质类固醇药物、复合维生素B族、维生素C进行治疗。

三天后，供给患犬易消化的流质食物，根据患犬的病情，逐渐恢复到常规食物。

【预防】

不要让宠物玩耍玻璃球、果核、橡皮、弹性玩具等；当宠物玩耍东西时，不要硬抢，否则易使宠物吞食这些物品。不要给犬过大或过多的骨头。定期为宠物驱虫，防止寄生虫繁殖而引起梗阻。对于宠物的异嗜癖要及时纠正，防止吞食破布、线团、毛球等引起梗阻。为防预本病的发生，要加强宠物的管理，定期免疫和驱虫。

八、肠便秘

肠便秘是指肠道内容物和粪团滞积于肠道某部（主要在结肠和部分直肠），内容物的水分被吸收而浓缩，并逐渐地变干变硬，致使肠道扩张直至完全阻塞引起的疾病。如果便秘时间过长，肠道内容物中的蛋白质就会异常发酵，其分解产物被吸收，可引起自身中毒，导致全身性变化。本病多发于老龄犬。

【病因】

长期饲喂干食物，限制摄取流体食物；饲喂过量的骨头、过量的骨粉或磷酸钙盐使肠道内形成一种不易移动的灰浆块等；摄食过少，对肠道的机械或化学刺激不足；促进排便的肌肉弛缓无力等，均可引起本病。本病也常继发于排便疼痛的疾病。

【发病机制】

肠便秘是在各种不同病因的作用下，肠内容物开始积留在肠道天然较狭窄的部位。小肠阻塞通常是突然的发生，由于肠内容物的作用，将十二指肠的乙状弯曲部或盲肠入口处堵塞，或在其他的部位将肠管堵塞。当肠内容物在肠道的某一部位停留时，则使肠内容物的后送成为不可能，而长时间地留于肠管中，因阻塞物的机械刺激和发酵腐败产物的刺激，引起肠壁反射性的痉挛收缩，而发生不同程度的腹痛（因阻塞部位的不同有疼痛的差异性）。一般情况下，小肠发生时腹痛较严重，大肠发生时腹痛较轻。

由于肠的内容物不能后送，则在肠道内发生腐败分解，产生有害的气体。因内容物不能后送，而逆蠕动进入胃内，引起呕吐。当产生的不良产物被机体吸收而引起全身的变化。严重便秘并有脱水的现象，红细胞数和红细胞压积轻度升高，有低血钾症。如不及时的解除阻塞物，会因全身病情的恶化而死亡。

【症状】

肠便秘发病后，病犬表现为食欲不振或废绝，有逆呕现象，有时会逆呕出胃内容物，严重的会逆呕出肠内容物。尾巴伸直，步态紧张。脉搏加快，可视黏膜发绀。轻症犬反复努责，排出少量干硬的粪便，重症犬排出少量混有血液或黏液的液体。肛门发红，甚至水肿。触诊后腹上部有压痛，肠音减弱或消失。直肠指诊能触到硬的粪块。

【诊断】

主要根据排粪困难，病犬常试图排粪，但排不出或只排出少量的干硬粪块，腹痛不安；肠音减弱或停止，呕吐，触诊腹部有明显的疼痛，并可摸到硬的粪块，即可作出诊断。

【治疗】

1. 治疗原则　消除秘结，利肠通便，适当增加运动，恢复肠功能。
2. 治疗方法　对肠便秘较轻的早期病例，腹部触压秘结的粪便并将其压碎。对原发性的便秘，主要是疏通肠道，促进排粪。用液体石蜡或肥皂水灌肠，也可灌服硫酸镁 10～20g，常水 200ml。果导片口服 1～3 片，效果较好。小型犬也可用开塞露于肛门内挤入。或用温肥皂水、甘油或液状石蜡（5～30ml）灌肠。灌肠时，压力不要过大，否则易造成不良的后果。也可内服蜂蜜，可获得较好的效果。

便秘持续时间长，药物治疗无效时，可进行剖腹手术排便。

对继发性的便秘，主要治疗原发病。

粪便通畅后，要进行适当的运动，合理配合食物，要给予充足的饮水。

【预防】

加强饲养管理，做到定时定量，经常进行活动，保证饮水。

九、肠臌气

肠臌气又称为肠臌胀，是由于宠物采食大量易发酵的食品，肠内产生大量气体，而排气不畅，以致肠管过度臌胀而引起的一种腹胀、腹痛性疾病。

按病因可分为原发性肠臌气和继发性肠臌气。其临床特征是以剧烈腹痛、腹围增大而肷窝平满乃至隆突，病程短而急。一般多发生于老龄宠物。

【病因】

1. 原发性肠臌气　常发生于肠机能下降的老龄犬或猫；由于喂养环境突然变化，如室内喂养突然转为室外喂养；或出现吞食过量易发酵食品，特别是暴饮了大量冷水之后；易发酵食物包括新鲜多汁、堆集发热的食物，或暴食了含蛋白、脂肪较高的食品。

2. 继发性肠臌气　在冷热、气压等各种应激原的作用下，宠物机体处于应激状态，会引起植物神经调节发生紊乱，以致胃肠的分泌和运动机能减弱，肠道内环境不稳定，微生物群落重新组合，消化动力定型遭到破坏，如果采食易发酵的食品，则更易发生肠臌气。另外，继发性肠臌气，常见于完全阻塞性大肠便秘、完全闭塞性大肠变位、大肠套叠、扭转等的经过中。弥漫性腹膜炎引起反射性肠弛缓、出血坏死性肠炎引起肌源性肠弛缓的，有时也会继发肠臌气。卡他性肠痉挛偶尔也可能继发一时性的肠臌气。

【发病机制】

在正常消化过程中，肠道内经常产生少量气体，并随即吸收或排出体外，产气量与排气量保持相对平衡。

若大量易发酵食物进入肠道后，发酵过程猛烈进行，于短时间内形成大量二氧化碳、甲烷、氢、硫化氢等气体和酸性物质。开始，肠壁的化学感受器和压力感受器受到刺激，反射地引起肠液分泌增多和肠蠕动增强，频繁排出稀软粪便和肠气。接着，肠平滑肌、特别是直肠前端的环状肌发生痉挛性收缩（尤以采食易发酵食物之后，暴饮大量冷水时为甚），致使排气过程不畅，继续形成的大量气体蓄积在肠道内，造成大肠、小肠乃至胃的急性膨胀。膨胀的肠段相互挤压而折叠回转，发生肠移位，结果肠气的排出完全受阻，肠壁更加膨满紧张。后期，由于肠壁过度膨胀，供血不足，气体不能被吸收，肠平滑肌的收缩能力亦逐渐丧失，终至完全麻痹。

急性肠臌气的腹痛也包含三种，即膨胀性疼痛、痉挛性疼痛和肠系膜（牵拉）性疼痛。

肠膨胀是决定本病结局的中心环节。肠膨胀可引起急性心力衰竭；由于肠膨胀，腹腔内压增高，在剧烈腹痛倒地滚转时，可引起膈破裂和肠破裂。

继发性肠臌气，均发生于阻塞肠段的前部，多为局限性的，系由于阻塞前部肠内容物停滞、积聚，液体渗向肠腔，经微生物的发酵作用，生成大量气体不能排出和吸收而发生的。

【症状】

原发性肠臌气　通常在采食易发酵饲料之后 2~4h 起病，表现以下的典型症状。

（1）腹痛　病初，肠肌反射性挛缩，呈间歇性中度腹痛。随着肠管的膨胀，很快即转为持续性剧烈腹痛。末期，肠管极度膨满而陷于麻痹，则腹痛反而减轻乃至消失。

（2）消化系统症状　初期，肠音高朗连绵，并带金属性音调，多次少量排稀软粪便并频频排气；以后，则肠音减弱乃至消失，而排粪和排气完全停止。

（3）全身症状　在显现腹痛的 1~2h 内，腹围即急剧膨大，左右肷窝平满或隆突。触诊腹壁紧张而有弹性，叩诊呈鼓音。呼吸促迫、用力，甚而出现窒息危象。脉搏疾速，静脉怒张，可视黏膜潮红乃至发绀。

（4）原发性肠臌气　病程短急，经过一般为 10h 左右。早期发现，适时治疗，多可痊愈。重剧病例则常在数小时至 1 小时内死亡。致死的直接原因是窒息、急性心力衰竭、肠破裂和膈破裂。

（5）继发性肠臌气　继发于完全阻塞性大肠便秘、肠套叠、肠扭转或完全闭塞性大肠变位等原发病的经过中，通常至少在原发病经过 4~6h 之后，才开始逐渐显现腹围膨大、肷窝平满、呼吸促迫等肠臌气的典型症状，且腹痛加剧，全身症状增重。

继发性肠臌气，病程较缓，其预后随原发病而定。

【诊断】

依据腹围膨大而肷窝平满或隆突这一症状，极易作出肠臌气的论证诊断。困难的问题在于确定肠臌气是原发性的还是继发性的，还要依靠问诊和检查。凡起病于采食易发酵食品之后，腹痛伊始，肚腹随即膨大而肷窝迅速平满乃至隆突的，均为原发性肠臌气；凡起病于腹痛病的经过之中，在腹痛最初发作至少 4~6h 之后肚腹才逐渐开始膨大的，均为继发性肠臌气。

能继发肠臌气的疾病，主要有以下几种。最常见的是完全阻塞性大肠便秘和完全闭塞性大肠变位，通过触诊、B 超检查等方法找到便秘、变位或堵塞的肠段，即可确定诊断。

肠臌气还可能是出血坏死性肠炎和急性弥漫性腹膜炎，两者各具临床特征，不难鉴别。

【治疗】

1. 治疗原则　首先要解痉镇痛、排气减压和清肠制酵。原发性肠臌气，病情发展急速，尤应遵循此原则实施紧急抢救。

2. 解痉镇痛　解除肠管痉挛，以排除积气和缓解腹痛，这是治疗原发性肠臌气的基本环节。初、中期病例，常在实施解痉镇痛疗法之后，即行痊愈。下列解痉镇痛方法效果均好，可依据条件选择应用。

普鲁卡因粉 0.1~0.5g，常水 30~50ml，直肠内灌入；水合氯醛 1.5~2.5g，樟脑粉 0.4~0.6g，酒精 4~6ml，乳酸 1.0~2.0ml，松节油 1.0~2.0ml，混合后加水 50~100ml，胃管投服，兼有解痉镇痛和制酵作用；还可选用针刺后海、气海、大肠俞等穴；0.5% 普鲁卡因液 10ml，10% 氯化钠液 20~30ml，20% 安钠咖液 2~4ml，混合一次静注。

3. 排气减压　在病犬或猫腹围显著膨大，肷窝隆突，呼吸高度困难出现窒息危象时，应首先排气减压，实施急救。

4. 清肠制酵　清除胃肠内容物并制止其发酵，通常要在排气基本通畅、腹痛和窒息危象已经缓和后实施。一般将缓泻剂和各种制酵驱风剂同方投服。如人工盐 25~35g，氨茴香醚 4~6ml，松节油 2~3ml，加水 50~60ml，胃管投服。

十、肠套叠与肠扭转

肠套叠是一部分肠管套入相邻的肠管之中，使该段肠壁重叠并拥塞于肠腔而引起的疾病。犬的发病率较高，肠梗阻的首位因素，临床主要表现为腹痛、呕吐、血便、腹部肿块等。

肠扭转是肠管的某一段肠襻沿一个固定点旋转而引起的肠变化性疾病。扭转肠襻极易因血循环中断而坏死，是机械性肠梗阻中最危险的一种类型，大多数肠扭转发生在小肠，但乙状结肠扭转也不罕见。

【病因】

1. *肠套叠* 发生常与肠管解剖特点有关，如盲肠活动度过大；病理因素，如严重的寄生虫感染、犬瘟热、任何类型的胃肠炎、近期的外科手术、息肉、肿瘤以及肠功能失调、蠕动异常有关。

（1）按病因分型 可分为原发性与继发性两类。一般认为肠蠕动功能紊乱及肠痉挛发生，严重持续的痉挛段可被近侧的蠕动力量推入相连的远侧肠段。继发性肠套叠多见于成年患犬，是由于肠壁或肠腔内器质性病变被蠕动推至远侧而将肿物所附着的肠壁折叠带入远侧肠腔。

（2）按发病部位分型 可分为回肠—结肠型、回肠盲肠—结肠型、小肠—小肠型，以及结肠—结肠型。

2. *肠扭转* 常因先天性肠系膜过长，或小肠旋转异常，或后天性肠粘连的结果。饱餐后剧烈运动常是肠扭转的诱发因素，为一种闭襻型梗阻。

【症状】

1. *肠套叠* 本病主要表现腹痛、呕吐、便血、腹部"腊肠样包块"。

（1）阵发性腹痛 腹痛突然发生，疼痛时患病宠物可视黏膜苍白，出汗，四肢屈曲，有些患病宠物不断呻吟，表现烦躁不安，持续数分钟而突然安静，嬉戏如常，但不久后上述情况又重复出现。

（2）呕吐 腹痛发作以后即出现，初起较频繁，随后可减轻，吐出物多为胃内容物。患病宠物常拒绝采食。到后期如发展为完全性肠梗阻时，常见呕吐物为粪便样带有臭味。

（3）便血 为肠套叠最重要症状之一。发病后 4~12h，就可出现紫红色或"猪肝色"大便，并有黏液。

（4）腹部包块 在患病宠物安静或熟睡时，腹壁松弛情况下，在腹部可摸到"腊肠样"的肿块，如为回盲型，则肿块多在右上腹部或腹中部，表面光滑，稍可移动，腹痛发作时，肿块明显，肠鸣音亢进，右下腹有"空虚感"。

除上述急性肠套叠外，临床尚有慢性复发性肠套叠，多见于成年犬，其发生原因多与肠管本身病变有关，如小肠或回盲部肿瘤。慢性复发性肠套叠多系部分性肠梗阻，临床症状不典型，主要为阵发性腹痛及腹部包块，呕吐及便血很少见，常进行 X 线钡剂检查方可确诊。

2. 肠扭转

（1）小肠扭转　腹部绞痛，突然发生，多位于脐周围，常因疼痛难忍而在地上翻滚不安。疼痛并向腰背部放射，伴呕吐，患病宠物可视黏膜苍白，脉搏细弱，甚至发生休克。

检查：腹部有明显压痛，腹肌紧张，反跳痛早期并不明显，肠鸣音亢进，但后期常减弱。

（2）乙状结肠扭转　腹部阵发性绞痛，有明显腹胀，疼痛较小肠扭转略轻，呕吐并不明显。常为老龄宠物，并有便秘史。

检查：腹部膨隆，肠鸣音亢进并有气过水音。X线腹部平片梗阻以上肠襻明显扩张，钡剂灌肠检查，可见扭转部钡剂受阻，钡影尖端呈"鸟嘴"状。

【鉴别诊断】

1. 肠套叠　急性肾衰、钩端螺旋体病、以前的肠道手术、钩虫、肿瘤。

2. 肠扭转　发病急，病程短，通常是主人发现患病犬死亡。X线检查发现麻痹性肠梗阻。

【诊断】

1. 肠套叠　根据病史、体检、X线或超声波检查结果可以作出诊断。对于诊断比较困难的早期病犬，如一般情况较好，且无肠坏死征象，可酌情进行低压钡剂灌肠，如发现有"杯口状"X线征象，则可进一步证明为肠套叠。

2. 肠扭转　腹部胀痛、腹痛，患犬处于休克状态或死亡。X线检查发现麻痹性肠梗阻。

【治疗】

1. 治疗原则　整肠复位；或切除套叠肠段。

（1）非手术治疗　临床上最常使用的为灌肠复位法。幼仔急性肠套叠，早期可应用空气或氧气及钡剂灌肠法促使已套叠的肠管复位。

（2）手术治疗　肠套叠晚期或经钡灌肠复位无效者，均应采取手术疗法进行复位，避免延误时机，造成肠坏死或穿孔。

2. 肠扭转治疗原则　整肠复位；或切除扭转肠段。

（1）手术治疗　小肠扭转应早期剖腹手术治疗，取正中切口，进入腹腔后如小肠尚未坏死，应将扭转肠襻按其扭转相反方向回转复位，然后用温盐水纱布垫湿敷。如小肠扭转肠襻已明显坏死，则不应回转复位，以免大量毒素进入血循环加重中毒性休克，可将其远近端钳夹切除后行肠吻合术。乙状结肠扭转有肠坏死者，切除坏死肠襻后将断端置入腹壁行结肠造口术，留待全身情况好转后二期手术吻合；乙状结肠多次扭转宜行手术切除。

（2）保守治疗　适用于乙状结肠扭转的早期，可用乙状结肠镜检查将肛管送入扭转肠襻后即可见大量气体涌出，肛管保留数天，如置管后腹胀减轻、疼痛消失即可拔管，如有腹肌紧张，疑有肠坏死，改行手术治疗。

（3）支持疗法　禁食，胃肠减压，维持水与电解质平衡，抗感染，维持营养。

【预防】

肠套叠复位后或切除后很易复发，特是青年宠物，可通过小肠邻近肠管浆膜肌层固定术在一定程度上减少其复发的可能性；肠扭转预后很差，一般要切除因肠扭转而坏死的肠管，作肠管吻合术。

十一、嗜酸性粒细胞性肠炎

嗜酸性粒细胞性肠炎是以嗜酸性粒细胞浸润黏膜和固有层为主要特征的炎症。本病是单独或同时影响到胃、小肠、大肠的疾病。临床症状复杂，除常见的以黏膜病变为主的病例表现为腹痛、腹泻、呕吐等消化道症状外，以肌层或浆膜病变为主者还可表现为幽门梗阻，肠梗阻或肢体水肿及腹水等。犬、猫都会发生。

【病因】

目前病因还不清楚。常继发于寄生虫感染。一般认为积聚的嗜酸性粒细胞产生的细胞因子，以及其他血管作用因子和炎性物质是导致动物出现临床症状的主要原因。

【病理及机制】

嗜酸性粒细胞性胃肠炎病因不明，嗜酸细胞在嗜酸性粒细胞性胃肠炎的发病过程中的确切作用尚不清楚，以往的理论认为嗜酸性粒细胞的吞噬和杀菌作用均极弱，在过敏反应中能吞噬肥大细胞释放出的颗粒，降解组胺和白三烯等炎性介质，所以嗜酸性粒细胞是Ⅰ型变态反应过程的调节因素。但新近的研究提出嗜酸细胞在胃肠表面的聚集是组织损伤的主要机制。尤其与晚期和持续性反应有关。嗜酸性粒细胞中含有嗜伊红的颗粒，这些颗粒核心的主要成分是阳离子蛋白，包括主要碱性蛋白嗜酸细胞神经毒素、嗜酸细胞过氧化物酶等。

【临床症状】

症状与其他形式的肠炎病症类似，临床主要表现腹痛、呕吐、腹泻、消瘦、吸收不良、低蛋白血症等。腹泻主要表现间歇性腹泻和血样腹泻两种，肠系膜淋巴结会肿大。内窥镜检查，有时会在肠壁上见到嗜酸性肉芽肿而引起的肿瘤样肿块部分地阻塞了肠腔，外周血液中的嗜酸性粒细胞增多。如果出现蛋白丢失，导致血浆蛋白降低，出现低蛋白血症。患病宠物四肢出现水肿。

病理变化，主要表现为组织细胞水肿，以嗜酸性粒细胞为主的炎细胞浸润，嗜酸细胞聚集成团，肥大细胞、含IgE的浆细胞增加。也可见表面上皮和腺上皮细胞的退行性变和坏死，免疫荧光染色可见嗜酸性粒细胞的脱壳粒产物。从食管到结肠消化道的任何一段的任何一层均可受到侵害，但常见的部位是胃与小肠。病变的小肠活检可见小肠微绒毛的消失。

【诊断】

根据病史，通过内窥镜或手术获取小肠活组织标本进行显微镜检查，即可以作出诊断。

【治疗】

1. 治疗原则　消炎，抗过敏治疗，加强喂养管理，给低敏、低脂、易消化的食物。

2. 治疗　可用皮质类固醇类药物进行治疗。泼尼松龙，最初 2~4mg/kg 体重，隔天使用，在2月内逐渐减少用量，可收到较好的效果。抗生素或硫唑嘌呤对部分患病动物有一定效果。

3. 猫的患病特点及治疗　猫在发生本病时波及的范围可能会更广，嗜酸粒细胞会浸润其他器官，对这些严重发病的宠物来说，皮质固醇治疗效果不会太好。而且尽管预后比犬差，但也可以采取同样的治疗方法。

【预防】

给予易消化、低敏感性、低脂肪的食物。

十二、结肠炎

结肠炎又称非特异性溃疡性结肠炎，主要临床表现腹泻、腹痛、黏液便及脓血便、里急后重，甚至大便秘结、数日内不能通大便；时而腹泻时而便秘，常伴有消瘦乏力等，多反复发作。本病起病多数缓慢，极少数可急性发作。以犬多发。

【病因】

宠物机体的变态反应或精神紊乱或某些遗传性的因素；寄生虫感染，如由钩虫或鞭虫感染引起；喂饲马肉的犬曾有发病报道。还可包括肿瘤和息肉、食物变化、异物等。

【症状】

本病起病多数缓慢，少数可急性发病。病程呈慢性，迁延数年至十余年，常有发作期与缓解期交替或持续性逐渐加重，偶呈急性暴发，临床表现：腹泻、腹痛、便秘、腹胀、消瘦、乏力、肠鸣等症。

所有品种和年龄的犬或猫都易发生本病，但以6月龄~4岁的最为多见；发病后表现排粪次数增多，是平常的2~3倍，并且粪便稀软混有血，或粪便中有黏膜。患病动物常有排粪姿势，骨节门频频努责，但不易排出粪便，有里急后重的现象。有时出现呕吐，体温升高。如为长毛品种的猫和犬，肛门周围的被毛上粘附有粪便，并且会阴部伴发疼痛性皮炎。

结肠炎的临床分型有利于治疗和判断预后，根据本病的临床表现和临床过程，分为以下四种类型：

（1）轻度型 最多见，起病慢，症状轻，轻度腹泻，不少于4次/d，并与便秘交替，便中不含或仅有少量血液、黏液，无全身症状，病变多局限在直肠和乙状结肠，血象正常。

（2）中度型 介于轻度与重度之间，腹泻每天多于4次，并有轻度全身症状。

（3）重度型 有发热、倦怠、消瘦、贫血等全身表现，腹泻多于6次/d，血便或黏液脓血便。

（4）暴发型 临床上少见。

【诊断】

1. 慢性结肠炎 根据症状结合病理学检查即可诊断。

活组织检查发现：结肠黏膜固有层水肿、发炎或纤维化，但杯状细胞减少；粪便细胞学检查可见：红细胞和炎性细胞增加；内窥镜检查可见：结肠黏膜下层出现颗粒和大小不同的溃疡灶；粪便检查可见：有钩虫或鞭虫。

2. 急性非特异性结肠炎 病犬多突然发病，在开始出现临床症状的48h内，发生严重的腹泻，粪便如水样，混有血液或黏膜。患病的病犬呕吐或不呕吐。有时体温升高。腹部触诊有时有疼痛感。预后大多良好，少数的病例转为慢性结肠炎。

【预后】

本病的病程长，需要治愈时间较长。因此，若为较珍贵的动物，可给予治疗；反之，一般淘汰处理。

【治疗】

1. 治疗原则　消除病因，抗菌消炎，加强护理。

2. 饮食护理　应喂低纤维性食物，如糖、瘦肉、鸡蛋、牛奶、米饭和面包等，每次仅给少量食物，喂 3～4 次/d，但饮水不限。

3. 治疗方法

(1) 柳氮磺胺嘧啶　是一种有效的抗结肠炎药物，犬 10～15mg/kg 体重，3～4 次/d，连用 20d，口服。猫对本品比较敏感，用量应适当减少。本品的副作用是，易引起过敏性皮炎、恶心、呕吐、干性角膜结肠炎。本品若与磺胺吡嗪、对氨基水杨酸配合使用，疗效更佳。

(2) 解痉药的应用　由于本病结肠运动已经减弱，禁止使用抗胆碱药。只能选用麻醉性镇静药如复方苯乙哌啶片，0.063mg/kg 体重，口服，猫每 12h 1 次，犬每 8h 1 次。或吗啡 0.25mg，5～6h 1 次，肌肉注射。

(3) 青霉素疗法　肌肉注射青霉素（3 万 IU/kg 体重）与链霉素（10～20mg/kg 体重）的混合液，2 次/d，有助于控制病情。

(4) 激素疗法　皮质类固醇的应用，可防止病情的恶化。强地松龙 1～2mg/kg 体重，口服或灌肠。

(5) 其他　可应用中成药和针灸疗法，同肠炎。

【预防】

加强动物的饲养管理，注意食物的来源及食物的质量，一般选择温和的食物，含有丰富蛋白质的食物，或者纤维含量适中的食物。吃罐头时，小心地把罐头加热到适当温度，干的饲料食品中应加入少量温水，等候 10min 再吃，1h 后，就应拿走没吃完的、已经湿润的食物。及时清除食物内的各种不良物质。

十三、犬肛周腺炎

肛周腺炎是肛周腺内的腺体分泌物滞留于腺囊内，引起发酵和腐败，或继发细菌感染，刺激黏膜引起的疾病，犬多发。主要临床表现为肛门肿胀、不安、甩尾、追逐尾巴、摩蹭背部、舔咬肛门等，流出颜色较浅的黄绿色或乳黄色的分泌物。

【病因及病理】

犬的肛周腺非常发达，位于肛门括约肌之间腹侧的肛周腺内，肛周腺左右各一个，呈球形。中型犬的肛周腺直径为 1cm 左右，肛周腺内有一条 2～4mm 长的管道，开口于肛门黏膜与皮肤交界处。把犬尾部上举时，开口部突出于肛门，能见到肛周腺的腺体。肛周腺壁内衬腺体，肛周腺分泌灰色或褐色含有小颗粒的皮脂样分泌物。当肛周腺的排泄管道被堵塞或犬为脂溢性体质时，则腺体分泌物发生滞留，引起发酵和腐败，或继发细菌感染，刺激黏膜发生肛周腺炎。

【症状】

发病后表现为肛门炎性肿胀，不安并不断地甩尾，追逐尾巴、摩蹭背部，擦舔并试图啃咬肛门。病犬排便困难，粪便腥臭。有的严重病例，肛周腺破裂，流出多量黄色混有脓汁的稀薄液，局部触诊时，有明显疼痛反应，躲避，或表现拒绝检查和抚拍臀部。肛门探诊，可见肛门处形成瘘管。

【诊断】

根据症状即可做出初步诊断。通过直肠探诊或直肠镜检查，可确切诊断。

【治疗】

1. 治疗原则　清除肛周腺内的分泌物，疏通肛门腺管；或手术摘除腺体。

2. 治疗方法　首先要除去肛周腺内的内容物，可将病犬尾部举起，暴露肛门，用拇指和食指挤压肛周腺开口部，或将食指插入肛门后，与肛门外的拇指配合挤出内容物。然后向囊内注射碘甘油，3次/d，连用4~5d。也可向囊内注射抗生素眼药膏（如金霉素眼膏、土霉素眼膏、四环素眼膏、红霉素眼膏等），或用0.3%碱性品红溶液于清创后涂在肛周腺破溃部。或灌肠后用绷带卷蘸饱和品红液，塞入直肠内，2~3次即可奏效。

肛周腺炎症较重并伴有全身症状的犬，应全身抗感染治疗。如有复发可向肛周腺内注入复方碘甘油，3次/d，连用4~5d。然后注入碘酊，每周1次，直到痊愈。

3. 肛周腺摘除术　当肛门发生溃烂或形成瘘管时，应做手术切除肛周腺，应注意不要损伤肛门括约肌和提举肌。

肛周腺切除术：

①术前要禁食24h，灌肠使直肠完全排空。

②采取俯卧保定，尾固定于背部，肛门周围剃毛、消毒。

③硬膜外麻醉，硫喷妥钠8.8mg/kg体重。

④持钝性探针插入肛周腺底部，助手用止血钳固定外侧皮肤，纵向切开皮肤，彻底切除肛周腺，清除溃烂面、脓汁及坏死的组织，破坏瘘管。

⑤修整新鲜创口，撒抗生素粉剂，局部止血，常规缝合。术后肌肉注射青霉素钠（钾）80万IU、链霉素1g，注射用水10ml，2次/d，连用2~3d。局部用双氧水或生理盐水清洗，碘酊消毒，涂消炎软膏，1次/d。术后4d内喂以流食，然后半流食，1周后转为正常喂食。带犬散步2次/d。要注意卫生，防止感染，7d后拆线，要防止犬因创口发痒而啃咬。

【预防】

特别要注意犬舍地面的清洁卫生，防止感染，并要搞好环境的卫生，及时地检查、发现病犬，并给予及时的治疗。

（黑龙江生物科技职业学院　杜护华　东北农业大学　邢厚娟）

第四节　肝、胰及腹膜疾病

一、肝胆疾病概述

犬、猫的肝胆疾病的临床症状表现不一，主要有厌食、体重下降、腹部膨大、黄疸和肝昏迷。然而这些症状都不是肝胆疾病的特异性症状，因此必须鉴别诊断具有同样症状的其他器官系统疾病。犬猫肝病晚期表现为腹水，肝细胞功能异常导致的肝性脑病，出血。

(一) 肝胆疾病临床综合征

一般症状：食欲减退，精神沉郁，嗜睡，消瘦，发育不良，被毛蓬乱，恶心，呕吐，腹泻以及脱水。

非特异性特殊症状：腹围增大；黄疸，血红蛋白尿，胆色素粪；肝性脑病；行为改变（如有攻击性、痴呆、癫病）；绕圈，共济失调，蹒跚，无目的运动，颅内压高；间歇性流涎；震颤；全身性癫痫发作；昏迷；凝血机能障碍；多饮多尿。

1. 腹围增大　腹围增大是患有肝胆疾病的犬猫常见的症状，易于发现。增大的肝、脾是引起腹部增大的常见因素，有时也可能是增大的肾脏。

感染如细菌、病毒、寄生虫等侵害肝脏，引起炎症而有血管充血或出血、炎性细胞浸润或其他炎性渗出物渗出，或肝细胞肿胀、网状内皮系统受刺激等因素导致肝肿大，这是肝脏肿大的主要病因。增生性或占位性疾病如实体瘤或包囊常引起局部或不对称的肝肿大。另一个引起肝脾肿大的原因主要是持续的肝门脉压过高的肝实质性疾病。触诊肝肿大的犬猫，肝脏通常变硬或不规则。

2. 腹水　犬猫由肝胆疾病引起的腹水包括渗出性腹水、漏出性腹水、乳糜腹水、血性腹水，通过对腹水的化学分析和细胞学分析可以对病因进行鉴定。根据细胞和蛋白质含量，腹水通常分为漏出液（蛋白含量低和细胞少）和渗出液（细胞数多和蛋白质含量高）。漏出性腹水通常与肝病或血液循环障碍有关。

恶性肝胆疾病或其他腹部肿瘤转移，或腹膜感染可以引起淋巴液和纤维蛋白渗出的炎性反应。这种腹水可能是有颜色的，其蛋白含量不定。如果是肿瘤引起的，能够检查到脱落的肿瘤细胞。

3. 黄疸　犬猫的黄疸是由于胆色素代谢障碍，血清胆红素高于正常所致的组织黄染现象。正常的肝脏有吸收并排除大量胆红素的能力，当有多量的、逐渐增加的胆色素产生或胆汁排泄障碍，超过肝脏的排泄能力时，可以检查到黄疸。当血清胆红素浓度超过 $25\mu mol/L$ 时，从临床生化角度来看可被认定为黄疸；当血清胆红素浓度超过 $34\mu mol/L$ 时，动物可视黏膜、巩膜和皮肤均呈现黄色，通常称其为临床型黄疸。

4. 肝性脑病　在患有严重肝胆管疾病的犬猫表现出精神的异常，这是由于肝脏不能清除血液中有毒物质如氨、硫醇、短链脂肪酸、芳香性脂肪酸等，被大脑皮质吸收造成。严重的肝胆管疾病导致的门脉压过高，都会发生胃肠毒素的解毒障碍。由于上述原因，使来自肠道的许多毒性代谢产物，未被肝脏代谢解毒和清除，经侧支进入体循环，透过血脑屏障进入脑部，引起大脑功能紊乱。

5. 凝血紊乱　患有严重肝胆疾病的犬猫常有出血现象。除凝血因子Ⅷ外，血浆中的全部蛋白质、抗凝血酶Ⅲ、凝血酶原和维生素 K 依赖性因子（凝血因子Ⅱ、Ⅶ、Ⅸ、Ⅹ）、纤维蛋白均在肝脏中合成。这些物质的代谢都是通过复杂的酶促反应进行的，一旦肝细胞受损或酶缺乏皆可导致这些物质的合成障碍，发生凝血功能失调、低蛋白血症、免疫功能低下。胆汁酸合成、转运、分泌、排泄功能障碍，引起胆汁淤滞和脂溶性维生素缺乏。肝脏实质的严重疾病表现最明显的是亚临床和临床型凝血紊乱。由于严重的肝实质病变，犬猫不仅使凝血因子活性改变而且会发生弥散性血管内凝血。

6. **多尿症和多饮症**　多饮和多尿是严重肝机能障碍的临床表现。在患慢性肝衰竭的犬中，醛固酮、钠潴留等因素可能导致多尿症和多饮症。醛固酮的灭活正常情况是在肝脏中完成，肝功能障碍后，导致血液中醛固酮增多，引起水钠潴留，血容量扩张，从而抑制了肾素－血管紧张素系统，患病犬猫出现多尿多饮。此外，肝门静脉渗透压感受器的变化可刺激渴欲，它也被认为是导致多尿症的部分原因。血氨不能合成尿素，肾髓质中尿的成分发生改变，这样可首先引起多尿，而后出现代偿性多饮。

（二）诊断方法

由于肝胆在生理和解剖上的不同，并无单一试验可以足够证明肝胆疾病或其潜在性病因。疑似有肝胆疾病的动物常用一组试验来评估肝胆系统状况，这组试验包括全血细胞计数、血清生物化学检测、尿检验、粪便分析和腹部X线（照）片检查或超声波检查法。这些试验结果可能为肝胆疾病的诊断提供依据，肝胆疾病也可应用其他更特殊的试验进行检查。是否需要实验室检查（如腹腔穿刺术、血凝试验等），需要根据患病动物的病史和体格检查进行确定。而犬猫患肝性脑病时，需要进行犬猫体内的空腹血氨浓度的测定。

（三）诊断试验

1. **全血细胞计数**　肝胆疾病时红细胞变化最大，表现为断裂或细胞大小的改变或膜组成成分发生变化。患有肝胆疾病的犬猫白细胞几乎没有变化，除非是原发性感染（如组织胞浆菌病、细菌性胆管炎或犬钩端螺旋体病等）或感染使原发性肝胆疾病复杂化（如患肝硬化犬的革兰氏阴性脓毒症和脓毒性胆汁性腹膜炎等）时，中性粒细胞很可能增多，而全血细胞减少症是弥散性组织胞浆菌病、严重猫弓形虫病和犬传染性肝炎早期的特征。偶尔在犬的急性肝细胞坏死中能检测到血小板减少。

2. **评估肝胆疾病系统状况的试验**

血清酶活性测定　常规的血清生化包括肝脏特异性血清酶活性测定，正常存在于肝细胞胞质溶胶中血清酶活性的增加，其高浓度反应了细胞膜结构或功能性的损伤，使这些酶渗入到血液中。诊断犬猫肝胆疾病时最常检测的两种酶是丙氨酸氨基转移酶（ALT）、天门冬氨酸氨基转移酶（AST）。正常值分别为：丙氨酸氨基转移酶，犬 5~80U/L，猫 1~64U/L；天门冬氨酸氨基转移酶，犬 10~80U/L，猫 0~60U/L。因为 ALT 主要存在于肝细胞内，AST（也存在于肝细胞线粒体）有广泛的组织分布，所以 ALT 是最能精确地反映肝细胞损伤的酶。AST 的灵敏度虽然不如 ALT，但对肝细胞的损害严重程度和预后更有预示价值。

一般情况下，ALT 和 AST 活性升高的程度与肝细胞受损伤的程度相一致。被用来评价的数值是由其升高的倍数决定的，ALT 升高 2~3 倍是轻微的肝细胞损伤，5~10 倍被认为是中等程度肝坏死或肝细胞损伤，而大于 10 倍说明肝细胞严重坏死。

3. **评估肝胆系统功能的试验**

（1）**血清白蛋白浓度**　白蛋白是血液循环中的主要蛋白，由肝脏合成并分泌到血液中。肝功能低下时，血液白蛋白浓度降低。在慢性肝病中血液白蛋白浓度是正常的，但肝脏出现严重损伤或肝硬化时，其水平发生改变。肝脏几乎是体内白蛋白的唯一来源，血清白蛋白减少症可提示肝脏不能合成这种蛋白质，也提示饥饿和营养不良、慢性胃肠道疾病、持久性发热、糖尿病、肾炎和肾病，以及某些寄生虫病和某些严重腹水病例。

（2）血清尿素氮浓度（BUN）　尿素氮是哺乳动物蛋白质在肝脏里分解代谢的最终产物尿素中的氮，由肾脏排出体外，任何增加蛋白质分解、阻碍肾脏排出的情况，都将引起血液中 BUN 升高。但血清 BUN 浓度常常受几种非肝性因素的影响。由于食欲完全减退或为了治疗的目的减少蛋白质的摄入，从而延缓了蛋白质的吸收或蛋白质吸收有限都是造成血清尿素氮含量低的最常见原因。持续性多饮和多尿时尿素进入尿液被排出，从而使 BUN 值进一步降低。如果一旦犬猫 BUN 数值降低了，则应给予正常的饮水和在饮食中添加适当蛋白质（犬占干物质的 22%，猫 35% ~ 40%），若仍然低于正常参考值，可考虑肝脏不能将氨转化为尿素，即有肝病的可能性。正常犬猫血清 BUN 浓度为犬 3.6 ~ 8.9mmol/L；猫 5.4 ~ 10.7mmol/L。

（3）血清胆红素浓度　胆红素是老化细胞破解的主要产物，由肝清除。许多不同的肝脏疾病会引起血中胆红素水平升高。在急性肝病中，肝细胞的分泌功能遭到破坏，血中胆红素水平升高。在慢性肝病中，血清胆红素水平通常是正常的，直到大量肝组织受到损伤并出现肝硬化的时候才出现异常。胆管阻塞或硬化性胆管炎时，ALP 和 GGT、胆红素水平升高。

（4）血清胆固醇浓度　血清总胆固醇浓度的测定，在诊断肝胆管病时有一定的作用。患有严重肝内胆汁淤积的犬猫血清中总胆固醇值升高，是由于游离胆固醇分泌到胆汁的过程发生障碍，胆固醇回流到血液中所致。患有慢性严重肝病的犬中血清胆固醇浓度降低，在先天性门静脉短路（PSS）的犬猫中更常见。正常犬猫血清胆固醇浓度为犬 3.9 ~ 7.8mmol/L；猫 1.81 ~ 6.98mmol/L。

（5）血清葡萄糖浓度　在犬的肝胆疾病特别是猫并发的低血糖症较少见。当患有慢性进行性肝胆疾病的动物只剩 20% 的正常肝组织或更少时，其血糖浓度就不能维持正常水平。如果被检出低血糖症并通过反复试验证实后，并且排除了其他原因，那么就可以疑似严重的肝病。正常犬猫血清葡萄糖浓度为犬 3.3 ~ 6.7mmol/L；猫 3.5 ~ 7.5mmol/L。

（6）血清电解质浓度　血清电解质的检测对于患有肝胆疾病犬猫的治疗有辅助作用，但对具体疾病的诊断没有价值。最常见的电解质异常是低钾血症，是由肾和胃肠钾的过量丧失，即吸收率降低和患有严重慢性肝胆病犬猫的醛固酮过多症导致的。通过血气分析证实，代谢性碱中毒是血清中二氧化碳总含量反常升高引起，往往是用利尿疗法治疗犬猫慢性肝衰竭和肝腹水导致的。代谢性碱中毒和低钾血症可以相互转化，而且通过加快氨（NH_3）的吸收，从而引起更严重的中毒现象。

（7）血氨浓度　正常血液中只有微量的氨，从肠道吸收的氨经肝脏转化成尿素。如果肝脏转化能力降低，血液中氨浓度升高，就引起了肝性脑病。通过病史和体格检查发现可能有肝性脑病的犬猫可测其空腹血氨。血氨定量值不仅能证实肝性脑病，而且还可提供一个基值并且为治疗作参考。血氨值升高可见于急性或大面积的肝坏死、门脉硬化、肝脏变小和门静脉短路。

（8）血清胆汁酸浓度　胆汁的主要成分是胆汁酸盐（SBA）、胆红素和胆固醇，其中以胆汁酸盐含量最多。胆汁酸测定能反应肝细胞合成、摄取及分泌功能，并与胆道排泄功能有关。对肝胆系统疾病诊断的灵敏度和特异性高于其他指标。

(9) 尿检验　非贫血犬出现过高胆红素尿（尿比重＜1.025），或猫的尿中出现胆红素，均可提示犬猫的肝胆疾病，一般尿中先出现胆红素，然后才有黄疸症状。

测定尿胆素原对诊断肝细胞性疾病（如犬传染性肝炎、钩端螺旋体病、肝硬化等）和肝外胆管阻塞有一定的价值。

(10) 穿刺术和腹部渗出液　在体格检查，腹部X线或超声波检查中，如果检出腹腔液，必须对腹腔液体进行分析，腹腔液体量比较多时，注射针头穿刺术足以获得5~10ml液体用于一般性状检查、蛋白质含量、细胞计数和分类及细菌学检查等。出于治疗目的进行腹水排出时，可用特定的导管或普通的点滴管等进行。排除腹部积水的肝外原因，如右心衰竭或腔静脉综合征等，积液的分析是首要步骤之一。

(11) 凝血时间　与血凝相关的许多因子在肝脏中合成，当肝功能严重异常时其合成和分泌功能下降。血中凝血因子浓度降低时，血液凝固时间延长。慢性肝病时，凝血时间通常正常，但肝脏出现严重病变或某些药物也可引起凝血时间延长。

(四) X线照相术

腹部的X线照相术常被用来辅助体格检查的结果，确定可疑的特征，根据临床病理学检查确定肝胆管疾病的位置。观察X线照片可为检测肝脏的大小和形状提供资料。

(五) 超声波检查法

超声波诊断同样也是一种非特异性的诊断方法，辅助腹部的X线诊断，为肝胆管成像提供新的方法。随着技术的改进，超声波诊断已经成为当代宠物临床一种可行的诊断工具。超声波诊断可检测出两种同质低回声性液体例如血液和胆汁以及由若干软组织组成的能产生回波的异质物质之间的差别。正常犬和猫的肝脏中可看到肝实质、胆囊、大部分肝脏、门静脉和靠近末端的腔静脉。和平面X线摄影不同，X线摄影需要两个视图完成操作，超声波诊断通过多位观察可看到许多断面，从而可对检测器官产生三维影像重建。

二、肝炎

肝炎是肝实质细胞出现的急性弥漫性变性、坏死和炎性细胞浸润的肝脏疾病。主要临床特征有黄疸、急性消化不良和出现神经症状。按病程可分为急性和慢性肝炎。

【病因】

1. 中毒性因素　指多种有毒物质和化学药品引起的中毒性肝炎，如铜、砷、汞、硒、四氯化碳、氯仿、黄曲霉、乙醇、鞣酸等；采食了霉败食物和腐烂的鱼肉类及其工业加工副产品等有毒分解产物；长期大剂量服用或注射某些抗生素和磺胺类药物；反复服用氯丙嗪、睾酮、氟烷、氯噻嗪等药物，都可能引起中毒性肝炎。

2. 感染性因素　指病毒、细菌及钩端螺旋体病等各种病原体感染，如犬传染性肝炎病毒、犬疱疹病毒、钩端螺旋体、化脓杆菌、结核杆菌、梭状菌、真菌、沙门氏杆菌等这些病原体侵入肝脏或其毒素损害肝细胞，都会引起急性肝炎。

3. 寄生虫性因素　指各种寄生虫的侵袭，如肝片吸虫、华支睾吸虫、弓形体、巴贝斯虫等。蛔虫幼虫的移行,也是肝炎常见病因。

4. 营养障碍性因素　某些营养物质的缺乏,也可引起坏死性肝炎,如硒缺乏、维生素 E 缺乏等;此外,食物中蛋氨酸或胆碱缺乏时,也可造成肝坏死。

5. 充血性肝炎　充血性心力衰竭时,肝窦状隙内压增大,肝实质受压迫并缺氧,可导致肝小叶中心变性和坏死。如犬恶丝虫病所致的腔静脉综合征时,前腔后腔静脉内有大量心丝虫成虫,造成严重的肝被动性充血,可引起急性肝炎、肝衰竭甚至死亡。

6. 其他因素　在大叶性肺炎、坏疽性肺炎、心脏衰弱等病程中,由于循环障碍,肝脏长时间淤血,窦状隙内压过高,也可导致门脉性肝炎。

【发病机制】

在致病因素作用下,肝脏代谢机能和解毒机制严重紊乱,肝细胞发生变性以至坏死。胆汁的生成、排泄和胆色素代谢障碍,使血中胆红素增多,引起黄疸和排泄入肠道内的胆汁减少,肠道蠕动减慢故病初出现便秘,继而肠道内容物消化紊乱,脂肪吸收障碍,发生异常的发酵腐败,则出现腹泻;血液中胆酸盐过多,刺激血管感受器,反射性引起迷走神经兴奋,心跳变慢;由于凝血酶(如维生素 K、凝血酶原等)主要在肝脏内吸收与合成,发生肝功能障碍后,凝血酶减少,患病犬猫有出血性素质;脂肪代谢障碍,使脂肪氧化增强,酮体生成增多以致酸中毒;氨基酸脱氨基及尿素合成障碍,血氨升高并弥散入脑,与 α-酮戊二酸结合,阻碍三羧酸循环和能量供应,而造成昏迷(肝性脑病以至肝昏迷);蛋白质代谢障碍,白蛋白合成减少,胶体渗透压下降,引起水肿。

肝炎的病理形态学改变,是弥漫性的大范围肝组织变性和坏死。主要损害则依致发病因而略有不同。中毒性肝炎损害常在小叶中心,其病变从浑浊肿胀至急性坏死不等。在感染性肝炎,病变从孤立的细胞坏死至波及全部或大部肝实质的弥漫性坏死。寄生虫性肝炎的变化,依移行虫体的数量和移行途径而定,常伴有胆管的炎症。充血性肝炎则是以中央静脉和窦状隙的扩张并伴有实质细胞的压迫为特征。但除因急性黄色肝萎缩或红色肝萎缩而造成急性肝衰竭死亡的外,广泛的肝组织变性和坏死,并伴有不同程度的纤维组织增生,出现肝纤维化,转化为慢性病程。

【症状】

急性肝炎,表现消化不良,粪便臭味大而色泽浅淡,呈灰白色或淡绿色、不成形,逐渐消瘦。可视黏膜黄染(肝性黄疸)。肝区肝肿大,肝浊音区扩大,触诊疼痛,腹壁紧张,小便深黄,呈浓茶色或豆油色。精神沉郁、嗜眠、昏睡、昏迷或兴奋狂暴(肝脑病症状)。鼻、唇、乳房等无色素部皮肤发红、肿胀、瘙痒,甚至溃疡,呈现光敏性皮炎。体温升高或正常,脉搏和心动徐缓。有的全身无力,表现轻微腹痛或排粪带痛。当肝细胞受到严重损害时,则血氨升高,病犬、病猫出现肌肉震颤、痉挛、感觉迟钝,肌肉无力,起立困难,甚至处于昏睡状态。严重病例,由于肝细胞弥漫性损伤,凝血酶原不能有效合成,病犬、病猫呈现出血性素质。

慢性肝炎,由急性肝炎转化而来,呈现长期消化不良,逐渐消瘦,可视黏膜苍白,皮肤浮肿,继发肝硬化则出现腹腔积液。充血性肝炎还伴有慢性充血性心力衰竭及其原发病所固有的症状。

临床病理 ALT、AST、ALP 等酶活性升高,尤以 LDH 活性增高明显。

溴酞磺酸钠(BSP)排泄试验,滞留率明显升高。本试验的方法为溴酞磺酸钠以每千克体重5mg配成5%溶液静脉注射，30min或45min后，从对侧静脉采血5ml，分离血清，测血清中的溴酞酚磺酸钠滞留率。犬的正常滞留率30min为3.1%，45min为5%以下。

血液凝固时间、出血时间及凝血酶原时间明显延长，并发弥漫性血管内凝血的犬，血小板及纤维蛋白原明显减少。血清总胆红素升高，血清总蛋白和γ-球蛋白增加，血清尿素氮和血清胆固醇降低。

【病程及预后】

本病的病程和预后，一般应视病情轻重和病因而定。病情轻的，经过积极正确的治疗，迅速康复；病情严重的病例，病程短急，可因肝昏迷等死亡；慢性病例，病程较长，虽经积极治疗，但有的病例因转为肝硬化等，预后不良。

【诊断】

根据临床症状，结合血液生化检测进行综合分析，可以确诊。要注意对不同病因引起的急性肝炎的鉴别诊断。

中毒性肝炎往往粪便恶臭，出血性腹泻，嗜中性粒细胞增加，核左移。

药物引起的肝炎症状轻微，胆汁严重滞留，血清LDH活性增高，ALT稍升高，嗜酸性粒细胞和嗜中性粒细胞增加。

腐败食物引起的肝炎，血清胆固醇及游离脂肪酸升高，血清中磷脂含量、总蛋白量、白蛋白含量降低。

传染性因素引起的肝炎，有其特定的症状，并能检查到相应的病原体。

重症肝炎表现嗜眠、昏睡及氨中毒，血清ALT活性和BSP试验的滞留率均极度升高。

【治疗】

1. 治疗原则　本病主要以除去病因，解毒保肝为基本治疗原则。
2. 护理措施　加强饲养管理，饲喂富含蛋白质、糖类和维生素的食物，限饲多脂性食物。
3. 治疗方法

（1）除去病因　根据诊断结果，首先治疗原发病。若为病毒性肝炎可应用抗病毒类药物及其相应的高免血清。细菌性肝炎可选择敏感的抗生素。对寄生虫感染引起的肝炎，应用驱虫药。对中毒性肝炎，要积极解毒。

（2）解毒保肝　口服肝泰乐（葡萄糖醛酸内酯）0.1~0.2g，3次/d，谷氨酸0.5~2g，3次/d；静注25%葡萄糖3~4ml/kg体重，ATP2~3mg/kg体重，辅酶A 10U/kg体重，维生素C 20mg/kg体重，复方盐水30ml/kg体重，1次/d；肌注维生素B_1 10mg/kg体重，维生素B_{12} 0.5mg/kg体重，1次/d。还可用胰岛素，保护肝脏功能。

（3）对症治疗　对脂肪肝患者，泛酸15~80mg，1~2次/d肌肉注射，泛硫乙胺10~80mg/d，巯丙酰甘氨酸25~100mg，肌肉或静脉注射，1~2次/d；氨中毒时，可用20%谷氨酰胺5~20ml及鸟氨酸制剂0.5~2ml，皮下注射；为控制感染，肌注氨苄青霉素，5~10mg/kg体重，2次/d。有出血倾向，肌注维生素K_3 2~4ml，2次/d；为清肠利胆，可口服硫酸镁15~30g；肝内胆汁停滞，投予利胆药；进行性黄疸和ALT活性升高，可用糖皮质激素，如地塞米松0.05~0.1mg/kg体重，肌肉或静脉注射，2次/d。如狂躁不安病犬，必要时使用氯丙嗪0.5~2ml，2次/d，肌肉注射。

（4）中药治疗 清开灵或茵栀黄注射液5~20ml，加入30~50ml葡萄糖生理盐水中静脉滴注，1次/d，连注5~7d，也可用下列处方煎水内服。

①茵陈20g；栀子15g；大黄5~10g；板蓝根25g；龙胆草15g；茯苓15g；黄芩10g；黄柏8g；泽泻8g；白芍12g；甘草6g。

②茵陈30~45g；柴胡20~35g；栀子15~20g；青皮10~15g；枳实10~15g；龙胆草15~30g；白芍10~15g；滑石10~15g；甘草6~10g。

【预防】

加强饲养管理，增加营养，防止食入有毒物质，及时治疗各种原发病，定期驱虫及预防接种防止感染，增强肝脏功能是预防本病发生的根本措施。

三、肝硬化

肝硬化，即肝硬变，又称慢性间质性肝炎或肝纤维化，是以肝实质萎缩、间质结缔组织增生为基本病理特征的一种慢性肝病。是临床中犬常见的一种肝病，由一种或多种致病因素长期或反复损害肝脏所致。按病变性质，分肥大性肝硬化和萎缩性肝硬化两种病型。特征性剖检变化是，肝脏体积增大或缩小，质地坚硬，表面不平，呈颗粒状或结节状。本病因肝细胞呈弥漫性变性、坏死、再生，同时结缔组织弥漫性增生，肝小叶结构被破坏和重建，导致肝脏变硬。

【病因】

1. 营养不良 长期饲喂低蛋白或缺乏胆碱和甲硫氨酸食物时，可使脂肪在肝脏中的代谢紊乱，导致肝细胞变性或坏死，最后导致肝硬化。

2. 中毒 铜、磷、砷、汞、四氯化碳、黄曲霉毒素等慢性中毒，可发生肝细胞坏死，继而引起肝硬化。

3. 胆管炎、胆道阻塞、胆道狭窄 引起胆汁长期滞留于肝内而发生肝硬化。

4. 心脏疾病 特别是淤血性心功能不全可使肝内淤血，肝细胞、肝细胞索萎缩、纤维化，发生肝硬化。

5. 其他因素 发生于其他疾病的经过之中，如犬传染性肝炎等传染病；犬心丝状虫等寄生虫病。

【发病机制】

由于致病因素引起肝细胞的变性、坏死，残留的肝细胞显著再生，形成大小不等的结节，坏死的肝组织被结缔组织所代替，因而形成肝硬变和肝变形，门脉压升高。

肝细胞的变性、坏死，导致肝功能紊乱，蛋白质尤其是清蛋白的合成减少，血浆胶体渗透压降低，同时肝对醛固酮和抗利尿激素灭活作用减少，这两种激素在血中的含量增多，造成水、钠在体内潴留；又因门静脉压升高，胃肠脾等器官的静脉血流受阻，毛细血管内液体渗出增多，同时淋巴管极度扩张，甚至破裂，大量淋巴液渗出。在上述因素的共同作用下，临床上出现腹腔积液。

门静脉淤血和高压，引起胃、肠、脾等器官淤血和水肿，导致胃酸和各种消化酶的分泌减少，患病动物消化功能发生严重障碍；胃内静脉扩张、破裂，导致吐血；由于淤血水肿，脾脏缺氧引起结缔组织和网状内皮细胞增生，导致脾脏肿大。

肝硬化后期，由于肝功能遭到严重破坏，肝的解毒功能也随之降低，以致发生自体中毒，引起中枢神经系统的功能障碍；毛细胆管和一些中、小胆管被增生的结缔组织压迫而闭塞，加上肝细胞内胆汁淤积，往往引起黄疸。

病理变化，初期肝肿大，多呈黄色或黄绿色，表面光滑。随着残留肝细胞的增生和大量结缔组织的收缩，肝体积缩小，坚硬，表面不平，切开困难，切面上有许多结节和大片纤维组织，或有很多透明的小囊肿（增生的胆管内有液体潴留）。病理组织学最明显的变化是纤维结缔组织增生和网状纤维胶原化，肝小叶不规则地缩小，被结缔组织分割成大小不等的小岛，称为假小叶，多数病例伴发脾肿大，硬度增加。

【症状】

肝硬化发生缓慢，初期没有明显症状。急性肝炎和重症肝炎继发的肝硬化发展较快。患病动物呈现慢性消化不良，便秘和腹泻交替出现，有时伴有呕吐。可视黏膜黄染，病的早期肝肿大、平滑、柔软或坚实，触诊疼痛。而在晚期可触知肝缩小、坚硬，表面呈粒状或结节状。一般无疼痛，并发腹水及皮下水肿。后期出现痉挛、昏睡、出血性素质以至肝昏迷而死亡。血液淋巴细胞、单核细胞相对增加，白细胞减少及中度的大细胞性贫血，血小板降低。血清直接胆红素及总胆红素升高。溴酚酞磺酸钠试验超过10%以上。ALT、LDH升高。血清白蛋白明显减少，γ-球蛋白明显增多，呈A/G倒值（0.5以下），血清总蛋白、胆固醇和胆固醇酯减少。凝血酶原时间延长。血清胶质反应强阳性，尿胆红素及尿胆素原多为阳性。

【诊断】

要改善本病的预后，必须争取早期诊断和早期治疗，但是本病的早期临床症状缺乏特异性，因此，单纯依照临床症状作出早期诊断相当困难，必须结合肝功能试验、肝活组织检查，才能确诊。肝脏活组织检查通过肝穿刺，采取肝活组织作病理检查，显微镜下可见结缔织织增生，肝小叶结构被破坏，肝细胞塌陷。A型超声波检查可发现在进出波间有多少不等的分隔波，在有腹水的病例，尚可出现液平反射。

【病程及预后】

肝硬化一旦发生，只能通过积极治疗，延缓病情，病程数月或数年不等，目前尚无有效的治疗措施，一般预后不良。

【治疗】

1. 治疗原则　除去病因，促进肝细胞再生。改善饲养，加强护理，给予富含糖类和蛋白质、低脂肪的饲料。

2. 治疗方法

（1）食物疗法　是治疗本病的关键，要给予高蛋白、高碳水化合物和富含维生素的食物，禁食脂肪含量高的食物。同时进行对症治疗。犬的肝脏纤维化若能除去病因，促进肝实质细胞的功能和再生，有恢复的可能。

（2）改善肝脏功能　为了促进肝细胞再生和提高血清白蛋白水平，可静脉滴注5%葡萄糖500ml、胰岛素lU/kg体重、ATP2~3mg/kg体重、辅酶A 10U/kg体重、10%氯化钾10ml。可选用复合氨基酸250~500ml静脉滴注，1次/d；肌苷100~150 mg，肌肉注射，1次/d；维生素C 20mg/kg体重，肌肉注射，2次/d。

（3）除去肝内脂肪　可给予泛酸10~50 mg/次，肌肉、皮下或静脉注射，1~3次/d；

巯丙酰甘氨酸50~100mg，肌肉或静脉注射，1~2次/d。

（4）对症治疗 对神经异常及肝昏迷的犬，可用谷氨酸钠、精氨酸及鸟氨酸等制剂。为了抑制肠道内氨发酵，防止高氮血症，可选用磺胺类药物，如磺胺脒0.1~0.3mg/kg体重，分3~4次口服。有腹水可给利尿剂安体舒通。有出血倾向可给予维生素K。

【预防】

增加营养，防止食入有毒物质，及时治疗各种原发病，是预防本病发生的根本措施。

四、肝脓肿

肝脓肿又称化脓性肝炎，是直接或继发感染化脓菌所致的一种肝病。临床中以老龄犬最易发生。

【病因】

肝脓肿通常是因为腹腔细菌感染的位置发生败血性栓塞。对于幼犬，是由脐静脉炎造成的。在成年犬，通常继发于胰腺和肝胆系统的炎症反应，某些内分泌障碍性疾病，如糖尿病、皮质醇增多症。腹腔以外的其他部位感染，如心内膜、肺部或血液，也可能传播到肝脏造成脓肿，还见于某些细菌的感染如某些革兰氏阴性菌和梭状芽孢杆菌。

【症状】

单纯肝脓肿时，病犬营养良好，无明显临床症状。多发性肝脓肿时，呈明显地进行性消瘦和衰弱，食欲不振，不规则地发热，消化不良或便秘。肝区有压痛。重症犬表现为呼吸困难，胸部敏感，间或有黄疸。偶尔有脓汁漏入腹腔，并发急性腹膜炎。

嗜中性白细胞增加，尤以分叶核增加为主。化脓性肝炎和多发性肝脓肿时，核左移，血沉加快。肝功能变化表现为血清ALT和LDH轻度或中度升高，血清总蛋白增加，α_2、β及γ-球蛋白增加，A/G值0.5以下，胆固醇降低。

【诊断】

血液生化指标的测定是可靠的诊断结果，但不具有特异性。腹部X线检查可以看出不规则肝脏肿大、肝实质部分的肿块或气体，超声波检查也同样能观察到。

【病程及预后】

已形成肝脓肿，很难救治，一般预后不良。

【治疗】

治疗肝脓肿包括手术切除感染组织、适当给予抗生素、支持疗法和解决潜在的环境因素。

1. 手术疗法 手术切除受感染的肝脏。

2. 抗生素疗法 对革兰氏阴性菌和厌氧菌进行抗生素治疗，可使用阿米卡星10mg/kg体重，静脉注射，3次/d或恩诺沙星2.5 mg/kg体重，静脉注射或口服，2次/d，结合甲硝唑10 mg/kg体重，口服2~3次/d，或克林霉素10 mg/kg体重，静脉注射或口服2次/d。抗生素治疗一般持续6~8周，或直至临床病理学检查或超声波检查确定败血性脓肿被治疗。

【预防】

注意平时的饲养管理，防止腹腔及腹腔内其他脏器的感染可预防本病发生。

五、胆管炎和胆囊炎

胆管炎和胆囊炎是在致病因素作用下，引起胆管壁和胆囊壁的炎症。胆管炎和胆囊炎在各种动物均可发生。

【病因】

1. **传染性因素** 常并发于某些病毒感染（犬传染性肝炎），以及十二指肠的上行性感染（主要是大肠杆菌、厌氧菌和弯曲杆菌）。

2. **寄生虫因素** 主要是由寄生于胆管和胆囊的寄生虫引起，如肝片吸虫、华支睾吸虫等。

3. **其他因素** 胆道阻塞（胆石症等），药物的过敏反应如磺胺药或三氟氯溴乙烷均可导致犬的胆管炎。

【发病机制】

继发于胆管和胆囊其他病变过程中。其病理特征，胆管变粗，胆囊肿大，其黏膜有出血点，管壁和囊壁增厚，胆汁浓缩混浊或污秽，胆汁淤滞并刺激胆道，致使胆管和胆囊发生炎症。

【症状】

急性胆管炎和胆囊炎，动物体温升高，恶寒战栗，轻微黄疸，腹痛；肝脏部触诊，动物疼痛不安。血液检查：白细胞数及中性白细胞增多，核左移；血清胆红素和碱性磷酸酶升高。B超检查，可显示胆管扩张，胆囊肿大，若由胆结石引起者，可见由胆结石形成的光团。

慢性胆管炎和胆囊炎，动物表现食欲减退，便秘或腹泻、黄疸、消瘦、贫血等。B超检查，胆管壁和胆囊壁增厚。当继发肝硬变时，还出现浮肿和腹水。胆囊穿孔，则出现穿孔性腹膜炎的症状。若继发于传染病者，还有其所患传染病的固有症状。

【诊断】

依据流行病学、临床症状、粪便的虫卵检查鉴定，以及B超检查的结果进行判定。

【病程及预后】

本病的病程经过不定。在病程中，若伴发化脓性肝炎、腹膜炎、败血症以及胆囊穿孔，则预后不良。

【治疗】

保持安静，饲喂有营养、易消化的饲料。抗感染可选氨苄青霉素、庆大霉素、磺胺类药物。不要使用对肝脏有潜在损伤的抗生素如四环素。如果没有胆管阻塞，也可使用熊果脱氧胆酸。病程中，应及时应用利胆剂，如去氢胆酸、消胆胺、人工盐、硫酸镁；静脉注射葡萄糖、维生素等保肝药物。对于化脓性胆管炎与胆囊炎、胆结石或穿孔，应采取外科手术疗法。

【预防】

加强平时的饲养管理，定期驱虫和免疫接种；对胆结石、肝脏寄生虫等疾病，应及时进行防治；积极防治各种有关的传染病。

六、胰腺炎

胰腺炎是胰腺的腺泡与腺管的炎症过程。可分为急性胰腺炎和慢性胰腺炎两种病型。急性胰腺炎，是由致病因素的作用，使胰液从胰管壁及腺泡壁逸出，胰酶原被激活为胰酶后，对胰腺本身及周围组织发生消化作用，引起急性炎症；以水肿、出血、坏死为其病理特征。

慢性胰腺炎，是由于急性胰腺炎未及时治愈或胰腺炎在反复发作的经过中所引起的慢性、持续性或反复发作性的慢性病变；以胰腺广泛纤维化、局灶坏死与钙化为其病理特征。

犬、猫的胰腺炎临床上经常见到，但有临床症状的较少见，多在死后剖检时才能发现病变。犬发病率比猫高，尤其是中年雌犬。

【病因】

1. 肥胖　患胰腺炎的犬、猫绝大多数是体形肥胖的个体。肥胖犬、猫比瘦犬、瘦猫发病率高且病情严重。饲喂高脂肪饮食易发生营养缺乏症，同时高脂肪饮食可以使胰腺腺胞内酶的含量升高。因此，动物的营养状况及饮食中脂肪含量是诱发急性胰腺炎的重要因素。

2. 高血脂症　在急性胰腺炎患病犬、猫中，多数病例伴有高血脂症。高血脂症极易导致胰腺炎，尤其是血液中清除乳糜微粒机制受到损害时，如甲状腺机能低下或糖尿病时，更容易发生胰腺炎。高血脂症如何导致胰腺炎，目前机理不清楚，有一种理论认为：位于胰腺毛细血管中的脂酶，能水解循环血液中的脂肪，释放出脂肪酸，这些脂肪酸可造成胰腺内部局部性酸中毒和血管收缩。由于局部缺血和炎症，促使释放更多的脂酶进入血液循环，从而造成胰腺损伤，导致胰腺炎。

3. 胆管疾病　胆管和胰腺间质的淋巴管互相连通，当胆管发炎时，可通过淋巴管扩散至胰腺，引起胰腺炎。

4. 继发于某些传染病　犬、猫发生某些传染病时，可继发胰腺炎，如犬、猫患弓形体病和传染性肝炎时，可损害肝脏诱发胰腺炎。

5. 十二指肠液返流肠梗阻　由于剧烈呕吐使十二指肠液或胆汁逆流进入胰腺导管和胰腺间质时，是引起急性胰腺炎的原因之一。因为胆汁中的溶血卵磷脂酶和未结合的胆酸盐，对胰腺的毒性最大，常可导致急性、坏死性胰腺炎。

6. 药物　噻嗪类利尿药、硫唑嘌呤、天门冬氨酸酶和四环素等可诱发胰腺炎。胆碱酯酶抑制剂和胆碱能颉颃药也可诱发胰腺炎。

7. 其他因素　胰腺创伤、汽车事故、高空摔落及外科手术导致胰腺创伤，诱发胰腺炎。

【发病机制】

在正常情况下，胰腺消化液含有的数种蛋白分解酶，均呈酶原状态，无消化作用。进入肠腔后，在碱性溶液中，受到肠壁分泌的肠激酶及由胆总管流出胆汁的作用，即转变为活酶，具有消化作用。在致病因素作用下，尤其是胰腺损伤、感染产生的炎性渗出物，逆流进入胰管的胆汁等，使胰蛋白酶原被激活成胰蛋白酶。该酶除对含有蛋白与脂肪的胰腺本身发生消化作用外，还能促使其他酶变成活性酶，引起坏死出血性胰腺炎；胰腺细胞坏死；胰腺及全身血管扩张，通透性增高，导致胰腺水肿、休克；胰腺周围脂肪坏死并通过血液和淋巴转送全身，引起胰腺外器官的损害。

如果致病因素较弱且长期反复作用，则使胰腺的炎症、坏死和纤维化呈渐进性发展，最后导致胰腺硬化、萎缩以及内、外分泌功能减弱或消失，出现糖尿病和严重的消化不良。

【症状】

临床表现特征为消化不良性综合征。

母犬发病多于公犬，幼犬和中年犬比老龄犬多发，不爱活动的观赏犬发病最多，而牧羊犬、竞技犬和猎犬几乎不发病。

急性病例有严重的呕吐和明显腹痛，厌食，无精神，间有腹泻，粪中带血。有的病犬出现"祈祷姿势"（肘部和胸骨支地而后躯抬高），或者专门寻找阴凉的地方，用腹部紧贴凉地面躺卧，待躺卧处地面温差缩小时，又寻找新的凉地面躺卧。这一征象说明患犬腹部疼痛不适。严重者出现昏迷或休克（胰岛素突然大量释放引起低血糖，或钙与血中的脂肪酸结合，导致低钙血所致）。病犬消化不良，食欲异常亢进，生长停滞，明显消瘦。排粪量增加，粪便中含有大量脂肪和蛋白。本病常在摄入大量脂肪饮食或含有腐败食物的垃圾后发作。

慢性胰腺炎的主要特征是反复发作，持续性呕吐和腹痛，不断排出大量橙黄色或黏土色带酸臭味粪便，粪中含有不消化食物。显微镜下发现大量脂肪球，用摄入排泄法定量分析（平衡试验）显示粪便中脂肪量增加，称为脂肪泻。另外，粪便在显微镜下还会发现未完全消化的肌肉纤维，称为肉质下泄。由于吸收不良或并发糖尿病，使动物表现贪食。慢性胰腺炎只偶见于猫。

【诊断】

1. 急性胰腺炎的诊断　急性胰腺炎的临床症状是非特异性的，要作出确切诊断，必须结合实验室检查和超声波检查，才能与急性肠梗阻和胆囊炎相区别。

（1）实验室检查　血清淀粉酶在发病后 8～12h 开始升高，24～48h 达到高峰，可超过正常值的 2 倍，持续 3～4d。小肠梗阻和胆囊炎时也可使淀粉酶升高，但升高幅度不大；血清尿素氮增多，可达 28.6mmol/L；血糖升高，可达 6.66～10.0mmol/L；血钙降低；白细胞总数显著增多，可达 5×10^9/L，嗜中性粒细胞升高，核左移。

（2）B 型超声波检查　可见胰脏肿大、增厚或者显示假性囊肿。

2. 慢性胰腺炎的诊断　根据反复发作的病史以及腹痛、脂肪泻、肉质下泄等症状可作出初步诊断，确诊需借助实验室检查、B 超扫描和 X 射线检查。

（1）实验室检查　可采用 X 射线软片试验法和明胶管试验法做胰功能试验。

①X 射线软片试验。5% 碳酸氢钠溶液 9ml，加入被检粪便 1g，搅拌均匀。滴 1 滴此混悬液于 X 射线软片（未曝光的软片或曝光后的暗黑部分）上，经 37.5℃ 温育 1h 或室温下 2.5h 温育，然后用水冲洗，若液滴下面出现一个清亮区，表示有胰蛋白酶存在，如果仅出现一个水印子无其他变化表示没有胰蛋白酶存在。由于此法检验有 25% 的假阴性，因此，试验为阴性时，应进行二次检验。

②明胶管试验。在 9ml 水中加入粪便 1g 混匀。取一试管，盛 75% 明胶 2ml，加热使明

胶液化，然后加入粪便稀释液和5%碳酸氢钠各1ml，混匀后经37.5℃1h，或室温下2.5h温育，随即置冰箱中20min，若混合物不呈胶胨状，表示存在胰蛋白酶，为阳性，反之为阴性。

(2) B超扫描　如显示胰腺内有结石或囊肿，多提示慢性胰腺炎。

(3) X射线检查　如见胰腺钙化或胰管内结石阴影，多提示慢性胰腺炎。

诊断时应注意与急性肾衰竭或小肠梗阻相区别：动物有急性腹痛，可排除肾衰竭。应用X射线照片，胰腺炎左右腹上部密度增加，这可与肠梗阻区别开来。

慢性胰腺炎或胰腺发育不全，由于缺乏胰蛋白酶，使粪便中含有脂肪和不消化肌肉纤维。因此，胰蛋白酶活性检验，可以区别肠道内缺乏胰蛋白酶所致消化不良与肠道本身吸收机能障碍所致吸收不良。

【病程及预后】

本病的病程和预后，一般应视病情轻重和病因而定。病情轻的，经过积极正确的治疗，可康复；病情严重的病例，病程短急，出现昏迷和休克；慢性病例，虽经积极治疗，但反复发作，并发糖尿病时多预后不良。

【治疗】

1. 治疗原则　加强护理，抑制胰腺分泌，止痛镇静，抗休克，纠正水及电解质紊乱。
2. 治疗措施　除去病因，加强护理，给予富含糖类和蛋白质、低脂肪的饲料。
3. 治疗方法

(1) 饥饿疗法　急性胰腺炎，在最初的24~48h，为了避免刺激胰腺的分泌，禁止从口给予食物、饮水和药物，不要食入任何东西，每日补给等渗葡萄糖氯化钠液100~500ml，维生素C 20mg/kg体重，分次静脉滴注。以后病情好转时，可喂给少量肉汤与易消化食物。

(2) 使用抗胆碱能药物　抗胆碱能药物能阻止胰腺分泌并有止吐作用，常用硫酸阿托品0.03mg/kg体重，肌肉注射，3次/d，但应限制在24~36h使用，以防出现肠梗阻。

(3) 抗菌消炎　采用广谱抗生素或多种抗生素联合应用，效果较好，如青霉素20万IU/kg体重，链霉素5万~10万IU/kg体重，3次/d，肌肉注射，或用庆大霉素、卡那霉素2~4mg/kg体重，肌肉注射，2次/d；也可用氨苄青霉素或先锋霉素10~20mg/kg体重，肌肉注射，2次/d。

(4) 镇痛　镇痛对防止休克发生具有重要的意义，腹痛剧烈的病例，为减轻疼痛可用安乃近、盐酸吗啡或哌替啶。也可用盐酸曲多50~100mg肌肉注射或静脉注射，2次/d。皮质激素对治疗休克有一定作用，可用氢化可的松注射液，犬5~20mg/次，猫1~5mg/次，用生理盐水或葡萄糖注射液稀释后静脉注射。

(5) 食饵疗法　慢性胰腺炎病例，可应用高蛋白、高碳水化合物和低脂肪食物，每日定时定量饲喂3次，也可将胰酶制剂或胰粉制剂混于食物中进行代替疗法，根据食物种类、日粮及外分泌机能的障碍程度决定饲喂量。同时，可给予维生素K、维生素A、维生素D、维生素B、叶酸及钙剂。

【预防】

科学饲养，保持营养平衡，避免脂肪过剩，加强卫生防疫，定期驱虫，预防感染。

七、腹膜炎

腹膜炎是由细菌感染或化学物质刺激所引起的腹膜的炎症。根据病程经过分为急性腹膜炎和慢性腹膜炎；根据腹膜内有无感染病灶，分为原发性腹膜炎和继发性腹膜炎；根据病因分为细菌性腹膜炎和非细菌性腹膜炎；根据炎症的范围或程度又分为局限性腹膜炎和弥漫性腹膜炎。临床上，以腹壁敏感、腹腔积液为特征；多见于犬猫，犬以继发性腹膜炎为多见。

【病因】

1. 急性腹膜炎　主要继发于下列疾病。

（1）消化道穿孔　如消化道的异物、肠套叠、肠破裂及肠梗阻等时，消化道内容物漏入腹腔，使腹膜受到刺激和感染。

（2）膀胱穿孔　主要发生于插入导尿管失误或尿道堵塞使膀胱破裂，尿液刺激腹膜。

（3）生殖器穿孔　常见于子宫蓄脓症及子宫捻转等。

（4）外伤或术后感染　腹壁穿透创、腹部挫伤、腹部外科手术感染、脏器与腹膜粘连以及肿瘤破裂或腹膜内注入刺激性药物等。

2. 慢性腹膜炎　多发生于腹腔脏器炎症的扩散如胃肠炎、肠梗阻、胰腺炎、子宫炎等，或急性腹膜炎的持续和发展，逐步转为慢性、弥漫性腹膜炎。

【发病机制】

腹膜腔具有比较健全的防卫机制。腹膜（尤其大网膜）和腹腔液有很强的溶菌能力。其吞噬细胞和免疫物质，可吞噬细菌和异物，中和并清除有毒物质，有自身净化作用。只有当腹膜遭受重剧损伤，腹膜屏障功能减退，或者侵入的病原体毒力很强和数量很多时，才会引起腹膜的炎症。

病理变化，腹膜充血、潮红、粗糙、不透明，有新生毛细血管。腹膜腔中有炎性渗出液，其中混有纤维蛋白絮片；血管严重受损时，渗出液中有大量红细胞；胃肠破裂或穿孔时，则有饲料或粪渣；膀胱破裂时混有尿液。如为化脓性腹膜炎，则有脓性渗出物；若为腐败性腹膜炎，则渗出物污秽恶臭。慢性腹膜炎因结缔组织增生，纤维蛋白机化，在腹膜上形成带状或绒毛状附着物，并常与内脏器官粘连。

【症状】

急性腹膜炎主要表现剧烈的持续性腹痛、腹壁紧缩，排粪迟滞或不排粪。体温升高可达40℃以上，胃穿孔时体温降低。犬呈弓背姿势，精神沉郁，食欲减退或废绝，反射性呕吐。触诊腹壁紧张，疼痛，有躲闪或抗拒。压痛明显处有温热感。腹腔积液时，下腹部向两侧对称性膨大，叩诊呈水平浊音，浊音区上方呈鼓音。腹腔穿刺，可有多量黄褐色混浊渗出液排出。腹部听诊，初期肠音增强，后期减弱或消失。病情进一步发展，则表现心动过速和心律失常、电解质平衡紊乱、凝血功能障碍和血压下降。

慢性病例，主要表现食欲不振，体温正常或升高。腹膜常因炎性刺激增厚，或渗出液吸收，纤维蛋白纤维化而与腹腔器官发生广泛粘连，造成肠管活动受限，引发肠阻塞、腹痛等。X射线检查以腹部呈毛玻璃样、腹腔内阴影消失为特征。腹水中可见白细胞，特别是未成熟的白细胞。血液检查可见白细胞明显增多，其中多形核白细胞占优势。

【诊断】

根据病史、症状可初步诊断。小动物用 X 线检查，可确诊腹腔积液（呈均质的"毛玻璃"状阴影）。必要时可作腹腔穿刺，抽取腹腔穿刺液进行李瓦他（Rivalta）试验，呈阳性者，即为炎性渗出液，可确诊为腹膜炎。

方法：取试管一支，加满蒸馏水，再加 1 滴冰醋酸，混合。用吸管吸取穿刺液，向上述酸化蒸馏水液面上滴加 1~2 滴，若有白色云雾状物自上而下沉至试管底，即为阳性，证明穿刺液中含大量蛋白质，为炎性渗出液。如无白色云雾状物即为阴性，为非炎性渗出液。

本病注意与子宫积脓、腹水相鉴别。

【病程及预后】

腹膜炎的病程及预后，因病型和品种而异。穿孔性、化脓性及腐败性腹膜炎，常于数日内以至数小时内死于脓毒败血症或内毒素休克。急性弥漫性腹膜炎，多于几天内转归死亡。慢性腹膜炎，常造成腹腔脏器特别是肠管的广泛粘连，引起消化不良而陷入恶病质状态，预后不良。局限性腹膜炎，除非因粘连而造成肠狭窄，多数预后良好。

【治疗】

1. 治疗原则　本病以去除病因、抗菌消炎、制止渗出、促进吸收为基本的治疗原则。及时治疗原发病是治疗本病的关键，对外伤或腹腔脏器穿孔或破裂造成的急性腹膜炎，要施行外科手术。

2. 治疗措施　去除病因，治疗原发病，改善环境，注意营养。

3. 治疗方法

（1）控制感染　为控制病情，应早期大剂量使用抗生素，如青霉素、氨苄青霉素、头孢霉素、罗红霉素等并配合使用地塞米松。

（2）腹腔穿刺　腹腔渗出液过多时，可腹腔穿刺放液，排液后注入 0.25% 普鲁卡因青霉素溶液 10ml。

（3）对症治疗　为减少渗出，静注 10% 葡萄糖酸钙 20~30ml；为防止败血症，静注 25% 葡萄糖溶液 10~50ml、维生素 C 20mg/kg 体重、40% 乌洛托品 5ml，1 次/d。腹痛剧烈的病例，为减轻疼痛可用安乃近、盐酸吗啡或哌替啶。便秘者给予缓泻剂或进行灌肠解除便秘。还应根据身体状况，进行强心、缓泻、利尿等对症疗法。此外，给予适量 B 族维生素可促进疾病痊愈。

（4）手术疗法　对腹腔内脏器穿孔、粘连及破裂的，施行剖腹修复术。腹腔装置清洗导管，术后每天清洗。无并发感染可于第 7 天拆除清洗导管。

【预防】

避免各种不良因素的影响，特别是及时治疗各种原发疾病和防止腹腔器官感染。

（黑龙江畜牧兽医职业学院　张久丽）

第五节 其他宠物常见的消化器官疾病

一、嗉囊积食

嗉囊积食又叫硬嗉症、嗉囊扩大、嗉囊弛缓等，是由于饲料内混杂各种异物滞留嗉囊内，造成饲料在嗉囊中停滞不下而引发的嗉囊膨大、嗉囊壁的回缩力下降或丧失的一类疾病。与饲养管理不当造成暴食有关。

【病因】

由于供水不足，或饮水中断时的暴食；或过量采食了粗硬的高粱、玉米、小米等籽实谷物，或采食了易膨胀的粉料太多；饲料内混杂玻璃、毛发等各种异物积于嗉囊内；或日粮中缺乏维生素、矿物质，饲喂不定时、不定量等都可成为本病的诱因。此外，食道的疾病也可引发本病。

【症状】

发病后嗉囊膨大，用手触压嗉囊可感知里面充满干硬或呈生面团样的食物；食欲废绝，精神呆滞；冠呈紫色，张口伸颈呼吸，两翅下垂，呼出气体有酸臭味，有呕吐或流淡黄色液体，呆立不动，逐渐消瘦；重者，患病的鸟很快死亡。

【治疗】

1. 治疗原则　消除病因和积滞，恢复嗉囊生理功能。

2. 常规治疗

（1）对轻者　可取2%碳酸氢钠液用胶管灌入嗉囊内，然后倒提病鸟，使鸟的口朝下，吐出积食。

（2）排除嗉囊积滞　用注射器或滴管自口腔将植物油滴入嗉囊内，然后用手轻轻按摩或捏压使积食变软变碎，而进入下部消化道。或按摩挤压嗉囊，使内容物排出。

也可喂给薄荷浸剂100ml，稀盐酸10ml合剂，每次1匙，5~10次/d。

3. 手术治疗　先在嗉囊部将少量的羽毛拔掉，用碘酊消毒，再用消毒后的手术刀切开表皮，创口约0.5cm长，然后切开嗉囊，取出积食，用生理盐水冲洗、彻底消毒后，依次用缝合线或羊肠线缝合嗉囊和表皮，手术后1~2d内喂软的易消化吸收的饲料，并加喂酵母片，鸟类的皮肤愈合力极强，一般经8~10d即可痊愈。

【预防】

本病的预防，重点在于加强平时的饲养管理。

二、软嗉病（嗉囊卡他、嗉囊炎）

软嗉病就是宠物鸟类经常食入变质霉败的饲料或饮水而引起的嗉囊表层黏膜的炎性疾病。也称嗉囊炎或嗉囊卡他。各种鸟均可发生。

【病因】

主要是饲料发生腐败或变质，或饲料中有异物（如毛发、布团、绳头等），有时口腔炎、食道炎、胃肠炎、鹅口疮，毛滴虫等病中也可继发本病。

【症状】

患病宠物鸟表现精神委顿，食欲明显减少或废绝，频频伸颈，吞咽困难，嗉囊膨胀而下垂，嗉囊内充满腐败液体或气体，用手触摸嗉囊时有软绵的波动感，并有痛感，时有嗳气，常从口中流出酸臭的液体。口腔黏稠而酸臭，时有呕吐或下痢，喜饮水，冠及肉髯发绀，两翅下垂，不愿活动，进行性消瘦。严重者嗉囊溃烂而死亡。

【治疗】

1. 治疗原则　消除病因，排出内容物，清洗促消化，抗菌消炎。
2. 常规治疗　取少许碳酸氢钠或高锰酸钾温水灌洗嗉囊，然后将病鸟倒提，用手挤压嗉囊，促使内容物排出。

患病的鸟嗉囊宜用1.5%碳酸氢钠溶液冲洗，冲洗后，喂服胃舒平0.5～1片，酵母片1～2片，土霉素片0.5片，2次/d，连用3d。或内服姜酊和大黄酊各1～2ml。服药后停食1～2d，然后喂给易消化的食物。

取酒石酸镁钾0.1g，水10ml，溶解后每半小时灌服1次（约1匙）。

灌服或嗉囊内注入抗生素，常用青霉素1万～2万IU，2次/d。

碳酸氢钠1g，炭末0.5g，植物油4ml，混均后1次灌服。

3. 手术治疗　对不易排出的异物，可施行嗉囊切开术，取出异物。方法：术部拔毛，用3%碘酊消毒，纵行切开嗉囊1～1.5cm，取出异物，用0.1%高锰酸钾溶液冲洗，全层一次缝合嗉囊和皮肤。用碘酊消毒。术后1～2d内喂少量易消化的饲料。

【预防】

平时要加强饲养管理，注意饲料有无变质，饮水要清洁。

三、肠炎

肠炎就是肠黏膜的炎症。是笼养鸟类的常发病。

【病因】

引起本病的原因主要有饲料结构的突然改变，或饲料突然变质；受寒冷的刺激或受到其他动物的惊吓；细菌感染，如沙门氏菌、葡萄球菌感染等。此外，还继发于嗉囊念珠菌病。

【症状】

发病后，表现为腹泻，粪便稀软，水样，肛门周围粘满粪便，或时做排粪状，但排便不爽，便中有黏液，甚至血液。食欲降低，烦渴喜饮。精神萎靡不振，羽毛杂乱无光，逐渐消瘦。

【治疗】

1. 治疗原则　消除病因，抗菌消炎，改善饲养管理。
2. 常规治疗　首先将病鸟移至安静温暖的环境中饲养。同时用25%葡萄糖水10ml，加入少许食盐口服，1ml/次，2次/d，连用5d，应用时，用小注射器（不能带注射针头）吸取糖水后，直接滴入鸟的口腔内，让鸟自行吞咽。

卡那霉素250mg/L饮水；或氟苯尼考640mg/L饮水，任鸟自由饮取。但应注意放有药物的饮水,每天必须要更换2次,不然药物将失效,并经常搅拌饮水,以防药物沉淀。若病鸟不饮水时,则将药液滴入鸟的嘴内入嗉囊中,2次/d。

【护理及预防】

喂给鸟易消化、柔软的食物,如黄油牛奶、香蕉、泡饼干等。

平时注意饲料与饮水的清洁。禁止饲喂变质的食物。对盛水器具、盛食器具、栖木、鸟笼等要定期清洗消毒。在夏季,可用经茶水代替常规饮水,能减少肠炎的发生。

四、食道疾病

食道疾病就是因饲养管理不当而引起的一种以食道病理变化为主的疾病的总称。常见鸽或其他鸟类。

【病因】

引起食道疾病的原因很多,如喂饲过冷或过热的食物,食入锋利、刺激、腐蚀或有毒的物质,可导致食道炎;在采食过急,食入过大的食物,可引起食道梗阻;食道肥厚,食道有肿瘤、寄生虫或手术后有大量的瘢痕均会引起食道狭窄;食道的先天性张力不足,食道的憩室,长时间的食道狭窄或梗阻,均可以继发食道扩张。此外,其他原因如食道的迷走神经兴奋性增高等,均可出现食道狭窄等疾病。

鸟的食道疾病主要有:食道炎、食道梗阻、食道痉挛、食道麻痹、食道狭窄、食道扩张等。

【症状】

食道疾病一旦发生,主要表现为吞咽困难,这是食道疾病的共同症状。然而,不同的食道疾病仍有不同的症状。

1. 食道炎　病情轻的无明显症状,或仅在食物通过患部时表现有痛苦不安,伸展中扭曲颈部;病情重的,除有上述表现外,还有呕吐和流涎的现象。

2. 食道痉挛　出现停止饮食,头颈伸展,常有逆呕的现象出现。触诊食道患部时有均匀的坚实感,同时有神态痛苦的表现。

3. 食道麻痹　吞咽食物时,出现吞咽障碍。但患部仅可通过饮水或流质食物,颗粒料则往往积聚于食道内或从口中逆出,同时可继发食道炎甚至食道穿孔。

4. 食道狭窄　表现为反复摄食和逆出饲料,狭窄前部因饲料积聚而呈坚实性扩张,后部空虚,可进一步引起食道梗阻、炎症或扩张。

5. 食道梗阻　多在采食过程中突然发生。流涎为最先出现的症状,并同时伴有不断的咽下与呕吐动作,有时也可见有少量的食糜、唾液由鼻孔流出。触诊梗阻部位有痛感,病程长的可继发食道炎。

6. 食道扩张　如发生在颈部食道,在采食中途或采食后位于左颈侧的食道位置有纺锤形或圆柱状膨胀,触诊该部有粒状感,并可于每次采食后重复出现;若是胸部食道扩张,则以采食后出现呼吸困难为主要症状。

【治疗】

1. 治疗原则　消除病因,或抗菌消炎,恢复食道功能。

2. 治疗方法

(1) 食道炎 可用1%鞣酸或0.1%高锰酸钾溶液冲洗食道。

(2) 食道麻痹 宜先少量灌水,然后在外部进行按摩,或插入人用导尿管,以帮助、推动食物后送,再辅以护理。

(3) 食道梗阻 治疗方法基本与食道麻痹的治疗方法相同。为了有助于梗阻部的食物向后移动,可作植物油代替水灌入。必要时可用长镊子伸入食道内逐一的取出食物或异物块。

(4) 食道痉挛 可皮下注射阿托品0.1~0.3ml(含约0.5mg/ml),使食道平滑肌得到缓解。

(5) 食道狭窄 如为寄生虫或肿瘤引起的,可用驱虫或手术摘除的方法进行根治。

(6) 食道扩张 本病多不易治愈,要么切除扩张部的食道壁,要么淘汰处理。

【预防】

主要是做好平时的饲养管理工作,以防止外因性的食道疾病的发生。

五、尾脂腺炎

尾脂腺炎指尾脂腺的炎症。尾脂腺是鸟尾部较大的一个皮脂腺体,其分泌物可增加羽毛的光泽和弹性。

【病因】

由于饲养鸟的环境不卫生,加之长时间不洗澡,或尾脂腺受伤感染,或由于鸟患病长期不梳理羽毛等,均可引起尾脂腺发炎。尾脂腺炎,俗称"生黄",许多笼养鸟均可发生本病,其中以画眉鸟多发。

【症状】

病鸟精神萎靡,羽毛逆立,食欲减退;尾脂腺红肿发热,在鸟的尾部有黄色浓疱状颗粒,严重的整个尾部出现红肿,如不及时治疗,会引起死亡。

【治疗】

1. 治疗原则 局部消毒,恢复尾脂腺功能。

2. 治疗方法 将病鸟取出笼外,由助手保定好后,用5%碘酊棉球和75%酒精棉球各消毒1次,然后术者用两手拇指的指甲轻轻地由前向后挤压,将腺体内成熟的分泌物挤出,以使腺体的功能恢复,再在挤压部位涂上5%碘酊或红药水,3~4d后如发现脓疱复出,可再挤压1次,一般在2~3次挤压后即可治愈本病。

【护理及预防】

要保证病鸟的饮水,喂给病鸟平时喜欢吃的饲料。平时注意鸟的清洁卫生,定期对鸟笼、用具及其跳棍等进行清洁并作适当的消毒。

六、观赏鱼的细菌性肠炎

细菌性肠炎又叫烂肠病,是由细菌引起的观赏鱼肠黏膜的炎症,是较常见的观赏鱼疾病。

【病因】

本病是由肠型点状产气单胞菌感染引起的一种肠道疾病。

【症状】

病鱼行动缓慢，无食欲，头部发黑，腹部出现红斑，肛门红肿，轻压腹部有血黄色黏液流出。把病鱼腹部剖开，可见肠道发炎充血，严重时肠道发紫，很快死亡。

【治疗】

1. 治疗原则　抗菌消炎，恢复肠的生理机能。
2. 治疗方法

（1）磺胺脒治疗　第1d用5g磺胺脒与50kg饵料拌合，投喂；第2~6d药量减半。

（2）大蒜头治疗　喂大蒜头0.5kg/100kg饲料，与饲料拌合，投喂，连用3~6d。

（3）青霉素、井冈霉素合剂治疗　用青霉素3支（40万IU/支），0.5kg动物用井冈霉素加0.5kg白糖水，拌10kg麸皮投喂，次日即停止死亡。

【预防】

经常彻底清池，饲料要新鲜，投饵要"四定"。

在夏季发病季节每10~15d用漂白粉进行用具消毒。

七、便秘症

便秘症是金鱼较常见的一种消化器官疾病。金鱼在肛门部拖着外包黏液样的未消化的长粪游动，一般将其称为便秘症。

【病因】

多因饵料中未煮熟的淀粉成分过多，以及饱食后水温急剧下降时都能见到此种情况的发生。

【症状】

发病后可见到金鱼在游动时，其尾部肛门部有一条粪便条。

【治疗】

在饲料中适当加盐治疗，水温下降时，投饵量要控制。饲料淀粉要完全煮熟。

【注意事项】

金鱼的品种很多，品种不同对药物的耐受性不同，各地在用药时，最好按品种先用少数几尾试验，然后再大批进行防治。

用高锰酸钾等药物浸洗后，应将鱼放入清水中过一遍，然后再放入池中。

用药物浸洗病鱼的时间不是固定不变的，应视当时的水温、鱼体的忍耐情况灵活掌握。水温低，鱼体质好些忍耐力就强些，浸洗时间可按规定时间进行，反之则需要缩短浸洗的时间。

【预防】

金鱼养殖水体较小，虽然发病便于施药治疗，但是仍应以预防为主、有病早治的原则，提高金鱼的成活率。具体的措施如下：

从天然水域捞回的饵料用高锰酸钾消毒；在发病季节定期进行药物浸洗预防，有好的预防效果；在发病季节，金鱼的水环境中酌加食盐（0.1%），能起到预防效果；新引进的金鱼应进行隔离检疫,避免传染;发现病鱼,应进行隔离治疗,工具要专用并消毒,避免疾病的蔓延;勤观察,勤检查,做到及时发现及时治疗。

(黑龙江生物科技职业学院　杜护华　东北农业大学　邢厚娟)

【本章复习思考题】

一、名词解释

口炎　咽炎　食道憩室　胃肠卡他　肝炎　肝硬化　胰腺炎　腹膜炎

二、填空

1. 肝炎主要临床特征_____、_____、_____。
2. 动物发生肝炎会出现丙氨酸氨基转移酶（ALT）活性_____、天门冬氨酸氨基转移酶（AST）活性_____、碱性磷酸酶等酶（ALP）活性_____,尤以乳酸脱氢酶（LDH）活性_____。
3. 病犬出现"祈祷姿势"可考虑动物患_____。
4. 急性腹膜炎可继发于_____、_____、_____。
5. 腹腔穿刺,穿刺液作李瓦他（Livalta）反应呈阳性为_____液,可确诊为腹膜炎。

三、简答题

1. 结合实际,谈谈消化器官疾病的检查方法和检查内容。
2. 简述犬口炎的发病原因及诊疗措施。
3. 比较急性胃炎和慢性胃炎的病理机制和诊疗措施。
4. 如何预防和治疗犬的肠便秘?
5. 比较肠套叠与肠扭转的发病原因、症状及诊疗措施。
6. 简述肝炎的治疗原则及治疗措施。
7. 简述肝胆疾病的临床特征。
8. 简述胰腺炎的诊断和治疗措施。

四、分析病例,并写出下列病例的合理的诊断及治疗方案。

病例:王某养的一大丹犬,雄性,4岁,体重约41kg。饱食后和家人玩耍,突然腹痛呻吟,呼吸异常,腹围增大,躺卧在地,哀叫。立即送诊,经临床检查,体温为39.2℃,脉搏216次/min,呼吸高度困难,可视黏膜发绀。腹部触诊可摸到球状物,叩诊出现鼓音。胃管不能插入,频繁呕吐,却无呕吐物。

第二章 宠物的呼吸器官疾病

第一节 概述

一、呼吸器官的构造和生理防御机能

呼吸器官包括鼻腔、副鼻窦、喉、气管等上呼吸道和支气管、肺脏等下呼吸道。呼吸道是一条较长的管道，其黏膜内壁具有丰富的毛细血管网，并有黏液腺分泌黏液。这些构造特点，使吸入的空气在到达肺泡之前加温和湿润，并吸入空气中的尘埃通过鼻毛阻挡，黏膜上皮的纤毛运动及喷嚏和咳嗽，将其排出，以维持肺泡的正常结构和生理功能。呼吸器官的主要功能是进行内外之间的气体交换。动物机体在新陈代谢过程中，由于对营养物质进行生物氧化以提供生命活动所需要的能量，需要不断地消耗氧，同时还不断产生二氧化碳和水以及其他物质，为此，机体必须不断从外界摄取氧，并将二氧化碳排出体外，以确保机体新陈代谢的进行和内环境的相对稳定。

在生理情况下，呼吸器官各级支气管上皮细胞、杯状细胞和腺体构成纤毛和黏液排送系统，保持着呼吸道的自净作用，而黏液成分中还有溶菌酶、补体、干扰素、分泌型 IgA 等免疫活性物质，与支气管黏膜和肺泡巨噬细胞共同抵御病原的入侵，构成呼吸器官重要的防御机制，如鼻腔空气动力过滤作用、打喷嚏、鼻局部的抗体、喉反射、黏膜纤毛的运输机理、肺泡的巨噬细胞以及全身和局部的抗体（免疫）系统。

二、呼吸器官疾病的常见病因

呼吸器官与外界相通，环境中的病原微生物、粉尘、烟雾、化学刺激、过敏源及有害气体进入呼吸道和肺部，直接引起呼吸器官疾病。

由于突然变换日粮、断奶、寒冷、贼风侵袭、环境潮湿、通风换气不良、高浓度的氨气及不同年龄的动物混群饲养、长途运输等，均易引起呼吸器官疾病。某些传染病和寄生虫病如犬瘟热、犬细小病毒感染、犬副流感病毒感染、犬传染性气管支气管炎、猫病毒性鼻气管炎、结核病等；犬类丝虫病、肺毛细线虫病、犬恶丝虫病等；当呼吸器官正常防御机制被破坏，肺泡吞噬细胞的吞噬功能出现暂时性障碍，吸入的细菌、病毒大量增殖，致使呼吸器官疾病的发生。

三、呼吸器官疾病的主要症状

呼吸器官疾病的主要症状有流鼻液、咳嗽呼吸困难、结膜发绀及肺部听诊啰音等特征。健康动物一般无鼻液，或仅有少量鼻液常呈浆液性，如炎症初期、局灶的病变及慢性呼吸道疾病，有少量的鼻液，在上呼吸道疾病的急性期和肺部的严重疾病常出现大量的鼻液。

咳嗽是动物一种强烈的呼气运动，它的形成是由于呼吸道分泌物、病灶及外来因素刺激呼吸道和胸膜，通过神经反射而使咳嗽呼吸中枢兴奋，发生咳嗽，并将呼吸道中的异物和分泌物咳出。尤其是犬、猫等小动物，咳嗽之后，常出现恶心或呕吐等。因此，咳嗽是一种反射性的保护动作。咳嗽数量增多呈现持续性痉挛性咳嗽或咳嗽发作，见于呼吸道黏膜受到强烈的刺激，如喉炎、支气管炎、慢性肺气肿、吸入性肺炎及胸膜炎等。

呼吸困难是复杂的呼吸障碍，不仅表现呼吸频率的增加和深度的变化，而且伴有呼吸肌以外的辅助呼吸肌有意识的活动，但气体的交换作用不完全。呼吸困难的主要原因是体内氧缺乏、二氧化碳和各种氧化不全的产物积聚于血液内，并循环于脑而使呼吸中枢受到刺激。高度的呼吸困难称为气喘。

可视黏膜呈蓝紫色称为发绀，主要是血液中还原血红蛋白增多形成大量变形血红蛋白的结果。发绀仅发生于血液血红蛋白浓度正常或接近正常，但血红蛋白的氧合作用不完全。因此，发绀是机体缺氧的典型表现，当动脉血氧饱和度低于90%时，可视黏膜（眼结膜、口腔黏膜）蓝紫色。

啰音是呼吸器官疾病的重要病理性呼吸音，按其性质可分为干啰音和湿啰音两种，干啰音是支气管中的分泌物黏稠，呈块状、线状或膜样并粘着在管壁上，因气流经过的震动作用而发生，或由于支气管黏膜肿胀和支气管痉挛，引起支气管内径狭窄时气流通过也可发生干啰音；湿啰音是支气管内存在稀薄的分泌物，呼吸时因气流引起液体移动或水泡破裂而产生的一种声音。湿啰音是支气管疾病最常见的症状。

四、呼吸器官疾病的诊断

一般根据病史调查结合呼吸器官疾病的临床检查和实验室检查，可作出诊断。必要时可采用聚合酶链反应（PCR）技术诊断结核病、支原体、肺孢子虫病及病毒感染等，用分子遗传学分析准确确定某些基因缺陷引起的疾病、用高精密度螺旋计算机体层摄影（CT）和核磁共振显像（MRI）技术可诊断肺部小于1cm的病灶等。

五、呼吸器官疾病的治疗原则

包括抗菌消炎，祛痰镇咳及对症治疗。

1. **抗菌消炎** 细菌感染引起的呼吸器官疾病均可选用抗生素进行治疗，最好进行药敏试验，合理选用抗生素。同时，了解抗生素类药物组织穿透力和药物动力学特征，也非常重要。犬和猫最好选用头孢菌素、氟喹诺酮类、红霉素、林可霉素、四环素及磺胺类药物。

2. 祛痰镇咳　咳嗽是呼吸道受到刺激而引起的防御性反射，可将异物与积液咳出，一般咳嗽不应轻率使用止咳药，轻度咳嗽有助于祛痰，痰排出后，咳嗽自然缓解，但剧烈频繁的干咳对患病动物呼吸器官和循环系统产生不良影响。有些呼吸道炎症可引起气管分泌物增多，因水分的重吸收或气流蒸发而使痰液变稠，同时黏膜上皮变性使纤毛活动减弱，痰液不易排出。祛痰药通过造成迷走神经反射兴奋呼吸道腺体，促使分泌增加，从而稀释稠痰，易咳出，可选用氯化铵、碘化钠、碘化钾等。镇咳药主要用于缓解或抑制咳嗽，目的在于减轻剧烈咳嗽的程度和频繁度，而不影响支气管和肺分泌物排出，可选用喉必清、复方樟脑酊、复方甘草合剂等。在痉挛性咳嗽、肺气肿或气喘严重时，可用平喘药，如麻黄碱、异丙肾上腺素、氨茶碱等。

3. 对症治疗　主要包括氧气疗法和兴奋呼吸。当呼吸困难引起缺氧时应及时采用氧气疗法，当呼吸中枢抑制时，应及时选用呼吸兴奋剂，尼可刹米（可拉明）、多普兰等，对延脑生命中枢有较高的选择性，常作为呼吸及循环衰竭的急救药，能兴奋呼吸中枢和血管运动中枢，临床上要特别注意用药剂量，剂量过大则引起痉挛性或强直性惊厥。

第二节　上呼吸道疾病

一、感冒

感冒是由于机体受风寒侵袭而引起的上呼吸道黏膜为主的急性、发热性的全身性疾病。临床上以打喷嚏、羞明流泪、被毛逆立、皮温不均和不同程度的体温升高为特征。无传染性，本病多发生于早春、晚秋、冬季天气多变的季节，是动物常见病，尤以幼龄犬、猫多发。

【病因】

1. 管理不当　突然遭受寒冷刺激是引起本病的最常见病因。如圈舍卫生条件较差，防寒保暖不良，贼风侵袭，潮湿阴冷，垫草长期不换，运动后被雨淋风吹等，犬、猫的上呼吸道存在着许多细菌和病毒乘虚大量繁殖而发生本病。

2. 长途运输　过度劳累，营养缺乏等，造成机体瘦弱和其他疾病引起机体免疫功能下降，呼吸道屏障机能降低，这时呼吸道常在菌大量繁殖，产生毒素从而引起上呼吸道炎症，可促进本病的发生。

【症状】

发病较快，常在遭受寒冷袭击后突然发病，患病犬、猫精神沉郁，表情淡漠，食欲减退或废绝，眼半闭，结膜潮红充血伴轻度肿胀，羞明流泪，多眵。常发咳嗽，初期流清水样鼻液，后变浓稠。并呈现鼻黏膜充血、肿胀，鼻黏膜发痒，常用前爪抓鼻或在墙壁及地面擦鼻，严重时畏寒怕冷，拱背腰，战栗或震颤，体温升高，脉搏增数，呼吸加快，胸部听诊，肺泡呼吸音增强，心音增强，心跳加快。

【诊断】

根据季节和气候变化，受寒冷侵袭等病史，出现体温升高，咳嗽及流鼻、流泪等上呼吸道炎症表现，即可诊断为感冒。必要时进行治疗性诊断。

【治疗】

1. 治疗原则　解热镇痛，祛风散寒，防止继发感染。

2. 治疗方法　肌肉注射30%安乃近或复方氨基比林或柴胡注射液，犬每次用量1~5ml或0.5~1ml，每日2次。

为防止感染，可适当配合应用抗生素和磺胺类药物，青霉素40万~160万IU，注射时用水2~4ml，肌肉注射，每6~8h注射1次，为控制病毒感染，可选用病毒唑、病毒灵、板蓝根冲剂或感冒冲剂等。可适当配合维生素C、地塞米松等。

【预防】

改善饲养管理，合理运动，避免受寒，特别是犬散放、调教、捕捉训练出汗后，还要注意酌情补充梳理，防寒气和风雨的侵袭等。

二、鼻炎

鼻炎是鼻腔黏膜的炎症，临床上以鼻黏膜充血、肿胀并流出浆液性、黏液性、脓性鼻液，打喷嚏、呼吸困难为主要特征。春秋季节多发。

【病因】

分为原发和继发两种，原发性鼻炎，受寒感冒是引起本病的主要因素。

1. 物理性因素　如寒冷的刺激，对鼻腔粗暴的检查，经鼻腔投药造成鼻黏膜损伤，吸入粉尘、烟雾、植物纤维、昆虫、花粉及真菌孢子等直接刺激鼻腔黏膜所致本病。

2. 化学性因素　包括挥发性化工原料（SO_2、HCl）的泄露，饲养场（舍）内的废气（如NH_3、H_2S）以及某些环境污染物等直接刺激鼻黏膜引起炎症。

3. 生物性因素　由于某些病毒（如犬瘟热病毒、犬副流感病毒、猫细小病毒、猫气管炎病毒、腺病毒）、细菌（犬、猫的支气管败血波氏杆菌、出血性败血性巴氏杆菌、猫犬肠杆菌、β-溶血性链球菌）、寄生虫（如犬鼻螨、犬肺棘螨）等感染引起本病。

4. 其他因素　如邻近器官的炎症（如喉炎、咽炎、副鼻窦炎、喷射性呕吐所致鼻腔污染、口腔的炎症）的蔓延等。另外，犬猫鼻部外伤或先天性软腭缺损所致的炎症以及某些过敏性疾病所引起。

【症状】

急性鼻炎病初表现为鼻黏膜充血、肿胀、干燥，因鼻黏膜发痒，患病犬猫常用前爪搔鼻部，摇头后退，频打喷嚏，轻度咳嗽，一侧或两侧鼻孔流出鼻液，初期浆液性，以后出现黏液性，甚至脓性，有时混有血液。鼻孔周围的皮肤可发生表皮脱落。当鼻黏膜分泌物增多，结痂物堵塞鼻腔时，出现呼吸迫促，张口呼吸。可听到吸气性杂音和鼻塞音。部分病例伴有颌下淋巴结肿胀。常伴有扁桃体炎症和咽喉炎及结膜炎并可见到羞明流泪等现象。少数患病犬猫会出现呕吐，食欲减退，但体温一般无明显变化。

慢性鼻炎病程长，病情时轻时重，长期流脓性鼻液，量时多时少，严重者，鼻黏膜溃烂，伴有副鼻窦炎时，常引起骨质性坏死和组织崩解，鼻液内可混有血丝，并有腐败性气味。呼吸困难，尤其运动后常出现两前肢叉开甚至张口呼吸，出现阵发性气喘并伴有鼻鼾明显等。

【诊断】

单纯性鼻炎，可根据鼻黏膜充血、肿胀、流浆液或脓性鼻液、打喷嚏，吸气性呼吸困难等可确定诊断。但注意排除可疑传染病及其他疾病继发区别诊断。

【治疗】

1. 治疗原则　首先除去病因，将患病犬猫安置在温暖、通风良好的环境。
2. 局部用药　鼻液黏稠时，可选用温热的生理盐水或1%碳酸氢钠溶液冲洗鼻腔，每天1~2次。对有大量稀薄鼻液的病例，可选用1%明矾溶液或2%~3%硼酸溶液或0.1%高锰酸钾溶液或0.1%鞣酸溶液冲洗鼻腔，每日2次。对于鼻塞严重的，可用去甲肾上腺素滴鼻液（内含0.2%去甲肾上腺素、3%洁霉素、0.05%倍他米松）滴鼻，每天数次，使用1~2周后间断1~2周，避免长期用药。当鼻腔黏膜严重充血时，可用血管收缩药，如1%麻黄碱滴鼻。
3. 抗菌消炎　对炎症较严重的病犬猫，肌肉注射氨苄青霉素，每次0.5g，每日2次；也可肌肉注射青霉素、链霉素，每次各80万IU，每日2次，连用3~5d。也可选用先锋霉素或其他抗生素等。同时可选用激素治疗，对慢性鼻炎、变态反应性鼻炎，可口服或肌肉注射地塞米松，按每千克体重0.125~1mg用药，每日1次连用3d。

【预防】

注意预防受寒感冒和其他致病因素的刺激，加强犬猫的耐寒训练。对于继发性鼻炎，应及时治疗原发病。

三、副鼻窦炎

副鼻窦炎是上颌窦、额窦及蝶窦黏膜的炎症。临床表现为一侧或两侧鼻腔流出浆液性、黏液性或脓性鼻液。

【病因】

本病分原发性和继发性两种，原发性副鼻窦炎多因犬猫受寒感冒及饲养管理较差、机体抵抗和免疫功能降低诱发本病，较为少见。继发性副鼻窦炎，常继发于急性、慢性鼻腔炎症和感染蔓延而引起。如鼻炎、流感、放线菌病、骨折、面部挫伤以及变态反应等。

【症状】

鼻腔中流出大量的浆液性、黏液性或脓性鼻液，患病犬、猫呼吸困难，发炎的窦腔部肿胀，触诊时疼痛、温度增加，有的犬嚎叫，头颈歪斜。初期流出浆液性鼻液或黏液性鼻液，其后为脓性并有臭味鼻液。当患病犬、猫剧烈运动、咳嗽或强力呼吸时，流出鼻液增多。如细菌性窦腔黏膜炎症发展到鼻腔黏膜时，则引起鼻腔黏膜炎，并可通过鼻泪管受感染，引起眼结膜炎，发生鼻泪管堵塞。急性严重的病犬、猫除表现为流出脓性鼻液外，还可能出现全身症状，体温升高，畏寒或颤抖，惊恐不安，狂叫、惨叫或嚎叫，头颈歪斜或昏睡。慢性副鼻窦炎注意表现持续性流鼻液，常流出黏液性或脓性鼻液，局部肿胀，无明显的全身症状和明显的疼痛。流出的鼻液的量多少视发病部位不同而异，当筛鼻窦炎时鼻液量较少，而上颌窦炎和额窦炎时，则鼻液量较多。

【诊断】

急性病例可根据临床症状结合病史调查可作出诊断。慢性病例可以借助于鼻窦穿刺术或圆锯术进行诊断与鉴别诊断。

【治疗】

1. 治疗原则　抗菌消炎、镇痛、消肿。
2. 急性病例的治疗　鼻窦严重充血肿胀，可用1%麻黄素、肾上腺素、滴鼻净滴鼻，以收缩血管，减轻肿胀。有全身症状时，应用抗生素或磺胺类药物，可选用氨苄青霉素20～40mg/kg，口服，每日2次，或土霉素30 mg/kg，口服，每日2次，以控制炎症。也可常用青霉素40万～160万IU，注射用水2～4ml，一次肌肉注射，每8h注射1次。对黏膜有严重的病变，鼻窦中有大量鼻液者，应做排液孔手术。

【预防】

加强饲养管理，提高抗病能力，针对本病的发生原因，避免各种致病因素的刺激，及时治疗各种原发病。

四、喉炎

喉炎是喉黏膜及黏膜下层组织的炎症。临床上以剧烈咳嗽、喉部敏感、肿胀为特征。依炎症的性质有卡他性炎症和纤维蛋白性炎症之分。一般发生在春、秋和冬季。

【病因】

分原发性和继发性两种。原发性喉炎，多因受寒感冒，吸入有害气体，如氨气、氯气、烟气和毒气等；或尘埃、霉菌、犬猫误咽异物损伤，如骨头、针、别针及外界的刺伤、或温热的刺激，过度的鸣叫等而引起炎症变化。

1. 生物性因素　由于某些病毒（如犬瘟热病毒、猫鼻气管炎病毒、犬副流感病毒、犬腺病毒、犬腺病毒Ⅱ型感染等）。
2. 其他因素　如邻近器官炎症蔓延，如鼻炎、咽炎、扁桃体炎、气管炎、肺炎等。

【发病机制】

由于上述有害因素的作用，致使机体的抗病能力降低，而寄生在喉腔黏膜或外界侵入的微生物得以繁殖，引起喉黏膜充血、肿胀、渗出和敏感性增高。初期渗出物呈水样，以后由于黏膜上皮细胞脱落，血液有形成分的渗出及脓液的形成而变为黏液性或脓性。由于黏膜肿胀，压迫感觉神经末梢而敏感性增强，患病犬、猫经常出现咳嗽。由于炎性渗出物及毒素的刺激和吸收，局部高度肿胀，以致体温升高及吸气性呼吸困难，吞咽紊乱，同时出现喉狭窄。如果病程延长，转为慢性炎症变化，由于黏液腺肿胀，上皮细胞增生，特别是结缔组织增殖，喉黏膜增厚，渗出减少，敏感性也随之降低。

【症状】

剧烈的疼痛性咳嗽为喉炎的主要症状。初期为干咳、短咳、局促性咳嗽，咳声粗厉，渗出物较少；随着病情的发展，渗出物增多，由干咳转为湿、长、疼痛稍有缓和的咳嗽。时间延长，则声音变为嘶哑。病犬神情痛苦，呼吸困难，低头张口呼吸，并呼出恶臭气体，如遇寒冷刺激，喉部高度敏感，咳嗽加剧，犬咳嗽后经常呕吐。触诊喉部疼痛敏感并可诱发咳嗽，轻症喉炎无明显全身症状。严重患病犬、猫精神沉郁，表情疲倦，可有食欲下降，体温升高，呼吸急促，脉搏增数等症状。同时由于呼吸困难，可呈现缺氧症状，表现为可视黏膜发绀。如发生严重的喉水肿者，可造成窒息。

【诊断】

根据患病犬、猫出现的剧烈咳嗽，喉部敏感性增高，触诊喉部发生阵发性咳嗽，听诊喉部狭窄音或啰音，结合喉部检查，可作出临床诊断。但应与咽炎、气管炎、鼻炎等疾病进行鉴别诊断。咽炎时，主要表现为吞咽障碍；气管炎时，喉部一般不敏感，胸部听诊有各种啰音，且全身症状明显；鼻炎时，可见有大量鼻液，一般咳嗽不明显。

【治疗】

1. 治疗原则　首先要消除各种病因的刺激，积极治疗原发病：消炎、祛痰、止咳。

2. 及时除去病因　并将患病犬、猫置于温暖、清洁的环境中，同时饲喂营养均衡的流质或柔软食物。

3. 镇咳、祛痰、止痛　干咳时，用磷酸可待因，犬：1.1～2.1 mg/kg，皮下注射，每日3～4次，日注射总量10～65 mg；猫：0.25～4.0 mg/kg体重，口服，每日1～2次，或0.1～1.0 mg/kg体重，静脉注射。也可口服复方甘草片，每次1～2片，每日3次。但湿咳不宜应用止咳药。痰多时，可口服氯化铵，每次0.2～1g，每日1次。疼痛剧烈时，要谨慎地使用镇静剂（如吗啡）。湿咳时可选用川贝止咳糖浆。

4. 抗菌消炎　肌肉注射青霉素，每次80万IU，每日2次；呛咳严重导致呼吸障碍时，可选用1%普鲁卡因2ml、青霉素20万IU，混合后进行喉部封闭注射，每日2次，左右两侧交替进行。也可选用氨苄青霉素，犬10～25mg/kg体重，每日2～3次，肌肉注射或口服。或先锋霉素15～30 mg/kg体重，每日2～3次，肌肉注射或口服。

5. 中药疗法　可选用中药：青黛1.5g，雄黄0.2g，冰片0.5g，甘草3 g，共研末后加入白糖15g，鸡蛋清10ml，水150ml，混匀后，口服，每日1剂，连服3d。也可用1%明矾液滴入喉腔内，六神丸3～6粒，口服，每日2次。

第三节　支气管及肺部疾病

一、支气管炎

支气管炎是支气管黏膜表层或深层的炎症。临床上以咳嗽，胸部听诊有啰音、流鼻汁为主要特征。单纯性支气管炎比较少见，通常是先发生支气管炎后继发支气管炎及细支气管炎。故而称之为气管、支气管炎。按病程分为急性和慢性支气管炎。本病可发生在任何年龄段，但老龄和幼龄犬、猫较多见。多发生于春秋季节和气温骤变时。

【病因】

分原发性支气管炎和继发性支气管炎两种。原发性因素，物理性因素如受寒感冒，潮湿和寒冷空气刺激，异物的刺激（如灌药时药物误入气管，呕吐时食物进入气管等），吸入烟气、真菌孢子、尘埃等，过度勒紧脖圈，食道内异物及肿瘤等的压迫。化学因素，如挥发性化工原料（SO_2、HCl）的泄露，饲养场（舍）内的废气（NH_3、H_2S）及化学毒气等直接刺激可引发本病。生物性因素，由于某些细菌（嗜血杆菌、链球菌、葡萄球菌、肺炎球菌等)、病毒（如犬瘟热病毒、犬副流感病毒、猫鼻气管炎病毒）的感染所致。其他因素，如上呼吸道或肺部炎症的蔓延，心脏的异常扩张，某些过敏性疾病（如花粉、有机粉尘等变应原所致的过敏）。

【发病机制】

健康的犬、猫可借助于呼吸道黏膜腺体的分泌、上皮细胞的纤毛运动、淋巴滤泡的阻留和白细胞的吞噬作用等防御机能，将进入呼吸道内的尘埃、异物或细菌清除出去。当动物处于应激状态，营养不良或老龄体弱抵抗力降低时，在致病因素的作用下，呼吸黏膜及其完整性遭到破坏而导致炎症的发生。支气管发炎后，由于黏膜充血肿胀，上皮细胞脱落，分泌增多，炎性细胞浸润，炎性产物刺激神经末梢反射性地引起咳嗽。机体为了达到稀释和消除毒素、保护黏膜的目的，炎性部位血液循环加强，代谢旺盛，白细胞吞噬能力亦增强，分泌物大量增加。同时，支气管黏膜肿胀及炎性产物积聚支气管腔内，不仅使呼吸道通气障碍，而且伴发支气管狭窄音或啰音。由于炎性产物或分泌物内富含蛋白质，有利于细菌的大量繁殖并产生毒素，也可能感染腐败菌，发生腐败性支气管炎，致使病情加重。如炎症沿支气管分支继续蔓延，则可继发支气管肺炎。炎性产物和毒素被吸收可出现其他器官机能改变及全身症状。

【症状】

咳嗽是支气管炎的主要症状，病初当炎性充血肿胀的支气管黏膜还没有渗出物覆盖时，咳嗽为短、干并带有剧烈疼痛咳嗽。在2~3d后由于大量炎性渗出物渗出，则咳嗽转变为湿、长疼痛稍有减轻咳嗽。严重时常为痉挛性咳嗽，在早晨尤为严重。有时有鼻液，先为浆液性，逐渐变为黏液性或黏液脓性鼻液。肺部听诊可听到气管、支气管干性或湿性啰音。发病初期体温可轻度升高，若炎症蔓延到细支气管时，体温持续升高，脉搏频数，有明显的呼吸困难。肺部听诊可听到细支气管啰音。叩诊一般无明显变化。伴有食欲减退，精神委顿。重症者，可出现呼吸急促，可视黏膜发绀，出现腹式呼吸。

慢性气管炎和支气管炎时，全身体况表现正常，且许多病犬、猫出现肥胖。临床上的咳嗽的变化较大，可听到较粗厉的、突然发作的痉挛性咳嗽。在运动，采食，夜间和早、晚尤为剧烈，甚至引起气管痉挛。当支气管扩张时，咳嗽后有大量腐臭液体外流，严重者出现吸气性呼吸困难，直至死亡。

【实验室检查】

1. 血液学检查　重症犬、猫白细胞总数增高，嗜中性粒细胞增加及核左移。病情缓解期可见单核细胞、淋巴细胞升高。若嗜酸性粒细胞增多，多见于寄生虫性或过敏性支气管炎。

2. X线检查　急性支气管炎可见沿气管有斑状阴影，慢性支气管炎可见肺纹理增强。支气管周围有圆形X线不能透过的部分。

3. 支气管镜检查　可见在支气管内有呈线状或充满管腔的黏液，黏膜粗糙增厚。

4. 气管、支气管清洗采样检查　方法：硫酸阿托品5mg，肌肉注射，846麻醉合剂0.5~1.2ml肌肉注射，犬、猫麻醉后，插入气管插管。取14~16号注射针头透过插管到气管或支气管。根据犬、猫的大小，注入1~5ml灭菌生理盐水，然后吸出。重复数次，回收0.5ml清洗液，用于细菌或真菌培养或直接涂片镜检，以利于诊断和治疗。

【病理变化】

支气管黏膜充血，呈斑点状或条纹状发红，有些部位淤血，疾病初期，黏膜肿胀，渗出物少，主要为浆液性渗出物。中后期则有大量黏液性或黏液脓性渗出物。黏膜下层水肿，有淋巴细胞和分叶核细胞浸润。

【病程及预后】

炎症仅在大支气管，一般经1~2周预后良好，炎症蔓延至细支气管，则发生窒息，也可转变为慢性支气管炎，若继发肺气肿，预后谨慎。腐败性支气管炎，病情严重，发展急剧，多死于败血症。

【诊断】

根据病史调查结合临床特征频发咳嗽，流鼻液，听诊肺部有干、湿性啰音以及实验室检查结果可作出诊断。

【治疗】

1. 治疗原则　除去病因，加强护理，清除严重，祛痰止咳，抗过敏等。

2. 除去病因　将病犬、猫从干燥、多烟、多尘土或被污染场所移走。每天在地面洒水以提高空气湿度，减少黏膜黏液分泌。

3. 清除炎症　可用青霉素4万IU/kg，静脉或肌肉注射，或链霉素20mg/kg体重，肌肉注射，每日2次。也可用氨苄青霉素、新霉素、庆大霉素、头孢菌素或其他广谱抗生素。

4. 祛痰、止咳、平喘　肌肉注射氨茶碱，每次0.05~0.1g/次，每日2次。分泌物增多时，可用氯化铵100 mg/kg体重，口服，每日3次。分泌物黏稠时，可用羧甲基半胱氨酸（化痰片）口服，急性病例，配合应用地塞米松，0.3mg/kg体重，肌肉注射。

5. 抗过敏　对特异性变态反应引起的气管及支气管炎，可肌肉注射地塞米松0.5~1mg/kg体重，每日1次，连用3~5d。亦可用扑尔敏、苯海拉明等药物，抑制变态反应。

6. 补液，强心　可用5%葡萄糖溶液或5%右旋糖酐生理盐水，10%安钠咖注射液，适量静脉注射。慢性支气管炎，用碘化钾0.2~1.9mg/kg体重肌肉注射。

【预防】

加强饲养管理，提高机体抵抗力，严格按免疫程序进行各种疫苗接种，按时驱虫；加强卫生管理，保持环境，犬、猫舍及用具等清洁卫生，避免机械性、化学性、物理性等因素的刺激，保持呼吸道的自然防御机能，积极治疗原发病。

二、支气管肺炎

支气管肺炎是支气管周围及个别小叶或几个肺小叶发生卡他性炎症，也称小叶性肺炎或卡他性肺炎。临床上以弛张热型，呼吸困难，叩诊有散在的局灶性浊音区，听诊有啰音和捻发音为特征。多见老龄及幼龄犬、猫；冬春秋季易发。

【病因】

受寒感冒是引起本病的主要因素。

物理性因素：如受凉、贼风侵袭、舍内潮湿、劳役或运动过度疲劳等引起本病，异物（如药物）、呕吐物或其他刺激性气体或液体的吸入致病。

生物性因素：由某些细菌、真菌、病毒、寄生虫和支原体感染所致。

其他因素：如一些化脓性疾病（子宫内膜炎、乳房炎、子宫蓄脓等），其病原可经血液途径入肺而致病；某些过敏原发生变态反应或异常的免疫反应等引起。

【发病机制】

由于各种致病因素的作用，使机体的抵抗力降低反应性改变，因而病原微生物乘机侵入或增殖，多数病例由某些特异性微生物经血源性或淋巴源性感染而致病。细菌感染至肺泡，使肺泡成为细菌繁殖的场所，此时毛细血管壁并未受到严重损害，渗出物主要呈浆液性和黏液性，且含有少量脱落的上皮细胞，极少含有纤维蛋白，故不易凝固。同时肺泡内积聚脱落上皮细胞和渗出物，使细菌与上皮组织隔绝，使得细菌不容易被溶解破坏，也不能使机体产生抗体。由于肺小叶群的肺泡的炎症反应先后不一，肺部散在地出现浊音区，X射线检查可见灶性阴影。

【症状】

病初呈现支气管炎的症状，随着病情的发展，当多数肺泡群发生炎症时，则全身症状加重，体温升高呈弛张热型，机体衰弱，可能一时或很久不表现发热。脉搏增数至140～190次/min。厌食、嗜眠。流鼻液，先为浆液性，后为黏液性或脓性。咳嗽，常为短速的浅咳。可视黏膜潮红或轻度发绀。呼吸增数，节律改变，以腹式呼吸为主，并表现出所谓的"唇型呼吸"特征。听诊：病初局部肺泡呼吸音增强，有湿啰音及捻发音。随病程发展，肺泡呼吸音减弱直至消失，但肺泡呼吸音消失区周围的肺泡呼吸音增强。肺泡呼吸音消失区叩诊出现浊音区，有时因病变部位较深，重叩才能发现。

【实验室检查】

1. 血液常规检查　白细胞总数升高，中性粒细胞增加，并伴有核左移现象，多见于细菌性肺炎。嗜酸性粒细胞增加，多见变态反应性肺炎、犬丝虫病。白细胞总数较少，伴有核右移，多提示预后不良。

2. X线检查　是诊断肺部疾病的有效方法。通常取侧位和背腹位或腹背位的两个方向拍摄。一些肺炎X光片特征如下：如侧面像主要以前叶腹侧阴影度增加以及其他部位不规则的阴影度增加，多见于支气管肺炎，嗜酸性细胞性肺炎、弓形虫病。

【病理变化】

支气管肺炎主要发生于尖叶、心叶和膈叶前下部，病变为一侧性或两侧性。发炎的肺小叶肿大呈灰红色或灰黄色，切面出现许多散在的实质病灶，大小不一，多数直径在1cm左右（相当于肺小叶范围），形状不规则，支气管内能挤压出黏液性或黏液脓性渗出物，支气管黏膜充血、肿胀。严重者病灶互相融合，可波及整个大叶，形成融合性支气管肺炎。组织学变化为病变区细支气管黏膜上皮坏死脱落、崩解，管腔内充满浆液、中性粒细胞、脓细胞以及脱落、崩解的黏膜上皮细胞。管壁充血，有大量中性粒细胞弥漫性浸润。支气管周围受损的肺泡间隔毛细血管扩张充血，肺泡腔内充满中性粒细胞、脓细胞和脱落的肺上皮细胞，有时可见少量红细胞和纤维蛋白。病灶周围肺组织常可伴有不同程度的代偿性肺气肿。应用病变发展阶段不同，各病灶的病变表现也不一致。有些呈脓性，支气管和肺组织遭到破坏，另外一些病灶内可能仅见浆液性渗出，有的只表现细支气管炎或细支气管周围炎。

【病程及预后】

本病的经过主要视发病原因和机体抵抗力及营养状况而定,自然病程一般1~2周,发病5~10d,体温可自行骤降或逐渐恢复正常。使用抗生素药物后可使体温在1~3d内恢复正常,呼吸困难和咳嗽也随之减轻,逐渐康复。有的病犬猫发病后由于饲养管理不当,在不良因素的刺激下,疾病恶化,可在8~10d内死亡。若病程延长,则转变为慢性,少数并发化脓性肺炎或肺坏疽死亡,存活的动物因肺脏结缔组织大量增生,使肺有效呼吸面积减少而出现呼吸困难或气喘,机体极度消瘦而预后不良。

【诊断】

根据病史调查和临床特征,体温升高呈弛张热型,咳嗽,叩诊呈局灶性或岛屿状浊音区,听诊有捻发音和啰音结合实验室检查结果即可做出诊断。本病与支气管炎和大叶性肺炎有相似之处,应注意鉴别。

1. 细支气管炎　呼吸极度困难,因继发肺气肿,叩诊呈过清音,肺界扩大。

2. 大叶性肺炎　呈稽留热型,有时见铁锈色鼻液,叩诊有大片浊音区,X线检查可发现大片均匀的浓密阴影。

【治疗】

1. 治疗原则　为加强护理,抗菌消炎,祛痰止咳,制止渗出和促进渗出物吸收及对症疗法。

2. 加强喂养管理　首先应将病犬、猫置于光线充足、空气清新、通风良好且温暖的环境中,给予营养丰富、易消化的流体食物和清洁的饮水。

3. 抗菌消炎　肌肉注射青霉素、链霉素,每次各80万~160万IU,每日2次;肌肉注射头孢拉啶,每次0.5~1.0g,每日2次。同时配合口服复方新诺明,每次1片,每日3次,以及甲氧苄氨嘧啶(TMP,磺胺药物增效剂),每日1片,每日3次。也可选用甲硝唑注射液10~100ml或盐酸四环素按5~11mg/kg体重,一天一次静脉注射。还可选用庆大霉素,庆大–小诺霉素,丁胺卡那霉素等。如为久居空调房间导致的军团菌性肺炎,可以口服红霉素片,每次0.25~0.5g,每日4次,重症者可静脉滴注红霉素,每次1~2g,每日2次,一般用药2~3d后体温可恢复正常,但仍应继续用药2周。

4. 祛痰止咳　可选用樟脑酊、吐根阿片散、复方甘草合剂、必咳平、乙酰半胱氨酸等。对于刺激性咳嗽剧烈的犬、猫可肌肉注射可特因,每次5~10mg,每日2~3次。

5. 制止渗出、促进渗出物吸收和排出　可用5%葡萄糖酸钙溶液或10%氯化钙溶液缓慢静脉滴注,每次10~20ml,每日1次。可用利尿剂如速尿等,也可用10%安钠咖溶液,10%水杨酸钠注射液和40%乌洛托品溶液按1∶10∶6比例混合后适量静脉注射。

6. 对症疗法　体温升高时,可用解热药物,常用复方氨基比林或安痛定注射液,犬1~5ml,猫0.5~2ml,肌肉或静脉注射。也可用小儿退热栓1粒从肛门塞入;出现气急、紫绀等现象的缺氧犬猫,可使用人用便携式输氧袋,以鼻导管给氧。患病犬猫一旦出现呼吸衰竭、肾功能衰竭等致命性并发症时,可施行安乐死。

【预防】

加强饲养管理,避免淋雨受寒、过度运动出汗等诱发因素,日粮要全价,健全完善的免疫接种制度,减少应激因素的刺激,增强机体的抗病能力。及时治疗原发病。

三、支气管哮喘

支气管哮喘又称犬猫过敏性支气管炎,是机体对抗原性或排抗原性刺激引起的急性、慢性、阻塞性支气管痉挛。

【病因】

是由各种机械的、化学的以及生物性的因素刺激犬猫的呼吸道引起过敏所致,但确切的病因目前尚不完全清楚。

【症状】

可分为急性和慢性两种,急性支气管哮喘往往突然发病,动物表现呼吸急促,张口呼吸,呈现出增强性或强迫性呼气,可视黏膜发绀,出现明显的缺氧症状,心跳加快,突然出现不安、喘鸣、窒息甚至休克等症状。慢性支气管哮喘出现阵发性干咳、频咳伴有喘鸣,发作时呈现不安,呼吸急促,缺氧等症状。气管触诊时易诱发咳嗽,呼吸音增强,诱咳后通常喘鸣更加明显。

【诊断】

首先根据临床特征,如突然发病、喘鸣、呼吸急促、不安、缺氧等症状结合病史调查可做出诊断。

【治疗】

1. 治疗原则　是止咳平喘、抗过敏和防止继发感染等。
2. 平喘　扩张支气管可选用氨茶碱5mg/kg体重,口服,每日2次,对急性的可短期治疗,慢性者应长期治疗。氧气疗法有较好的效果。
3. 祛痰止咳　可用磷酸可待因,1~2mg/kg体重,每日2次,口服,湿咳时,可选用氯化铵,0.15~0.3g/kg体重,每日3次,口服。
4. 抗过敏　可选用皮质类固醇,如强的松龙,2mg/kg体重,静脉滴注,或地塞米松,0.5~1.0mg/kg体重,静脉滴注,或醋酸6-甲强的松龙,1mg/kg体重,静脉滴注,每2~6周1次,均有较好的效果。也可选用抗组织胺药,扑尔敏2~4mg/kg体重,每日1或2次,口服,或用苯海拉明,2~4mg/kg体重,口服,每日1~2次。
5. 氧气疗法　为缓解缺氧状态,可进行输氧。

【预防】

应加强饲养管理,改善环境,避免接触各种致病因素或因子。注意防寒保暖,经常更换垫料,除去犬、猫舍中的杂物,如沙子、灰尘等,避免烟雾刺激,避免与有害化学物质、有刺激性气体接触等。

四、大叶性肺炎

大叶性肺炎是以支气管和肺泡内充满大量纤维素蛋白渗出物为特征的一种急性炎症,病变从局部肺泡,迅速蔓延到整个或几个大叶。由于肺泡内有纤维蛋白渗出物,称为纤维蛋白性肺炎或格鲁布性肺炎。临床上以稽留热型、铁锈色鼻液和肺部出现广泛性浊音区为特征。

【病因】

引起本病的主要因素有：

1. 感染病原体　细菌、病毒侵害呼吸系统所致，如腺病毒Ⅱ型、肺炎双球菌、链球菌、葡萄球菌、真菌感染以及原虫、蠕虫等寄生虫感染等。

2. 饲养管理不良　如受寒感冒、运动过度、长途运输及卫生条件较差，吸入粉尘和有害气体等，致使犬、猫机体抗病能力降低及免疫功能下降。

3. 变态反应　吸入某些过敏原、异物、花粉等都可能是本病的诱因。此外，部分被溶解了的细菌放出的内毒素以及细菌毒素和组织分解产物被吸收后，可刺激机体产生特异性的免疫抗体，引起变态反应。

【发病机制】

病原微生物主要经气源性感染，透过支气管播散，炎症通常开始于细支气管，并迅速波及肺泡。其机理还不清楚，有人认为可能是细支气管的黏膜比较脆弱，对病原微生物的抵抗力小，而且小支气管和肺泡壁的防御功能只能靠巨噬细胞的吞噬作用，由于巨噬细胞的功能有限和活动缓慢，特别是对那些病原微生物缺乏免疫力的动物，巨噬细胞不仅不能有效地吞噬、消化，而且还可能被毒力强的微生物破坏，从而发生感染。细菌侵入肺泡内，尤其在浆液性渗出物中迅速大量繁殖，并通过肺泡间孔或呼吸性细支气管向邻近肺组织蔓延，播及整个或几个肺大叶的病变，在大叶之间的蔓延则主要由常在菌渗出液经支气管散播所致。

【症状】

犬、猫精神不振，食欲减退或废绝，体温升高达40℃以上，稽留不退，脉搏增数可达200次/min以上，结膜潮红或发绀，鼻镜干燥，常流铁锈色鼻液，常有剧烈的疼痛性咳嗽，犬、猫呼吸迫促，可达50次/min以上，并伴有明显的腹式呼吸，呈进行性呼吸困难，有严重的缺氧症状，可视黏膜发绀。肺部听诊可听到湿性啰音，叩诊病变部呈浊音或半浊音，周围肺组织呈过清音。实验室检查，白细胞总数增高，核左移，红细胞沉降反应加速，血小板减少，淋巴细胞减少。X线检查，充血期仅见肺纹理增重，肝变期发现肺脏有大片均匀的浓密阴影，溶解期表现散在不均匀的片状阴影。2~3周后，阴影完全消散。

【病理变化】

大叶性肺炎一般仅侵害单侧肺脏，有时也可能有双侧性的，多见于左肺尖叶、心叶和膈叶。在未使用抗生素治疗的情况下，病变常表现典型的自然发病过程，一般分为以下四个时期：

1. 充血水肿期　炎症早期，发病1~2d，剖检变化为病变肺叶肿大，重量增加，呈暗红色，挤压时有淡红泡沫状液体流出，切面平滑，有带血的液体流出。组织学变化为肺泡壁毛细血管显著扩张，充血，肺泡腔内有较多浆液性渗出物，并有少量红细胞、中性粒细胞和肺泡巨噬细胞。

2. 红色肝变期　发病后3~4d，剖检发现肺叶肿大，呈暗红色，病变肺叶质实，切面稍干燥，呈粗糙颗粒状，近似肝脏，故有"红色肝变"之称。胸膜常有纤维蛋白渗出物覆盖。组织学变化为肺泡壁毛细血管扩张、充血，肺泡腔内充满含大量纤维蛋白和中等量红细胞的渗出物，应有一定数量的中性粒细胞和少量肺泡巨噬细胞。相邻肺泡间的纤维蛋白通过肺泡间孔连接成网。这有利于吞噬细胞吞噬病原菌，防止细菌扩散。支气管周围、小叶间质和胸膜下组织发生炎性水肿时，可明显增宽，其中充盈大量浆液纤维素性渗出物，还有一定数量的中性粒细胞。间质中淋巴管扩张，其中充满多量炎性渗出物，有的淋巴管发生炎症，并有淋巴栓形成。

3. 灰色肝变期　发病后 5~6d，剖检发现肺叶仍肿胀，质实，切面干燥，颗粒状，由于充血消退，红细胞大量溶解消失，实变区颜色有暗红色逐渐变为灰白色，投入水中可完全下沉。组织学变化为肺泡腔内纤维蛋白性渗出物增多，肺泡壁毛细血管受压，病变肺组织呈贫血状；肺泡腔内纤维蛋白网中有大量中性粒细胞，极少量红细胞，纤维蛋白经肺泡间孔相互连接的网状结构更加明显。

4. 溶解期（或消散期）　发病后 1 周左右，机体充分发挥抗菌机制，形成特异性抗体，白细胞、巨噬细胞的吞噬作用增强，导致病原菌被消灭。剖检发现肺叶体积复原，质地变软，病变肺部呈黄色，挤压有少量脓性混浊液体流出，胸膜渗出物被吸收或有轻度粘连。组织学变化中性粒细胞大多变性、坏死、崩解，肺泡巨噬细胞数量明显增多，纤维蛋白网在白细胞释出的溶蛋白酶的作用下逐渐溶解，溶解物由气管咳出或经淋巴管被吸收。病变肺组织逐渐恢复正常结构和功能。

【病程及预后】

典型的大叶性肺炎，一般在 5~7d 后，体温开始下降，并逐渐恢复，病程在 2 周左右。非典型大叶性肺炎，病程长短不一，病情轻者，在充血期即开始恢复，不再向以后阶段发展，预后较好，而病情严重者，可出现许多并发症，如肺脓肿、肺坏疽、胸膜炎、败血症等，常预后不良。

【诊断】

根据稽留热型，铁锈色鼻液，不同期的肺部叩诊和听诊的变化，结合 X 线检查，肺部大片阴影，有助于诊断。但应与小叶性肺炎和胸膜炎相鉴别：

1. 小叶性肺炎　多为弛张热型，肺部叩诊出现大小不等的浊音区，X 线检查有斑片状或斑点状的渗出性阴影。

2. 胸膜炎　热型不定，听诊有胸膜摩擦音。有大量渗出液时，叩诊呈水平浊音，胸腔穿刺有大量液体流出。

【治疗】

1. 治疗原则　抗菌消炎，控制继发感染，制止渗出和促进炎性产物吸收。

2. 抗菌消炎　对细菌感染，应选用广谱抗生素，以青霉素、链霉素为主，也可选用红霉素、庆大霉素、先锋霉素、卡他霉素等。厌氧菌和异物吸入性肺炎，可选用洁霉素，5~10mg/kg 体重，肌肉注射，每日 2 次，需氧菌性肺炎可用头孢霉素 I，按 5~10mg/kg 体重，每日 2~3 次，静脉注射。如因厌氧菌感染，在应用青霉素、链霉素的同时，口服克霉唑片或静脉滴注甲硝唑注射液。

3. 止咳平喘　本病常伴有支气管痉挛和喘鸣，可选用复方甘草片、磷酸可待因、氯化铵、碳酸铵等口服。

4. 促进吸收和排出　可选用 10% 氯化钙或 5% 葡萄糖酸钙溶液静脉注射。也可选用利尿剂，也可用 40% 乌洛托品溶液静脉注射。

5. 输氧疗法　严重缺氧的犬、猫可及时输氧，以缓解缺氧状态。

五、异物性肺炎

异物性肺炎是由于吸入异物到肺脏内而引起支气管和肺的炎症。临床上以呼吸困难、鼻流脓性恶臭的鼻液和肺部出现明显啰音为特征。

【病因】

投药方法不当是常见的病因。如灌药时太快,头位过高,犬、猫舌头伸出、咳嗽及鸣叫等,均可使犬、猫不能及时吞咽,将药物吸入呼吸道而发病。当咽炎、咽麻痹、食道阻塞和伴有意识障碍的脑病史,由于吞咽困难,容易发生吸入或误咽现象。或因连续性呕吐也可将呕吐物吸入气管和肺脏,从而引起异物性肺炎。

【发病机制】

当宠物吸入异物时,初期炎症仅限于支气管内,逐渐侵害支气管周围的结缔组织,并且向肺脏蔓延。由于腐败菌的分解作用使肺组织分解,引起肺坏疽,并形成蛋白质和脂肪分解产物。其中含有腐败性细菌、脓细胞腐败组织与磷酸铵镁的结晶等,散发出恶臭味。病灶周围的肺组织充血、水肿,发生不同程度的卡他性和纤维蛋白性炎症。随着腐败细菌在肺组织的大量繁殖,坏死病灶逐渐扩大,病情加剧。如果肺脏的坏疽病灶与呼吸道相通,腐败性气体与肺内的空气混合,随同呼气向外排出,使病犬、猫呼出气带有明显的腐败性恶臭味。当这些物质排出之后,在肺内形成空洞,其内壁附着一些腐烂恶臭的粥状物,在鼻孔中流出具有特异臭味和污秽不洁的渗出物。

【症状】

异物进入肺内,最初是引起支气管和肺小叶的卡他性炎症,表现为呼吸急速而困难,明显的腹式呼吸,体温升高40℃以上,精神沉郁,食欲下降或废绝,畏寒,有时战栗,心跳加快,脉搏快而弱,并出现湿性咳嗽。随病理过程发展,最终陷于肺坏疽。

由于肺坏疽的形成,病的后期呼出带有腐败恶臭味的气体,鼻孔流出有奇臭的污秽鼻液。显微镜检查鼻液时,可看到肺组织碎片、红细胞、白细胞、脂肪滴及大量微生物等。如鼻液加10%氢氧化钾溶液煮沸,离心获得的沉淀物,在显微镜下检查,可见到由肺组织分解出来的弹性纤维。肺部检查,触诊胸部疼痛明显,听诊有明显啰音。叩诊呈浊音,后期可能出现肺空洞而发出灶性鼓音。若空洞周围被致密组织包围,其中充满空气,叩诊呈金属音,如空洞与支气管相通则呈破壶音。

【病理变化】

疾病初期,肺脏充血,小叶间水肿,支气管充血,充满泡沫。肺炎通常位于肺的前腹侧部,可以是单侧性的,也可以是双侧性的。肺炎区呈锥形,基部朝向胸膜。随后可见肺脏化脓坏死,病灶变软、液化,呈红棕色,具有明显的恶臭味。胸腔常伴有急性纤维素性胸膜炎并有大量渗出物。

【病程及预后】

本病的发病过程与吸入的异物性质如数量密切相关。灌入大量药液,动物瞬间即可死亡。吸入液体量少,则主要取决于吸入异物的性质,绝大多数病犬、猫因发展肺坏疽而最终死亡。

【诊断】

根据病史和临床特征可作出初步诊断。X 线检查，若见到透明的肺空洞及坏死灶的阴影即可确诊，本病应与腐败性支气管炎相鉴别，腐败性支气管炎缺乏高热，并且在鼻液中无弹性纤维。

【治疗】

1. 治疗原则　本病应以缓解呼吸困难、排出异物、制止肺组织腐败分解、及时对症治疗为原则。

2. 缓解呼吸困难　应进行氧气吸入。排除异物时，让患病犬、猫横卧，后腿抬高，有利于咳出异物。皮下注射 2% 盐酸毛果芸香碱 0.5~1mg/kg 体重，增加气管分泌，促使异物排出。防止继发感染，可选用先锋霉素、氨苄青霉素、链霉素、大环内酯类、氟喹诺酮类等抗生素或口服磺胺类药物。

【预防】

保持舍内清洁，空气新鲜，避免有刺激性的气体、污物对呼吸道的侵害，灌药时，要严格按操作规程进行，避免将药物灌到气管和肺内。同时，积极治疗可能引起本病的疾病。

六、肺气肿

肺气肿是肺的肺泡气肿和间质性气肿的总称。该病是肺组织弹力一时性减退，肺脏极度扩张，充满气体，肺的体积增大。间质性肺气肿是气体进入间质的疏松结缔组织中使间质膨胀。肺泡性肺气肿是指肺泡内空气量增多。

【病因】

急性肺气肿分原发性和继发性两种。原发性的主要是因剧烈运动、急速奔跑、长期挣扎，由于强烈的呼吸所致。老龄犬因肺泡壁弹性降低较容易发生本病。继发性的肺气肿常因慢性支气管炎、支气管狭窄、气胸时的持续性咳嗽，因气体通过障碍而发生本病。

【发病机制】

在各种因素的作用，如上呼吸道内腔狭窄，吸气时气体容易进入肺泡，呼气时由于胸膜腔内压增加使支气管闭塞，空气由肺泡向外呼出发生障碍。残留在肺泡中的气体过多，使肺泡充气过度，从而引起肺泡壁扩张，肺体积增大。肺泡壁弹力暂时丧失，机体必须借助呼吸机的参与完成呼气过程。由于呼吸肌在呼吸时主动收缩，压迫肺脏及小支气管，使小支气管内腔更加狭窄，肺泡内气体排出更加困难，肺泡扩张加剧，临床上出现明显的呼吸困难。剧烈运动、持续性咳嗽，均可使肺长时间处于过度膨胀状态，导致肺泡壁弹性减退，发生肺泡气肿。

【症状】

主要表现呼吸困难、气喘、张口呼吸，明显的缺氧症状，可视黏膜发绀，精神沉郁，易疲劳，脉搏细数，体温一般正常，听诊肺部肺泡音减弱，可听到破裂性啰音及捻发音。在肺组织被压缩的部位，可听到支气管呼吸音。叩诊清音，叩诊界后移。X 线检查肺区透明、膈肌后移、支气管影像模糊。继发性肺气肿时往往伴发原发病的症状。

【病理变化】

病变部肺体积增大，膨胀，边缘钝圆。表面突起大小不等的膨胀物，颜色发白，触之柔软。切开肺脏，减缩缓慢，切面可压出泡沫样状的气体。右心室扩张。

【病程及预后】

急性肺泡气肿，如能及时消除病因，则很快恢复健康，否则可转为慢性，出现不可逆的病变。

【诊断】

根据病史，结合呼吸困难、气喘及肺部的叩诊和听诊变化及X线检查结果可作出诊断。

【治疗】

1. 治疗原则 积极治疗原发病，改善肺的通气和换气功能，控制心力衰竭。

2. 对症治疗 如因慢性支气管炎、支气管扩张引起，应采取祛痰止咳，抗菌消炎，改善支气管扩张状态，同时给予输氧疗法，每日降低输氧浓度，能缓解呼吸困难和心力衰竭。当出现水肿时可用利尿剂，如双氢克尿塞10~20mg口服，每日2次，服药时，要补充钾。雾化吸入支气管扩张药，如茶碱类、拟肾上腺素药等效果更好。适当选用呼吸调节剂，如福米诺盐酸盐50~80mg，口服，每日3次，以提高病犬的血氧压和降低二氧化碳分压。对较多的局限性肺气肿可采用手术疗法。

【预防】

加强护理，使患病犬、猫保持休息。舍内要通风良好，清洁，温度、湿度适宜，给予富含蛋白质和纤维素的食物。

七、肺气肿与肺充血

肺气肿是肺充血持续时间过长，血管内的液体成分渗漏到肺实质和肺泡。肺充血是肺毛细血管内血液过度充满。一般分为主动性充血和被动性充血。主动性充血是流入肺内的血液量增多，流出量亦增多，导致肺毛细血管过度充满。被动性充血是肺的血液流出量减少，而流入量正常或增加，引起肺的淤血性充血。肺水肿和肺充血在临床上均以呼吸困难、黏膜发绀和泡沫状的鼻液为特征。

【病因】

1. 心源性 多见于充血性左心衰竭，过量的静脉输液和毛细血压增高。

2. 非心源性 多见于低蛋白血症，如肝病时蛋白合成能力下降，肾小球肾炎的蛋白丢失，消化不良综合征等；肺泡-毛细血管渗出性增加，如出血性休克、氧中毒、癫痫病发作、内毒素血症、微血栓、烟气吸入、败血病等。

肺水肿最常继发于过敏反应、再生草热或充血性心力衰竭。也发生于吸入烟尘和毒血症的经过中，此外，氨气中毒也能发生肺水肿。

【发病机制】

在病因的作用下，大量血液进入并淤滞在肺脏，肺脏微血管过度充满，肺毛细血管充血失去有效的肺泡腔。肺活量减少，血液氧合作用降低。后期，流经肺脏的血液缓慢，使血液氧合作用进一步降低，机体缺氧而出现呼吸困难，甚至黏膜发绀。

由于缺氧或毒素损伤了肺脏毛细血管，或心力衰竭引起肺静脉压升高，均可导致血液中大量的液体漏出而进入肺泡和肺间质，发生肺水肿。严重的病例支气管也充满了漏出液，阻止了肺脏的气体交换，肺活量更加降低。临床上出现呼吸机能不全的一系列表现。

【症状】

肺充血和肺水肿是同一病理过程的前后两个阶段。动物突然发病，惊恐不安，呈进行性呼吸困难。初期呼吸迫促，很快出现明显的呼吸困难，头颈伸直，鼻孔高度开张，甚至张口呼吸，胸部和腹部表现明显的起伏动作。严重的病犬、猫两前肢叉开站立，肘头部外展，两鼻孔流出大量粉红色泡沫状的鼻液。胸部叩诊呈浊音，听诊可听到广泛的水泡音。

胸部 X 线检查，肺视野的阴影呈散在性的增强，呼吸道轮廓清晰，支气管周围增厚。若是补液量过大所致，肺泡阴影呈弥漫性的增加，大部分血管几乎难以发现，如因左心机能不全者并发的肺水肿，肺门呈放射状。

【病理变化】

急性肺充血时，肺脏体积增大，呈暗红色。主动性充血，切开病犬、猫肺脏，有大量血液流出。慢性被动充血者，肺脏因结缔组织增生而变硬，表面布满小出血点。沉积性充血则因血浆渗入肺泡而引起肺脏的脾样变。组织学检查，肺毛细血管明显充盈，肺泡中有漏出液和出血。

肺水肿时肺脏肿胀，丧失弹性，按压形成凹陷，颜色比正常苍白，肺切面流出大量浆液。组织学变化为肺泡壁毛细血管高度扩张，充满红细胞，肺泡和实质中有液体聚积。

【病程及预后】

主动性肺充血和肺水肿，在心脏和肺脏状态良好时，若能及时治疗，短时间内即可痊愈，个别病例可拖延数天。严重病例，可因窒息或心力衰竭而死亡。被动性肺充血发展缓慢，病程取决于原发病。轻度肺水肿发展缓慢，临床症状不明显者，一般预后良好；重剧的肺水肿，发展迅速，终因窒息而死亡。

【诊断】

根据病史，结合呼吸困难，鼻孔流泡沫样鼻液及 X 线检查，即可诊断。

【治疗】

1. 治疗原则　为及时采取急救措施，除去病因，保持病犬安静，减轻心脏负担，缓解肺循环障碍，制止渗出，缓解呼吸困难。

2. 治疗　对于因肺毛细血管压增高、充血性左心衰竭者，首先使犬安静，禁止使用兴奋剂。适当使用镇静剂，可肌肉注射苯巴比妥，5～15mg/kg 体重。为减轻肺毛细血管压可用利尿剂，如速尿灵，1～2mg/kg 体重，4～6 次/d，速尿，2～4mg/kg 体重，3～4 次/d，口服。为制止渗出可用 10% 葡萄糖酸钙 5～10ml，静脉注射。为改善气体交换可输氧。扩张支气管用氨茶碱 6～8mg/kg 体重。为缓解血液循环血量，也可放血 6～10ml/kg 体重。对心律不齐者可给予心得安。渗出性肺水肿可用皮质类固醇如地塞米松、强的松龙等。

【预防】

应注意环境卫生，及时治疗可能引起肺充血和肺水肿病的各种疫病，避免刺激性气体和其他不良因素的影响。

八、肺囊泡症

肺囊泡症是指肺内含有空气或液体的异常空间的总称。本病无明显的症状，但囊泡破裂时，可突然发生紧张性气胸，造成呼吸困难而死。

【病因】

可分先天性和后天性两种。

先天性肺囊泡症见于胎儿期肺异常，如支气管囊泡、纵隔支气管囊泡、腺肿发育不全、淋巴管肿样囊泡等。后天性肺囊泡症病因尚不明确。但大多学者认为可继发于感染、支气管阻塞、阻塞性肺气肿等病程中，特别是肺炎等时发生的急性肺泡壁破裂，肺泡融合成大的囊泡。

【症状】

本病多无明显的症状，胸部 X 线摄影可偶然发现。囊泡破裂可发生自然气胸。表现呼吸困难。大泡压迫气管引起末端肺感染。泡内有液体蓄积，X 线摄影可见气体和液体界面。囊泡壁呈毛发状阴影和透光性强的界限清晰的圆形或椭圆形囊泡，肺尖部更为明显。

【诊断】

因本病多无明显症状，较难确诊，主要根据病史结合发生明显症状时，进行 X 线检查结果，可依次做出诊断。

【治疗】

肺囊泡症的特点，多数转为严重闭塞性肺气肿，则预后不良，可能造成突然呼吸困难而致死。如泡大且呈进行性、反复感染以及并发气胸时，应手术切除囊泡或肺叶，并及时应用抗生素类药物治疗。

第四节 胸膜疾病

一、胸膜炎

胸膜炎是胸膜发生以纤维蛋白沉着和胸腔积聚大量炎性渗出物为特征的一种炎症性疾病。临床表现为胸部疼痛、体温升高和胸部听诊出现摩擦音。根据病程可分为急性和慢性两种；按病变的蔓延程度，可分为局限性和弥漫性；按渗出物的多少，可分为干性和湿性；按渗出物性质，可分为浆液性、浆液-纤维蛋白性、出血性、化脓性、化脓腐败性等。

【病因】

胸膜炎可有原发性和继发性两种。原发性可因胸腔壁各种外伤、胸膜腔肿瘤，或受寒冷刺激等机体防御机能降低时，病原微生物乘虚侵入而致病。继发性胸膜炎通常是呼吸道或胸腔器官感染蔓延所致，如结核病、猫传染性胸膜炎、肺炎、心包炎、淋巴结的炎性感染蔓延到胸膜而发生本病。

【发病机制】

在病因的作用下，各种病原微生物产生毒素，损害胸膜的间皮组织和毛细血管，使血管的神经肌肉装置发生麻痹，导致血管扩张，血管通透性增加，血液成分通过毛细血管壁渗出进入胸腔，产生大量的渗出液。渗出液具有重要的防御作用，可稀释病灶内的毒素和有害物质，减轻毒素对组织的损伤。渗出液中含有抗体、补体及溶菌物质，有利于杀灭病原体。渗出液的性质与感染的病原微生物有关，主要有浆液性、化脓性及纤维蛋白性渗出液，常见的致病微生物有兽疫链球菌、大肠杆菌、某些厌氧菌、支原体等。渗出的纤维蛋白原，在损伤组织释放出的组织因子的作用下，凝固成淡黄色或黄色的纤维蛋白即纤维素，当渗出的液体成分被健康部位的胸膜吸收后，纤维素则沉积于胸膜上，成网状、片状或膜状。

细菌产生的内毒素、炎性渗出物及组织分解产物被机体吸收，可导致体温升高，严重时可产生毒血症。炎症过程对胸膜的刺激，以及沉着于胸腔壁层和脏层的纤维蛋白，在呼吸运动时相互摩擦，均可刺激分布于胸膜的神经末梢，引起病犬胸部疼痛，严重者出现腹式呼吸。当大量液体渗出时，肺脏受到液体的压迫，降低了肺活量，影响气体的交换，出现呼吸困难。

【症状】

病初表现精神沉郁，食欲不振，体温升高，常达40℃以上。呼吸加快，出现明显的浅表呼吸，呈腹式呼吸，有时咳嗽，触诊胸壁有明显疼痛感，胸部听诊有摩擦音，这种摩擦音因胸膜渗出物而减弱，有时可能听到拍水音，胸部叩诊呈水平浊音。肺脏由于受大量渗出液压力而出现呼吸困难和部分萎缩。慢性胸膜炎表现反复性微热、呼吸迫促。若胸膜已发生广泛粘连或高度增厚，听诊肺泡音微弱，多于胸后上部出现浊音。

【实验室检查】

1. 血液常规检查　白细胞总数增加，中性粒细胞比例升高，核左移，淋巴细胞相对减少。胸腔穿刺，有大量黄色易凝固的黏稠液体流出。内含大量红细胞（红色），多见于出血性胸膜炎；内含大量脓细胞时，多见于化脓性胸膜炎。同时可对穿刺液进行涂片检查和病原的分离检查。

2. X线摄片检查　侧面像可见胸腔的腹侧部阴影度均匀增加，肺边缘X射线扇形（叶状）透过。站立位侧面像和背腹像最初心阴影不明显。X射线不能透过叶间裂缝。肺边缘离开胸壁，背腹及腹背像可见背和胸壁之间高密度的带状胸膜腔。背腹像带有钝圆形肋骨膜膈膜角。背腹、腹背及侧面像在心膜膈角可见部分或全部贮留液体。腹侧纵隔窦贮留液体厚度明显增加，肺和横膈之间潴留液体出现所谓"缎性横膈轮廓"。超声波检查时可发现液体平段。

【病理变化】

急性胸膜炎，胸膜明显充血、水肿和增厚，粗糙而干燥，胸膜面上附着一层黄白色的纤维蛋白性渗出物，容易剥离，主要由纤维蛋白、内皮细胞组成。在渗出期，胸膜腔有大量混浊液体，其中有纤维蛋白碎片和凝块，肺脏下部萎缩，体积减小呈暗红色。有的病例渗出物在腐败细胞的作用下，色污秽并有渗出物中的水分被吸收，胸膜表面的纤维蛋白因结缔组织增生而机化，使胸膜肥厚，壁层和脏层及与肺脏表面发生粘连。

【病程及预后】

急性渗出性胸膜炎，全身症状较轻时，如能及时治疗，一般预后良好。因传染病引起的胸膜炎或化脓菌感染导致胸腔化脓腐败时，则预后不良。转为慢性后，因胸膜发生粘连，绝大多数犬、猫丧失饲养价值。预后谨慎。继发食道破裂或胸腔肿瘤的胸膜炎，预后不良。

【诊断】

根据呼吸困难及叩诊胸壁呈水平浊音等特征症状，结合胸腔穿刺及抽出液体的物理、化学和细胞学检查，即可诊断。

【治疗】

1. 治疗原则　以减轻疼痛，消除炎症，制止渗出和促进渗出物的吸收为原则。
2. 镇痛　在患病犬猫疼痛期可以肌肉注射盐酸哌替啶 11mg/kg 体重，必要时隔 8~12h 后重复注射 1 次。
3. 抗菌消炎　肌肉注射氨苄青霉素，每次 0.5g，每日 2 次；也可用肌肉注射头孢菌素 V 或头孢曲松钠 25~30mg/kg 体重，每日 2 次。如为结核性胸膜炎，应长期口服异烟肼，每次 2~10mg/kg 体重，每日 1 次，同时肌肉注射链霉素，每日 2 次，每次 50~100 万 IU；当胸液基本吸收后可以减量，但不能过早停药，以免复发。
4. 制止渗出　静脉滴注 5% 氯化钙或 10% 葡萄糖酸钙溶液，每次 10~20ml，每天 1 次。
5. 利尿　肌肉注射速尿，每次 0.2mg/kg 体重，隔天 1 次，以利渗出液排出。
6. 激素治疗　为减少纤维蛋白的沉积，减轻毒性症状，肌肉注射肾上腺皮质激素类药物，如地塞米松，每次 0.05~0.1mg/kg 体重，每天 1 次，待症状缓解后逐渐减量停药。
7. 穿刺抽液　为缓解心脏、血管受压，防止纤维蛋白沉着和胸膜增厚，减少肺功能损害，减轻症状，可以穿刺抽液，每周 2 次。每次抽液量不宜过大，以免胸腔压力骤降而发生肺水肿和循环障碍。在一般情况下，胸腔内不注入药物。若为化脓性胸膜炎，在穿刺抽液后可用 1% 雷夫奴尔或 1:2000 洗必泰溶液冲洗胸腔，然后再向胸腔中注入广谱抗生素。

【预防】

加强饲养管理，供给平衡日粮，增强机体的抵抗力。防止胸部创伤，及时治疗原发病。

二、胸腔积水

胸腔积水是胸腔内积聚有大量的漏出液，胸膜无炎症变化，又称胸水。一般不是独立的疾病，而是全身水肿的表现，同时伴有腹腔积液、心包积液及皮下水肿。临床上以呼吸困难为特征，当胸部淋巴管破裂时，可发生单纯性胸腔积水。

【病因】

胸膜毛细血管内静水压增高：如充血性心力衰竭、缩窄性心包炎、血容量增加、前腔静脉或奇静脉受阻，产生胸腔漏出液。胸膜毛细血管通透性增加：如胸膜炎症（结核病、肺炎）、结缔组织病（系统性红斑狼疮、类风湿性关节炎）、胸膜肿瘤（癌肿转移、间皮瘤)、肺梗塞、膈下炎症(膈下肿胀、急性胰腺炎、阿米巴肝脓肿)等,产生胸腔渗出液。胸膜毛细血管内胶体渗透压降低:如低蛋白血症、肝硬化、肾病综合征、急性肾小球肾炎、黏液性水肿等,产生胸腔漏出液。壁层胸膜淋巴引流障碍:如瘤性淋巴管阻塞、发育性淋巴管引流异常等,产生胸腔渗出液。损伤等所致胸腔出血:主动脉瘤破裂、食管破裂、胸导管破裂等,产生血胸、脓胸、乳糜胸。

【症状】

患病犬、猫体温一般正常,呼吸迫促或呼吸困难,运动后或兴奋后尤为明显。严重时甚至张口呼吸,呼吸浅表,呈现腹式呼吸。听诊心音减弱或模糊不清,有时心音消失。叩诊胸部呈水平浊音,随着体位变化改变。胸腔穿刺,有大量淡黄色的液体流出。肺部听诊浊音区常听不到肺泡呼吸音,有时可听到支气管呼吸音。X线检查,显示一片均匀浓密的水平阴影。

【病理变化】

漏出液的化学成分与引起漏出液的原因有关。一般而言,漏出液无色或淡黄色,稀薄水样,透明清亮或微混浊,无气味,比重低于1.015,蛋白质含量低于3%,静置不凝固,其中含有少量纤维蛋白条索或絮状片,细胞数常少于$1.0 \times 10^8 / L$(包括白细胞、红细胞、巨噬细胞及间皮细胞)。非炎性漏出液中的中性粒细胞与外周血液中的完全相同,具有典型的形态,细胞核的细微结构清楚,变性极轻微。当漏出液接近于渗出液的特征时,则出现大量变性的中性粒细胞,甚至脓细胞。典型的漏出液一般没有酸性粒细胞。淋巴细胞可在所有漏出液中存在,数量较少,但在淋巴管破裂或慢性肉芽肿性炎症时,数量可增加。如漏出液中主要是淋巴细胞,则为淋巴管破裂或其他淋巴组织损伤的标示。

恶性淋巴瘤引起的胸腔积液,特征为出现肿瘤细胞,肿瘤性淋巴细胞的形态多种多样。典型的母细胞表现为胞核与胞浆的比例增大,有核仁,胞浆呈高度嗜碱性,核染色质比成熟淋巴细胞淡。

【诊断】

根据呼吸困难及叩诊胸部水平浊音等可做初步诊断。胸腔穿刺及抽出液体的物理、化学和细菌学检查,可为确诊提供依据。

【治疗】

1. 治疗原则　应及时确诊并积极治疗原发病。
2. 对症治疗　如积液过多时,严重呼吸困难者,则应穿刺排液,并注入适量抗生素和醋酸可的松等。如胸腔积液不多时,可选用利尿剂,如双氢克尿塞,2~4mg/kg体重,每日2~3次,静脉注射或口服。以促进漏出液的排出,用强心剂,如心得安5~40mg/kg体重,每8h一次,以促进漏出液的吸收。

【预防】

本病主要是循环系统疾病,低蛋白血症等因素引起的全身疾病的局部表现,因此,及时诊断和治疗原发病是治疗本病的关键。

三、乳糜胸

乳糜胸是胸腔内贮留乳糜的疾病,临床上以胸腔内积有肠淋巴液、含乳糜微粒为特征。胸腔内贮留液外观上似乳糜样的液体（含有脂肪变性的肿瘤细胞、结核、炎症产物、胆固醇等）叫缎性乳糜胸。

【病因】

引起本病最常见的因素是外伤、纵隔肿瘤等阻塞胸导管。纵隔部、横膈及心脏等外科手术后或胸导管及其分支的管壁受肿瘤、炎症、真菌性肉芽肿的压迫、浸润糜烂及坏死。右侧横膈膜疝、咳嗽、呕吐使胸腔内压变化，脆弱的淋巴管及扩张的淋巴管分支破裂等均可诱发本病。胸导管和前腔静脉联系不佳、胸导管静脉开口部形成血栓、纵隔部胸导管形成囊泡等，也可发生本病。

【症状】

急性乳糜胸患病犬、猫主要表现为精神沉郁，食欲下降或废绝，少数急性病犬脉搏快，体温低，较典型的症状是呼吸困难，呈腹式呼吸，可视黏膜苍白，突然虚脱。外伤性乳糜胸，数日至2周以后出现症状。听诊肺泡音减弱或消失，叩诊有浊音。有的胸腹部和腹侧浮肿。因肺炎或外科手术后感染等出现发热。血液学检查有时淋巴细胞、嗜酸性细胞减少。胸腔穿刺液检查乳糜呈乳白色，乳样，无臭味。苏丹Ⅲ染色，显微镜下可见乳糜微粒及明显的橙染脂肪球。乳糜涂片染色标本，可见大量淋巴细胞，偶见嗜中性细胞。乙醚溶液试验，乳糜液中加乙醚震荡，乳糜微粒溶解变透明。缎性乳糜胸几乎不含乳糜微粒，被大量的胆固醇所代替，乙醚溶解试验不透明，苏丹Ⅲ染色，未见脂肪球。

【诊断】

根据病史调查结合临床表现，胸腔穿刺，检查穿刺贮留液，乳糜染色为阳性者，即可确诊。本病要与肺部感染、纵隔部肿瘤、肋骨外伤等相鉴别。通过穿刺液的检查可以区别。

【治疗】

如胸腔内存积乳糜液较多，影响呼吸，应及时进行穿刺，吸出贮留的乳糜液，解除呼吸困难。同时，给予吸氧疗法，为控制乳糜液流入胸腔，应进行胸导管结扎，但如属于纵隔部肿瘤、胸部淋巴管扩张及先天性乳糜胸的犬，则不宜结扎。为预防感染，给予抗生素治疗；病情严重者，应通过静脉补给葡萄糖、电解质、氨基酸及脂溶性维生素等，在饲养管理方面，要注意使患病犬、猫安静休息，避免剧烈运动，给予低脂肪、高蛋白、高能量的食物。

第五节 其他宠物常见呼吸器官疾病

一、鼻炎

鼻炎是鼻腔黏膜的炎症。临床上以鼻黏膜充血、肿胀、流鼻液、打喷嚏、呼吸困难为特征。观赏鸟及鸽子均可发生。

【病因】

原发性鼻炎，由于气候变化剧烈，忽冷忽热，冷风袭击鸽舍或受寒感冒，细菌、病毒侵入鼻黏膜引发本病；鸽舍通风不良或饲养密度过高，积存不良气体如堆粪过多产生氨气、硫化氢及漂白粉消毒残留的氯气或尘埃等化学性、物理性刺激导致本病发生。邻近器官炎症的蔓延及某些过敏性疾病均可引发本病。

【症状】

急性鼻炎由于各种致病因素刺激，导致鼻黏膜充血、潮红、肿胀、鼻瘤湿润、污秽，失去原有的色泽。流涕、发痒，常表现摇头、打喷嚏、呼吸困难，严重时鼻腔狭窄或继而张嘴呼吸，闭眼喘息不止。

【治疗】

1. 治疗原则　及时治疗原发病。
2. 对症治疗　若病鸽的鼻孔不通或鼻孔周围有分泌物，可用棉签把鼻孔中的黏液粘出并擦去鼻孔周围的分泌物，也可选用3%硼酸水洗净鼻腔分泌物，每日2次，以保持鼻孔畅通。然后用1%麻黄素液或植物油滴鼻，也可选用1%氨苯磺胺溶液滴鼻，清除鼻腔内结的分泌物，每日2次，要求有污必洗。保持鼻腔呼吸流畅。也可选用抗生素如那他霉素或庆大霉素溶液滴鼻，每天2~3次，每次1~2滴，连续用药3~5d。

可用银翘解毒片，口服，每日2次，每次半片。连用3~4d。或四环素、羚莲片，口服，每日2次，每次羚莲片1片、四环素片半片，连续服用3~5d。

二、观赏鸟肺炎

观赏鸟肺炎是肺实质的炎症。临床上呼吸急促、气喘、体温升高，气体随呼吸颤抖为特征。

【病因】

受寒感冒后治疗不及时致使病情发展，随之体质下降或饲养单纯造成营养不良，维生素A缺乏，机体抵抗力降低，导致细菌感染而发生肺炎。多杀性巴氏杆菌、大肠杆菌、肺炎双球菌、肺炎杆菌、金黄色葡萄球菌、绿脓杆菌、链球菌、黄曲霉菌及其他病原体侵袭都会导致本病的发生。

【症状】

病鸟多表现食欲不振或废绝，渴欲增加，精神委顿，闭目无神或头伸入翅下。不爱运动，怕冷，羽毛蓬松，喜欢晒太阳，体温升高，呼吸急促，流鼻，咳嗽，身体随呼吸颤抖，气喘，有时全身缩起呈球状。机体衰竭、窒息而导致死亡。尸体剖检，肺脏淤血肿胀。根据临床特征表现如咳嗽、流鼻、呼吸困难、气喘等主要症状，结合病因调查可以诊断。

【治疗】

1. 治疗原则　加强喂养管理，消除病因，对症治疗。
2. 治疗　首先应立即将病鸟笼放在避风良好，比较暖和的地方，保持室内温度稳定，一般在22~25℃，不能忽冷忽热。加强饲养管理和清洁卫生，喂给鸟喜欢吃的活食或小虫。可以选用泰乐菌素治疗慢性呼吸道疾病、鼻炎和肺炎有很好的疗效。混合饲料喂，治疗量为0.05%~0.08%，每天1~2次，连服5d。饮水浓度为0.05%，连饮喂3~5d。也可选用庆大霉素或那他霉素加在饮水中，每次5~10滴，每天2次，连续饮喂5~7d，有较好的疗效。当病情严重的鸟可采取补充体液，口服滴入葡萄糖水，每次 0.5ml，每天 2~3 次，连续滴喂 3~5d。如病鸟有好转或不加重，就有治愈的希望。

（河南周口农业职业学院　王怀友　黑龙江畜牧兽医职业学院　李忠显）

【本章复习思考题】

一、名词解释

1. 啰音　2. 感冒　3. 支气管炎　4. 胸膜炎　5. 鼻炎

二、填空题

1. 呼吸系统疾病的主要症状为_____、_____、_____、_____和_____等，对其治疗应采取_____、_____、_____、_____等措施。
2. 胸膜炎的主要临床特征是_____、_____。
3. 肺水肿的治疗原则是_____、_____、_____、_____。
4. 软腭异常临床上以_____和_____为特征，可分为_____和_____两种类型。

三、判断题

1. 过量的静脉输液可引起肺水肿。（　　）
2. 原发性鼻出血，通常为单侧性的；如为双侧性出血，还应考虑是否是肺出血或胃出血。（　　）
3. 肺出血时，血色暗红且呈泡沫样。（　　）
4. 胸腔积液，一般体温正常，叩诊呈水平浊音，但不会出现呼吸困难。（　　）
5. 副鼻窦炎往往是由机械性损伤引起，一般无继发性原因。（　　）
6. 病犬出现尖短、声音清亮的咳嗽，往往提示上呼吸道的疾病；若出现低弱、疼痛、声音钝浊的咳嗽，则可能提示胸肺部的疾患。（　　）
7. 肺气肿时，病犬流泡沫样鼻液，肺部叩诊出现浊音。（　　）
8. 胸膜炎时，胸腔穿刺，可抽出大量透明不易凝固的液体。（　　）
9. 病犬呼吸困难，流淡红或泡沫样鼻液，肺泡呼吸音粗厉或呈现广泛湿性啰音，可能是肺充血或肺水肿。（　　）
10. 病犬长期干咳，且在运动时、早晚及夜间严重，可能患有慢性支气管炎。（　　）

四、简答题

1. 简述宠物呼吸器官的治疗原则。
2. 如何预防和治疗宠物犬、猫感冒？
3. 结合实际，谈谈支气管炎和支气管肺炎的鉴别诊断。
4. 什么是乳糜胸？如何对其诊断和治疗？
5. 简述宠物犬、猫胸膜炎的实验室检查方法。

五、病例分析

周口市中州路南段，李某的黑色狼犬呼吸困难来院就诊。主诉：厌食、咳嗽三日有余，流鼻液，呼吸增数。临床检查：体温升高 40℃，结膜潮红，流有黏液性和脓性鼻液；听诊，呼吸音粗厉，胸部可听到支气管湿性啰音和捻发音。血液常规检查，白细胞总数增加，嗜中性粒细胞增数，核左移。

诊断为支气管肺炎。治疗原则：缓解呼吸困难，促进炎症的吸收和排除

第三章 血液及心脏疾病

第一节 概述

一、血液

血液是血细胞与血浆所形成的混悬液，为不透明的红色黏稠液体。犬猫的血液总量占体重的百分比并不相同，犬占体重的8%，猫占体重的6%，其中血浆约占55%，细胞占45%。血液的颜色随其所含血红蛋白的氧合程度而定，动脉血呈鲜红色，静脉血呈暗红色。

血浆的成分包括：水、蛋白质、脂肪及类脂质、葡萄糖、矿物质、含氮产物、乳酸、色素、维生素、激素、酶和气体。血浆蛋白质包括：白蛋白、球蛋白、纤维蛋白原三种。含氮产物包括尿素、尿酸、肌酸、氨基酸、肌酐及氨等。血红蛋白、胆红素和脂色素都是血液的色素。血液中的酶有：磷酸酶、胆碱脂酶、氨基转移酶、乳酸脱氢酶。血液中含氧、二氧化碳、氮等气体。

血细胞包括红细胞、白细胞和血小板。其中白细胞从其形态可分为颗粒细胞、淋巴细胞及单核细胞。颗粒细胞又分为嗜中性粒白细胞，嗜酸性粒白细胞及嗜碱性粒白细胞。

血液细胞统一是由多能干细胞分化而来。

（一）红细胞

红细胞是由红细胞系干细胞分化而来。在从干细胞分化为原红细胞的过程中，还需要肾脏分泌的促红细胞生成素的调节。对血液疾病或造血器官疾病进行诊断，必须了解红细胞的各种性状的变化，特别是红细胞像的变化，对判定制造红细胞功能，特别是对贫血病的病情和预后的判断极为重要。

1. 造血功能亢进　在末梢血液中出现成红细胞、嗜碱性颗粒红细胞、多染性红细胞、网织红细胞以及其他幼稚型红细胞，还有明显的红细胞大小不等，说明机体造血功能旺盛，红细胞的再生能力很强。常见于大出血、贫血性疾病以及其他血液性疾病的恢复期。

2. 造血功能减退　如果贫血很明显，但却看不到再生的红细胞像，可能是由于造血功能丧失或减退的结果。常见于药物损伤（如环磷酰胺、氯霉素等）、放射性损伤（如X

线长期大量照射)、中毒(三氯乙烯、对硫磷等)以及慢性肾机能衰退时,促红细胞生成素减少,从而影响干细胞的分化、幼红细胞的增殖和成熟。

(二) 白细胞

白细胞是由骨髓干细胞分化而来,在正常情况下,白细胞中的粒细胞以分叶核细胞出现于末稍血液中。嗜中性粒细胞对侵入体内的病原体有吞噬作用。杆状核细胞是分叶核细胞的前身。分叶核大量消耗时,杆状核进入血液作为补充,因而动物病情越严重,这种变化越旺盛。白细胞的核移动对了解病情和白细胞的制造功能的关系有重要的意义。正常时外周血液中中性粒细胞的分叶以3叶居多,一般仅有少量杆状核粒细胞,杆状核与分叶核之间的正常比值为1:13,如果此值增大,即杆状粒细胞增多,或出现杆状以前更幼稚阶段的粒细胞称为核左移。如分叶核粒细胞分叶过多,分叶在5叶以上的细胞超过3%时,称为核右移。核左移伴有白细胞总数增高,称为再生性左移,表示机体的反应性强,骨髓造血功能旺盛,能释放大量粒细胞至外周血液,常见于感染,也可见于急性中毒、急性溶血、急性失血等。如白细胞总数和中性粒细胞百分数略增高,并核左移表示感染程度较轻,机体抵抗力强;但核左移而白细胞总数不增高,甚至减少,称为退行性左移。在再生障碍性贫血等病理状态下,表示骨髓造血功能降低,粒细胞成熟受阻,严重感染如败血症时可出现这一现象,表示机体反应低下,骨髓释放粒细胞功能受抑制。

1. 核右移 主要见于重度的贫血和应用抗代谢药物治疗后及感染的恢复期,但在疾病进展期出现中性粒细胞核右移变化则提示预后不良。

2. 白细胞总数减少时 其主要是中性粒细胞减少,引起中性粒细胞减少的病因很多,主要见于病毒感染性疾病,再生障碍性贫血、缺铁性贫血、骨髓转移癌、放射线、放射性核素、化学药品等均可引起。

3. 淋巴细胞 根据其发生和机能不同可分为T淋巴细胞和B淋巴细胞,这两种淋巴细胞分布于外周的淋巴组织(脾、淋巴结等),具有防御功能,是动物机体的防御组织。

(三) 血小板

血小板来源于骨髓干细胞,具有凝血作用。

血液细胞发生质量和数量的改变都能产生相应的病理变化,这种病理变化不仅直接影响到造血器官,而且也影响到其他器官,反之造血器官发生病理过程,造血功能衰竭,则全血细胞减少。其他器官发生障碍时,同样可反应到血液学变化,例如,急性感染性白细胞急剧增多。

总之,血液将从消化道吸收的营养成分送到各组织,携带各组织细胞的代谢产物,将从肺所得到的氧送到组织,组织所产生的二氧化碳送还到肺,同时将内分泌腺的分泌物送到全身。通过毛细血管壁将血液细胞及血浆中的各种成分由高浓度部位移向低浓度部位。血液就是这种生理现象的媒介,血液还是机体内免疫过程的媒介和参与者,也是激素和酶的运输者。

因此,在动物临床中,血液形态学的检查及血液理化状态的测定对疾病的诊断、治疗和判断预后都有极其重要的意义。

二、心脏与血管

血液在机体内运行流动，完成生理功能，离不开血液循环系统，这个系统由心脏和血管共同组成。心脏是血液流动的动力器官，血管是血液运行的管道。

心脏被纵隔成左右两个半部，即左心和右心，每个半部又被房室瓣分为上下两部分，上为心房，下为心室。血液循环以心脏为中心，按其所走路径不同分为体循环和肺循环，体循环起于左心室，终于右心房，肺循环起于右心室，终于左心房。

血管包括动脉管、静脉管和毛细血管网，是循环系统基本职能最基层结构。

血液循环系统主要机能在于保持机体与外界环境之间，器官与组织之间的密切联系。通过心脏的节律性活动将血液运送到全身各组织器官，将其中的氧和养分以及生物活性物质运送到机体各组织细胞；又将组织细胞新陈代谢产物、分解产物及其他废物运至排泄器官排出体外。因此，血液循环是维持机体新陈代谢正常进行以及维持生命活动不可缺少的重要条件。

机体的血液循环受神经和体液机能调节，使心脏和血管的机能活动始终维护在正常水平，从而保证全身各个器官系统的血液供应和物质代谢的正常进行。血液循环系统与其他系统，尤其是呼吸系统、血液及泌尿等诸多系统的活动紧密地联系着。

血液循环过程中，心脏起着主导作用。心脏行使其"泵"的功能，将血液沿着血管压出又吸进。心脏有着强大的储备能力和代偿能力。在轻度运动期间，心脏的血液排出量可以比安静状态下增加很多，以适应机体的需要，但血液循环系统的代偿能力有限，在超出一定限度和范围时，临床上往往呈现所谓的血液循环障碍。它不仅可由心脏和血管系统的机能改变所引起，而且也可以由其他系统，如神经系统、内分泌系统和肝、肺、肾等器官的机能紊乱，器质性病变所引起。反过来，全身血液循环障碍也影响到其他器官的机能，甚至整个机体的生命活动。

血液循环障碍及其所造成的后果是心脏肥大，病情恶化则发生心脏扩张。心脏肥大使心壁变厚，心肌纤维变粗，毛细血管血液中的氧和营养物质到达心肌纤维中心的距离逐渐增加，但心肌内毛细血管数量并不相应增加，这样就易造成肥大的心肌相对缺血、缺氧和代谢紊乱等影响，导致收缩力减弱。心脏扩张使心肌纤维过度伸长，心肌纤维中的肌凝蛋白和肌纤维蛋白分子之间距离过度加大，使心肌收缩力反而降低。

心脏肥大和扩张，随着病程发展使心脏收缩力减弱或降低，心脏排出血量不能适应机体的需要，出现一系列病症，如呼吸困难，可视黏膜发绀，胸前腹下水肿，心动过速，心音弱，节律不齐等症状和病理现象，临床上称为心力衰竭。

血管衰竭不同于心力衰竭，但也与心力衰竭有着互为因果的关系。血管衰竭是心脏外的血管机能失调或平衡失调所引起的血液循环障碍的一种临床表现。尤其当感染、中毒、血管运动神经麻痹引起的血管收缩不全和失血、脱水引起的血管充盈不足的微循环机能发生障碍，临床上统称为"休克"。由于微循环机能障碍的感染性休克，血容量丧失的出血性休克和心脏机能障碍的心原性休克等，统称为循环虚脱。

血液循环系统的疾病，特别是心脏的疾病大多是继发或并发于许多传染病（如犬细小病毒、犬瘟热、猫泛白细胞减少症等）、普通病（如肺炎、肝炎、肾脏疾病、胃肠炎、子宫疾病、急性化脓感染等）或中毒性疾病（如洋葱中毒）过程中。

血液循环系统疾病，通常发生于每个年龄段的犬猫，但以老龄犬猫最为常见，往往由于救治不及时或方法不当而死亡，特别是近年来由于对宠物的繁殖没有科学系统的管理，近亲繁殖的后代增多，先天性心脏病发病率大幅增加。加上近几年宠物数量急剧猛增，疾病防治技术相对落后，导致烈性传染病泛滥，由此引发的心脏疾病也大幅增加。

第二节　血液疾病

一、贫血

贫血是指单位容积的红细胞数、血红蛋白量及性质改变和红细胞压积低于正常水平的综合征。贫血在临床上是一种最常见的病理状态，主要表现皮肤和可视黏膜苍白，以及各器官由于组织缺氧而产生的各种症状。

贫血不是独立的疾病，而是一种综合病理症状的表现。因此，病因是多方面的，在分析贫血病时，必须估计到造血、神经和网状内皮系统的变化，物质代谢的破坏，其他器官的影响和动物的饲养管理条件等。

贫血的分类方法很多，按其原因可分为出血性、溶血性、营养性和再生障碍性贫血4类，任何类型的贫血，由于循环血液中红细胞数减少和血红蛋白含量降低及性质改变，最终都会引起贫血性组织缺氧。早期可出现代偿性心跳加快，通过血流加速，单位时间内供氧增多，以代偿血红蛋白含量降低引起的组织缺氧，同时缺氧及氧化不全产物会刺激呼吸中枢使呼吸加深加快，组织呼吸酶活性增强，氧合血红蛋白的解离加强，从而增加了组织对氧的摄取能力；骨髓造血功能正常的情况下，组织缺氧可刺激红细胞生成，如慢性心脏疾病，血常规检测有红细胞绝对增多的现象。

急性出血性贫血由于循环血量减少导致血压下降和血浆蛋白质含量减少，血液变稀薄引起心动过速，瞳孔散大，甚至发生休克，导致死亡。溶血性贫血时，还由于红细胞大量破坏，血液中胆红素增加引起皮肤和可视黏膜黄染，尿中尿胆素原和尿胆素含量增高。营养性贫血一般呈慢性经过，伴有消瘦，血液稀薄以及红细胞大小和着染程度的变化。再生障碍性贫血时骨髓造血机能障碍，除红细胞数减少外，还伴有白细胞数和血小板数减少。

（一）出血性贫血

1. 急性出血性贫血　急性出血性贫血是由于血管，特别是动脉血管被破坏，使机体发生严重出血后，而血库及造血器官又不能代偿时所发生的贫血。

【病因】

由于外伤或外科手术使血管壁受损，动脉血管发生大出血后，机体血液丧失过多，如鼻腔、喉及肺受到损伤而出血。宠物胃溃疡，胃内锋利性异物，分娩时产道损伤，子宫大出血，雄性宠物去势时止血不良引起的血管断端出血，以及发生于某些部位的肿瘤等引起的长期大量出血，如结肠癌、肠腔内瘤体出血、生殖器菜花状瘤出血。

内脏器官受到损伤引起的内出血，如车祸或高空坠落而引起的肝脾破裂；大型犬只食后或饮水后剧烈运动造成胃扭转，脾扭转时血管扭断造成大出血。

【发病机制】

在短时间内失血超过总血量的30%~35%时，可引起休克或虚脱，甚至死亡。机体由于失血首先破坏了血液动力学并引起血压降低。机体为了排除这些障碍，通过反射作用，动员机体所有的代偿机能。大失血时，流入心脏的血液减少，主动脉及肺动脉充盈不足，颈静脉窦的血压降低，交感神经兴奋性增高，则促进肾上腺髓质分泌肾上腺素及去甲肾上腺素；另一方面由于出血可激活肾小球旁细胞产生一种高血压蛋白酶原——肾素。因此，则发生心搏动加快，血管收缩，同时动员血库（脾、肝以及皮下血管丛）所储备的血液进入血管，以补偿血液量。根据出血量多少不同，从红细胞生成到减轻贫血之间所需要的时间不同。

急性出血性贫血时，由于红细胞急剧减少，血液携氧能力降低，则血氧过少。由于血氧不足可提高血管壁的通透性，促进组织液进入血管内，从而提高血管的充盈度，但是由于血浆内蛋白质缺乏及血液内有形成分的减少，导致血液黏稠度降低，血流加快，出现心搏动疾速，瞳孔散大。

由于红细胞减少，氧化过程降低，出现酸中毒，同时兴奋了呼吸中枢，导致呼吸加深和加快。当大量出血时，可刺激骨髓干细胞增殖，加强了造血作用，在骨髓中不仅有核红细胞增多，母髓细胞也增多，同时在末梢血液中嗜中性白细胞占优势。

【症状】

根据机体状态，出血量的多少及出血时间的长短，临床表现也不一致。轻症贫血时，表现衰弱无力，常呆立，运步不稳。严重贫血时，可视黏膜苍白，脉搏细弱，心脏听诊可听到缩期杂音，呼吸加快，体温低，末梢厥冷，肌肉震颤，瞳孔散大，反应迟钝，并出现不随意的排尿。由于脑贫血有时发生呕吐和昏厥。

【诊断】

依据发病情况、病史及临床症状可以建立诊断，但对体内出血所造成的贫血必须进行全面细致的检查。腹腔穿刺观察是否有血液判定肝脾是否破裂；胃腔大出血时，有大量血块或鲜血呕出或便出；泌尿器官出血时，则有血尿；生殖道长期流血不止，除考虑产科疾病外，应检查是否有生殖道肿瘤。

【治疗】

（1）治疗原则　止血，补充血容量，防治休克和补充造血物质。

（2）止血　出血性贫血应立即止血，避免血液大量流失，方法如下：

局部止血　外部出血时，具有损伤且能找到出血的血管时，可应用外科止血方法进行结扎或压迫止血。较好的方法是烧烙止血或局部使用凝血酶快速止血。

全身止血　对内出血及加强局部止血时应用。可选用安络血、止血敏、止血芳酸、立止血等止血药物，或选用10%的葡萄糖酸钙注射液，静脉滴注。但不要选用维生素K_3，维生素K_3可引发犬出现海恩茨氏体溶血性贫血。

（3）补充血液容量　提高血管充盈度，严重贫血时最好进行输血。

输血　少量输血能加强血液凝固，有刺激血管运动中枢，反射性地引起血管的痉挛性收缩，加强血液凝固作用，大量输血不仅有止血作用，还可以补充血液量和增加抗体。病犬、猫输入异体血后，可兴奋网状内皮系统，促进造血机能，提高血压。最大输血量不能超过 16ml/kg 体重血液。

补液　静脉滴注血浆、右旋糖浆酐溶液、乳酸林格溶液、氨基酸制剂、乳脂乳溶液。

（4）补充造血物质　硫酸亚铁：犬每次 2~6mg/kg 体重，猫每次 5~10mg/kg 体重，内服；枸橼酸铁铵：犬每次 2~6mg/kg 体重，猫每次 5~10mg/kg 体重，内服，每天 1 次；维生素 B_{12}：2~5mg/kg 体重，肌肉注射，每周 1~2 次。

【预防】

加强饲养管理，防止各种跌倒损伤和剧烈运动。

2. 慢性出血性贫血　慢性出血性贫血是由少量反复出血及突然大量出血后长时间不能恢复所引起低血红蛋白性及正成红细胞性贫血。

【病因】

由于鼻、肺、肾、膀胱、子宫内膜、胃肠及出血性素质等长期反复地失血引起慢性出血性贫血。发生慢性出血性贫血的前提是失血后缺乏造血原料，这是由于胃的器官机能减弱，影响对铁的吸收，因而使肝脏及骨髓得不到足够的铁，发生慢性出血性贫血。

寄生虫病，特别是肝片吸虫病、血吸虫病、球虫病、钩虫病、绦虫病等都可以引起慢性出血性贫血。

【发病机制】

由于长期失血，机体内蛋白质和铁质的储备减少，并且进入造血器官的数量也很有限，此时造血器官反应性再生能力增强，末梢血液中出现幼稚型红细胞，骨髓造血机能很快衰弱，网织红细胞及多染性红细胞几乎绝迹，出现低色素性红细胞及异型红细胞。血红蛋白的减少比红细胞的减少为快，因此血色指数降低（低色素性贫血）。从白细胞来看，初期出现白细胞增多，以后逐渐减少，这说明骨髓的白细胞生成机能衰退。

长期而持久的贫血，能使心肌、肝脏及其他器官发生变性。血管内皮和毛细血管细胞发生脂肪变性，因而出现稀血症，血管的渗透性增高，导致水肿及体腔积液。

【症状】

症状发展缓慢，初期症状不明显，但患病宠物呈渐进性消瘦及衰弱，严重时可视黏膜苍白，机体衰弱无力，精神不振、嗜眠，血压降低，脉搏快而弱，轻微运动后脉搏显著加快，呼吸快而浅表。听诊，心音低沉而弱，心浊音区扩大。由于脑贫血及氧化不全代谢产物中毒引起各种症状，如晕厥、视力障碍、呕吐和膈肌痉挛性收缩。贫血严重时，患病宠物胸前腹下及四肢末端水肿，体腔积液，胃肠吸收和分泌机能降低，腹泻，最终因体力衰竭而死亡。

血液学变化：长时间的慢性出血性贫血，血液中出现幼稚型红细胞，网织红细胞增多，由于骨髓成分中铁的含量不足，常见到大而淡染的血红蛋白贫乏的红细胞。发现淡染的红细胞是慢性出血性贫血的重要特征之一。此外，由于血红蛋白减少，则发生血液比重降低，干物质减少，血沉加快。

【诊断】

首先要找出原发病及出血的原因，尤其对少量出血的原因及部位要查清楚。慢性外部出血时，在临床上容易确诊，但对内部少量出血，必须进行全面检查，若发现白细胞及血小板增多的低色素性贫血时，可证明有出血的存在。胃肠出血时，除有低色素性贫血外，粪便有潜血。泌尿器官出血时则有血尿，大量时将尿静止后则有红色沉淀，少量时将尿离心后用显微镜检查，可发现红细胞。

【治疗】

（1）治疗原则　止血，加强饲养管理，补充造血物质。止血方法可参考急性出血性贫血。

（2）加强喂养管理　患病宠物应多给与高蛋白、多种维生素和含铁的食物，减少剧烈运动。在补铁的同时，配合给与盐酸及抗坏血酸可促进铁的吸收，亦可配合铜及砷的制剂，对骨髓有刺激作用，可促进造血机能。因贫血动物怕冷，寒冷季节应注意保暖。补充造血物质可参考急性出血性贫血。

【预防】

当有慢性出血时，一定要找出出血的原因，根据出血的原因及早进行治疗。

（二）溶血性贫血

溶血性贫血是由于某种原因使红细胞平均寿命缩短，破坏增加，并超过骨髓造血代偿能力引起的一种贫血。主要临床特征为黄疸，肝脏及脾脏肿大，血液学检查是血红蛋白过多的巨幼细胞性贫血，本病可发生于仔犬或仔猫。

【病因】

溶血性贫血不是独立的疾病，凡是有溶血症状的疾病皆成为其发病的原因。引起溶血的因素很多，包括物理性因素、化学性因素、生物性因素、遗传性因素和免疫性因素等。

（1）物理性因素　高温能使红细胞膜的脂质溶解；电离辐射能使红细胞膜脆性增高，对红细胞具有破坏作用；血浆低渗可引起红细胞的离子交换异常，致使红细胞膨胀崩解；弥散性血管内凝血（DIC）能使通过微血管的红细胞遭受纤维蛋白网的机械牵挂，容易造成红细胞损伤，可引起微血管性溶血性贫血。

（2）化学性因素　化学毒物和药物是引起溶血性贫血较多见的原因，如：苯中毒，苯肼、皂苷、蛇毒、奎宁、氯化钾、磺胺、维生素 K_3、美蓝、吩噻嗪、铅、汞中毒或过敏。

（3）生物性因素　某些微生物和血液寄生虫可引起溶血。如溶血性链球菌能产生 O 型和 S 型溶血素；葡萄球菌能分泌 α、β、γ 等溶血素，可使红细胞破坏而发生溶血。大肠杆菌、魏氏梭菌、肝炎球菌、沙门氏杆菌属等细菌，均有一定的溶血作用。某些寄生虫，如巴贝西虫感染可通过机械的、毒性的或免疫性的作用，引起红细胞破坏。

（4）遗传性因素　见于遗传性血液病及代谢病。由于致病基因的作用，致使红细胞发育异常，呈现某些自身性缺陷，从而引起红细胞被破坏增多。如红细胞的 6-磷酸葡萄糖脱氢酶缺陷或谷脱苷肽过氧化物酶出现异常时，均能使红细胞膜遭到破坏，引起血红蛋白变性。变性的血红蛋白容易发生沉淀，形成珠蛋白小体，附着于细胞膜内面，使细胞膜局部变硬，易在脾窦内被破坏。

（5）免疫性因素　通过免疫机理使红细胞破坏而发生的贫血，称免疫性溶血性贫血。引起免疫性溶血性贫血的原因较多，可归纳为以下几类：

异型输血　因为供血者红细胞内含有凝集原，与受血者血浆中的凝集素结合，从而使红细胞凝集而引起溶血。

新生仔犬溶血病 因新生仔犬的红细胞与出生后来自母体的抗红细胞抗体发生免疫反应所致。当公犬的血型与母犬不同，公犬将自己的血型遗传给胎儿时，胎儿血型与母犬不同，它对母犬可成为一种免疫刺激。由于胎儿红细胞不能通过胎盘进入母体，故母体对此无反应。但当母体胎盘发生损伤或其他原因使胎儿红细胞进入母体时，则刺激母体产生抗胎儿红细胞抗体，这种抗体可进入母犬的初乳内，分娩后，新生仔犬吮吸含有抗自身红细胞抗体的初乳，抗体可通过肠绒毛进入仔犬血液内，发生免疫反应，使红细胞破坏，从而引起溶血性贫血，常发生于出生后24~36h。

药物免疫性溶血 许多药物进入机体后，在血浆中与蛋白质或红细胞结合则具有抗原性，刺激机体产生抗体，并通过抗原抗体作用，引起免疫性溶血。常见的药物有抗感染药物（如青霉素、链霉素、头孢菌素、磺胺等），消炎止痛药物（如匹拉米洞、非那西汀等），镇静药（如苯妥英钠、氯丙嗪等）以及其他药物（如奎宁、左旋多巴等）。

自身免疫性溶血 是因体内产生自身抗体，与自身红细胞发生免疫反应，使红细胞破坏加速的一种溶血性贫血。自身免疫性溶血的发生是由于抗体形成器官受到某些因素的影响，如淋巴组织感染或发生恶性病变，遗传基因的突变以及胸腺疾患等，对自身红细胞失去识别能力，从而产生异常的免疫抗体。自身免疫抗体形成后，吸附于红细胞表面，使红细胞自身凝集或溶解或者使红细胞致敏成为球形，容易遭受巨噬细胞系统的吞噬和破坏。除上述因素能引起自身免疫性溶血外，还见于犬全身性红斑狼疮、淋巴肉瘤、淋巴性及骨髓性白血病。

【发病机制】

各种原因引起溶血时，放出大量血红蛋白，血红蛋白被网状内皮细胞转变为胆红质，游离在血浆中称为游离胆红质。血液中大量的游离胆红质，可提高肝脏机能，将其转变为结合胆红质。大量结合胆红质经胆管随胆汁排到肠管，在细菌的作用下，还原为无色的粪（尿）胆素原。在大肠下段，粪（尿）胆素原与氧结合，被氧化为粪胆素，随粪便排出体外。当粪胆素增加时，则粪色深暗，另一部分尿胆素原被血液吸收，经肾脏随尿排出，即为尿胆素，当尿胆素增加时，则尿色亦深。

大量胆红质蓄积于血液内，经血液循环带到各组织器官，因而临床上出现黄疸，轻度只在眼巩膜有黄疸，严重时既发生黄疸又有贫血，可视黏膜有黄染的同时伴有苍白，眼结膜的重度苍白与黄疸是溶血性贫血的一大特征。

【症状】

本病的明显表现是可视黏膜和皮肤苍白，黄染——尿胆素性黄疸。脾肿大且敏感，患病宠物精神沉郁。初期表现为贫血症状，心动加速和喘息，运动无力。严重时出现血红蛋白尿，在病因中所述各种原因所引起的溶血性贫血，都具有原发病的固有症状，可参考各有关疾病。

【诊断】

首先要查明原发病，结合临床特征进行综合分析，诊断并不困难。临床上有贫血及黄疸，血清胆红质间接反应明显，尿胆素增加。在血液学方面，红细胞减少大小不等，尤其是网织红细胞增多等可以确诊。

【治疗】

(1) 治疗原则 以消除原发病，加强护理，输血和补充造血物质为主。具体疗法参照出血性贫血治疗。

(2) 治疗方法 对自身免疫性溶血性贫血应给予免疫抑制药物，阻止抗体的产生，肾上腺皮质激素疗法：如应用泼尼松龙注射液，最初 5~10d 按每日 2mg/kg，肌肉注射，以后维持量为每日 1mg/kg，如果不见效，应施行脾脏切除。脾脏是体内最大的淋巴组织和破坏红细胞器官，摘除脾脏后可降低产生抗体的能力。

(三) 营养性贫血

营养性贫血是指缺乏某些造血物质所引起的贫血。

【病因】

主要由于缺乏蛋白质、铁、铜、钴、维生素 B_{12} 及叶酸等造血物质所引起。

(1) 蛋白质缺乏 蛋白质是血红蛋白主要成分，由于营养不良或消化吸收障碍而致蛋白质缺乏时，可使骨髓造血机能低下，引起贫血。

(2) 铁缺乏 铁是合成血红蛋白的主要成分，因此缺铁时血红蛋白合成减少，可引起低色素性和小红细胞性贫血。缺铁的主要原因有如下几个方面：

①铁摄入不足或需要量增加。正常情况下，铁在体内有反复被利用的特点。短期内，临床症状表现不明显。

②外源性铁供应不足。不会引起机体缺铁，但在仔犬生长期，母犬妊娠期或泌乳期，由于机体需铁量增加，这时如果食物中长期缺铁，就会引起缺铁性贫血。

③铁吸收性障碍。由于胃酸缺乏，胃肠消化机能障碍，小肠病变，食物中磷酸、植酸含量过多，胆汁分泌或排泄障碍等均可引起铁吸收障碍。

④铁丧失过多。见于慢性出血性疾病。

(3) 维生素 B_{12} 和叶酸缺乏 可因摄入不足，胃肠道合成减少，吸收障碍或者由于妊娠、生长、溶血性贫血、感染等情况时需要量增加而引起。当维生素 B_{12} 和叶酸缺乏时，原红细胞不能分化成熟为幼红细胞而形成巨幼红细胞，此时骨髓内滞留大量巨幼红细胞，又在骨髓内不断地被破坏和吞噬，仅有少量巨幼红细胞进入血液循环，故称为巨幼红细胞性贫血或大红细胞性贫血。

(4) 铜缺乏 铜在血红蛋白合成与红细胞的成熟过程中有促进作用，还参加红细胞色素氧化酶和其他一些氧化酶的组成。食物中缺铜时，体内储存的铁也不能被利用，故血红蛋白合成减少而发生贫血。

【症状】

病犬营养不良，逐渐消瘦，体质衰竭，腹部蜷缩，被毛粗乱，精神不振，可视黏膜苍白，心跳加快，消化系统发生障碍，出现周期性下痢及便秘。

【诊断】

根据临床症状及血液学变化，可以确诊。缺铁性贫血时，外周血液中的红细胞平均体积、红细胞平均血红蛋白量均低于正常。血涂片上见有红细胞大小不均，淡染。

维生素 B_{12} 和叶酸缺乏引起的贫血，在外周血液中的红细胞平均体积大于正常。嗜中性分叶粒细胞增多，骨髓内有大量巨红细胞。

【治疗】

(1) 治疗原则　加强饲养，补充造血物质。

(2) 治疗方法　营养性贫血，食物中应补充蛋白质、维生素 B_{12}、铁、铜、钴等物质。

应用铁制剂对营养性贫血有较好疗效，如硫酸亚铁：犬 100～300mg/次，猫 50～100mg/次，内服；硫酸亚铁 2500mg，氯化钴 2500 mg，硫酸铜 1000 mg，常水加至 1000ml，混于饲料或饮水中，按每日 5ml/kg 给予；2% 含糖氧化铁溶液 1～2ml 或 25% 葡聚糖铁溶液 1ml，肌肉注射，隔日 1 次。

对维生素 B_{12} 和叶酸铁缺乏引起的贫血，可肌肉注射维生素 B_{12} 2～4mg/kg 体重，或叶酸 0.5～1mg/kg 体重，每天一次，连用 2～3 周。

(四) 再生障碍性贫血

再生障碍性贫血是由多种原因引起的以骨髓造血功能衰竭为特征的造血干细胞数量减少和功能异常所致的红细胞、中性粒细胞、血小板减少的综合病症。临床表现为贫血、感染和出血。

【病因】

损伤骨髓造血的因素中，药物、化学、物理因素和病毒感染较为常见，细胞毒类药物，特别是烷化剂，是强烈的骨髓抑制性药物，达到足够剂量即可损害骨髓造血功能，引起再生障碍性贫血的原因比较复杂，现归纳如下：

(1) 骨髓微环境障碍　如果射线大量或长期照射，可破坏骨髓微环境，使造血机能丧失，各种类型的白血病，骨髓纤维化，多发性骨髓瘤等，也会导致骨髓造血机能障碍。

(2) 造血干细胞受损　某些致病因素，如化学药物、电离辐射、感染等引起的干细胞损伤，可导致骨髓造血机能障碍。电离辐射可抑制干细胞的 DNA 和 RNA 合成，使其分化和增殖受阻。氯霉素的主体结构与嘧啶核苷酸相似，可发生竞争性抑制，阻断信使核糖核酸（mRNA）与核糖体结合，从而抑制线粒体的蛋白质合成，致使干细胞衰竭，抑制骨髓造血机能。细胞毒药物（如环磷酰胺等），某些杀虫药（如六氯苯等）和农药（如对硫磷等）以及磺胺药、保泰松、苯巴比妥、青霉胺、苯妥英钠等药物均能损伤干细胞和早期幼红细胞，引起造血组织增生不良。某些微生物（如结核杆菌）毒素的作用，可使造血器官受损而发生贫血。

(3) 免疫反应　某些药物（如氯霉素）、病毒等可与干细胞的蛋白结合成一种结合蛋白，使红细胞膜抗原改变，从而被淋巴细胞或抗体排斥，或者引起骨髓微循环破坏而导致贫血。

(4) 促红细胞生成素调节障碍　促红细胞生成素的生成与肾脏有关，故慢性肾机能衰竭时，促红细胞生成素减少，从而影响干细胞的分化、幼红细胞的增殖和成熟。

【发病机制】

由于病因的刺激作用，使骨髓发生变性，破坏了神经体液的营养作用，红骨髓迅速而持续性减少，并被脂肪组织取代，造成骨髓萎缩，造血机能衰退导致血液中各种血细胞减少，血小板减少，甚至完全消失，破坏了凝血作用，同时血管通透性和血细胞脆性增加，使机体各组织器官发生出血性素质。当骨髓萎缩及造血机能衰退时，白细胞减少，淋巴组织萎缩，导致机体免疫性反应降低，易于发生感染。

【症状】

发病犬、猫可视黏膜苍白，周期性出血，机体衰弱，易于疲劳、气喘、心动过速。当发生感染时，体温升高。

(1) 贫血　一般为进行性，主要由骨髓造血功能衰竭引起。骨髓尚有一定造血功能，但生成的幼红细胞从骨髓释放到血液前已被破坏。

(2) 出血　血小板生成减少所致，亦有毛细血管脆性、通透性增加，可见于皮肤、鼻、消化道、阴道及内脏器官的出血，但一般无肝、脾、淋巴结肿大及骨髓外造血。

(3) 感染　局部感染常反复发生，也有周身感染和败血症。由于粒细胞和单核细胞减少，机体防御能力下降，导致体温升高，皮肤发生局部坏死等症状。

【诊断】

根据临床症状，结合外周血液学检查和骨髓细胞检查，可以确诊。

再生障碍性贫血时，外周血液中红细胞和白细胞减少，血红蛋白量也降低，网织红细胞和幼稚型红细胞几乎完全消失，血小板也减少。骨髓细胞检查可发现淋巴细胞、网状细胞及浆细胞，见不到巨核细胞。

临床上应与淋巴性白血病相鉴别。

【治疗】

(1) 治疗原则　加强饲养管理，消除病因，提高造血机能，补充血液量。

(2) 消除病因　医学上认为可以引起再障的药物，应用时要慎重，并严密观察，有感染时可选用广谱抗生素，忌用氯霉素。

(3) 提高造血机能　可应用睾丸酮类及合成蛋白同化类固醇，具有刺激骨髓新生细胞的作用。如丙酸睾酮、苯丙酸诺龙，肌肉注射，每 2~3d 一次，合并注射康力龙 0.02~0.08mg/kg 体重，效果更佳。同时辅以中药治疗，效果较明显，也可采用早期脾切除术。

(4) 输血　参照急性出血性贫血。

【预防】

对原发病应及早进行治疗，避免慢性化过程、感染及进行性出血。慎重选用药物，禁止滥用药物，治疗疾病时应定期检查血液学变化，以便及时减量或停药。

二、血友病

血友病是指一种遗传性血液凝结障碍的疾病。临床上以自发性出血或有轻微损伤即可引起出血不止为特征。本病是一种隐性遗传性疾病，多发于公仔犬。其中以纯种犬，如比格犬、牧羊犬、吉娃娃犬多发，偶见于杂种犬和猫。

【病因及发病机理】

本病是不完全 X 染色体隐性遗传。患此病的犬缺乏抗血友病因子（凝血因子Ⅷ），血浆凝血激活酶成分（凝血因子Ⅸ）或血浆凝血激活酶前质（凝血因子Ⅺ）使得凝血酶原激活物形成障碍，凝血酶原生成凝血酶减少，最终影响纤维蛋白原的激活，使纤维蛋白形成减少，进而引起血液凝结出现障碍，导致机体的出血性素质。

【症状】

本病多发于雄性幼犬，有的出生后即出现自发性出血症状，有的出生后数周或断奶后有出血倾向。在外伤或手术后持续或反复出血。重症内出血可导致突然死亡。出血时血液水样，不凝固，黏膜苍白，脉搏加快，易疲劳，各系统和器官急性出血性贫血。未发生出血的动物末梢血液成分正常；发生出血后，红细胞和血红蛋白也能很快恢复正常，中性粒细胞稍增多，但血液凝固异常缓慢。皮肤多处青肿，四肢血囊肿或关节积血引起跛行，胃肠出血时可见有呕血和血便。小型品种的犬只有在严重损伤或感染引起血小板功能障碍时才表现出出血倾向。

【诊断】

根据繁殖系谱调查和有如下特征可以确诊。自幼有出血倾向，血液凝固时间延长，血液凝固不良，血块收缩能力丧失，但血液有形成分，特别是血小板数正常，毛细血管脆性正常。

【治疗】

治疗本病有效的疗法是给病犬输注相合的新鲜全血、血浆或浓缩的 AHG 制剂，以补充所缺的抗血友病球蛋白。

输注新鲜全血，冰冻新鲜血浆或因子Ⅷ浓缩物。输全血参照急性出血性贫血。冰冻新鲜血浆，犬、猫 6～10ml/kg，连用 2～5d。为提高血液凝固性，可用 5% 蛋白胨 10～15ml，皮下注射。维生素 K_3 及钙制剂对因子Ⅷ缺乏症无效。

禁用干扰止血的药物，如抗凝药物，影响血小板功能的药物及安定剂等。

抗纤溶药物，如 6-氨基己酸（2～3g）抗血纤溶芳酸（0.05～0.1g）或止血环酸（0.1～0.2g）等。静脉滴注，每天 2～3 次。

肾上腺皮质激素，可提高因子Ⅷ的因子活性和含量，延长其半衰期，有颉颃纤维蛋白溶解和改善血管张力的作用，故有助于止血。常用泼尼松 0.6～2.5mg/kg 体重/d，分 4 次服用，紧急情况下，可用地塞米松 0.25～1mg/kg 体重，静脉注射。

【预防】

检出并及时淘汰携带致病基因的公犬和母犬，是预防和消灭本病的唯一措施。

三、白血病

白血病是造血系统的一种恶性肿瘤，在骨髓中有广泛的幼稚白细胞增生，进入血液并浸润破坏其他组织。其临床表现为贫血，发热，出血，肝、脾、淋巴结肿大，外周血液中白细胞有质和量的改变为特征。

白血病可分为淋巴性白血病和骨髓性白血病，前者在外周血液中以淋巴细胞占优势，后者以核细胞占优势。

【病因】

真正病因尚不清楚。可能与某些病毒、理化因素和遗传因素有关，且骨髓性白血病常继发于损伤、手术、脓肿和化脓性子宫内膜炎。

【症状】

1. 淋巴性白血病 多发于 5～12 岁的老龄犬，发病率为 0.1%～0.5%。该病是淋巴组织无限制的弥漫性增殖，在外周血液中出现以淋巴细胞及其幼稚型细胞为主，病程较长。初期有一个较长的潜伏期，主要表现为精神不振，体质虚弱，极易疲劳，食欲减退，机体逐渐消瘦，呼吸急促或呼吸困难，胸腹、四肢末梢有皮下水肿。

临床期出现全身淋巴结和肝、脾显著肿大，可视黏膜苍白，有时不明原因发热、出血，皮下易形成多发性结节。病犬免疫力低下，极易感染。

血液检查，可见白细胞数明显增多，淋巴细胞所占比例增高显著，可达90%以上。

2. 骨髓性白血病　多发生于老龄犬，该病是骨髓组织无限制地弥漫性增殖，在外周血液中粒细胞及非成熟的粒细胞增多。临床表现与淋巴性白血病大致相同，但肝脾肿大更严重，淋巴结肿大较轻微，尚有明显的贫血症状。

血液检查，白细胞总数增多不明显，有时个别反而出现减少现象，但粒细胞增多显著，比例高达70%以上，出现大量分叶核、杆状核、中性粒细胞以及一定数量的晚幼、中幼和早幼原始粒细胞。骨髓像可见粒细胞系极度增生，与末梢血象一致。

慢性白血病病程可达数日至数年，病情不定，反复发作，多死于极度贫血或衰竭。

【诊断】

根据淋巴结及肝脾肿大、贫血等临床症状，血液学检查结果不难做出判断。

【治疗】

本病目前无可靠治疗措施，对名贵的犬和猫，可试用骨髓移植，结合支持疗法，也可以用放疗或化疗。

目前，化疗常用的药物有：环磷酰胺，2.0mg/kg体重，内服或按1.0mg/kg体重，静脉注射，每周一次；也可用氨甲喋呤，0.3~0.8mg/kg体重，静脉注射，每周一次。同时，配合口服或皮下注射泼尼松龙或地塞米松，有一定效果。

另外，根据病情适当采取强心、保肝，补充维生素、蛋白质等以延长患病宠物的寿命。

【预防】

应加强检疫，不定期普查，扑杀阳性宠物，禁止从患病宠物场所引进宠物。

四、血小板减少性紫癜

血小板减少性紫癜，是动物中最常见的一种出血性疾病，以皮肤、黏膜、关节、内脏的广泛出血性症状，血小板减少，流血时间延长，血块收缩不良，血管脆性增强等为特征。

血小板减少性紫癜，按病因有原发和继发之分。原发性血小板减少性紫癜与免疫机制有关（如自身免疫性溶血性贫血，全身性红斑狼疮等），属于免疫性血液病范畴，包括同种免疫性血小板减少紫癜和自身免疫性血小板减少性紫癜。继发性血小板减少性紫癜，亦称症状性血小板减少性紫癜，通常作为综合征而伴随于某些疾病的经过中。前者少见，一般发于新生仔犬、猫，后者常见，可发生于各种年龄的宠物犬猫。

【病因及发病机理】

1. 原发性　血小板减少性紫癜，主要由于同种免疫或自体免疫产生抗血小板抗体（如磺胺、氯霉素、氨基比林等机体内通过免疫机理产生抗血小板抗体），使循环血小板凝集并在脾脏等网状内皮系统中遭到滞留或破坏，作为抗原抗体反应对血管壁也会造成一定的损伤。

2. 继发性　血小板减少性紫癜，多由其他疾病引起，并伴随于其他疾病经过中。有的是由于骨髓的血小板生成障碍，有的是由于循环血小板破坏过度或者是两者兼而有之。具体有以下几个方面：

（1）感染　某些细菌性、病毒性、血液寄生虫性或钩端螺旋体疾病，如犬出血性黄疸型钩端螺旋体病，以及出血性败血症等均可使血小板破坏过多，加上病原体对血管壁的直接损害作用，往往伴发血小板减少性紫癜。

（2）弥漫性血管内凝血　许多疾病恶化而陷于中毒性休克状态时，常发生重剧的弥漫性血管内凝血过程，血小板连同其他凝血因子被大量消耗，而发生消耗性血小板减少性紫癜。

（3）骨髓损害　白血病、恶性肿瘤转移、骨髓纤维化等骨髓器质性病变、X射线等电离辐射作用以及犬的全血细胞减少症等疾病过程中，骨髓受到不同程度的损害，其中巨核细胞系损害导致血小板生成障碍而导致紫癜。

继发性血小板减少性紫癜发生与医源性原因有关。由于某些具有细胞毒的化学药物（如环磷酰胺、氮芥、6-巯基嘌呤等）的毒害下，骨髓内巨核细胞的增殖或生长成熟发生障碍，可导致血小板生成减少。

由于血小板减少，血凝过程延缓，纤维蛋白溶解增强和血管通透性增高，因此容易引起出血不止。

【症状】

轻症者，在皮肤和黏膜上出现淤血点和淤血斑，严重者天然孔和内脏出血，血液凝固缓慢，常伴有血尿、血便、长期或持续出血，因部位不同而呈现相应的神经症状。不同病因病型的血小板减少性紫癜，还有各自的临床表现。

【诊断】

用加入乙二胺四乙酸的新鲜血液进行血小板计数，当血小板数低于 $2 \times 10^9/L$ 时，可诊断为血小板减少性紫癜。此外，根据出血时间延长，血块收缩不良，血管脆性试验呈阳性的，可指示血小板异常的出血性疾病。

【治疗】

1. 治疗原则　消除病因，减少血小板破坏和补充循环的血小板。

2. 肾上腺皮质激素　应用肾上腺皮质激素能改善毛细血管张力，使血小板在脾内的破坏减少，因而可使血小板上升，选用强的松龙2mg/kg体重，每天两次口服。血小板接近正常后可逐渐减量，以0.5mg/kg体重剂量，通常维持3~6个月。

3. 输血　有严重出血时，可输入新鲜血液。

使用促血小板生成的药物，如辅酶A、ATP、利血平、核苷酸、肌苷、叶酸、维生素B_{12}、丙酸睾酮等药物。

4. 脾切除　脾是破坏血小板的器官，尤其容易破坏被抗体致敏的血小板，脾切除后可使症状缓解。

5. 中药疗法　黄芪60g、土大黄（鲜品）250g、小蓟（鲜品）500g、阿胶60g、党参30g、当归30g；上述药物除阿胶外，用清水浸泡1h，再加入阿胶，煮沸1h，过滤后，药渣加水再煮1h，合并2次药液约2000ml，每次服200ml，每天2次，连用5d。

【预防】

要预防感冒，密切观察紫癜的变化，如密度、颜色、大小等，注意体温、神志及出血情况，有助于了解疾病的预后和转归，从而予以及时的处理。避免外伤，出血严重的犬需要静卧休息。慢性患病的犬，可根据实际情况，适当运动，饮食宜细软，如有消化道出血，应进半流食或流食。

第三节　心脏的疾病

一、心包炎

心包炎是心包的壁层和脏层的炎性疾病总称。按其病程分为急性和慢性，按其病源分为原发性和继发性。按其炎症的性质分为浆液性、纤维素性、出血性、化脓性、腐败性和混合性等多种类型。临床上以心区疼痛，听诊呈现摩擦音或拍水音，叩诊心区浊音扩大为特征。

【病因】

心包炎可在心包先天发育缺陷、心包肿瘤等先天性或获得性心包疾病的基础上发生。在临床上心包炎几乎都是继发的，犬和猫最常见的是引起心包纤维化的缩窄性心包炎。心包炎常继发于结核病、犬瘟热、流感、放射菌病、脓毒败血症、胸膜肺炎、风湿病、红斑性狼疮、尿毒症等疾病经过中。邻近组织（心肌或胸膜）病变的蔓延，也可以引起心包的炎症，此外饲养管理不当、受冻、过劳等因素能降低机体的抵抗力。左心包炎的发生上也起着一定的促进作用。

【发病机制】

在喂养、管理条件不当、受寒感冒及过度劳累的情况下，由于动物机体抵抗力减弱更易于导致本病的发生。

在某些传染性病原菌和炎症刺激下，病原菌进入心包，使其局部发生充血、出血、肿胀等炎症变化。炎性渗出物，初期为浆液性、纤维蛋白性，继而形成化脓性、腐败性。由于大量化脓腐败性渗出物积聚于心包内，引起心包被动性扩大和体积增大，使心包内压增高，限制心脏舒张，致使流入心脏的血量减少，心房充盈度不足，全身性血液循环障碍，静脉血液，特别是前腔静脉和颈静脉血液回流受阻，结果颈静脉怒张，动脉压下降，脉搏微弱，有时脉搏节律不齐。静脉淤血继续发展，淋巴回流也会发生障碍，引起下颌间隙和胸前等处水肿和黏膜充血、发绀等症状。全身性血液循环障碍的结果，使各个脏器势必相应地发生被动性充血、淤血，尤其肺脏受增大的心包挤压，膈肌的活动受限制以及肺循环淤血，初期由于二氧化碳对血管感受器和中枢的作用，引起呼吸中枢兴奋，呼吸加快，呈现腹式呼吸为主的呼吸困难，随后又由于血液的含氧量降低，还原血红蛋白的数量大为增多，相应地出现黏膜发绀现象，继而因病理产物和细菌毒素被吸收，引起体温升高。

【症状】

血源性感染或邻近组织病变蔓延所致的心包炎，通常在其他疾病经过中显现症状，表现精神沉郁，食欲废绝，中热至高热稽留或弛张，呼吸加快、浅表且以腹式呼吸为主，患病犬猫常躺卧，起卧动作拘谨小心。

特征性临床表现是心区的各项症状，初期即干性心包期，炎性刺激症状明显。视诊或触诊心搏动加快、加强，胸壁震颤，动物呻吟不安；听诊心音增强，心律失常，可听到心包摩擦音，音质粗厉或柔和，叩诊心区，动物有疼痛反应。随着病程的进展通常经过24h左右，心包内出现大量的渗出液，即进入湿性心包炎期，刺激症状和疼痛表现逐渐缓和，而依然失常，心跳显著加快，心搏动微弱；听诊两心音低沉而遥远，心包摩擦音减弱以至消失。往往出现心包拍水音；叩诊心脏绝对浊音区明显扩大，有的出现鼓音或金属音。动脉搏细弱而频数，有的不感于手；而颈静脉膨隆、粗大，搏动明显，直抵上颈部。病程进一步发展，显现不同程度的心力衰竭症状，主要是右心衰竭，体循环静脉系统淤滞的一系列症状。如皮肤静脉怒张，颈静脉极度粗隆，硬固，下颌间隙、胸前、腹下以及四肢末端出现无热无痛的捏粉样肿胀，严重的伴有腹腔积水和胸腔积水，呼吸困难，黏膜发绀等。

慢性心包炎。主要表现心包闭塞或缩窄的症状，除心区症状外，全身症状以颈静脉怒张和皮肤浮肿为特征，而气喘和心动过速等不如急性心包炎那样显著，病程缓长，数日至数年不等。

血液检验有白细胞总数增多，中性粒细胞比例增高以及核左移等炎性指征；X射线胸透显示心脏体积极度增大；心区超声检查显示液性平面；心电图检查，除心律失常的图形外，各导联均属低电压波型，QRS综合波振幅明显减低缩小，严重者如锯齿状。

病犬猫精神沉郁、食欲不振或废绝，拱背，肘头外展，不愿活动，眼睑半闭，眼结膜潮红或发绀。多数病例体温升高。病初心搏动加速，心搏动有力。心区敏感，病犬猫躲避心区检查，强行检查出现呻吟或狂叫、呼吸急促等疼痛反应。听诊心音增强，心律失常，心包摩擦音及拍水音。随病程的进展，出现一定程度的心力衰竭，四肢末梢肿胀，胸、腹积液，呼吸困难，黏膜发绀。慢性心包炎，病程缓长，数月，病犬气喘，心动过速，四肢末梢浮肿，颈静脉怒张。

【诊断】

根据临床症状和其他辅助检查结果可以确诊，如心区有压痛反应，心包摩擦音或拍水音，心区浊音扩大，颈静脉怒张，胸前、腹下水肿以及血液学变化等，一般可以做出诊断。必要时还可结合心包穿刺液检验和X线透视等方法，才能得到正确诊断。

【鉴别诊断】

应注意与下列几种疾病加以区别。

1. 心包炎与纤维素性胸膜炎的区别　后者多出现胸膜摩擦音，与呼吸动作同时出现，不局限于心区，若抑制呼吸动作时，摩擦音即消失，胸膜炎的摩擦音出现与心脏搏动出现时间不相一致，同时也无心脏病的主要症状。渗出性胸膜炎在叩诊时往往呈现水平浊音。

2. 心包炎与心内膜炎的区别　心包炎时有心包性摩擦音出现，尤其在慢性心包炎时，全身性淤血症状明显，当心内膜炎时，必出现各种心内器质性杂音。

3. 心包炎与肺炎的差别　心包炎时，肺病的主要症状如呼吸困难，听诊（肺泡呼吸音变化），叩诊（浊音变化）和体温等临床症状多属轻微；而心脏病的症状，在心包炎时尤为明显。认真检查，鉴别不难。

【治疗】

1. 治疗原则 消除病因，抗菌消炎，促进炎性渗出物的吸收或排出。

2. 病因治疗 患结核性心包炎时，在抗结核治疗的同时，口服强的松 $0.1\sim0.2mg/kg$ 体重，每天两次，连用 $4\sim5$ 周。风湿性心包炎时，抗风湿治疗。化脓性心包炎，应根据病原及致病菌药物敏感试验结果，选用抗生素。

3. 对症治疗 疼痛时可内服去痛片、可待因等。积液多、水肿明显者，可用氢氯噻嗪、速尿等口服或注射，并应及时见尿补钾，同时进行心包穿刺放液。

二、心肌炎

心肌炎是伴有兴奋性增强和心肌收缩机能减弱为特征的心脏肌肉炎症。本病单独发生较少，多继发或并发于其他各种传染性疾病，脓毒败血症或中毒性疾病过程中。

按炎症性质分为化脓性和非化脓性；按其侵害组织可分为实质性（变质性）和间质性（渗出性和增生性）两种；按其炎症的病程，可分为急性和慢性两种。临床上以急性非化脓性心肌炎为常见，慢性心肌炎过程实质上是心肌的营养不良过程。

【病因】

急性心肌炎，通常继发于某些传染病（如犬细小病毒病、犬瘟热、钩端螺旋体病等）、寄生虫病（如弓形体病）、代谢病（如维生素 B_1 缺乏症等）、内分泌疾病（如甲状腺机能亢进、糖尿病等）、毒物中毒（如重金属、麻醉药中毒）、自身免疫性疾病、脓毒败血症、风湿病、贫血等的经过中。

慢性心肌炎，由于急性心肌炎、心内膜炎反复发作或其延缓发展而引起。

【发病机制】

心肌炎的发生多数是病原体直接侵害心肌的结果，或者是病原体的毒素和其他毒物对心脏的毒性作用。心肌受到侵害，首先影响着心脏传导系统，导致兴奋性增高等一系列临床症状的出现，接着心肌发生变性使心肌收缩机能降低。

心肌收缩机能的降低，主要是由于大部分心肌细胞遭受坏死性变化（与冠状动脉痉挛供血不足有关），陷于崩解，其次是残余的心肌细胞处于营养不良性变化的状态（混浊肿胀和颗粒变性）使心脏活动机能减弱，不能维持正常的收缩机能，心脏输出的血液量减少，动脉压降低，因而出现血流缓慢；末梢循环障碍，随之出现静脉淤血、水肿和呼吸困难。

此时，借助心脏具有强大的代偿能力，对上述血液循环障碍可通过反射作用以增加心脏收缩次数来补救。心脏收缩次数的增加，使之平衡心脏固有的血容量和动脉压。但是心脏收缩次数频繁，不仅使心脏本身耗氧量增加使之更加缺氧；而且由于心动脉加快以后，使心脏的驱血量反而减少，全身性血液循环障碍更加严重，必然很快地影响心脏本身的血液循环。因此，其营养也发生障碍，心脏代偿能力丧失，迅速地发生代偿性心力衰竭。

心力衰竭后，进而引起各组织器官缺氧，肌肉无力，容易疲劳；心脏不能完全驱出回流的血液，阻碍血液回流，迅速影响到门脉循环，并于肺、肝、肾、胃肠以及全身出现淤血现象。

当心肌发生炎性变化时，心肌收缩机能发生障碍，同时心肌兴奋性和传导性发生障碍。当心肌纤维发生变性时，大多数纤维不能参与收缩，使其减弱而表现为小脉；在下次收缩时处于反拗期，大多数心肌纤维摆脱反拗期，这时收缩力量又可变强，故产生大脉，也就是临床上呈现的交替脉。

在运动或疼痛时，由于心肌的兴奋性增高，脉搏骤然加速或出现阵发性心动过速，血压升高。

心脏传导系统内的兴奋灶产生冲动（心脏炎症病灶成为异位刺激的结果），不等窦房结产生冲动下传到达，其另有异位节律点便提早发生冲动，可引起心室个别部分的早期收缩，称为心室性期前收缩，这是心肌部分损害的必然反应。

由于心脏传导系统障碍的结果，可使心脏传导性破坏。此时，两个心室的收缩不相一致，临床上出现心律不齐。

【症状】

急性非化脓性心肌炎，以心肌兴奋为主要特征。表现脉搏疾速而充实。心搏动亢进，心音高朗。病犬猫稍作运动后心跳加快，即使运动停止，仍持续较长时间。这种心机能试验，往往是确诊本病的依据之一。不过在临床上往往被某些原发病或并发病的主要症状所掩盖。

当心肌细胞变性为特征的心肌炎，又多以心力衰竭为主，表现为脉搏增速和交替脉。有时第一心音强盛伴有混浊或分裂；第二心音显著减弱，多伴有缩期杂音，其原因是心脏扩张，房室瓣相对闭锁不全所致。

在心脏代偿能力丧失时，呈现黏膜发绀，呼吸高度困难，体表静脉怒张和胸前、腹下及四肢水肿等症状。病的初期脉搏紧张、充实，随病情的发展，心跳与脉搏不相对称，心跳强盛而脉搏甚微。重症病犬有时出现昏迷，心力衰竭等症状，甚至突然死亡。

由于感染或中毒引起的，还有体温升高和相应地血液学变化以及一系列传染病和中毒所固有的其他症状。

【病程及预后】

急性非化脓性心肌炎的病程，取决于原发病及机体抵抗力，急性型有可能转为慢性型，病程长达数日，甚至数年。

判定预后应谨慎，首先要根据引起心肌炎的原因，心肌炎的性质和程度，如传染性疾病继发或并发的心肌炎，多属于轻症，只要给予合理地治疗原发病，病情好转，逐渐痊愈。急性或金属性毒物中毒引起的心肌炎，呈现频繁的期前收缩等节律不齐的症状，是心肌重剧障碍和病情恶化的征兆，预后多数不良。即使转归好转，也由于心肌变性残留病灶很难痊愈。

【诊断】

主要根据病史、临床症状及心电图检查，进行综合判断，可以做出诊断。

心机能试验。是诊断急性心肌炎的一个指标。由于心肌兴奋性增高，往往导致心脏收缩次数的变化，这是临床诊断急性心肌炎的一个指标。做法是先测安静状态时的心跳次数，后令犬运动5min再测其心跳次数，停止运动后经2~3min，心跳仍继续加快，且必经较长时间才能恢复到原来的心跳次数。

X线检查，心影扩大。

心电图检查，心电图检查急性心肌炎初期，R波增大，T波增高，P-R和Q-T间期缩短。急性心肌炎严重期，R 波降低变钝，T 波增高，P-R 和 Q-T 间期延长。急性心肌炎致死期，R 波和 S 波更小，T 波更高。

【治疗】

1. 治疗原则　本病主要在于减少心脏负担，增加心肌营养，提高心脏收缩机能和防治原发病等。

2. 加强喂养护理　首先是使病犬猫安静，给予良好的护理，以及避免过度的兴奋和运动，多次少量地饲喂易于消化而且富有营养和维生素的食物，并限制过多饮水。

3. 治疗原发病　对于细菌性传染病，以适量抗生素治疗。中毒性疾病应及时阻断毒物来源，并给予特异性解毒药物。病毒性疾病应给予特异血清、干扰素、球蛋白及中药抗病毒药物，如黄芪多糖，并且合理控制继发感染。

4. 增强心肌营养，促进心肌代谢　可用 ATP、辅酶 A、肌苷、高糖及维生素 C、果糖苷等药物，静脉滴注，以增强心肌和传导系统的营养。

5. 提高心肌收缩机能　可选用适当的强心剂。在急性心肌炎的初期，不宜用强心剂，以免心肌过度兴奋而招致心脏迅速衰竭，可在心区冷敷。当心力衰竭时，应改善血液循环以维持心脏活动，可用强心康（可拉明）、强尔心（氧化樟脑）等强心药物治疗，急性充血性心衰可用多巴胺和速尿进行治疗，呼吸困难时，应输氧治疗。对于尿少而水肿明显的病犬，应使用利尿剂，治疗同时还可以用中成药丹参、黄芪来治疗心衰，抢救时可使用救心丸、硝酸甘油舌下含服。

【预防】

加强喂养管理，增强犬猫抵抗力，防止发病和根治其原发病。当病犬基本痊愈后，仍需加强护理，以防复发，甚至突然死亡。

三、心内膜炎

心内膜炎是指心内膜及心脏瓣膜的炎症。包括恶性心内膜炎即溃疡性心内膜炎和良性心内膜炎，即疣状心内膜炎或增殖性心内膜炎。按发生部位，可分为壁性心内膜炎和瓣膜性心内膜炎。按病程分急性、亚急性和慢性心内膜炎。按病因，可分为细菌性心内膜炎和风湿性心膜炎。

兽医临床上，以亚急性细菌性瓣膜性心内膜炎居多，犬、猫，二尖瓣、三尖瓣和主动脉瓣是最常受侵害的部位。

【病因】

心内膜炎的发生多由于动物抵抗力降低，侵入循环系统中的病原微生物感染所致，如革兰氏阳性菌（溶血性与非溶血性链球菌、葡萄球菌等）以及革兰氏阴性菌（大肠杆菌、绿脓杆菌、肺炎杆菌、变形杆菌、厌氧杆菌、沙门氏杆菌等）的感染。少数由真菌和立克次氏体等引起，还常继发于感染创、软组织脓肿、骨髓炎、前列腺炎、子宫内膜炎、胸膜炎、肾盂肾炎、犬瘟热、犬细小病毒、猫肥大性心肌病、风湿病等，也可由邻近部位炎症蔓延所致，见于心肌炎、心包炎、主动脉硬化症等。

临床上滥用肾上腺皮质激素，可抑制机体抗感染能力，容易导致细菌侵入血液而发生本病。

【病理】

无论是先天性因素导致本病还是其他因素继发本病,最终都会使心脏瓣膜或瓣孔发生闭锁不全或狭窄现象,或两者同时发生出现心内器质性杂音。瓣膜闭锁不全时,可引起血液逆流,心容量负荷加重;瓣孔狭窄时,血液流通受阻,心脏的压力负荷加重,两种病变都会使病变后方(按血流方向而言),心脏发生代偿性肥大或扩张;又因血液的停滞也引起代偿性心脏扩张,这时使心房、心室和血管中的血液正常分配发生紊乱,如适当调节,患病动物会维持健康状态。代偿作用使耗氧量增加,供血量减少,最终由于心肌变性和结缔组织增生,使代偿机能减退,动脉血量减少,静脉淤血,随之发生脑、肝、脾、肾等脏器淤血,体腔积液、水肿。

【症状】

1. 急性心内膜炎　除个别因静脉注射或插管感染外,通常发生于其他疾病的经过之中,其临床表现因病理类型、原发病和转移病灶的部位而不同。

患病宠物的全身症状明显,中热或高热稽留,弛张热,食欲废绝,精神萎靡,衰弱无力,不耐运动。主要病征在心脏和血液循环系统。心搏动强盛、亢进、震动胸壁以至躯干,轻微运动或兴奋后则心搏亢进更加明显,常出现阵发性心动过速等各种心律失常,显示心内膜和心肌的刺激症状。在一定瓣口发出易变性心内杂音是本病的特征。长时间定点听诊(犬猫在左房室瓣口和主动脉瓣口)可发现心内杂音在音性和时相上的变化,有时在第一心音后,有时在第二心音后,有时在第一、第二心音之间延续。

2. 病的后期　心脏功能障碍越来越严重,出现血液循环紊乱,可视黏膜发绀,静脉极度扩张,颈静脉搏动明显,呼吸困难(肺充血及肺水肿)以及胸前腹下浮肿等。

3. 溃疡性心内膜炎　还常因栓子脱落而于各组织器官形成栓塞性血管炎和转移性脓肿,表现相应的症状,如皮肤和可视黏膜的出血斑点(栓塞性血管炎);关节强直、渗出、疼痛和肌痛(栓塞性关节炎和肌炎)、呼吸困难、咳嗽(粟粒性肺脓肿);晕厥、抽搐、癫痫发作(脑血管栓塞);背腰疼痛(肾血管栓塞);腹痛腹泻(肠血管栓塞);急性心力衰竭(心肌炎、心肌梗死);肢体萎弱、厥冷、麻痹、脉搏缺失等(肢端大的末梢动脉分支栓塞)。

4. 检验所见　主要包括白细胞增多症、中性粒细胞增多症、核左移、末梢血染色镜检和培养,可证实菌血症。

【病程及预后】

急性心内膜炎和亚急性心内膜炎病程数日至数周不等,疣状心内膜炎多转为慢性心内膜炎,变成心脏瓣膜病,终身不愈,溃疡性心内膜炎取恶性病程,大概于1周左右死于急性心力衰竭,心、肺、脑、肾、血管栓塞及脓毒败血症。

【诊断】

根据心内性杂音,血液学变化以及有无转移性化脓病灶,可以建立诊断。疣状心内膜炎的心内杂音比较稳定;溃疡性心内膜炎的杂音出现快、变化多,故可区别。

由于本病与急性心肌炎、心包炎、败血症、脑膜炎等容易混淆,临床上必须注意鉴别。

【治疗】

1. 治疗原则　消除病因,积极有效的抗菌消炎,控制对心肌的进一步损伤及损伤的扩展。

心内膜炎治疗成功的关键在于早期给予有效的抗生素，并保证足够的剂量和疗程。控制脓毒败血症，防止进一步的瓣膜损害，预防心力衰竭，肾功能衰竭，心率失常的发生。

2. 抗生素治疗　应根据血液培养及药物敏感试验结果，选择有效抗生素。如青霉素、头孢菌类、喹诺酮类、新霉素、林可霉素、链霉素、卡那霉素等，原则上是应用大剂量和长疗程（6~7周）。

二性霉素B是治疗真菌性心内膜炎的有效药物，但毒性较大，应注意临床观察。

3. 对症治疗　对严重贫血者，可少量多次输血，以改善全身状况增强机体抵抗力，对伴有心力衰竭，心率失常及尿毒症者，应及时发现，参考有关章节，对症处理。

四、心力衰竭

心力衰竭以往又称心脏衰弱，是一个临床综合征。是指心肌收缩力减弱或衰竭使心脏排血量减少，动脉压降低，静脉回流受阻而呈现全身血液循环障碍的疾病。

根据病程分为急性和慢性；按其起因分为原发性和继发性两种。

【病因】

心力衰竭不是一个独立的疾病，而是许多疾病过程中都可以发生的一种综合征，因此任何因素引起心肌收缩力减弱，以致心输出血量不足，都可成为心力衰竭的原因。

1. 心肌负荷过重　如主动脉瓣狭窄、肺气肿、肺炎等，使循环阻力增高，左右心室排空，遇到阻力（后负荷、即阻力负荷），心肌必须增强其收缩力才能将血液排出。主动脉瓣闭锁不全，输液量过多时，心腔注入血量增多（前负荷、即容量负荷），则要求每搏输出血量增加，可通过心脏的适应代偿机能以维持各组织的血液量需要。但是，长期的负荷过重，心力失偿可使心肌收缩力减弱，导致心力衰竭。

2. 心肌血液供应不足　如冠状动脉的痉挛，血栓形成，栓塞及冠状动脉硬化时可使心肌供血不足和心肌缺氧，引起心肌收缩力减弱。

3. 心肌损伤　急性或慢性传染病（如犬瘟热、犬细小病毒病等），寄生虫病（如心丝虫等）及各种原因引起的心肌炎，心肌变性（如毒物中毒），营养障碍（如维生素B_1缺乏），贫血等均可使心肌受损，引起心肌收缩力减弱。

4. 心包病变　急性心包积液或积血时，心包内压增高，心脏受压迫，心脏舒张受限制使心脏充盈不足，心输出量减少，结果引起冠状循环供血不足，发生心肌收缩力减弱。

5. 严重心率失常　如心室颤动，心动过缓，心跳暂停等，使心脏排出量减少，而发生心力衰竭。

除上述原因外，手术、分娩、过度疲劳、感染、电解质平衡紊乱等，都可直接或间接地影响心脏机能，从而促进心力衰竭的发生。

【发病机制】

健康动物心脏血管系统具有强大的代偿能力，如动物在安静状态下，只需心脏的最大工作量的六分之一；全身血量的三分之一停留在血库（肝、脾、骨髓和皮肤乳头层下血管丛等）；各个器官的毛细血管也只有三分之一左右参与血液循环活动，而当动物剧烈运动时情况就完全是另一样，心脏排出血量可增至几倍，以适应机体各个器官对血液量的需要，实现心脏血管系统代偿能力。

心脏排出量，主要由心脏收缩频率和力量、静脉血液回流量和外周循环阻力三个因素所决定。血液回流量越多，外周循环阻力越大，心室内血液量越多，心脏收缩力越强。当体质较弱的动物，剧烈运动时，机体各个器官的需要血液量大为增加，此时心脏势必通过加强其收缩力和加快心脏排出量，维持血液供应的动态平衡。但是，依靠加强心肌收缩力和加快心搏动次数，虽然可在短时间内在一定程度上起到改善血液循环的作用，但是二者同时又都可导致心肌储备能量过多地消耗，加重了心肌机能障碍，进而使心肌收缩力降低，尤其是心搏动次数的加快。因而不仅增加了心肌本身耗氧量，并且由于心室舒张期大为缩短，心脏充盈不足，这就使心脏排出血量不但不增多反而减少，严重影响全身血液循环，加重心脏本身的血液循环障碍，导致代偿机能不全，发生急性心力衰竭，随病程延续发展又可能转为慢性心力衰竭。

心力衰竭出现后，由于心肌收缩力丧失了代偿能力，心脏排出血量更为减少，其结果：一方面可引起机体组织缺氧和代谢产物排泄受阻，肌肉无力而易于疲劳；另一方面，大量血液滞留在静脉系统而发生全身静脉淤血，静脉内压增高，以及由于组织缺氧，毛细血管渗出到组织间隙内，发生水肿，严重时发生胸、腹腔和心包积液。

慢性心力衰竭（充血性心力衰竭），多半是在心脏血管系统病变不断加重的基础上逐渐发展而来的，它可分为左心衰竭、右心衰竭和全身衰竭。

左心衰竭时，首先呈现肺循环淤血，由于肺脏毛细血管内压急剧升高，可迅速发生肺水肿。右心衰竭时，呈现体循环淤血和心脏性水肿，这是由于肾脏血流量不足，肾小球的滤过率减低，使尿的生成减少。同时，由于有效循环血量不足，使肾上腺皮质分泌的醛固酮和抗利尿激素增多，加强肾小管对钠离子和水的重吸收，引起钠离子和水在组织内潴留，而加重全身性水肿。

此外，心力衰竭导致肺脏淤血，影响气体交换，血液中二氧化碳含量增多，呼吸中枢兴奋，引起呼吸加快，这是左心衰竭时，最早出现的症状之一。由于全身血液循环紊乱，机体组织缺氧的同时，心脏本身血液循环障碍，心肌需要的氧和营养不足。这样，一方面使心肌做功（活动）的化学能——ATP不能充分供应；另一方面由于氧的不足或缺乏，糖的酵解过程占优势，产生过量的酸性物质——乳酸、丙酮酸等中间代谢产物，大量蓄积于血液和组织中，从而引起酸中毒。

【症状】

1. 急性心力衰竭　多突然发生，表现高度呼吸困难、黏膜发绀，并常继发肺水肿。脉搏快速无力或不感于手，静脉高度怒张，出汗，心搏动亢进，第一心音增强，带金属音，第二心音减弱甚至只能听到1个心音（胎儿样音），心率失常。神志不清，突然倒地痉挛后死亡。轻症病例，仅见中度呼吸困难、疲劳和乏力，脉弱而快，黏膜呈蓝紫色。

2. 慢性心力衰竭　病程发展缓慢，病程持久，常持续数月或数年。患病犬猫精神沉郁，食欲减退，轻微活动即感疲劳、气喘、出汗，四肢末端常出现水肿。可视黏膜发绀，体表静脉怒张，听诊两心音减弱，二尖瓣、三尖瓣口常可听到缩期杂音（心室扩张致房室瓣相对闭锁不全），心率失常。初期静息状态下，呼吸和脉搏无明显改变，稍运动则呼吸急促，脉搏加快，呼吸和脉搏数的恢复比正常时缓慢得多；随病程发展在静息状态下亦显呼吸和脉搏加快。

3. **心力衰竭** 特别是右心衰竭，静脉系统淤血，除发生胸、腹腔和心包积液外，还常常引起脑、胃、肝、肺和肾脏等实质器官的淤血。脑淤血可引起脑组织缺氧，呈现脑贫血症状，如意识障碍、反应迟钝、知觉丧失以及跌倒、痉挛、不自主点头或摇头等症状。

4. **淤血** 由于胃肠道黏膜水肿，发生便秘和下痢等慢性消化不良症状。患病动物逐渐消瘦。肝脏淤血多发生右心衰竭，肝肿大，肝功能也发生异常，呈现黄疸。重症时，门脉循环障碍，引起心源性肝硬化，发生腹水。肺脏淤血，主要发生于左心衰竭，呈现呼吸困难，慢性支气管炎，听诊有各种性质的啰音，并发咳嗽等。肾脏淤血，主要发生于慢性右心衰竭，肾脏血流量不足，尿量减少，尿液浓稠色暗，肾曲细尿管上皮缺氧而发生颗粒变性，出现蛋白尿，尿沉渣中有肾上皮细胞和管型等。

【诊断】

心力衰竭主要根据发病原因、静脉怒张、脉搏增数、呼吸困难、胸前腹下水肿以及心、肺听诊与叩诊的病理变化等临床特征进行综合分析，建立诊断。同时也要注意急性或慢性、原发性或继发性的鉴别诊断。X线检查，右心衰竭时表现心影增大，左心衰竭时肺门影增大及肺纹理增粗等淤血表现。

【治疗】

1. **治疗原则** 加强护理，减轻心脏负担，增强心脏收缩力和排出血量以及对症疗法等。

2. **急救措施** 急性心力衰竭可因缺氧和心源性休克死亡，故应争分夺秒，采取积极措施进行抢救。

（1）吸氧 用鼻导管给氧，氧流量4~6L/min。

（2）泻血 静脉穿刺放血，可减轻前负荷。

（3）强心 静脉滴注多巴胺或强尔心或使用强心康和果糖苷进行治疗，也可含服速效救心丸或硝酸甘油。

（4）利尿 静脉注射速尿1~2mg/kg体重。如果不见排尿，可每小时适当增加药量，直至排尿，此办法在治疗急性左心衰竭时比较有效。

（5）扩张血管 选用硝普钠5~10mg，加入10%葡萄糖溶液200ml中静脉滴注。

（6）糖皮质激素 地塞米松适量加于10%葡萄糖溶液50~100ml中静脉滴注，能改善心肌代谢，并能减轻肺毛细血管通透性。

3. **慢性心力衰竭** 治疗原则是调整心肌收缩力、前负荷、后负荷和心率，以改善心脏功能。

（1）食饲疗法 应饲喂易消化饮食，少量多次，避免过饱，适当地限制钠盐摄入。

（2）减轻心脏负荷 限制活动，必要时服镇静药如安定适量，每天2~3次。

（3）消除水钠潴留 应用利尿剂，但应注意补钾防止电解质紊乱。

（4）增强心肌收缩力 洋地黄制剂为首选药物，但对缺氧、低血钾、心肌炎、心肌梗塞、二尖瓣或主动脉瓣狭窄等慎用。其制剂分为快作用和慢作用两类，快作用类适用于急性心力衰竭或慢性心力衰竭急性发作时。常用的有地高辛、西地兰、毒毛旋花子苷K；慢作用类适用于慢性心力衰竭，常用的有洋地黄叶、洋地黄毒苷等口服剂，也可服用丹参滴丸、养心丹等中成药。

异丙肾上腺素用于顽固性心力衰竭有效，副作用是心率增快和引起心室过速和心律不齐，用药时需密切观察。

【预防】

对患病犬猫应坚持使之活动，提高适应能力，但也要防止过度疲劳。避免感染，患病犬无论何种感染都应及时给予适量的抗生素。在输液或静脉注射刺激性较强的药液时，应掌握注射速度和剂量，对于由其他疾病引起的继发感染性心力衰竭，应及时根治其原发病。

五、循环虚脱

循环虚脱又称外周循环衰竭。血管收缩功能紊乱或血容量不足引起的排出量减少，组织灌注不良的一系列全身性病理综合征。由血管收缩功能引起的外周循环衰竭，称为血管性衰竭。由血量不足引起的称为血液性衰竭。

【病因】

循环虚脱的病因极其复杂，因为凡是导致心脏输血量急剧减少，循环血量不足或血管容量增大等病因因素，都能引起循环虚脱的发生。

一般在各类型心脏疾病、重剧性胃肠道疾病、某些代谢病或中毒性疾病经过中引起脱水，发生心力衰竭，心脏输血量减少，血压急剧下降，因而导致循环虚脱。各种急性大出血、大面积烧伤、肝脾破裂、子宫破裂以及重剧性外伤或因某些大手术失血过多以致毛细血管渗透性增强，血浆大量耗损，循环血量迅速减少引起循环虚脱现象。

在中毒与感染过程中，出血性败血症、脓毒症、穿孔性急性腹膜炎、大叶性肺炎、流行性脑炎以及感染创等。因肾上腺素分泌增多，内脏与皮肤等部分的毛细血管和小动脉收缩，血液灌注不足引起缺血、缺氧，产生组胺与5-羟色胺，继而毛细血管扩张或麻痹，形成淤血，渗透性增强，血浆外渗，导致微循环障碍，产生虚脱。

各种剧烈疼痛性的刺激，交感神经兴奋性增高，循环血量减少或因注射血清，异体蛋白以及应用青霉素、磺胺类药物乃至血斑病等过程中，产生组胺，血容量增大，引起过敏性反应等而发生虚脱现象。又如外源性毒物包括砷、汞、铋、锑、四氯化碳、滴滴涕、酒精、巴比妥、氨基水杨酸、氯丙嗪或某些解热剂以及蛇毒，霉败饲料与有毒植物中毒等也可导致肾脏机能不全，乃至肝昏迷引起虚脱。

总而言之，本病的病因虽然多种多样，但是所引起的微循环障碍基本一致。

【发病机制】

循环虚脱的发病机制极为复杂，是由各种不同的因素互相联系，互相影响在起作用，所以，不论中毒与感染，创伤与手术，出血与贫血，疼痛与过敏，兴奋与抑制，都能导致心脏机能不全引起循环虚脱，其基本的病理演变过程是大致相同的。

1. 初期（代偿期） 由于循环血量减少导致心脏输血量不足引起动脉压下降，交感神经—肾上腺系统的反射性活动增强，大量分泌儿茶酚胺（肾上腺素，去甲肾上腺素，儿茶酚乙胺），心脏活动加快，内脏与皮肤的毛细血管痉挛收缩，血压回升，保证脑、心等重要器官的血液供应维持生命活动，但因毛细血管内的血量显著减少，因而造成组织细胞缺血和缺氧状态出现短暂的兴奋现象。

2. 中期（失代偿期） 由于组织细胞的缺血缺氧，局部组织发生酸中毒，微循环障碍更严重，血管对儿茶酚胺的敏感性降低，交感神经和肾上腺髓质释放儿茶酚胺的量更多，以维持血管收缩。但是由于缺血缺氧，缺氧的肥大细胞大量地释放组胺和5-羟色胺，促使大部分或全部毛细血管扩张，微循环血容量大增，静脉回心血量和心脏输出血量显著减少，因而组织细胞更陷于缺血缺氧状态并因毛细血管淤血和缺氧，血管渗透性增高，血压下降，循环血量更加减少，促进循环虚脱的急剧发展，陷于高度抑制状态。

3. 后期　由于病情的急剧发展和恶化，酸性代谢产物的积聚，导致组织严重的酸中毒并因外周局部血液 pH 值降低，这种酸性血液在细菌、毒素、内毒素、创伤以及溶血等因素作用下发生弥漫性血管内凝血（DIC）形成血栓，造成微循环和心脏机能严重障碍，微循环衰竭。因而患病动物脉微欲绝，有出血倾向，发生水肿，陷于昏迷状态。

【症状】

循环虚脱，病情发展急剧临床症状明显，但因病情发展阶段不同而临床症状也不一样。

1. 初期　精神轻度兴奋，烦躁不安，耳尖、鼻端和四肢下端发凉，黏膜苍白，口干舌红，心率加快，脉搏快而弱，少尿或无尿。如果患病动物全身机能状态不好，病情即迅速发展和恶化。

2. 中期　精神沉郁，反应迟钝，血压下降，脉搏微弱，心音混浊节律不齐，呼吸疾速，站立不稳，步态踉跄，可视黏膜及皮肤呈紫红色，耳、鼻及四肢温暖，全身机能状态显著恶化。继而体温下降，肌肉震颤，黏膜发绀，眼球下陷，耳、鼻及四肢下端冰凉，心率不齐，脉搏欲绝，静脉塌陷，血液色暗发黑，反射机能减退或消失，呈现昏迷，病势重危。

3. 后期　外周毛细血管陷于麻痹状态，血液停滞，血浆外渗，血液浓缩，发生 DIC，血流缓慢，血压急剧下降，微循环衰竭。毒性和酸性代谢产物大增，心脏机能不全，第一心音增强、第二心音微弱甚至消失，脉搏短缺，反应迟钝，精神高度沉郁，昏迷不醒。呼吸无力、浅表疾速而困难，形成间断性呼吸或潮式呼吸现象，呈现窒息状态。

此外，因失血和脱水或过敏引起的则中枢神经系统处于极度兴奋状态，突然发生强直性或阵发性痉挛，大小便失禁，呼吸缓慢甚至停止，心音消失陷于死亡。若因内毒素强烈刺激引起的，尚见有广泛性的出血和水肿。

【诊断】

根据失血、失水、严重感染、过敏反应或剧痛手术和创伤等病史再结合临床症状即可做出诊断。

【治疗】

1. 治疗原则　镇静安神，调节循环血量，改善微循环，强心利尿，防止酸中毒，保护肝肾，促进新陈代谢，这对本病治疗具有重要意义。

2. 治疗措施

（1）镇静安神　为了减轻或抑制疼痛反射性刺激，增强大脑皮层保护性抑制作用，宜用安乃近适量，肌肉注射或用盐酸氯丙嗪，按每公斤体重 0.5~1mg 静注或肌注每日 1 次；或用水合氯醛灌肠，镇静解痉止痛安神，按 0.5ml/kg 体重，20% 的水合氯醛溶液直肠灌注，必要时可用维生素 B_1 肌肉注射，增强神经系统传导机能，改善新陈代谢。

(2) 解除血管痉挛 本病初期，外周毛细血管处于痉挛状态，组织缺血、缺氧，可用硫酸阿托品，按每公斤体重 0.01~0.04mg，肌注或皮下注射或静注，缓解血管痉挛，增强心血管血容量，升高血压，兴奋呼吸中枢，这对传染性与中毒性引起的循环虚脱往往起到急救功效。

(3) 心功能不全的治疗措施 心脏功能不全时，在脉微欲绝的情况下，宜用去甲肾上腺素 0.4~2mg/次，肌注；如系过敏而引起的，则宜用肾上腺素，犬 0.1~0.5ml/次，皮下注射或肌注或静注。猫 0.1~0.2ml/次，皮下或肌肉静注；或应用肾上腺皮质激素，以增强抗循环虚脱的耐受性，同时应用 0.2%硝酸士的宁溶液，犬 0.5~0.8mg/次皮下注射，猫 0.1~0.3mg/次皮下注射，兴奋和促进心脏活动，其他强心剂应根据病情选择应用。同时需要注意及时输液或输血，如果呼吸衰竭伴发肺水肿时，应先泻血再行输液，宜用小剂量多次静脉注射防止窒息。当心脏活动停止时，可用 0.1%肾上腺素溶液心室内注入，进行抢救。

(4) 中毒或感染对症治疗 由于中毒或感染而引起的，当心力衰竭血容量不足时首先用毒毛旋花子苷 K，犬：0.25~0.5mg/次；猫：0.08mg/kg 体重，5%葡萄糖溶液稀释10~20 倍，缓慢静注；继而用较大剂量的硫酸阿托品，皮下注射，恢复心脏活动，改善血液循环，促进新陈代谢，增高血压，但用药后如心脏功能未恢复，血压不回升，应停用阿托品。

(5) 在病的后期治疗措施 微循环陷于衰竭，应根据病情采取相应的治疗措施进行抢救，昏迷不醒伴发急性脑水肿时，为了降低颅内压改善脑循环可用甘露醇，每公斤体重0.5~1g，缓慢静注，每日 3~4 次。当发生潮式呼吸时可用 25%尼可刹米溶液，犬 0.125~0.5g/次，静脉或皮下或肌肉注射；猫 7~30mg/kg 体重静脉或皮下或肌肉注射，重症每 2h 重复 1 次，兴奋呼吸中枢缓解呼吸困难。当少尿或无尿，肾功能衰竭时可以用双氢克尿噻，2~4mg/kg 体重内服，每日 1~2 次；或应用速尿，犬 2~4mg/kg 体重，静脉或皮下或肌肉注射每日 2~4 次，然后减量到 1~2mg/kg 体重内服，每日 1~2 次；猫 1~3mg/kg体重，静脉或皮下或肌肉注射每日 2~3 次，然后减量，同时应用维生素 C、普鲁卡因、强心药、10%葡萄糖溶液适量静脉注射，改善微循环促进利尿作用。

(6) 重危病例 具有出血倾向昏迷不醒应防止 DIC，促进血栓溶解疏通微循环，改善全身机能状态，宜用肝素 75~100IU/kg，皮下或静脉注射，每日 3~4 次。

(7) 当酸中毒较重时 必须应用 5%碳酸氢钠溶液 1~2g/kg 体重缓慢静注，平衡电解质，纠正酸中毒。

此外，应用细胞色素 C、ATP 或辅酶 A 配合胰岛素、葡萄糖进行治疗，提高组织活性改善新陈代谢，恢复各个重要器官的功能可增进治疗效果。由于感染因素或继发感染引起的，应及时配合抗生素治疗防止病情恶化。应用生脉散和四逆汤制成的针剂作静脉或肌肉注射配合上述疗法，中西结合抢救循环虚脱起到协同作用的功效。

【预防】

加强护理，应使患病动物保持安静，避免刺激，不使其受寒、感冒，注意饲养，给饮温水，病情好转时给予粥状食物，增强营养，促进康复。

六、心脏与心脏相关大血管器质损伤

（一）心脏瓣膜病

心脏瓣膜病是心脏瓣膜、瓣孔（包括内膜壁层）发生各种形态或结构上器质性变化，导致血液循环障碍的一种慢性心内膜疾病，以心内器质性杂音和血液循环紊乱为特征。单个瓣膜闭锁不全或瓣孔狭窄，称为单纯性心脏瓣膜病，如左房室瓣闭锁不全，多个瓣膜闭锁不全或瓣孔狭窄的则称为联合性心脏瓣膜病，如主动脉瓣闭锁不全合并二尖瓣狭窄。

【病因及发病机理】

通常由急性心内膜炎转化而来，不论是疣状心内膜炎还是溃疡性心内膜炎，瓣膜上的疣状赘生物或溃疡缺损等炎性病变最终概为肉芽组织所修复并纤维化而形成瘢痕，导致瓣膜肥厚、皱缩、变形或瓣叶粘连，造成瓣膜闭锁不全或瓣孔狭窄，引起血液动力学的相应紊乱。瓣孔狭窄时血液通过受阻，心脏压力负荷加大；瓣膜闭锁不全时血液倒流积滞，心脏容量负荷加大，加大的负荷不论是压力负荷还是容量负荷，都迫使心脏加强收缩引起代偿性心脏肥大。随着病程进展代偿作用逐渐减退以至丧失，心腔血液积滞并扩张，最终导致充血性心力衰竭发生血液循环紊乱而出现相应静脉系统的淤血，随之发生脑、肝、脾、肾等脏器淤血，体腔积液，水肿。

【症状】

心脏瓣膜病的临床表现包括器质性心内杂音为主的心区症状以及脉搏异常和颈静脉异常。呼吸困难，皮肤浮肿等血液循环紊乱症状的出现，因受侵害的瓣膜、瓣孔的位置和病变的性质而不同。

1. 房间隔缺损　此病为犬、猫常见的先天性心脏病，它可单独存在也可与其他类型并存。单发此病时，临床症状不十分明显，只是健康检查时偶然发现。听诊肺动脉瓣口处有最强的驱出性杂音，第一心音亢进有时分裂，第二心音分裂，X射线检查可见肺动脉干及其主分支明显扩张，并发动脉导管未闭时可出现早期心功能不全。

2. 室间隔缺损　犬猫等动物易发，其症状根据缺损大小和肺动脉压高低而不同。缺损小时生长发育和运动无异常，仅剧烈运动时耐力较差，听诊有较粗厉的缩期杂音。X射线检查心脏阴影有轻度扩张，肺血管阴影稍增强。缺损较大时，心电图可见R波增高，出现"双向分流"，肺动脉压增高使右心室肥厚时，可见右束支完全或不完全性传导阻滞，临床上可视黏膜发绀，缩期杂音和第二心音高亢。

3. 二尖瓣闭锁不全和狭窄

（1）二尖瓣闭锁不全　主要症状为心搏动强盛，触诊心区可感到心壁震颤，左侧心区可听到响亮的刺耳的全缩期心内杂音。在二尖瓣听诊区最明显，杂音向背侧方向传播，因肺动脉压升高，肺动脉瓣膜第二心音增强，脉搏在代偿期无明显变化，如代偿失调，则出现右心衰竭的临床表现。

（2）二尖瓣狭窄　主要症状为心搏动增强，触诊心区可感到胸壁震颤，脉搏弱小。第一心音正常或较强，第二心音多被杂音所掩盖。心内杂音在二尖瓣听诊区以舒张期后最明显，有时出现第二心音分裂或重复。肺淤血时右侧心浊音区扩大，呼吸困难和结膜发绀。

4. 三尖瓣闭锁不全和狭窄

（1）**三尖瓣闭锁不全** 主要症状为右侧心区胸壁震颤，颈静脉阳性搏动。右侧心区可听到响亮的全缩期心内杂音，以三尖瓣听诊区最明显。杂音向背侧方向传播脉搏微弱，水肿，浅表静脉怒张等。

（2）**三尖瓣狭窄的主要症状** 为心搏动减弱，脉搏弱小，右侧心区可听到舒张期后的心内杂音，以三尖瓣听诊区最为明显。因体循环血流回流受阻，出现颈静脉怒张和明显的静脉阴性搏动，全身水肿，呼吸迫促，常因心脏衰竭而死亡。

5. 主动脉瓣闭锁不全和狭窄

（1）**主动脉闭锁不全** 主要症状为：心搏动增强，感到左侧心区震颤。由于脉压差增大，出现本病的特征症状——跳脉。左侧心区可以听到响亮的全期心内杂音，杂音以主动脉孔区最强盛，向心尖方向传播。左心室肥大和扩张时，心浊音区扩大，当发生左心衰竭时，跳脉消失。

（2）**主动脉瓣狭窄** 无明显临床症状，可听到收缩期杂音，中度和重度患畜表现为不耐运动，易疲劳，运动时呼吸困难和昏迷。冠状循环发生障碍时，心肌发生缺血性变性，导致心功能不全或突然死亡。心基部和主动脉区听诊有粗厉的缩期杂音，可波及主动脉弓，甚至头部和四肢小动脉，心搏动或强或弱，心浊音界扩大，X射线检查可见狭窄后主动脉弓扩张，阴影增宽，心电图节律异常。

6. 肺动脉瓣闭锁不全和狭窄

（1）**肺动脉瓣不全** 此病多发生于犬猫，闭锁不全的主要症状为第一心音正常，第二心音内杂音掩盖，杂音在左侧心区前方肺动脉孔区最明显。常发生右心肥大而使右侧心浊音区扩大并发右心衰竭，后期出现相应症状。

（2）**肺动脉瓣狭窄** 轻症不表现临床症状，中度患病动物运动时呈呼吸困难，但平时正常。重症动物出生后发育正常，但很快出现右心功能不全。多在断乳前死亡，成活动物以后表现为运动时呼吸困难，肝脏肿大，腹水及四肢浮肿等右心功能不全的征候，有的运动时出现昏迷而死亡。胸部触诊，心区可感知心搏动的同时可感知收缩期震颤。叩诊呈明显心浊音。

7. **法乐氏四联症** 又称先天性紫绀四联症。其病变主要为：室间隔缺损，肺动脉狭窄，主动脉右位，右心室肥大。主要是因为主动脉干的胚胎期分化紊乱，未形成完整的室间隔所致，主动脉同时接受左右心室的血液致使右心室流向肺动脉的血液明显受阻，动物由于缺氧发育迟缓、发绀。运动耐力差，极易疲劳，轻微运动则呼吸困难，甚至晕厥。心脏听诊可听到粗厉的缩期杂音，但杂音位置和强度不定，肺动脉愈狭窄，杂音愈弱。X线检查，可见右心室肥大。由于肺循环不足，肺野清晰。外周血液的血气分析，血氧分压降低。血液学检查，红细胞增多。

【诊断】

心脏瓣膜病，单纯某一种类型很少存在，大都是联合发生，尤其是瓣膜闭锁不全和瓣孔狭窄常常并发。这时见不到单纯某一种瓣膜病所固有的症状，往往是一种症状被另一种症状所掩盖。这就需要根据其产生时间、性质、强度及其最强听诊点进行诊断。要确诊时最好借助于心脏超声显像，必要时还需进行心导管检查，X线检查，心血管造影，心电图描记等特殊检查。心脏瓣膜的临床表现是多样化的，平时临床诊断时应注意积累以便很好地掌握和运用。

【治疗】

在代偿期，一般不实施特殊的治疗措施，应使患病动物减少剧烈运动，避免兴奋。加强营养，当代偿作用丧失后还需应用适当的药物来维持心脏活动机能，可酌情采用强心、利尿、限制水和钠盐的摄入、保持安静等心力衰竭的治疗措施，但药物治疗不能使心脏形态学的病理变化痊愈，也可采取手术治疗。应注意预后谨慎。

（二）动脉导管未闭

动脉导管未闭简称 PDA，是由于胚胎期的动脉导管在出生后未能闭合所致发的一种先天性心脏病。动脉导管在胚胎期是连接肺动脉的一条动脉导管，由于胎儿在子宫里肺是不具有呼吸功能的，呈肺不张状态。右心室的血液排入肺动脉后绝大部分经动脉导管流入主动脉。出生后由于肺开始呼吸，右心室排入肺动脉的血液进入肺脏，而流经动脉导管的血液愈来愈少，最后动脉导管逐渐闭锁，一般在生后的 1~5d 后闭锁。PDA 按其血液动力学紊乱和血液短路分流方向分为两种基本病型：由左向右的动脉导管未闭，简称 L-RPDA，短路血液由主动脉向肺动脉分流；由右向左的动脉导管未闭，简称 R-LPDA，短路血液由肺动脉向主动脉分流。

【病因及发病机制】

胎儿循环期间，肺功能压高于主动脉压，血液由肺动脉经动脉导管向主动脉分流。出生后，体循环阻压突然升高而肺循环阻压明显降低，血液由主动脉经导管向肺动脉分流。新生期动物的动脉导管很快收缩，血流停止，首先发生功能性闭锁，然后经数周的管壁组织重建而达到解剖学闭锁。

动脉导管未闭时血液短路分流方向主要取决于导管两侧的动脉阻压，在通常情况下，体循环阻抗大于肺循环阻抗即主动脉压高于肺动脉压，少量血液由主动脉向肺动脉分流，发生由左向右的 PDA。如果发生肺血管阻塞性改变或在宽型动脉导管未闭时分流量大而导致肺高压，则未经氧合的肺功能血液向主动脉分流，发生伴有紫绀的右向左的 PDA。

【症状】

临床症状与通过动脉导管的血流量和肺动脉压高低有关。其主要表现为左心功能不全和右心功能不全。新生动物当肺动脉和短路血量多时血液由主动脉流入肺动脉，此时不表现临床症状。随着年龄增加，逐渐出现左心功能不全，听诊时在动脉口有持续性杂音。当肺动脉压高时，新生动物哺乳能力差，发育迟缓，常出现腹水及四肢浮肿，由于血液直接从右心室向主动脉通过，后躯可出现轻度发绀。成年动物当短路血量少时，无明显临床症状但听到心杂音。当短路血量多时，则表现为不同程度的呼吸困难，有时易并发呼吸器官反复感染。

【诊断】

结合临床症状做胸部 X 线摄影，呈左心房和左心室扩张及肺血管阴影增强。

心电图检查，伴有肺功能高压时呈两心室肥大波影；而不伴有肺功能高压时，只呈左心室肥大波影。

【治疗】

在肺功能高压出现前做心外科手术，动脉导管口径比较细的单结扎，管径较粗的需要分离后缝合闭锁,手术处理过程中要保护迷走神经和喉返神经。肺动脉高压患病宠物多数预后不良。

(三)房室传导阻滞

房室传导阻滞是指动物的心脏传导系统不能将每个窦性冲动从心房同步地传导到心室。即冲动在房室传导过程中被异常地延迟或阻滞,房室传导阻滞可发生在房室结,希氏束和左右束支,按阻滞程度可分为三度。

【病因及发病机理】

房室传导阻滞是由于房室交界区不应期延长所引起的房室间传导迟延或阻断。常见的病因有迷走神经张力增高;心肌疾病(心内膜炎、心肌炎、心肌病),冠状动脉痉挛;洋地黄中毒;阻滞剂和钙颉颃剂过量;先天性心脏畸形及慢性心功能不全等。

【症状】

一度房室传导阻滞常无明显的临床症状,仅见心率缓慢,易疲劳。二度房室传导阻滞,听诊心音脱漏、缺失,心率不规律,脉搏短促,有时出现晕厥、抽搐和心功能不全并在短期内进展到完全性房室传导阻滞。三度房室传导阻滞,除上述症状外,心室节律过慢(25~40次/min),可能出现心功能不全和脑缺血症状,运动后症状更加明显,此时犬不耐劳累,气短,有癫痫样动作,严重时呈现心力衰竭一系列征候。

【诊断】

根据临床症状,听诊和心电图检查不难做出诊断。

【治疗】

1. 治疗原则 消除病因,对症治疗,缓解症状。
2. 治疗措施

(1)针对病因进行治疗 如有急性感染给予抗生素,迷走神经张力过高给予阿托品,停用洋地黄等药物,纠正高钾血症。一度和二度房室传导阻滞,一般预后良好且不影响血流动力学,如无临床症状一般不需要治疗。

(2)为增快心率促进传导 二、三度房室传导阻滞且心率较慢的患病动物,可用复方樟脑或格隆溴铵0.005~0.01mg/kg体重,肌注或0.01~0.02mg/kg体重,皮下注射。

迷走神经张力过高可用阿托品0.3mg/kg体重口服,1次/4h,必要时肌肉注射或静脉注射,每6h 0.01~0.04mg/kg体重。

(3)急性心肌炎所致的房室传导阻滞 可用地塞米松1~4mg/kg体重,缓慢静注。

七、淋巴管炎和淋巴结炎

本病是由各种病原微生物及肿瘤、免疫因子的浸润而使淋巴管和淋巴结发生炎性病变或体积增大的疾病。根据炎性病变的分布不同分为全身性和局部性,根据发病的快慢分为急性和慢性。

【病因及发病机理】

本病是因致病菌从损伤破裂的皮肤或黏膜侵入,本病致病菌多为溶血性链球菌,致病菌也可以从其他感染病灶,如疖、足癣等处侵入,经组织的淋巴间隙进入淋巴管内,引起淋巴管和淋巴结及其周围的炎症。致病菌进入淋巴管后引起淋巴管壁水肿，增厚，管内淋巴液凝结而阻塞，淋巴管周围组织充血、水肿和白细胞浸润，引起本病的常见因素有如下几个方面：

1. 感染性因素　常见的病原微生物感染中，主要是布氏杆菌、结核杆菌等；真菌感染主要是隐球菌、曲霉菌、孢子丝菌、芽生菌及组织胞浆菌等；立克次氏体感染主要是埃利希氏体；寄生虫感染有弓形虫、疥螨、蠕形螨等。

2. 免疫功能异常　自身免疫性有全身性红斑狼疮、类风湿性关节炎等。

3. 肿瘤　原发性的淋巴肉瘤，转移性的有肛门腺瘤、恶性黑色素瘤、乳腺瘤、鳞状细胞癌、淋巴细胞白血病等。

【症状】

根据炎症发生的部位而表现出不同的临床症状，初期无明显临床症状，发病多为慢性经过。

1. 体表淋巴管炎和淋巴结炎　犬、猫发生局部或全身感染，肿瘤及癌变时，体表相关部位的淋巴管和淋巴结则出现炎性变化。颌下淋巴结肿大时多为口腔牙周疾病、口炎、口腔肿瘤、脓肿或赘生物等。肩前淋巴结或腹股沟淋巴结肿大时，表现四肢疼痛，跛行等相应症状。

2. 胸腔内淋巴结炎　动物全身性真菌感染，如放线菌病、隐球菌病、结核菌感染时形成淋巴结结核，导致淋巴结肿大。

3. 腹腔内淋巴结炎　患病动物不表现明显临床症状，胃肠和泌尿系统炎症，肿瘤等都能引起腹腔内淋巴结炎。

4. 全身性淋巴管和淋巴结炎　见于全身性疾病和淋巴肉瘤，患病动物持续发热，贫血，全身水肿，体表有多数肿块。听诊可听到心脏杂音和心率不齐。常见疾病有败血症、弓形体病、蠕形螨病、疥螨病、全身性红斑狼疮等。

【诊断】

活组织检查，对局部肿胀出现结节和硬块时，可进行活组织检查以确定是否是淋巴结肿大，再根据患病动物其他的临床症状结合血象检查、X线、B超、病原的特异诊断等检测手段，确定引起淋巴结炎和淋巴管炎的原发病，便于对因治疗。

【治疗】

以治疗原发病为原则，采取相应的对症和支持疗法，临床上中成药治疗淋巴管、淋巴结炎效果较为有效，如蒲地兰消炎片。

（东北农业大学　王福军　山东畜牧兽医职业学院　朱俊平）

【本章复习思考题】

一、名词解释

1. 贫血　2. 溶血性贫血　3. 再生障碍性贫血　4. 血友病　5. 血小板减少性紫癜　6. 心包炎　7. 心内膜炎　8. 心肌炎　9. 心力衰竭　10. 循环虚脱

二、填空题

1. 贫血是临床上常见的一种病理状态，主要表现是_____，以及各器官由于_____而产生的各种症状。

2. 溶血性贫血主要临床特征为_____和_____肿大。

3. 白血病是造血系统的一种_____，在骨髓中有广泛的_____，进入血液并浸润破坏其他组织。

4. 血小板减少性紫癜，是动物中最常见的一种出血性疾病，以皮肤、黏膜、关节、内脏的_____症状，_____减少，_____延长，血块收缩不良，血管脆性增强为特征。

5. 心包炎按其炎症的性质分为浆液性、_____、_____、_____、_____和混合性等多种类型。

6. 心包炎与纤维素性胸膜炎的区别，后者多出现_____摩擦音，与_____动作同时出现，不局限于心区，若抑制_____时，摩擦音即消失。

7. 心肌炎单独发生较少，多继发或并发于其他各种_____、_____或_____过程中。

8. 急性心力衰竭多突然发生，表现高度_____，黏膜发绀，并常继发_____。

9. 循环虚脱的治疗，首先应根据病情发展过程，确定治疗原则，采取必要的措施，进行急救，一般而言，着重_____调节循环血量，改善_____，防止_____，保护_____，促进_____，这对本病治疗具有重要意义。

10. 心脏瓣膜病是心脏瓣膜、瓣孔、发生各种形态或结构上的_____变化，导致_____的一种慢性心内膜疾病。

三、简述题

1. 何谓贫血？简述引起贫血的原因。溶血性贫血的病因和症状有哪些？
2. 简述血小板减少性紫癜的病因及发病机理以及治疗方法。
3. 简述鉴别心包炎与纤维素性胸膜炎、心包炎与心内膜炎、心包炎与肺炎的区别。
4. 简述心肌炎的治疗原则。简述心内膜炎的发病原因。
5. 简述急性心力衰竭的治疗原则。简述循环虚脱的病因及治疗原则。

四、病例分析

一老龄马尔济斯犬，因主人多日外出归来，精神异常兴奋，上窜下跳后，突然倒地抽搐，口吐白沫，四肢强直，大小便失禁，随后犬主带其到宠物医院抢救。主述：该犬以前常出现喜欢趴卧，不愿意运动，运动后易疲劳并伴有呼吸急促现象。经临床检查发现该犬可视黏膜发绀，静脉怒张，处于半昏迷状态，体温36.5℃，听诊心率180次/min，心音弱而快，且心率不齐，心内有杂音，肺部听诊有湿啰音，有肺水肿现象。

请依据该犬的发病情况、主述、既往史、临床检查情况，对该犬疾病做出初步诊断，并制定出抢救方案。假设抢救成功，对该犬的病后护理提出几项建议。

第四章 泌尿器官疾病

第一节 概述

泌尿系统是由肾、输尿管、膀胱、尿道及相关的神经和血管组成,主要功能是排泄代谢产物,调节水盐代谢。其中肾脏还是机体内分泌器官,对维持机体内环境的稳定起着重要作用,因此泌尿系统疾病及功能紊乱对动物机体的影响很大。

一、泌尿系统疾病的一般病因

泌尿器官疾病的病因是多种多样的,但主要是由于病原微生物的感染,某些毒物的中毒,机体的变态反应以及机械性刺激所引起。此外,寒冷、潮湿等因素对肾疾病的发生,也具有重要的作用。

1. 病原微生物感染　根据感染的途径分为血源性、淋巴源性和尿源性三种。血源性感染是指病原微生物经由血流进入泌尿器官而致病;淋巴源性是病原微生物经由淋巴途径进入肾、肾盂、膀胱等而致病;尿源性感染指细菌、病毒等经由尿道口进入泌尿器官而致病。

2. 有毒物质的作用　根据毒物的来源分为内源性和外源性两种。外源性中毒如重金属中毒、霉菌毒素和有毒饲料及化学物质,内源性中毒,如传染性肝炎、腹膜炎、皮肤疾患等所产生的毒素、代谢产物或组织分解产物,这些有毒物质经肾排出时产生强烈刺激而发病。

3. 变态反应性损伤　由体内或体外的变应源、菌体蛋白或某些生物制品所产生的抗原-抗体反应及其免疫复合物对肾小球基底膜的损伤,造成肾及尿路细胞变性、坏死、脱落及至炎症反应。

4. 代谢性影响　某些矿物质或维生素代谢紊乱如钙磷比例不当,维生素 A 缺乏等,在其他因子协同作用下,导致肾上皮细胞变性、坏死。机体代谢紊乱或其他因素,引起尿液内矿物质异位沉着,形成尿结石,对周围组织产生机械性压迫与刺激,引起局部的炎症;或者形成梗阻,引起尿潴留进而导致泌尿系统病症。

5. 外伤源性　钝性外力对泌尿系统的直接作用,导尿管的机械性压迫与刺激等引起肾、输尿管、膀胱或尿道的损伤。

此外，泌尿器官的肿瘤如膀胱上皮癌、肾囊肿、肾细胞癌的压迫、肾线虫、泌尿器官邻近组织炎症扩散如子宫内膜炎、前列腺炎、阴道炎等也会蔓延到泌尿器官，引起炎症、坏死。

二、泌尿系统疾病的一般症状

1. 排尿异常　表现为尿频、尿痛、尿失禁和排尿困难。
2. 尿液的变化　主要表现为尿液量和性质的改变。

尿量的变化，临床表现为少尿、无尿、多尿或闭尿。尿是肾功能活动的产物，健康宠物的尿量和排尿次数是有其规律性的。当泌尿器官患病时，则此规律受到破坏，肾的滤过率降低或尿路的阻塞是少尿、无尿或尿闭的机制，而多尿是由于肾的重吸收功能障碍引起。

尿液成分的变化，泌尿器官疾病时，由于肾及尿路的功能障碍。特别是肾疾患时，肾小球滤过膜通透性增强，肾小管重吸收功能障碍，导致尿液成分改变并出现蛋白、血液、管型等异常成分。在临床上将这些含有异常成分的尿液，分别称为蛋白尿、血尿、管型尿。

3. 心血管征候　主要表现为肾性高血压、心浊音区扩大、主动脉第二心音增强、脉搏强硬。此外，血液化学成分也发生相应的改变：低钠血症、高钾血症、低蛋白血症、氮血症、酸中毒以及肾贫血。
4. 肾性水肿　水肿通常是肾疾病的重要症状之一，但动物并非必然出现。水肿多发生于富有疏松结缔组织的部位，如眼睑、胸下、腹下、四肢末端及阴囊等处。严重时，可出现体腔积液。
5. 尿毒症　是肾功能不全（肾衰竭）的最严重表现。主要是由于肾功能不全，致代谢产物和毒性物质在体内的蓄积以及内环境的紊乱，引起自体中毒综合征（参看尿毒症）。

三、泌尿器官疾病的诊断要点

泌尿器官疾病的诊断根据病史和特征性临床症状，结合尿液化验和肾功能测定。

1. 尿常规检查　尿常规检查是临床诊断泌尿器官疾病的一种最基本和有效的方法，常作为诊断有无泌尿器官疾病的主要依据。泌尿器官患病时可出现以下异常尿液：蛋白尿、管型尿、血尿、糖尿、酮体等。
2. 肾功能测定　主要包括肾清除率测定和肾血流量测定。

为了进一步明确泌尿器官疾病的诊断，可根据病情做尿液培养、超声波、内窥镜检查，肾活组织检查。

四、泌尿器官疾病的治疗原则

泌尿器官疾病的治疗原则是祛除病因，加强护理，消除水肿，控制感染和对症治疗。

治疗过程中，应正确使用肾上皮质激素、免疫制剂和中草药等，以提高疗效。

第二节 肾脏疾病

一、肾功能衰竭

肾功能衰竭是一种危重综合征，是由于各种致病因素引起的肾组织受到损害而出现肾功能抑制，临床上出现少尿、无尿、尿毒症以及血钾含量升高等代谢紊乱的特征。可分为急性肾功能衰竭和慢性肾功能衰竭。

（一）急性肾功能衰竭

【病因】

主要见于外伤或手术造成的大出血，导致急性肾的衰竭，以及某些疾病导致的严重呕吐、腹泻而失去大量水分等因素，引起肾缺血。某些药物如氯仿、磺胺类和生物毒素等引起肾脏中毒而出现功能衰竭。

【发病机制】

急性肾功能衰竭发病机理尚未完全明了，可能是由多种因素共同或先后作用的结果。其中肾血流灌注不足在发病机理中起重要作用。肾缺血使肾小管损伤和功能障碍，肾小管损伤又促使肾小球缺血加重，形成恶性循环。肾缺血、肾小管坏死和肾小管阻塞等因素造成肾小球滤过率降低和泌尿功能障碍，导致机体发生氮质血症、代谢性酸中毒和高钾血症等代谢和功能变化。

【症状】

一般分为3期。

少尿期：时间持续15d左右，以少尿或无尿，全身水肿及高血压为特征。尿比重增高，尿检发现尿中有蛋白质、白细胞。由于为水盐及代谢产物的排泄障碍，而出现心力衰竭，高钾血症，代谢性酸中毒，氮血症，极易继发感染。患病犬猫精神高度沉郁，食欲废绝，伴有呕吐及黑便。

多尿期：患病犬猫多死于此期，称危险期。此时患病犬猫尿量开始增多，但水及氮质代谢产物潴留依然显著，由于钾随尿的增多而减少，患病犬猫发生低钾血症，有的会出现心力衰竭，后肢无力甚至瘫痪，嗜眠，麻痹，虚脱。

恢复期：耐过危险期的患病犬猫，水肿开始渐退，损伤的肾单位开始修复，临床症状表现肌肉无力，体力消耗严重，恢复时间的长短，取决于肾实质病变的程度，部分病例转为慢性肾衰。

【诊断】

可根据发病史、临床症状和实验室检查进行诊断。

尿液检查　尿量少呈酸性，尿比重偏低，尿中可见红细胞、白细胞及蛋白质。

血液检查　白细胞升高，中性粒细胞数增多，而血清钾含量升高，血清钠、血清氯及二氧化碳的结合力降低。

体液补充试验 给犬静脉补液500~1000ml不等，待输完后静脉注射速尿，如仍无尿或尿比重低，可认为急性肾衰竭。

【治疗】

1. 治疗原则 及时除去病因，加强护理，防止脱水和休克，纠正酸中毒和减缓氮血症。

2. 治疗措施

（1）少尿期治疗 严格控制患病犬猫饮水，限制蛋白质的摄入，给予高糖、低蛋白质、富含维生素及易消化的食物。

防止脱水和休克 采用液体疗法，补液量根据临床症状确定，一般认为补液量为失水百分率与体重的乘积。失水百分率临床症状来确定：皮肤弹性轻度降低为5%；眼窝轻度凹陷，口腔黏膜干燥为7%；如出现心率加快，脉搏细弱，末梢厥冷等休克症状时为12%~15%。

治疗高血钾症 用10%葡萄糖100ml，加胰岛素10U，5%碳酸氢纳100ml，混合静脉注射，使钾离子转入细胞内，以纠正高血钾。

纠正酸中毒 给予碳酸氢钠静脉注射或5%葡萄糖盐水静脉注射。

控制感染 选用对肾脏无损伤的抗生素。

（2）多尿期的治疗 多尿期间，常为尿毒症高峰，仍需按少尿期治疗。随尿量渐多，水肿消退，转入多尿期治疗，主要应适当补钾，口服钾盐20~100mg/kg体重，并按尿量的1/3补液，使多尿期延长。血浆非蛋白氮下降后，应增加食饵中的蛋白质含量，也可肌肉注射丙酸睾丸素，20~50mg/次，2~3d用药一次。

（3）恢复期的治疗 应补充营养丰富，含高蛋白、高碳水化合物和维生素的饲料，加强护理并适当锻炼。

（二）慢性肾功能衰竭

【病因】

由急性肾衰竭转化而来，有些患病犬猫是由于先天性的肾皮质发育不全及多囊肾造成。

【发病机制】

各种疾病引起的肾小球滤过率下降，约有75%肾单位进行性破坏是慢性肾衰竭产生的原因。由于肾脏排泄和调节机能失常，蛋白质分解产物如尿素、胍类物质（包括甲基胍、琥珀酸胍、二甲基胍、肌酸、肌酐等）聚集血中，导致氮质血症，称为氮质血症期，随着血浆非蛋白氮积聚，高达46.4mmol/L，并出现酸碱平衡紊乱，即为尿毒症期，继而出现全身性疾病。

【症状】

患病犬猫由于肾衰的程度不同，出现肾区敏感，少尿或无尿，直至重度贫血，当出现尿毒症时，出现嗜眠昏迷，皮下水肿和腹水。常伴有呕吐、腹泻和口腔溃疡、消瘦以及急性肾衰的症状。

【诊断】

根据临床症状诊断。

实验室检查 红细胞正常，血色素正常，通过触诊、X线或超声波检查显示肾脏变小、不规则，血清生化学变化为低血钙、血磷浓度升高、血钾浓度异常，常有代谢性酸中毒。

【治疗】

1. 治疗原则 控制病程发展，恢复代偿，延长生命。
2. 治疗措施

(1) 加强护理 饲料中蛋白质应尽量减少，根据症状，给予高生物价蛋白质，如瘦肉、鸡蛋，宜喂奶类及肉骨头等。

(2) 纠正水、电解质平衡 补液（方法同急性肾衰竭）的同时应多饮水，以口服为佳。

纠正酸中毒 补液的同时可用乳酸林格氏液静注，用法每千克体重40~60ml，碳酸氢钠50ml/kg，2~3次/d，连用4~5d。

(3) 对症疗法 当有神经症状如抽搐昏迷时，可注射苯巴比妥溶液，腹腔注射效果好，用氢氧化铝凝胶制止呕吐，感染者给予抗生素。

(4) 恢复代偿 采用腹膜透析疗法，是用一定浓度的透析液，按腹腔注射法（左肷部进针）注入腹腔；经过30~60min，血液中的废物（指尿毒症时尿素氮、钾、钠等高浓度的物质）通过腹膜透入腹腔，而透析液中的高浓度物质又可透入血中，以达到排除废物，维持血液中电解质平衡之目的。再进行腹腔穿刺放出透析液，犬的腹膜透析液配方为：生理盐水340ml、5%碳酸氢钠25ml、10%氯化钾1ml、15%葡萄糖134ml，合计500ml，混合制成。

二、肾炎

肾炎是指肾小球、肾小管或肾间质发生炎症性病理变化的统称。本病的主要特征是肾区敏感和疼痛，尿量减少，出现蛋白尿、血尿，高血压等。临床上以急性肾炎、慢性肾炎和间质性肾炎多发。

【病因】

1. 急性肾炎 其发生与感染、中毒和变态反应有关。

(1) 感染因素 多继发于结核、传染性胸膜肺炎、败血症和链球菌感染等。

(2) 中毒性因素 内源性毒物如胃肠道炎症、代谢性疾病、皮肤病、大面积烧伤时所产生的毒素和组织分解产物。外源性毒物如有毒植物或霉变饲料，或有刺激性的药物如汞、砷、松节油等，经肾脏排出时而致病。

(3) 其他 邻近器官的炎症转移蔓延而引起，寒冷刺激反射性地引起全身器官收缩，导致肾脏的血液循环及营养发生障碍，结果肾脏的防御机能降低，病原菌乘虚而入，促使肾脏发病。

2. 慢性肾炎 多由急性肾炎治疗不及时或未彻底痊愈转变而来。间质性肾炎多由葡萄球菌、大肠杆菌、化脓性棒状杆菌、链球菌、绿脓杆菌、肠炎沙门氏菌、棒状杆菌和钩端螺旋体感染引起。

【发病机制】

病原微生物或毒素以及有毒物质或有害的代谢产物，随血液循环移行至肾，停留于肾小球或肾小管的毛细血管网内，对肾脏产生刺激作用而发病。同时，这些有毒物质与肾小球毛细血管基底膜中的黏多糖结合形成一种抗原，机体针对这种抗原产生抗体。当机体长期感染时，抗体与抗原反应，产生组胺类物质，导致肾小球发生变态反应性炎症，使肾小球毛细血管网的内皮细胞增生、肿胀，导致管腔狭窄、阻塞，结果尿量减少或无尿。

肾小球毛细血管阻塞，致肾小球滤过率降低，机体代谢产物和有毒物质不能经尿排出而稽留，引起氮血症和酸中毒，同时发生水肿。炎症过程中，肾小球毛细血管基底膜变性、坏死，使血浆蛋白和红细胞渗出，形成蛋白尿和血尿。肾小球缺血时，肾小管也缺血，结果肾小管上皮细胞变性、坏死，甚至脱落。渗出、漏出物及脱落的上皮细胞在肾小管内凝集成各种管型。肾小球滤过机能减低，水、钠潴留，血容量增加，肾素分泌增多，血浆内血管紧张素增加，小动脉平滑肌收缩，致使血压升高，主动脉第二心音增强。

【症状】

1. 急性肾炎　患病犬猫精神沉郁，食欲减退，体温升高，背腰拱起，肾区敏感、疼痛，运步困难，步态强拘，可见眼睑、胸腹下水肿。频尿，有的病例有少尿、血尿和蛋白尿，尿沉渣中见有肾上皮细胞，红、白细胞，各种管型等。脉搏强硬，主动脉第二心音增强。血压升高。血液稀薄，血浆蛋白含量降低，非蛋白氮含量升高，出现尿毒症。患病犬、猫衰弱无力，意识障碍，全身肌肉痉挛，呼吸困难，顽固性腹泻。

2. 慢性肾炎　多由急性肾炎发展而来，患病犬猫逐渐消瘦，血压升高，脉搏增数，主动脉第二心音增强。全身浮肿，尿量不定，尿中有少量蛋白质，尿沉渣中有各种管型及少量红、白细胞。血中非蛋白氮含量增高，尿母蓝增多，最终导致慢性氮血症性尿毒症，表现倦怠、消瘦、贫血、瘙痒、抽搐及出血等。

3. 间质性肾炎　患病犬猫表现为尿量增多或减少，尿沉渣中见有大量脓细胞、红细胞、白细胞、肾盂上皮细胞、少量管型（透明、颗粒管型）以及磷酸铵镁和尿酸铵结晶。血压升高，主动脉第二心音增强，皮下水肿，腹部触摸肿大的肾体，按压时疼痛不安，输尿管膨胀、扩张，有波动感，终因肾机能障碍导致尿毒症而死亡。

【诊断】

主要根据病史、典型的临床症状，特别是尿液的变化进行诊断。

在鉴别诊断上，应注意和肾病的区别。肾病是由于细菌或毒物直接刺激肾脏，引起肾小管上皮变性的一种非炎性疾病，通常肾小球损害轻微。临床上见有明显水肿、大量蛋白尿及低蛋白血症，但不见有血尿和肾性高血压现象。

【治疗】

1. 治疗原则　清除病因，加强护理，消炎利尿，激素疗法及对症治疗。

2. 治疗措施

（1）抗菌消炎　青、链霉素肌肉注射，连用1周。也可用磺胺类药物与抗菌增效剂，以提高疗效。

（2）免疫抑制疗法　使用某些免疫抑制药，如醋酸强的松龙、氢化可的松及地塞米松磷酸钠，肌肉或静脉注射有一定疗效。

（3）利尿消肿　可用双氢克尿噻，连服3~5d。还可用利尿素，内服呋喃坦啶，同时静脉注射乌洛托品。

(4) 对症疗法　心脏衰弱时可用强心剂，如安钠咖、樟脑等。发生尿毒症时可用5%碳酸氢钠300~500ml，静脉注射。当大量血尿时，选用安络血注射液或止血敏肌肉注射。

(5) 改善饲养管理　将患病犬、猫置于温暖、干燥、阳光充足且通风良好的环境，给予充分休息，防止继续受寒感冒。在饲喂方面，施行半饥饿疗法，限制饮水和食盐的摄入量。

【预防】

加强饲养管理，以减少病原微生物的侵袭和感染；禁止饲喂有刺激性或发霉、腐败、变质的食物，以免中毒；对急性肾炎的病犬、猫，应及时采取有效的治疗措施，彻底消除病因以防复发或慢性化或转为间质性肾炎。

三、尿毒症

尿毒症是肾功能衰竭晚期不能排出体内的代谢产物和有毒物质而造成自体中毒的一种综合征。

【病因】

各种原因引起的肾衰以及膀胱破裂，输尿管或尿道完全阻塞等肾功能不全的犬。

【发病机制】

目前多数人认为，尿毒症的发生不仅与毒性物质在体内蓄积有关，而且与水、电解质和酸碱平衡紊乱及某些内分泌功能失调有关。尿毒症患病犬常有钠、水潴留，代谢性酸中毒及低钠、低钙血症等。这些变化可造成神经系统功能紊乱，而且还可能抑制许多酶活性而影响神经、肌肉及心脏功能。多种毒物的蓄积是尿毒症发生的主要因素，而机体内环境紊乱又促进了中毒症状的发展。

【症状】

除有急性或慢性肾衰的症状，如少尿或无尿，水和电解质平衡失调，氮血症等以外，还可出现各系统机能障碍的征候群，如嗜眠，昏迷，阵发性兴奋；食欲减退，呕吐，腹泻；出现陈—施二氏呼吸或大呼吸；高血压，心力衰竭，心跳骤停；贫血，出血倾向；多汗，瘙痒。

【诊断】

可根据病史，典型临床症状和血液、尿液检查进行诊断。

1. 血液学检查　血浆中尿素氮、肌酐值增高。二氧化碳结合力下降。
2. 尿液检查　尿密度降低，有少量蛋白质、红细胞及管型尿。
3. 肾功能检查　尿酚红排泄率下降，尿浓缩功能减退，内生肌酐消除率降低。

【治疗】

1. 治疗原则　及时补充液体，迅速纠正水和电解质平衡失调，纠正酸中毒，促进有毒物质排出，防止休克和脱水，并根据具体情况进行对症疗法。
2. 治疗措施　具体治疗措施详见急性肾衰。当输液后48~72h，肾功能仍无改善时，应迅速进行腹腔透析疗法。对于膀胱破裂或尿道阻塞的病例，必须立即进行手术修复膀胱或除去尿道内的异物（如尿道结石等）。

【预防】

对各种已知疾病进行一般原则性的预防和积极治疗。

治疗高血压，尤其是可以根治的继发性高血压；治疗各种可能发生的感染性疾病，如感冒、尿道炎等；治疗与饮食、生活习惯相关的疾病，如高血脂、高胆固醇、贫血等；避免滥用止痛药或显影剂检查。

对饮食的适当控制，当肾功能降至70%以下时，应采取低蛋白饮食，蛋白质的摄取量宜控制在每日0.8~1.1g/kg。

四、肾病

肾病为严重的蛋白尿、低蛋白血症、高脂血症及全身水肿等与肾小球损害有关的征候群。

【病因】

肾脏疾患，如各类肾炎和遗传性肾缺陷及全身性疾病如过敏、感染与中毒等。继发于淀粉样肾病和肾小球性肾炎。

肾病综合征的主要病变是肾小球毛细血管基底通透性增加，其发病机理尚未明了。

【症状】

患病犬猫的体温低下，不愿活动，贫血，消瘦，易发昏厥。出现渐进性水肿，后期有腹水。实验室检查可见低蛋白血症，高脂血症或高胆固醇血症，后期可出现氮血症；尿中含有大量蛋白质，并可见到红细胞和管型。

【诊断】

临床上与慢性肾炎的鉴别诊断较困难，应注意本病肾功能减退的速度比慢性肾炎的要慢。本病多为继发性，诊断中多应注意原发病的种类和经过。

【治疗】

1. 治疗原则　消除病因，加强护理，对症治疗。
2. 治疗措施

(1) 限盐　限制食物中钠盐的含量，以减缓钠水潴留引起的水肿。

(2) 补充血浆　出现低蛋白血症时，应输注血浆，以补充血浆蛋白质，同时应加强饲养管理。

(3) 利尿　可用速尿50mg/kg体重，口服，1~2次/d，或安舒通3mg，口服1次/d。如果出现酸中毒时，使用11.2%乳酸钠溶液每日0.3ml/kg，可使二氧化碳结合力提高，但禁用碳酸氢钠。

(4) 消炎　全身应用抗生素，以防止继发感染，如青霉素等。

【预防】

肾病综合征是临床肾病中一种常见病、多发病，极易复发，病情不易稳定，反复发作势必加重肾脏损害，对身体健康极为不利。

注意防寒保暖，保证充分的休息，多做户外活动，但不要太疲劳，注意口腔及皮肤的护理；注意预防感冒；适当饮水，多食富含维生素的食物；注意补充维生素和微量元素。

五、肾盂积水

肾盂积水是指一侧或两侧肾的尿液部分流出或完全受阻而引起的肾盂扩张。

【病因】

原发性　机械性阻塞，如肾盂结石、肿瘤、腹部肿瘤、脓肿、妊娠晚期的子宫或前列腺肥大对尿道、输尿管或膀胱的外侧压迫所引起。

继发性　由于肾盂、输尿管、膀胱或尿道的感染性炎症继发引起。

【发病机制】

尿路被阻塞后，在一定时期内肾小球滤过仍继续进行。但因肾小球滤液不能排出，故一方面向肾间质及周围组织弥散，最后进入淋巴管或静脉；另一方面在肾盏肾盂内蓄积，使肾盂肾盏逐渐扩张，肾盂内压力增高，压迫肾组织及其中的血管，使血流减少，以后肾组织受压逐渐萎缩。早期主要累及肾小管，表现为肾浓缩功能降低；以后逐渐影响肾小球，使肾小球滤过减少。肾盂积水可为单侧或双侧。突然发生的完全性尿路阻塞，一般引起肾盂肾盏轻度扩大，有时可引起肾组织萎缩。间断发生的不完全尿路阻塞时，肾盂、肾盏逐渐进行性扩大。根据阻塞部位高低，膀胱、输尿管或肾盂可先后发生扩张。一般低位阻塞时，常两侧肾受累，肾盂肾盏尚未扩张到很严重的程度时尿毒症即可出现。

【症状】

临床症状的严重程度主要取决于单侧性或两侧性以及阻塞程度。单侧性不完全阻塞多由于另一侧肾的代偿性肥大而保持肾功能，一般不表现明显症状。急性完全阻塞的病例，出现精神沉郁，食欲差或拒食，呕吐，不愿行走，排尿困难或无尿。触诊腰部敏感、疼痛。腹部可触诊到肿大的肾脏。如果并发感染，可出现体温升高，呼吸急促，心跳快而弱。晚期出现尿毒症的症状。X线检查和静脉内注射肾盂X线造影剂，有助于观察到无功能的肾囊被尿液或浆液所充满，实质部分萎缩或仅留部分残块。

【诊断】

根据临床症状及X线造影摄片进行诊断。

【治疗】

本病以除去病因、消除阻塞、恢复排尿为主要治疗原则。如系肿瘤、结石引起的，用外科手术去除。一侧性阻塞造成肾坏死，采用肾摘除术。如为感染引起，可应用青霉素、氨苄青霉素、先锋霉素消炎。如排尿不畅，可用利尿药如速尿等。

（东北农业大学　吴明福　黑龙江农业职业技术学院　陆江宁）

第三节　尿路疾病

一、膀胱炎

膀胱炎是膀胱黏膜及黏膜下层的炎症。多由病原微生物感染所致，临床上以疼痛性频尿、膀胱部位有触痛、尿沉渣中见有多量膀胱上皮、脓细胞、红细胞以及磷酸铵镁结晶为特征。

按炎症的性质分为卡他性、纤维性、化脓性和出血性膀胱炎四种。但一般在临床中以卡他性膀胱炎较为多见，而犬则以化脓性、坏死性膀胱炎多见。本病各种动物均可发生，宠物中以犬猫多见，常发生于雌性犬、猫。

【病因】

主要由于病原微生物感染，邻近器官炎症的蔓延以及膀胱黏膜的机械性刺激或损伤等因素引起。

1. 病原微生物感染　常见病原菌有化脓杆菌、葡萄球菌、大肠杆菌、变异杆菌、绿脓杆菌、链球菌等，病原微生物可经血液循环、肾脏的下行性感染或尿道的上行性感染而侵入膀胱，也可因导尿时导尿管消毒不彻底而造成感染。

2. 邻近器官炎症蔓延　当动物患肾炎、输尿管炎、前列腺炎、尿道炎、阴道炎、子宫内膜炎等时，可蔓延至膀胱而发病。

3. 机械性损伤　导尿管过于粗硬，插入粗暴，膀胱镜使用不当，膀胱结石的机械性刺激，损伤膀胱黏膜。也可因膀胱内新生物或膀胱外伤的刺激，而引起炎症发生。

此外，膀胱肿瘤、肾组织损伤碎片、膀胱尿潴留产生的氨及其他有害产物、长期使用排泄刺激性药物等，均可强烈刺激膀胱黏膜，引起膀胱炎。

【发病机制】

膀胱炎时，病原菌或毒物进入膀胱的途径有：尿源性、肾源性、血源性。其中最主要的途径是尿源性及肾源性感染。

经上述途径侵入膀胱的病原微生物或毒物直接作用于膀胱黏膜，或经尿液到达膀胱的有毒物质以及尿潴留时产生的氨和其他有害产物对膀胱黏膜产生强烈的刺激，都可引起膀胱黏膜的炎症，严重者膀胱黏膜组织坏死。

膀胱黏膜炎症发生后，其炎性产物、脱落的膀胱上皮细胞和坏死组织等混入尿液中，引起尿液成分的改变，即尿中出现脓液、血液、膀胱上皮细胞和坏死组织碎片。这种改变的尿液成分又成为病原微生物繁殖的良好条件，从而促进炎症的发展。

由于膀胱黏膜受到炎性产物的刺激，致使膀胱兴奋性和紧张性升高，膀胱频频收缩，故患病动物排尿次数增多，呈现疼痛性频尿，甚至出现尿淋漓。若膀胱黏膜受到过强刺激，引起膀胱括约肌肿胀及反射性痉挛，从而导致排尿困难或尿闭。当炎性产物被吸收后则呈现全身症状。

【症状】

急性膀胱炎　特征性症状是尿频和尿痛。由于膀胱黏膜敏感性增高，患病犬、猫频繁排尿或呈排尿姿势，但每次排出尿量较少或呈点滴状断续流出。排尿时疼痛不安，出现终末血尿。严重者由于膀胱（颈部）黏膜肿胀或膀胱括约肌痉挛收缩，引起尿闭。此时，表现极度疼痛不安（肾性腹痛），呻吟。经腹壁触压膀胱时，腹部敏感紧张，膀胱多呈空虚状态。但当膀胱颈组织增厚或括约肌痉挛时，由于尿液潴留致使膀胱高度充盈，犬猫发生尿闭时，腹围明显增大，并且随着病程的延长，出现尿毒症表现。

尿液成分变化　卡他性膀胱炎时，尿液浑浊，尿中含有大量黏液和少量蛋白；化脓性膀胱炎时，尿中混有脓液；出血性膀胱炎时，尿中含有大量血液和血凝块；纤维蛋白性膀胱炎时，尿中混有纤维蛋白膜或坏死组织碎片，并具氨臭味。

尿沉渣中见有大量白细胞、脓细胞、红细胞、膀胱上皮细胞、组织碎片，有时可见病原菌。在碱性尿中，可发现有磷酸铵镁及尿酸铵结晶。

全身症状通常不明显，若炎症波及深部组织或同时伴有肾炎、输尿管炎时，可有体温升高，精神沉郁，食欲减退或废绝等不同程度的全身症状。严重的出血性膀胱炎，也可有贫血现象。

慢性膀胱炎　症状与急性膀胱炎基本相似，只是程度较轻，当伴有尿路阻塞时，则出现排尿困难，但病程较长。动物消瘦，被毛粗乱，无光泽。

【诊断】

根据病史、典型症状、膀胱触诊变化及尿液检查结果作出诊断。必要时可进行辅助检查。

1. 尿液的常规检验　尿液的检验在诊断上最为重要。收集尿液的方法有穿刺法、导尿法及自然排尿等。尿中若混有多量白细胞，特别是有中性粒细胞时尿浑浊（脓尿），呈红褐色（血尿），同时伴有腐败臭味。尿沉渣中出现白细胞、红细胞、膀胱上皮细胞及细菌的，可怀疑为泌尿系统感染，尿蛋白是血细胞成分和膀胱黏膜渗出液产生的。导尿或自然排尿的中段尿沉渣，在高倍镜下1个视野有20个以上细菌的可判为细菌尿；20个以下的可看做细菌污染。膀胱穿刺得到的尿若能查到细菌，则表示有感染。

2. 血液学检验　一般无白细胞增加和中性粒细胞核左移现象。有时会出现血红蛋白降低及低蛋白血症。这些变化应与肾盂肾炎或前列腺炎相区别。

3. X射线和超声波检查　能诊断尿结石、肿瘤、尿道异常、膀胱憩室等合并症。慢性膀胱炎可见膀胱壁肥厚。

【病程及预后】

卡他性膀胱炎，经及时合理的治疗，可迅速痊愈，预后一般良好。重剧病例，可继发其他疾病，使病情复杂化，预后多不良。

【治疗】

1. 治疗原则　改善饲养管理，消除病因，抗菌消炎，促进尿液排泄。
2. 治疗措施　去除病因，治疗原发病，改善环境，改善营养。
3. 治疗方法

(1) 改善饲养管理　让患病犬、猫安静休息，喂给营养丰富的优质食物。多喂萝卜、冬瓜类蔬菜，限制高蛋白食物的供给，给予充足的清洁饮水或在其饮食中添加适量的食盐，造成生理性利尿，有利于膀胱得到净化和冲洗。

(2) 冲洗膀胱　先用导尿管将膀胱内积尿排出，然后向膀胱内注入温生理盐水，反复冲洗膀胱后，再用药液冲洗。如以消毒为目的，可用0.1%高锰酸钾、0.05%~0.1%雷佛奴尔溶液、2%硼酸溶液；以收敛为目的，可用0.5%鞣酸溶液或1%~2%明矾溶液。慢性膀胱炎可用0.02%~0.1%硝酸银溶液。膀胱冲洗干净后，可直接注入青霉素溶液（40万~80万IU溶于5~10ml注射用水中）。

(3) 抗菌消炎　可首先进行细菌分离培养及药敏试验，选择细菌敏感的药物，对病犬进行治疗。若无条件进行药敏试验，可选用在尿道能获得高浓度的广谱抗生素，如氨苄青霉素或磺胺三甲氧嘧啶，因大多数尿道病原菌对这两种药敏感。可用氨苄青霉素、先锋霉素30~35mg/kg体重，2次/d；硫酸庆大霉素2~4mg/kg体重，2次/d，肌肉注射或静脉注射。也可用40%乌洛托品溶液静脉滴注进行尿道消毒，1次/d，连续3次。

（4）酸化尿液　口服氯化铵，犬100mg/kg体重，每天2次。猫20mg/kg体重2次/d。能使尿液酸化，起到净化作用并增强抗生素药物的效果。

（5）中药治疗　金钱草30~50g，车前子5~10g，猪苓15~20g，泽泻10~15g，黄柏20~25g，赤芍15~20g，木通10~15g，海金砂15~20g，大蓟15~20g，小蓟15~20g，甘草6~10g。煎水灌服，3次/d，3日1剂，连服2~3剂。

【预防】

严格注意犬猫卫生，防止病原微生物的侵袭和感染，导尿时，应严格遵守操作规程和无菌原则。患有其他泌尿生殖器官疾病时，应及时采取有效的防治措施，以防转移蔓延。

二、膀胱麻痹

膀胱麻痹是指膀胱肌暂时性或永久性地丧失收缩力导致膀胱尿液潴留，膀胱极度扩张和弛缓的一种疾病。临床特征上以不随意排尿、膀胱充盈及无疼痛感等为主要特征。以公犬、公猫多见。

【病因】

神经源性　根据损伤的部位，又可分为中枢性和末梢性两种。中枢性麻痹见于腰荐部以上的脊髓炎症、挫伤、创伤、出血或肿瘤以及脑膜炎、脑震荡、脑肿瘤、中暑、电击等。末梢性麻痹，见于因尿道阻塞及膀胱括约肌痉挛，或因动物长时间得不到排尿机会，大量尿液潴留在膀胱内，而使膀胱长时间地膨满，致膀胱平滑肌过度伸展而变为弛缓，最终导致麻痹。

肌源性　因膀胱或邻近器官炎症波到膀胱深层组织，导致膀胱平滑肌收缩力减退，或因尿路阻塞、大量尿液积滞在膀胱内，以致膀胱肌过度伸张而弛缓，降低了收缩力，导致一时性膀胱麻痹。

【发病机制】

在上述病因的作用下，因支配膀胱的神经功能障碍，致膀胱缺乏自主地感觉和运动能力，妨碍其正常收缩，导致尿液积留。

膀胱麻痹后，一方面，大量尿液积滞于膀胱内，膀胱尿液充满，患病动物屡作排尿姿势，但无尿液排出，或呈现尿淋漓。另一方面，由于尿的潴留造成细菌的大量繁殖，尿液发酵产氨，导致膀胱发炎。

【症状】

临床症状可因病因不同而有差异。

脊髓性麻痹时，患病犬、猫排尿反射减弱或消失，排尿间隔时间延长，直至膀胱高度膨满时，才被动地排出少量尿液。动物腹围膨大，以手触压时，排尿量增多。当膀胱括约肌发生麻痹时，则尿液不断地或间歇地呈细流状或点滴状排出，触诊膀胱空虚。

脑性麻痹时，是由于脑的抑制而丧失调节排尿作用，只有在膀胱内压超过膀胱括约肌紧张度时，才能排出少量尿液。腹围膨大，按压时尿呈细流状喷射而出，但停止按压时，排尿亦停止。

肌源性麻痹时，有排尿企图，虽频作排尿姿势，但排出的尿量始终不多。膀胱膨满，但并无疼痛的表现。按压膀胱时可被动地排出尿液。
【诊断】
　　根据病史、临床症状如膀胱尿液充满、不随意排尿和导尿管探诊结果，作出初步诊断，X线或超声检查结果对诊断也有借鉴作用。注意区分是中枢性还是末梢性麻痹，以便进行合理治疗。
【病程及预后】
　　膀胱不全麻痹，通常预后良好。膀胱全麻痹，预后不良。末梢性麻痹比脑、脊髓性麻痹者预后较好。但膀胱麻痹大多数是一种继发症，预后还与原发病的病因和病性有关。
【治疗】
　　1. 治疗原则　消除病因，膀胱减压，恢复膀胱收缩力，控制膀胱炎。
　　2. 治疗措施　去除病因，加强护理，治疗原发病，改善环境。
　　3. 治疗方法
　　（1）消除病因　脑和脊髓疾病引起的麻痹应治疗原发病，尿道阻塞引起的膀胱麻痹及时疏通尿道。
　　（2）膀胱按摩　隔着腹壁按摩膀胱，是膀胱排空和恢复其收缩力的简易可行措施，2~3次/d，每次10~15min。
　　（3）导尿　为防尿潴留，应定时导尿，必要时可将导尿管留置在膀胱2~3d用缝线固定包皮口或阴户上。尿道阻塞的犬、猫。当膀胱高度膨满时，为防止膀胱破裂，可通过腹下壁或侧壁进行膀胱穿刺导尿，但不能多次重复进行，否则易引起腹膜炎、膀胱出血、膀胱炎或直肠粘连等并发症。
　　（4）恢复膀胱肌收缩力　使用脊髓兴奋剂硝酸士的宁，犬0.2~0.8mg/次，皮下注射；猫0.2~0.5mg/次，皮下注射。同时配合硫酸甲基新斯的明，犬0.25~1mg/次；猫0.2~0.5/次，2次/d，皮下注射。
　　（5）控制膀胱炎　可使用抗生素全身治疗，再配合尿道消毒剂和膀胱防腐消毒药进行膀胱冲洗。
【预防】
　　严格注意犬猫安全，防止腰荐部脊髓的损伤。积极治疗尿道阻塞及膀胱括约肌痉挛等能够引起尿液潴留的疾病，并给予定时的排尿。患有膀胱或邻近器官炎症，应及时采取有效的防治措施，以防转移蔓延。

三、尿道炎

　　尿道炎是指尿道黏膜的炎症。临床特征为尿频、尿痛、局部肿胀。宠物中主要发生于犬。
【病因与发病机制】
　　1. 理化性因素　导尿管过于粗硬，尿道结石等的机械刺激，刺激性药物的化学刺激等损伤尿道黏膜后，引起局部发炎。
　　2. 细菌性因素　尿道的细菌感染，如导尿时，导尿管消毒不彻底或无菌操作不严密，引起尿道的细菌感染。常见的细菌有大肠埃希菌、葡萄球菌、铜绿假单胞菌和链球菌等。

3. 邻近器官炎症的蔓延　如膀胱炎、包皮炎、阴道炎及子宫内膜炎时，炎症可蔓延至尿道而发病。

【症状】

患病动物频频排尿，排尿时，尿液呈断续状流出，疼痛不安，此时雄犬阴茎频频勃起，雌犬阴唇不断开张，严重时可见到黏液及脓性分泌物不时自尿道口流出。尿液混浊，其中含有黏液、血液或脓液，甚至混有坏死、脱落的尿道黏膜。触诊或导尿检查时，动物表现疼痛不安，并抗拒或躲避检查。

【诊断】

尿频、尿痛，尿道肿胀、敏感。导尿管插入受阻及疼痛不安，尿液中存在炎性产物但无管型和肾、膀胱上皮细胞，可以诊断为尿道炎。

【病程及预后】

尿道炎通常预后良好，但损伤和感染者，当发生尿路阻塞、膀胱破裂或形成瘢痕组织引起尿道狭窄时，可造成尿闭或继发膀胱破裂，则预后不良。

【治疗】

1. 治疗原则　消除病因，抑菌消炎、防腐消毒。
2. 治疗措施　加强护理，给予营养丰富的食物。
3. 治疗方法　可用0.1%雷佛奴尔溶液或0.1%洗必泰溶液冲洗尿道。静脉注射40%乌洛托品溶液。也可全身应用抗生素，如氨苄青霉素、喹诺酮类药物等。

【预防】

对病犬导尿时，防止由导尿管过于粗硬、导尿管消毒不彻底或无菌操作不严密而引起的尿道黏膜炎症，并积极治疗膀胱炎、包皮炎、阴道炎及子宫内膜炎等泌尿生殖系统疾病。

四、犬尿石症

犬尿石症是指尿路中的无机或有机盐类结晶的凝结物，即结石、积石或多量结晶刺激尿路黏膜而引起出血、炎症和阻塞的一种泌尿器官疾病。多见于老龄犬。犬尿石症按其尿石的所在位置可分为肾结石、输尿管结石、膀胱结石及尿道结石，但以膀胱结石和尿道结石最常见。

【病因】

1. 尿道感染　多见葡萄球菌和变形杆菌感染。直接损伤尿路上皮，使其脱落，促使结石核心的形成。感染菌能使尿液变碱性，有利于磷酸铵镁结石的形成。
2. 肝机能降低　某些品种犬（如达尔马提亚犬）因肝脏缺乏氨和尿酸转化酶发生尿酸盐结石。但该犬仍有25%尿结石是磷酸铵镁尿结石。
3. 某些代谢、遗传缺陷　如英国斗牛犬的尿酸遗传代谢缺陷易形成尿酸铵结石，或机体代谢紊乱易形成胱氨酸结石。
4. 慢性疾病　如慢性原发性高钙血症、甲状旁腺机能亢进、食入过多维生素D、高降钙素等作用，损伤近端肾小管，影响其再吸收，都能增加尿液中钙和草酸分泌，从而促进了草酸钙尿结石的形成。

5. 饮水不足　长期饮水不足，引起尿液浓缩，致使盐类浓度过高而促进尿石的形成。

【发病机制】

在正常的尿液中，含有大量呈溶解状态的盐类晶体及一定量的胶体物质，且晶体盐类与胶体物质之间保持着相对的平衡。一旦这种平衡破坏，即晶体超过正常的过饱和浓度，或胶体物质由于不断丧失其分子间的稳定性结构，且核心物质又不断产生，加上尿液的pH 值、离子强度的变化，则尿中的盐类晶体不断析出，进而凝结为尿石。

【症状】

犬尿石症可表现为频尿、滴尿、血尿，并有强烈的氨味。雄犬严重的尿结石，发生尿道阻塞，无尿排出，引起膀胱膨胀，甚至破裂，出现尿毒症。病犬精神沉郁，厌食和脱水，有时呕吐和腹泻，可在72h内昏迷而死亡。由于发生结石的部位及侵害的程度不同而出现不同的临床症状。

1. 肾结石　临床少见，结石一般在肾盂部分。结石小时，常无明显症状；结石大时，往往并发肾炎、肾盂炎、膀胱炎等。精神沉郁，步态强拘，食欲减退或废绝。触摸肾区发现肾肿大并有疼痛感。常作排尿姿势，并可能出现轻度血尿、细菌尿、脓尿等。严重感染时，体温升高。

2. 输尿管结石　不常见。多数是由于肾结石下移阻塞输尿管。发病时，剧烈疼痛不安，后转为精神沉郁，发热，触诊腹部有疼痛感，行走时拱背，有痛苦表情。完全阻塞时，无尿进入膀胱。输尿管不全阻塞时，常见血尿、脓尿和蛋白尿。若两侧输尿管部分和完全阻塞，将导致不同程度的肾盂积水。

3. 膀胱结石　常发。结石小，不表现出临床症状，当结石大而多时，刺激膀胱黏膜，出现膀胱炎症状。频频排尿，努责，排尿困难，有血尿。当膀胱不太充满时，可触摸到内有移动感的结石块。

4. 尿道结石　一般为膀胱炎、膀胱结石的一种并发症。主要发生于公犬。结石常嵌留在阴茎尿道开口处的后方，有时发生于坐骨弓S状弯曲处。多数病例突然尿闭，频做排尿姿势，强烈努责，呻吟，起卧不安。若不完全阻塞，则尿液细小或仅有少量血尿滴出；若完全阻塞，则完全尿闭。在后腹部触摸膀胱，充满并有剧烈疼痛感。随病程发展，可发生膀胱破裂，此时，转为安静。腹腔穿刺，有大量黄色尿液流出。但往往因腹膜炎、尿毒症而死亡。

【诊断】

根据临床上出现的频尿、排尿困难、血尿等临床症状可做出初步诊断。进行下列检查有利于该病的最后诊断。

1. X射线摄片检查　对大于3mm的肾结石、输尿管结石，应用X射线摄片检查。若注入造影剂则更易确诊。膀胱结石可进行膀胱充气造影，或采用2.5%~5%泛影酸钠阳性造影剂进行造影诊断。

2. 金属探针　插入雌犬的膀胱内，探针接触结石时，可听到"咯咯"声；用导尿管插入公犬的尿道探诊均有利于诊断。

3. 实验室检验　进行必要的尿液常规和血液常规的检验。

4. 治疗性诊断　可肌肉注射普鲁卡因青霉素2万IU/kg体重，连用3d，或磺胺甲噻二唑50mg/kg体重，分2次口服，连服3d。对结石引起的血尿无效，膀胱炎的血尿可以消退，且一般状况可以改善。

5. 超声检查　有利于该病的诊断。

6. 物理（X线衍射、能谱分析）、化学的方法　对尿结石的成分进行分析，有利于该病的诊治和预防。

【病程及预后】

严重的肾结石或继发尿毒症或膀胱破裂，预后不良；尿路结石，消除结石，适宜治疗，预后良好。

【治疗】

1. 治疗原则　消除结石，控制感染，对症治疗。
2. 治疗措施　除去病因，改善饲养，加强护理。
3. 治疗方法

（1）**药物治疗**　目的是促使结石溶解和终止其再形成。有效的治疗措施就是通过减少尿结晶源、增强尿结晶溶解度和（或）增加尿量等，使尿变为不饱和的尿结晶环境。改变日粮是减少尿结晶源的一种可取方法；应用药物改变尿液 pH 则可增加尿结晶溶解度，通常碱离子（PO_4^{3-}、CO_3^{2-}）盐在酸性尿中有较好的可溶性；增加尿量则可降低结晶源浓度，常用方法是大量饮水和使用利尿剂，如利尿素、醋酸钾、汞撒利及安茶碱等。利尿疗法对磷酸铵镁结石尤为有用。

（2）**非手术疗法**　适用于尿道或膀胱结石，且结石小或中等大小。

水压冲洗疗法：适用于尿道结石。动物镇静或麻醉后，先行膀胱穿刺排尿。助手一手指伸入直肠压迫骨盆部尿道或从体外抵压膀胱，术者经尿道口插入导尿管，用手捏紧其导管周围组织，向尿道内注入生理盐水，以扩张尿道。然后术者手松开，迅速拔出导尿管，解除尿道压力，尿石常随液体射出体外。需重复几次。如无效，可用粗的导尿管经尿道口插至结石端，用力注入生理盐水或液体润滑剂，将结石冲回至膀胱，再做膀胱切开术或使用其他疗法。

膀胱挤压排空法：适用于尿道或膀胱结石。常在麻醉情况下进行。如膀胱不膨胀，需经尿道插管，注入适量生理盐水，使膀胱膨胀。注射时，触摸膀胱，防止膀胱过度膨胀。将犬抱起，使其呈垂直姿势。然后轻轻挤压膀胱，使尿液和结石从尿道排出，盛入一烧杯中。可重复几次，直至尿道膀胱无结石为止（通过 X 射线或膀胱造影检查）。

碎石技术：条件许可，可用体外震波碎石器、超声碎石器和激光碎石器等技术将结石击碎后排出。

（3）**手术疗法**　对结石药物治疗无效（如草酸钙、硅酸盐、磷酸钙等结石）、非手术疗法不能排除及尿路感染已控制的病犬适宜手术治疗。根据结石阻塞部位，可采用阴囊前尿道切开术、膀胱插管术、阴囊尿道造口术及会阴造口术等方法，将结石取出。术后应用抗生素预防感染。尽管几种手术技术易解除尿路阻塞，但是也有它的局限性，如手术不能根除尿石原发病因，往往术后会再发；不能去除所有的结石或结石碎块。因此，对于多发性尿结石犬，术后应做 X 射线检查，以确定结石是否完全去除。对结石高发病犬，采用药物疗法或其他结石去除方法可能更保险。

（4）**控制尿路感染**　长期尿结石常因细菌感染，而继发严重的尿道或膀胱炎症，甚至引起肾盂肾炎、肾衰竭和败血症。故在治疗尿结石的同时，必须配合局部和全身抗生素治疗，如氨苄青霉素、复方磺胺甲噁唑等。另外，酸化尿液，增加尿量，有助于缓解感染。

【预防】

①对磷酸镁铵尿结石，应饲喂使尿液变酸性的食物。②预防尿酸盐和胱氨酸尿结石，应饲喂使尿液变碱性的食物，如每6~8h，饲喂碳酸氢钠每千克体重0.2g，再喂食盐每千克体重0.2g/d。如果采用饲喂碳酸氢钠和食盐，尿酸盐尿结石仍复发，可用别嘌呤醇治疗，按10mg剂量口服，3次/d，连用1个月，然后1次/d。胱氨酸尿结石复发，可用青霉胺治疗，每千克体重10~30mg/d，分为2份，与食物一起食入。③预防草酸盐尿结石，除设法使尿液变碱外，并应防治使尿液中钙和草酸分泌增多的原因。④根据结石的化学性质，选喂相应的犬处方食品，对防治犬尿结石有一定意义。

五、猫泌尿系统综合征

猫泌尿系统综合征，或猫下泌尿道疾病，是猫尿路存在结石、微结石或结晶以及塞子，刺激尿路黏膜发炎，造成尿路阻塞所引起的一种泌尿系统综合征候群。临床上以尿频、排尿困难、疼痛、少尿、血尿乃至无尿为特征。

猫泌尿系统综合征是猫的一种常见多发病，多发生于1~10岁的猫，尤其是2~6岁的猫多发，发病率约1%~13.5%。普遍发生于所有品种。其中波斯猫发病率高，而暹罗猫发病率低。发病率无明显性别差异。

【病因】

猫泌尿系统综合征确切病因不明，由于其不是一种独立的疾病，而是一个综合征，因此致病因素也较多。

1. 与感染有关　如特定病原体病毒、细菌、支原体、真菌、寄生虫等的感染，或医源性感染，如导尿、膀胱冲洗、手术后留置在尿道和膀胱中的导尿管或尿道造口手术等引起下泌尿道炎症，脱落的上皮细胞、血凝块等炎性产物促进结石的形成，阻塞尿道。

2. 与日粮品质有关　日粮营养不均衡，营养代谢紊乱，尤其是日粮中镁含量过高，其尿内浓度亦高，则尿结石形成的危险性大，阻塞尿道。

3. 与饮水量有关　在猫泌尿系统综合征的发生上，饮水量也起着重要作用。饮水量小，尿液就浓，排尿次数就少，结晶和结石成分在泌尿道内停留的时间就长，有助于结石和结晶形成，易于发生猫泌尿系统综合征。

4. 与膀胱、尿道和前列腺的一些疾病有关　如膀胱的鳞状上皮癌、血管瘤、纤维瘤等，尿道狭窄、包茎等，前列腺肿大、前列腺癌等造成尿道狭窄、出血，甚至阻塞等。

此外，长期采食干燥食物，过于肥胖，缺乏运动，尿液的酸化或碱化，以及应激状态等均可成为引发猫泌尿系统综合征的病因。

【发病机制】

猫的尿结石、微结石和结晶几乎均由磷酸铵镁即鸟粪石组成。主要发病环节是尿结石、微结石和结晶的形成及其所致的尿路炎症和阻塞。结石的形成需要3个基本条件：尿液内结石组分有足够浓度，尿液酸碱度适宜，尿液有足够长的滞留时间。此外，"核"的存在，也有助于结石形成。因此，凡助长上述条件的因素均能促进尿结石或结晶的形成，导致猫泌尿系统综合征；相反，凡能遏止上述条件的因素，则具有预防该病的作用。

【症状】

症状依尿结石存在的部位、大小以及是否造成阻塞而不同，结石通常呈砂粒样或为显微结晶，有的出现单个或几个大的结石，直径可达几厘米。结石可造成3种结果：无明显的临床症状；引起膀胱炎或尿道炎；尿道或输尿管不全或完全阻塞。

肾结石的发病频率较低，一般不表现明显的临床症状。重症病猫，常发生肾衰。偶尔可因肾结石导致肾盂肾炎，而发生血尿、运动障碍和发热。当肾结石阻塞两侧输尿管而致发肾积水时，才表现明显的临床症状。

膀胱结石，表现点滴排尿或在不常排尿的地方排尿。排出的尿液常混有血液，带有强烈的氨味。如发生感染和组织坏死，则尿液混有脓、血，有腐败气味。下段泌尿道感染，一般不表现发热，但排尿疼痛，排尿后持续蹲伏或伸展背腰。结石滞留于尿道，即发生尿道阻塞。尿道完全阻塞可突然发生或于几周内渐进形成，多见于公猫。最初，试图排尿，但仅见尿滴或呈细流。以后完全阻塞，则无尿液排出，但频频呈现排尿姿势。病猫可能过分蹲伏、伸展或舔阴茎，腹围膨大，触诊摸到膨满的膀胱。伴发尿毒症时，则食欲缺乏或废绝、脱水、昏睡，偶尔呕吐或腹泻，通常于72 h内死亡。尿道完全阻塞时，膀胱积尿，极度膨胀，偶尔可发生膀胱破裂。

【诊断】

根据临床症状和病史可作出初步诊断，导尿管探诊、X线检查、尿液分析和血液学检查等有助于诊断的建立。

一般情况下，猫排尿时间延长、尿液浓稠，即应怀疑本病。腹部触诊发现膀胱膨满、有痛感，按压时不能排出尿液的，要考虑下段泌尿道阻塞。如触摸不到膀胱，腹腔内积有大量液体，应考虑膀胱破裂，可通过腹腔穿刺确证。尿结石可通过腹壁触诊，配合肛门或阴道指诊确认，必要时可通过导尿管插入，以确定尿道结石的位置。

放射学检查，直径大于3 mm的结石，放射造影即可显示。猫尿结石多呈细砂粒样，应仔细观察，以免漏诊。必要时可辅以超声诊断。

【病程及预后】

严重的膀胱结石或继发尿毒症或膀胱破裂，预后不良；轻度结石，消除结石，适宜治疗，预后良好。

【治疗】

1. 治疗原则　疏通尿道、抗菌消炎和对症治疗。

2. 治疗措施及方法

（1）疏通尿道，排除结石、积尿　如果尿道已经完全阻塞，首选的方法是进行尿道冲洗，先将患猫麻醉，用导尿管冲洗尿道，排出膀胱内潴留的尿液，导尿管应留置1~3d，以保持尿道畅通，避免再次复发。若无法进行尿道冲洗，则应立即进行外科手术治疗。也可先进行膀胱穿刺，排出尿液后再根据病情进行适当的处置。

若尿道未完全阻塞，可采用药物或处方食品进行治疗。如果尿道阻塞物为结晶物，应首先确定结晶的类型，再选择适当的治疗方案进行治疗。对猫来说，常见的结晶类型有磷酸铵镁和草酸钙。磷酸铵镁易在碱性尿液中形成，多发于青年猫，草酸钙易在酸性尿液中形成，多发于老龄猫。临床上常用的酸性溶石剂有二盐酸乙二胺、消旋蛋氨酸、维生素C、氯化铵和酸性磷酸钠等。消旋蛋氨酸的用量为每日0.5~0.8 g，氯化铵为每日0.8~

1.0 g，混入饲料中饲喂。

（2）抗菌消炎，防止感染　常选用的抗生素有青霉素、氨苄西林、头孢菌素等进行肌内或静脉注射。如果是由于尿道口狭窄、前列腺肥大或肿瘤引起，应根据原发病的情况，施行适当手术或其他疗法。

（3）对症治疗　及时补液、供给能量、调节机体酸碱平衡和电解质平衡，纠正尿毒症和肾衰竭等。

此外，应让患猫尽量多饮水，以冲洗尿道，如果患猫不愿饮水，可给予罐头等含水丰富的饮食。

【预防】

合理调制猫粮，减少镁盐的摄入，使尿中镁浓度降低，增加食物中蛋氨酸的摄入，蛋氨酸代谢产物 SO_4^{2-} 取代尿结石中的 HPO_4^{2-}，使尿液酸化，添加适量的氯化铵，或同时应用碳酸钠，可抑制食后碱潮，使尿液 pH 降低，既能防止结石的形成，又能溶解已形成的结石。在猫日粮中每天添加 0.25～1.0g 食盐，使饮水增多，促进排尿，可降低尿结石的发生率。

供给清洁、新鲜的饮水，并经常更换，不要一次放大量饮水，最好每次放少量饮水让猫饮完再换；对有些地区加入消毒剂的水，猫可能不爱喝，这样最好供给蒸馏水或矿泉水，尽量使猫饮水增多，增加排尿频率，可预防尿结石的形成；经常清理猫的尿盆；鼓励猫运动或玩耍，并保持理想的体重；减少对猫的应激；定期去兽医院检查，并根据兽医的建议饲喂。

六、尿道损伤

尿道损伤是指强烈的致病因素直接或间接地作用于尿道造成的尿道伤害，称为尿道损伤，多见于公犬、公猫。

【病因】

引起尿道损伤的原因主要是会阴部受到直接或间接的钝性外力或锐性外力作用，如暴力打击后躯，耻骨或阴茎骨骨折的断端或骨碎片刺入尿道引起的损伤；碰撞，如交通事故、相互争斗咬伤；跳跃障碍物时或由高处堕落等所致；外源性异物刺入或交配后尿道脱出损伤尿道前端。

此外，尿道探诊时操作不慎，以及阴道肿瘤或阴道脱手术时损伤；阴茎伸出时间过长，不能回缩至包皮内造成尿道损伤；尿道结石、尿道炎症所致的损伤。

【症状】

本病症状较为复杂，因损伤部位及性质的差异而呈现不同的临床症状。

阴茎部尿道损伤时，局部发生肿胀，增温疼痛，皮肤呈紫色；损伤处血管破裂时可出现血尿和漏尿等症状，触诊时，十分敏感。病犬、猫常用舌舔患部，表现为排尿不畅或尿频等。

会阴部尿道有异物刺入时，尿液可深入皮下，出现浮肿，感染后可引起蜂窝织炎、化脓或形成瘘管。骨盆腔内尿道损伤，尿液进入腹腔，排尿减少或停止，下腹部膨大，若继发腹膜炎，则腹部紧张，触诊敏感，甚至出现尿毒症、休克等全身症状。

【诊断】

通过询问病史，结合骨盆创伤、血尿、尿道周围肿胀、少尿等临床症状即可作出诊断。必要时可进一步检查和诊断。如需确定损伤部位和程度，可做逆行性尿道造影检查（选影剂为碘苯基砷酸类），造影剂由尿道口注入。如怀疑骨盆骨折可施行直肠检查，确认骨盆内有无疼痛肿胀、左右是否对称以及有无异物等。

此病应与膀胱破裂相区别　膀胱破裂时，膀胱呈空虚状，导尿管插入畅通无阻，注入生理盐水后，抽出量与注入量不等。

【病程及预后】

轻度损伤经过积极治疗预后良好，但重症病例继发腹膜炎及其他情况则预后不良。

【治疗】

应确保尿液排出，抗菌消炎。为了保证尿路的通畅，可安置导尿管。小动物的导尿管可利用小儿头皮针胶管（一次性输液管）制作，保留喇叭口端裁去头皮针端，其长度根据尿道的长度估计确定。将导尿管插入尿道，小心通过损伤部位，用缝线横穿喇叭口，并将其固定在包皮内或外阴门内；骨盆腔内尿道损伤，如安置导尿管困难，可于腹壁正中切开，暴露尿道后再将导尿管插入并贯通损伤部位。对于开放性损伤，在插入导尿管之后，用可吸收缝线对黏膜下层、肌肉组织分别做结节缝合。导尿管插入困难而尿路阻塞又难以解除时，可做膀胱穿刺排尿或安置膀胱插管。控制细菌感染除全身使用抗生素外，还可通过导尿管给予抗生素。每天应检查导尿管是否通畅及排尿情况，堵塞时，可向导尿管内注入生理盐水疏通。

【预防】

避免外力作用及动物间的相互斗咬，进行尿道探诊要注意，积极治疗尿道炎症及结石等疾病。

七、尿道狭窄

尿道狭窄是尿道内腔变窄以致尿液排出困难，常见于公犬。尿道狭窄多发生在阴茎口、前列腺沟及坐骨弓处。

【病因】

尿道狭窄可见于尿道受压，如前列腺肥大、肿瘤、周围组织炎性肿胀；尿道因手术或创伤后形成的瘢痕及瘢痕收缩。尿结石也是引起尿道狭窄的常见病因。

【症状】

病犬尿频、尿淋漓，排尿痛苦，常舔尿道外口。患尿道结石时偶尔可见尿道排出细砂粒状物或血尿。尿道进行性狭窄时膀胱内尿液慢性潴留，膀胱胀满。尿道狭窄严重的病例可出现食欲减退、呕吐，甚至尿毒症。

【诊断】

根据病史、临床症状可作出初步诊断。尿道插管探查和尿道造影有助于尿道狭窄部位的确定。

【病程及预后】

根据原发病情况不同，预后不定。

【治疗】

主要是消除病因，排除积尿。当膀胱胀满时，应插入导尿管排尿，或经腹壁穿刺膀胱抽出尿液。当尿道狭窄不易解除时，可在狭窄部的近端做尿道造口术，另建尿路。

【预防】

加强饲养管理，积极治疗原发病。

八、良性前列腺增生

良性前列腺增生又称良性前列腺肥大，是前列腺自发性、与年龄相关的良性增生性疾病，是雄犬的常见病，不过在犬仅见于家养的品种。肥大和增生是犬前列腺增生的两种病理变化。6岁以上的犬约60%有不同程度的前列腺增生，但大部分不表现临床症状。犬前列腺增生一般呈囊状，故又称囊性前列腺增生。前列腺增生在临床上以尿液、精液、前列腺分泌液中带血，便秘和排尿困难为特征。

【病因】

良性前列腺增生是年龄增长的自然结果，50%的犬在4～5岁前出现良性前列腺增生的组织学变化。关于引起犬前列腺增生的原因尚不十分清楚，在一定程度上与内分泌失调有关。局部生长因子和儿茶酚胺的作用，随年龄增长，睾酮、5α-双氢睾酮及雌激素与雄激素比例的改变在前列腺增生方面具有重要作用。

【发病机制】

前列腺增生与体内雄激素及雌激素的平衡失调关系密切。睾丸酮是主要的雄激素，在酶的作用下，变为双氢睾丸酮，双氢睾丸酮是雄激素刺激前列腺增生的活性激素。雌激素对前列腺增生亦有一定影响。

【症状】

腺体体积增生不大时，全身症状一般不明显。增大时腺体对直肠和腺体周围组织造成压迫时，动物表现为频尿和里急后重；有的动物出现血尿或排出血清样物质。精子活力下降，出现不育症。经直肠内触摸前列腺呈现对称性增大，无疼痛反应。严重的，可出现尿潴留和排尿困难。在国外，犬的疾病发生中，前列腺疾病约占2.5%，其中大多数是前列腺增生。患犬的腺体体积比体重相似的正常犬要大2～6.5倍。

【诊断】

根据病史、发病年龄及临床症状可做出诊断。另外，X射线检查可见增大的前列腺，从侧面看，腺体的上下横径等于或大于由耻骨前延到荐骨岬间距的70%，前列腺液红细胞数增多，但细菌培养无明显异常（每毫升少于10万个细菌），直肠指检可以触诊到增大的前列腺。正常情况下尿道内有少量菌群生长，B超图像可见前列腺出现单个至多个实质性囊肿，尿道的逆行造影可用于前列腺增生的诊断。

【病程及预后】

发病后积极治疗可治愈，一般预后良好。

【治疗】

去势是治疗前列腺肥大的最为有效的方法，多数病例在去势后2个月内前列腺的体积即可缩小。对去势或雌激素治疗无效者，应考虑前列腺切除术。但对种用动物，去势是不适用的,药物治疗可选用下列方法:己烯雌酚,口服 0.2~1.0mg/d,连用 5d。长期大量应用可引起骨髓抑制和前列腺鳞状化生;乙酸甲地孕酮(每千克体重 0.5mg/d)与乙酸甲羟孕酮(3~4mg/kg 体重)联合应用,4~7 周后临床症状可消失;非那司提每千克体重 1~5mg/d,6~9 周出现明显的疗效。雄激素受体颉颃剂氟硝丁酰胺和羟氟硝丁酰胺,口服剂量为每千克体重 2.5~5.0mg/d,5~7 周出现明显疗效。

(黑龙江畜牧兽医职业学院 张久丽)

【本章复习思考题】

一、名词解释

肾衰竭、肾炎、肾病、尿毒症、肾盂积水、膀胱炎、膀胱麻痹、猫泌尿系统综合征、良性前列腺增生。

二、填空

尿道炎临床特征为_____、_____、_____。

犬尿石症按其尿石的所在位置可分为_____、_____、_____、_____。

三、简答题

1. 简述泌尿器官疾病的一般病因和临床症状。
2. 简述泌尿器官疾病的诊断治疗原则。
3. 简述肾炎的发病机制、临床症状和治疗。
4. 简述尿毒症的临床表现和治疗措施。
5. 简述急性膀胱炎的主要临床表现。
6. 简述膀胱炎的诊断及治疗。
7. 简述膀胱结石的临床症状。

四、病例分析

病例:张某饲养的一条德国牧羊犬,雄性,4 岁。主诉:犬三天前发病,精神沉郁、食欲不佳、拱背夹尾、后肢无力、尿淋漓。请当地兽医诊治,该兽医根据当时的症状诊断为风湿。用阿司匹林等药物进行治疗三天无效。临床检查:患病犬精神沉郁,食欲减退,体温升高,背腰拱起,用手触压其腰部(肾区),犬疼痛难耐,嚎叫躲闪。运步困难,步态强拘,后躯不能站立。眼睑轻度水肿。排尿次数增加,但量小,尿呈点滴状或细流状。有絮状物或石灰样沉渣。尿检:尿比重增加,其中含有大量蛋白质和沉渣。根据临床症状、实验室诊断,确诊为犬急性肾炎。

治疗:(1)**抗菌消炎** 用头孢西林(苄氨青霉素+增效剂),地塞米松混合肌肉注射,一日两次,连用三日。(2)**利尿消肿** 用脱水利尿剂,双氢克尿噻,连服 3~5d。(3)**改善饲养管理** 施行半饥饿疗法,限制饮水和食盐的摄入量。

分析:犬急性肾炎,外表症状,因肾区疼痛致使犬后肢运步拘谨或不敢站立,发病比较突然等,很容易误诊为风湿性关节炎,但只要检查肾区和尿检,就能区别诊断。

试判断对以上病历诊断、治疗措施是否正确?

第五章 犬猫的内分泌器官疾病

第一节 概述

犬、猫的内分泌疾病在小动物临床上占有相当重要的地位。犬内分泌疾病占犬病的10%~20%；猫内分泌疾病所占比例亦不容忽视。随着我国犬、猫等小动物饲养量的增加，小动物内分泌疾病的发生也势必增多，兽医临床上应给予高度重视。

一、影响内分泌疾病发生的主要因素

首先犬甲状腺机能减退是最重要的内分泌疾病之一，占其内分泌疾病的40%；其次为糖尿病、肾上腺皮质机能亢进，肾上腺皮质机能减退及甲状腺肿。猫糖尿病发病率最高，占其内分泌疾病的56%；内分泌疾病的发生与动物的品种、性别、年龄及营养等诸多因素有一定的关系。

1. 与品种的关系　有些品种的宠物易患某些内分泌疾病，如德国牧羊犬，易患垂体侏儒症；荷兰卷毛犬易患糖尿病；小猎兔犬多发甲状腺机能减退和甲状腺炎；硬毛猩常发甲状腺肿，这种品种倾向与遗传缺陷有关。

2. 与性别的关系　母犬患糖尿病，肾上腺皮质机能亢进或减退，肾上腺肿瘤及甲状旁腺机能减退多于公犬，而公犬则易发甲状腺机能亢进，尿崩症和嗜铬细胞瘤。老龄去势母犬比其他犬更易患糖尿病。

3. 与年龄关系　各年龄组内分泌疾病的发生亦有所不同，犬、猫在4岁以前易患家族性糖尿病，垂体性侏儒症和继发性甲状腺机能亢进；1~5岁易发生肾上腺皮质机能减退，假性甲状旁腺机能亢进，甲状旁腺机能减退；5~10岁多发甲状腺机能减退，糖尿病，肾上腺皮质机能亢进；10岁以上多发尿崩症，原发性甲状旁腺机能亢进。

4. 与营养的关系　例如，宠物在饥饿状态下，可引起多种内分泌器官的机能异常；食物中钙、磷含量不足或比例失调，可引发继发性甲状旁腺机能亢进和高降钙素血症；无论是碘缺乏还是碘过多均可导致甲状腺肿。

二、内分泌疾病的主要原因

内分泌疾病的原因可归纳为以下6个方面：

1. 内分泌器官的病变　如肿瘤和增生性病变，往往是内分泌器官原发性机能亢进的主要原因；发育不全或破坏性病变，常是引发内分泌器官的原发性机能减退的直接原因。

2. 促激素分泌异常　促激素分泌过多可引起继发性内分泌器官机能亢进；促激素分泌减少或缺乏，则可以产生继发性内分泌器官的机能减退。

3. 激素或激素样物质的异位性分泌增加　某些非内分泌肿瘤具有合成激素的能力，尤其是肽类激素，这种异常的激素分泌可产生于内分泌器官原发性机能亢进类似的综合征。

4. 靶细胞应答不能　激素是通过与细胞受体结合和改变细胞内的活动来实现对靶器官的调节。靶细胞受体缺乏或存在缺陷或靶细胞内应答不能时，激素则丧失正常机能。

5. 激素降解异常　已知某些药物加速激素的降解而有的则可减缓激素的降解。激素降解和排泄的器官机能发生障碍时，也可导致激素在体内的蓄积。

6. 医源性激素过多　激素的用量过大是导致医源性激素过多的根本原因，长期使用外源性激素或突然停用外源激素，对内分泌器官都有损害。

三、内分泌疾病的基本症状

由于内分泌疾病的病因、病性、病情及病理生理学基础的不同其临床表现亦多种多样，即便是同一种疾病也有轻重之别。基本症状是体重减轻，虚弱，食欲减退或亢进，肥胖，乳溢，病理性骨折，青春期延迟，多发性尿结石，多尿，烦渴，精神紊乱，抽搐，肌肉痉挛，侏儒，脱毛，雄性乳房雌性化，持续性发情间期，阳痿，性欲减退等。

四、内分泌疾病的诊断

主要包括临床诊断、实验室诊断及内分泌器官机能试验3个方面。

1. 临床诊断　有些内分泌疾病常表现特征性临床症状，根据症状就可以建立临床诊断，如糖尿病的三多一少症状，甲状腺机能亢进的高基础代谢率征候群和高儿茶酚胺敏感性综合征。但有些内分泌疾病或无特征性的临床症状，或呈现非典型的临床表现，或症状不明显，如肾上腺皮质机能减退。仅依据临床表现很难做出诊断，此时应结合实验室检查结果进行判定。

2. 实验室诊断　应依据临床表现，有目的地进行实验室检查，包括测定相应的生化指标，获取内分泌器官机能紊乱的间接证据，如肾上腺皮质机能减退的氮血症、低钠血症、高钾血症等；测定血浆中相关的激素含量，查找内分泌机能紊乱的直接证据。

3. 内分泌器官机能试验　其目的在于判定内分泌器官机能状态。对实验室检查结果不明显的或亚临床症状的患病动物，可进行内分泌器官机能试验，其结果可作为确切诊断的依据。内分泌器官机能试验，分为刺激性试验和抑制试验，促肾上腺皮质激素试验和促甲状腺激素试验属刺激试验；地塞米松试验和甲状腺原氨酸试验属抑制试验。

五、内分泌疾病的治疗原则

治疗原则：对内分泌器官机能亢进的治疗主要采用手术切除导致机能亢进的肿瘤或部

分腺体，应用放射性物质或药物抑制激素的分泌，并辅以对症疗法纠正代谢紊乱。对内分泌器官机能减退的治疗，通常采用激素替代疗法以补充激素的不足或缺乏。

第二节 甲状腺及甲状旁腺疾病

一、甲状腺功能亢进症

甲状腺机能亢进症简称甲亢，是由于甲状腺激素分泌过多，基础代谢亢进所引起的内分泌疾病。病理上呈弥漫性、结节性、混合性甲状腺肿。临床上主要以高代谢率征候群，神经兴奋性增高，甲状腺肿为特征，弥漫性肿大者多伴有不同程度突眼症，本病是猫首位内分泌病，多见于6~20岁的老龄猫，犬也有发生。

【病因】

本病的病因目前尚不完全清楚。患病的猫多是由于甲状腺滤细胞瘤或多结节状增生所致，而病犬是由于甲状腺肿所致。此外，本病可能与自身免疫，遗传因素，精神受到刺激或其他内分泌机能紊乱有关。近代生理学家观察，甲状腺机能会极敏感地受各种内在或外在的环境因素影响，如温度变化，季节交替，妊娠，感染，甲状腺部分切除，缺碘等情况下均可发生增生、肥大与机能变化。

【症状】

甲状腺肿大，弥漫性肿大者，多为两侧对称，腺体质软，触之有弹性。结节性肿大者，多为两侧不对称，有单个或多个结节，质地较硬。

犬，半数甲状腺腺癌病例表现为对侧甲状腺萎缩。基础代谢率征候群包括多尿，饮欲亢进，烦渴，食欲亢进，但体重减轻，肌肉无力，消瘦，易疲劳，体温升高。高儿茶酚胺敏感性综合征，是由于各组织器官的β-肾上腺素能受体敏感性增加及游离的儿茶酚胺分泌增多所致。主要特征是易惊恐，肌肉震颤，心动过速，各导联心电图电压增大。甲状腺毒症，主要表现肠音亢进，排粪次数增加，粪便松软，骨质疏松，过多的甲状腺素还作用于心血管系统，使心率加速，心输出量增加，外周循环阻力降低，引起高输出性心力衰竭。

猫，除表现高基础代谢率征候群，高儿茶酚胺敏感性综合征及甲状腺症外，90%的病猫在靠近喉的部位能触摸到肿大的甲状腺。不常见的症状有食欲减退，精神萎靡，体温轻度升高，呼吸急促，肌肉无力，震颤，充血性心力衰竭，被毛脱落，爪生长过快。

10%的病例精神高度沉郁，食欲废绝及虚弱无力。心电图检查，半数病例心脏扩大，主要是左心室，主动脉根和左心房增大；有的伴发肺水肿和胸膜渗出，2/3病例窦性心动过速（>240次/min）和心动过速节律不齐；1/3病例Ⅱ导联QRS波电压超过0.9mV；少数病例存在Ⅱ度房室阻滞和左前束阻滞。

实验室检查，犬红细胞增多，低胆固醇血症，高钙血症及尿钙增加。猫呈现应激白细胞象，血清无机磷和胆红素升高，粪便中脂肪增加，血清中肝脏特异性酶活性增高。血清T_4（>40μg/L）或T_3（>2000ng/L）含量增加。

【诊断】

依据临床症状和实验室检查结果容易诊断,如甲状腺肿大,高基础代谢率征候群和高儿茶酚胺敏感性综合征可做出初步诊断,实验室检查基础代谢率增高,在15%以上,血清中甲状腺素 >40μg/L 或三碘甲状腺原氨酸 >2000 ng/L 可确诊。纵隔等部位存在异位性甲状腺组织时也可呈现甲状腺机能亢进的症状,血清 T4 或 T3 含量亦增加,但其甲状腺不肿大。对 T4 和 T3 含量升高不明显的甲状腺机能亢进病例,可应用促甲状腺素刺激试验作进一步诊断。

【治疗】

1. 治疗原则　加强护理,限制病犬运动,补充多种维生素和高热量食物。

2. 治疗方法

(1) 抗甲状腺药物疗法　常用的有丙基硫脲嘧啶,日口服剂量:犬 10mg/kg 体重,猫 50mg/kg 体重,每 8h 服药一次。临床症状明显改善,体重增加,心率减慢时,逐渐减少用药剂量,直至病情稳定,全疗程需经数月。该药有一定副作用,用药前 2 周约有 5%~10% 的病例,表现食欲减退、呕吐、嗜眠;2 周后可发生皮肤疹,面部肿胀,瘙痒和肝病等药物过敏症状。也可口服甲亢平进行治疗。

(2) 放射性碘治疗　放射性碘在甲状腺内放出 β 射线,破坏甲状腺滤泡组织,减少甲状腺素的合成,从而达到治疗的目的。使用时按甲状腺组织的重量计算剂量,一般每克甲状腺组织给予 60~80μCi,一次口服,服药后约一个月开始显效,多数病例 3 个月后症状基本缓解。

(3) 甲状腺切除手术　对长期服药无效或停药后复发者,可考虑手术。多采用甲状腺不全切除,手术前 2 周开始服用抗甲状腺药物,控制甲状腺机能亢进,减少甲状腺充血,降低血清 T4 和 T3 浓度,以便实施手术。心动过速时,术前 2 天应服用心得安 2.5~5mg,每日 3 次。术后应监测血清 T4 水平,一侧性甲状腺切除,血清 T4 降低可持续 2~3 周,如不表现嗜眠症状,一般不宜实施甲状腺素替代疗法,以免残留的甲状腺发生萎缩。两侧性切除病例,每天应服用左旋甲状腺素钠 0.05~0.1mg,恢复后逐渐减少用量。

二、甲状腺功能减退症

甲状腺功能减退是由于甲状腺激素合成或分泌不足而导致机体全部细胞的活性与功能降低的疾病,临床以机体代谢率下降,全身发"胖"(黏液性水肿)、嗜眠、性欲减退、不育、畏寒、皮肤被毛稀少为特征。本病是犬最常见的内分泌疾病,多发于 4~6 岁中型或大型雌犬,猫偶有发生,本病在杜宾犬、爱尔兰塞特犬、德国猎犬、戈登猎犬及巴哥犬的发病率较高。

【病因】

本病 90% 以上是甲状腺萎缩以及甲状腺的滤泡持续性坏死引起的。

先天性甲状腺功能减退主要是幼犬的甲状腺发育不全,结构缺陷或缺乏以及遗传性甲状腺炎所致。

后天性甲状腺功能减退,成年犬常见的原因有淋巴性甲状腺炎和自发性甲状腺萎缩,导致甲状腺激素及促甲状腺激素缺乏所致。

继发性甲状腺功能减退的常见原因是占位性病变引起脑垂体促甲状腺细胞损伤。

猫的甲状腺功能减退主要是放射性碘，外科手术切除甲状腺及给予抗甲状腺药物过量所致的医源性原因引起的。

【症状】

1. 综合征状　成年犬早期症状是脱毛，尾近端和远端背侧尤为明显。90%的病例皮肤干燥，脱皮屑，被毛无光泽、脆弱，剪除的被毛不能再生，毛色发白。20%的病例伴有油脂样皮脂溢出，继发感染时发生瘙痒。此外，还表现精神沉郁、嗜眠、耐力下降、畏寒、流产、不育、性欲减退、发情间期延长或发情期缩短。重症病例，皮肤色素过度沉着，因黏液水肿而皮肤增厚，眼上方、颈和肩背侧尤为明显。体重增加，四肢感觉异常，面神经或前庭神经麻痹，精神兴奋，有攻击行为。运动强拘，体温低下，伤口经久不愈，排粪迟滞，窦性心动过缓，心电图低电压。继发高脂血症时，则表现高血压性视网膜病，高血压性视网膜炎，角膜和周缘巩膜环状脂浸润、癫痫、圆圈运动等眼病和脑血管粥状硬化症状，青春期前的幼龄犬甲状腺机能减退，临床上少见其突出的症状是不对称性侏儒和智力低下。

除普通类型的甲状腺机能低下外，临床上还可见到以下特殊类型的甲状腺机能减退：继发性甲状腺机能减退。除表现甲状腺机能减退外，还伴有促肾上腺激素过多或不足，继发性腺机能减退，尿崩症及癫痫等中枢神经系统机能障碍。

2. 异常乳溢和不孕症　系甲状腺激素释放激素过多和下丘脑多巴胺不足，引起高催乳素血症而引发的异常泌乳。多见于青年母犬，高催乳素血症还可干扰促性腺激素释放激素或直接影响性腺类固醇的产生，而导致成年犬不孕。

3. 甲状腺机能减退性肌病　临床上表现明显的肌无力，运步缓慢，步态僵硬，血清肌酸磷酸激酶活性升高，高胆固醇血症，肌肉萎缩。

4. 黏液水肿性昏迷　黏液水肿是重症，甲状腺机能减退的险恶后果，病死率极高。患病动物体温低下但无战栗，表情呆滞，严重的病例出现昏迷，换气不足，血压降低，心动过缓，血钠、血糖、皮质醇含量降低，低血氧，高碳酸血症。

5. 先天性甲状腺机能减退　多半早断乳前死亡，存活的动物在断乳后表现骨骼和神经系统损伤的症状，表现为不相称性侏儒（短腿）和智力低下。头短宽，下颌短缩，舌伸出，侧方斜视，突眼脱毛，体温低下，心动过缓，肌肉无力，出牙延迟及甲状腺肿。实验室检查，高胆固醇血症，非再生性贫血，肌酸磷酸激酶活性升高，生长激素减少，低血糖症。

【诊断】

依据全身发胖，躯干被毛稀少，嗜眠及不育等基本症状可建立初步诊断，确诊应依据实验室检查和诊断性试验。

1. 实验室检查　红细胞和血红蛋白减少，呈中等程度贫血，约60%的病犬有高胆固醇血症；25%~30%的病例呈现轻度非再生性贫血；10%的病例血清肌酸磷酸激酶活性升高，雄性动物精子减少。

2. 诊断性试验　血清甲状腺素（T4）含量，正常为10~40μg/L，低于10 μg/L即可诊断为甲状腺机能减退。对T4含量处在正常范围下限（小于20 μg/L）的病犬，应行促甲状腺激素试验。体重5kg以下的和5kg以上的犬、猫分别肌肉或静脉注射5U和10U促甲状腺激素，8h后血清T4含量小于等于40 μg/L，即可诊断为甲状腺机能减退；对T4含量为40~50 μg/L的病例，应重复试验。继发性甲状腺机能减退，血清T4基线水平低，注射促甲状腺激素3~8d后，其值达到或接近正常。

【治疗】

1. 治疗原则　加强喂养管理，替代疗法和对症治疗。

2. 甲状腺激素替代疗法　对甲状腺机能减退症，长期使用甲状腺素制剂是唯一的治疗方法。甲状腺干制剂：侏儒症用药剂量依月龄不同而定，一般宜从小剂量开始，逐渐增加至维持剂量。成年犬甲状腺机能减退症，开始剂量每天口服5~10mg，以后每周增加5~10mg，直至所需的维持量15~30mg，左旋甲状腺素0.02~0.04mg/kg体重，内服，每天1次。三碘甲状腺原氨酸5 μg/kg体重，内服，每天3次。

3. 对症治疗　伴有肾上腺皮质机能减退者，先实施类固醇激素替代疗法，然后使用甲状腺素疗法。一般治疗后6周内显效。伴有贫血者加用铁剂、叶酸、维生素B_{12}等制剂，伴有充血性心力衰竭，心律不齐及糖尿病，应逐渐增加用药剂量。

三、甲状旁腺功能亢进症

甲状旁腺机能亢进症是指甲状旁腺分泌甲状旁腺激素过多，按病因分为原发性、继发性和假性3种类型。

【病因】

原发性甲状旁腺机能亢进，是由于甲状旁腺肿瘤或自发性增生所引起的甲状旁腺激素自主分泌过多，多发生于犬。

继发性甲状旁腺机能亢进，是营养性或肾性低钙或高磷血症所引起的甲状旁腺增生和甲状旁腺激素分泌过多。多发生于年轻的犬、猫，其中营养性继发性甲状旁腺机能亢进，主要起因于饲料中钙、磷比例失调和维生素D缺乏，主要是磷多钙少，如长期饲喂动物肝脏；肾源性继发性甲状旁腺机能亢进，通常见于与肾脏功能衰竭有关的肾脏疾病，如慢性间质性肾炎，肾小球肾炎，肾硬化，肾淀粉样变，先天性肾皮质发育不全，多束肾及双侧肾盂积水等。

假性甲状旁腺机能亢进（又称恶性高钙血症）是由于淋巴肉瘤、腺瘤等甲状旁腺以外的肿瘤所引起的一种类似原发性甲状旁腺机能亢进的综合征。

【症状】

1. 原发性甲状旁腺机能亢进　可引起下列征候群：①骨骼症状，因骨质脱钙，导致骨质疏松，容易发生骨折和畸形，常见鼻腔狭窄，齿脱落，颜面骨肥大，脊柱变形，跛行，急性胰腺炎等。②高钙血症，血钙过高时，神经肌肉应激性降低，肌肉迟缓无力，心动过缓，食欲不振，呕吐，腹痛吞咽障碍，便秘，精神沉郁乃至昏迷或癫痫发作，多饮、多尿、脱水、尿毒症（肾性钙质沉着和肾石）及胃溃疡。③钙性肾病所致的尿毒症症状，精神沉郁，呕吐，腹泻，口腔溃疡，呼出气有尿臭味，贫血，脱水，代谢性酸中毒。

2. 继发性甲状旁腺机能亢进　除具有原发病的症状外，则出现骨软症的症状，骨骼肿胀变形。血清钙含量正常或降低，血清磷正常或升高。初期，患病动物不愿走动，喜卧,步样强拘,一肢或数肢不明原因跛行。四肢关节广泛性触痛,牙齿松动,咀嚼困难或疼痛。后期,骨骼肿胀变形明显,尤以上、下颌骨为甚,颜面变宽,下颌骨边缘增厚,下颌间隙变窄,长骨变形,腰椎下凹,犬和猫的肋骨肋软骨结合部肿大,爪向内侧偏斜。

3. 假性甲状旁腺机能亢进　除具有原发性甲状旁腺机能亢进的症状外,还出现贫血、淋巴结肿大、肛门肿瘤、乳腺瘤等症状。

【诊断】

根据临床症状,X线检查和实验室检查结果,可以诊断。

1. 实验室检查　血钙增高,具有诊断意义,原发性甲状旁腺亢进症时血清钙高达 3～5mmol/L,但晚期肾功能衰竭时,血钙可降至正常或低于正常。血清磷含量降低到 0.81mmol/L 以下,但在晚期肾功能衰竭时,磷排泄困难,血磷可提高。血清碱性磷酸酶一般常增高(超过 80U/L),尿液中钙增多。

2. X线检查　可见骨质脱钙,皮质变薄,骨折、畸形,骨质可呈纤维状或蜂窝状,牙槽骨板吸收和骨囊肿形成。

【治疗】

1. 原发性甲状旁腺机能亢进　根本性治疗措施是手术切除甲状旁腺肿瘤。如果 4 个甲状旁腺均肿大,应保留 1 个前甲状旁腺的一半。术后 12～96h 可发生一过性的高度低钙血症。残留的甲状旁腺恢复正常分泌机能需 1～3 周。为使血清钙维持在 1.87～2.25 mmol/L,应口服葡萄糖酸钙和维生素 D。对血清钙低于 1.87 mmol/L 而无临床症状的,每日分服葡萄糖酸钙,剂量为 50～70mg/kg 体重。对伴有肌肉强直和癫痫发作的,应静脉注射 10% 葡萄糖酸钙,剂量为 1ml/kg 体重。

2. 继发性甲状旁腺机能亢进　饲喂 2～3 个月的维生素 D 和钙磷比例为 2∶1 的食物。对食欲不振的犬、猫,可静脉注射葡萄糖酸钙以改善症状。因为患病的犬、猫易发生新的骨折。因此在管理上要非常注意,症状缓解后可给予钙磷比例为 1.2∶1 的食物。

3. 肾源性的甲状旁腺功能亢进　关键在于治疗原发病改善机能,同时适当降低日粮中磷的含量而增加钙的含量。

4. 对假性甲状旁腺功能亢进　犬、猫早期肿瘤,应做外科手术切除,并结合化疗、放疗、免疫疗法以及对症治疗,症状可以得到明显改善。

四、甲状旁腺功能减退症

甲状旁腺功能减退症是甲状旁腺激素分泌不足或不分泌以及靶器官对甲状旁腺激素反应性减低的疾病。特征是肌肉痉挛、抽搐、低钙血症和高磷血症。常发于 2～8 岁小型犬,母犬居多。

【病因】

常见原因有,甲状旁腺放疗,手术切除,长期应用钙剂或维生素 D 等引起的甲状旁腺破坏或萎缩;甲状旁腺发育不全,淋巴细胞性甲状旁腺炎,非机能性甲状旁腺肿瘤等甲状旁腺器质性病变以及犬瘟热、镁缺乏症等。犬特发性甲状旁腺机能减退,可能是一种自体免疫性疾病。猫发病的唯一原因是颈部手术损伤了甲状旁腺。

【症状】

临床上表现为局部或全身肌肉自发性收缩、痉挛、体温升高、虚弱无力、肌肉疼痛、兴奋不安呈神经状或精神沉郁，食欲减退、呕吐、腹痛、便秘；心动过速，QT间期延长，同步性膈痉挛，最终多死于喉痉挛性窒息。病程长时，常出现皮肤粗糙，色素沉着，被毛脱落，牙齿钙化不全。

实验室检查，血钙降低为 1~1.5 mmol/L，血磷升高。尿钙、尿磷含量减少。

【诊断】

根据临床症状做出初步诊断。

血液生化检查，血钙降低为 1~1.5 mmol/L，血磷严重升高。心电图检查，QT间期延长，ST段延长，T波矮小。

营养性或肾性甲状旁腺机能亢进，急性胰腺炎，低镁血症，犬和猫青春前期搐搦，母犬泌乳过多，降钙素分泌过多等疾病也可发生低钙血症，应注意鉴别。

【治疗】

急性低钙血症，可静脉注射10%葡萄糖酸钙 0.5~1ml/kg 体重，每天1~2次，重复用药应注意调整注射速度，并监测血清或尿液钙含量。症状缓解后采用口服钙剂和维生素D。慢性低钙血症，口服碳酸钙或葡萄糖酸钙及维生素D，钙剂量为 50~75mg/kg 体重，每日3~4次；维生素 D_2，犬、猫为 25000~50000IU（0.625~1.25mg），重复用量减半，每周服药2~3次。

第三节　垂体及肾上腺疾病

一、幼犬脑垂体功能不全

脑垂体功能不全也称脑垂体性侏儒症，是常染色体的隐性遗传病，幼犬的生长激素和其他促激素分泌降低而造成其脑垂体功能降低和侏儒症，幼犬在2~3周龄呈现明显的临床症状，多发于德国牧羊犬及其亲系品种，如丹麦熊犬。

【病因】

近亲繁殖是导致脑垂体侏儒症的主要原因，该病通常与颅咽管口咽外胚层不能分化为远侧部促激素分泌细胞有关，使脑垂体不能完全发育。另一种原因是发生于颅咽管口咽外层的良性肿瘤所引起的。

【症状】

犬在2~3周龄呈现明显的临床症状，并随年龄的增长症状日趋加重，为匀称性侏儒，常为窝中最矮小的，智力低下或正常，凸颌，永久齿长出延迟。发育迟缓，胎毛换毛不全和刚毛缺乏明显，体格矮小，患本病的成年德国牧羊犬的体重为2kg左右或是正常的1/2左右，但整个体型生长匀称，似狼或狐狸样。两侧对称性脱毛逐渐加重，直至除头部和腿部有簇毛外，其余部位全部脱毛，色素沉着过多，皮肤变薄。公犬睾丸和阴茎变小，阴茎骨钙化延迟或不完全，阴茎鞘萎缩。卵巢皮质发育不良，发情周期不规律或不发情，甲状腺和肾上腺皮质等内分泌功能都减退，患病犬的寿命明显缩短。

【诊断】

根据明显的发育迟缓，实验室测定甲状腺素，肾三碘甲氨酸及肾上腺皮质醇的水平，明显低于正常范围即可确诊。也可用胰岛素敏感性试验，垂体性侏儒病犬对胰岛素敏感性增加，在静脉注射结晶胰岛素每千克体重 0.025~0.05IU 后，其血糖值为注射前的 1/2。

【治疗】

可选用人或猪的生长激素皮下注射，犬用量为每千克体重 0.1IU，隔日 1 次，连续 4~6 周，但生长激素可引起过敏反应或糖尿病。

二、皮质醇增多症

本病又称库兴氏综合征，是由于肾上皮质分泌过量的皮质激素（主要是皮质醇）所引起的疾病。是犬最常见的内分泌疾病之一，母犬多于公犬，且以 7~9 岁的犬多发。猫也有发生。

【病因】

1. 垂体依赖性因素　主要见于垂体肿瘤性肾上腺皮质增生，约占自发性库兴氏综合征的 80%。垂体肿瘤可分泌过量的促肾上腺皮质激素，致使肾上腺皮质增生和皮质醇分泌亢进。

2. 促肾上腺皮质激素异位性分泌　非内分泌腺肿瘤或肾上腺以外的内分泌腺腺瘤可产生促肾上腺皮质激素或促肾上腺皮质激素样肽，在犬可见于淋巴肉瘤和支气管癌。

3. 肾上腺皮质依赖性因素　一侧或两侧性肾上腺腺瘤或癌肿常可分泌多量的糖皮质激素，而不依赖促肾上腺皮质激素的分泌。约占自发性库兴氏综合征的 10%~20%。

4. 医源性的因素　长期大量给予促肾上腺皮质激素和皮质醇类激素所致。

【症状】

常表现肾上腺糖皮质激素过多的症状，亦可兼有盐皮质激素和性腺激素过多的症状。病初因血液中高浓度的皮质醇，阻碍抗利尿激素的生成或释放，患病犬表现多尿，继发性多饮。由于糖皮质激素直接作用于食欲中枢，大部分病犬食欲增强，肝肿大，腹肌无力，腹围膨大。

一般病犬、猫皮肤弹性减退，形成皱裂血管显露，腹部可见很多粉刺，磷屑增加，皮肤呈纤细的砂纸样。约 70% 的病犬出现无瘙痒性的两侧对称性脱毛，在易摩擦的部位脱毛明显，不完全脱毛的犬只残留头部和四肢末端有毛。

皮肤色素过度沉着为斑块状，钙质沉着为奶油色斑块状，其周围为淡红色的红斑环。

蛋白质代谢的异化作用可带来骨骼肌消耗，临床上可表现有明显的肌肉萎缩，震颤，脊柱弯曲，飞节和肘头易产生褥疮。据报道，库兴氏综合征病犬可发生肌肉强直或伪肌肉强直，叩诊患病肌群可产生肌强直性凹陷。由于伸肌强直，站立姿势酷似破伤风。肌肉强直通常发生于一侧后肢，然后是另一后肢，最后扩展到两前肢。休息或在寒冷条件下步态僵硬尤为明显，还表现精神抑郁或狂躁等神经症状。

本病也可逆行性压迫大脑或脑干部位而引起视力丧失，盲目运动，约有 96% 的病犬肺脏沉着无机物，也有沉着于骨骼肌和胃壁上的。偶见骨质疏松症和骨折。

雌性犬发情周期停止，雄性犬睾丸萎缩，性欲减退等。

【诊断】

根据多尿，多饮，垂腹与两侧性脱毛等征候群可初步诊断为肾上腺皮质机能亢进。

血象检查，淋巴细胞减少，为循环血液中白细胞的6%嗜中性粒细胞增加（白细胞增加超过$1.7 \times 10^{10}/L$）。

血液生化检查，血糖稍增加8.325~8.88mmol/L，平均值为6.16 mmol/L。血清胆固醇升高到5.95~10.34 mmol/L，平均值为7.49mmol/L，50%病犬超过7.76mmol/L。丙氨酸氨基转移酶和碱性磷酸酶活性升高，血浆皮质醇含量增加。尿常规检查，尿比重1.015以下，平均1.007。泌尿系统感染的犬，尿沉渣检查呈病理性变化。

促肾上腺皮质激素（ACTH）刺激实验，即于8h内静脉注射ACTH 10IU，正常犬注射后，血浆中17-羟皮质类固醇值为9.5~22μg/dl，而本病犬血浆17-羟皮质类固醇显著增高，可达50~60μg/dl。

肾上腺皮质功能实验，血浆中17-羟皮质类固醇浓度增高，为正常值（3~10μg）的2~3倍，一般可达20μg以上，昼夜周期波动消失。24h尿中17-羟皮质类固醇测定明显增高。

【治疗】

首先药物为双氧苯二氯乙烷，是杀虫药DDD的异构体，其作用机理可能在于阻断促肾上腺皮质激素刺激类固醇的合成，促进类固醇的分解，抑制外源性皮质醇的作用。犬日口服量50mg/kg体重，显效后每周服药1次。用药后约有25%的病犬呈现暂时性食欲减退、虚弱、头晕等副作用。分次给药可缓解上述不良反应。猫对该药的毒副作用尤为敏感，不宜使用。此外，还可以选用甲吡酮和氨基苯乙哌啶酮或手术切除肿瘤。

给予高蛋白食物，用抗脂溢性洗发液清洗犬体表以减少皮质脱屑。

三、肾上腺皮质机能减退症（阿狄森氏样病）

肾上腺皮质功能减退是一种、多种或全部肾上腺皮质激素的不足或缺乏。其中，全肾上腺皮质激素缺乏最为多见。肾上腺皮质功能减退有原发性和继发性之分，原发性又分为急性、慢性和非典型性3种类型。原发性肾上腺皮质功能减退常为全肾上腺皮质激素缺乏，称为阿狄森氏样病。以2~5岁母犬多发。母犬的发病率是公犬的3~4倍，猫也有发生。非典型原发性肾上腺皮质机能减退有两种类型，即醛固酮过少和糖皮质激素缺乏。继发性肾上腺皮质机能减退是由于促肾上腺皮质激素（ACTH）分泌减少所致，多不表现临床异常。

【病因】

自发免疫性肾上腺皮质萎缩，癌转移，深部真菌感染，淀粉样变性，X线照射等能使肾上腺皮质本身形成病变的因素都能引起原发性肾上腺功能减退。常见于钩端螺旋体病，子宫蓄脓，犬传染性肝炎，犬瘟热等传染性疾病和化脓性疾病，以及肉芽肿扩散，肿瘤转移，淀粉样病变，出血，梗死，坏死等肾上腺皮质病变。近年来发现，约有75%的患病犬血中存在抗肾上腺皮质抗体，肾上腺皮质出现淋巴细胞浸润，表明本病的发生与自体免疫有关。

丘脑—垂体前叶功能减退，肾上腺切除，长期用糖皮质激素治疗过程中突然停药，也可以引起本病发生。

选择性醛固酮过少，见于慢性肾小管间质性肾炎，18－羟皮质酮脱氧酶缺乏，见于各种类型的先天性肾上腺皮质增生所致的，17α－羟酶和21－羟酶缺乏。

【症状】

1. 急性型　突出临床症状是低血容量性休克征候群，患病动物大多陷于虚脱状态，若治疗不及时则很快死亡。慢性病程急性发作的，兼有体重减轻，食欲减退，虚弱无力等症状。

2. 慢性型　主要表现为精神沉郁，食欲不振，肌肉无力，周期性呕吐，便秘，腹痛，腹泻，体重减轻，多尿多饮，脱水，晕厥，兴奋不安，皮肤和黏膜有色素沉着，血压下降，呈现低血糖的征候。性欲减退，阳痿或持续性发情间期。

3. 非典型性原发性肾上腺皮质机能减退　其醛固酮过少的表现肌肉无力，心脏传导异常，精神沉郁，脱水，高钾血症，肾前性氮质血症，低钠血症，尿钠升高，尿钾降低，其糖皮质激素缺乏的，与典型原发性病例相似。

【诊断】

根据皮肤黏膜色素沉着等典型临床症状可初步诊断，测定血中ACTH增加，方可确诊。

1. 血液生化检查　血钠降低血钾升高，血钙轻度升高，嗜酸性白细胞和淋巴细胞的绝对值及分类数升高，血清尿素氮随症状升高（9.99～35.7mmol/L），有的血糖降低至3.33mmol/L以下。

2. 心电图检查　T波低平或倒置，P－R间期与Q－T间期延长。血钙升高时，P波消失。

3. 激素定量　尿中的1F羟皮质类固醇近于零，血中皮质醇也降低（犬的正常值为5～10μg/100ml）。

4. ACTH兴奋试验　肌肉注射促肾上腺皮质激素（ACTH）0.25mg，分别于注射前后1～2h，测定血中皮质醇的含量。患阿狄森病的犬、猫血中皮质醇升高不明显。

【治疗】

1. 治疗原则　重点在于纠正水、盐代谢紊乱，补充皮质类固醇激素。

2. 急性型　病情危重的病例及时抢救，具体措施依次如下：

静脉注射生理盐水，补充有效循环血量；补充糖皮质激素，剂量为：磷酸钠地塞米松0.5mg/kg体重或琥珀酸泼尼松钠10mg/kg体重。首次剂量的1/3静脉注射，1/3肌肉注射，1/3以5%葡萄糖生理盐水稀释后静脉滴注；静脉注射5%碳酸氢钠，纠正代谢性酸中毒；30min后，患病动物仍不见好转，可将2mg去甲肾上腺素稀释在5%葡萄糖液中静脉滴注，并观察注射后脉搏及尿量的变化；肌肉注射琥珀酸泼尼松钠11mg/kg体重，每日3次，直至病犬呕吐停止，自由采食，精神状态良好；按慢性型实施维持疗法。

3. 慢性型　肌肉注射琥珀酸泼尼松钠11mg/kg体重，每日3次；至血清钠、钾恢复正常，呕吐停止，食欲恢复；口服氯化钠1～3g（犬、猫），连服1周。口服氢化考的松0.5mg/kg体重，每日2次，连服1周，其后每日1次。

四、脑下垂体功能减退症

本病是由丘脑下部或垂体前叶功能障碍引起相应的靶腺和脏器功能降低的疾病。临床上根据激素分泌障碍的情况一般可分为单一激素分泌障碍（单独缺陷症），两种以上激素分泌障碍（部分脑下垂体功能减退症）和七种前叶激素分泌降低（广泛性脑下垂体功能减退症）三种，目前多把这三种疾病统称为脑下垂体功能减退症。

7种激素为肾上腺皮质刺激激素（ACTH），黑色素细胞刺激激素（MSH），甲状腺刺激激素（TSH），生长激素（GH），卵胞刺激激素（FSH），黄体激素（LH）和催乳激素。

【病因】

多见于垂体前叶坏死、萎缩、肿瘤、炎症、放射线照射、创伤、先天性不足等。

【症状】

激素缺乏的种类和程度不同，临床表现差异很大。

1. 脑垂体激素缺乏综合征 青年犬的脑下垂体性侏儒症，多见于发育迟缓的仔犬，主要是由于头颅咽头肿瘤引起的生长激素（GH）缺乏，也伴有其他激素的缺乏。

（1）生长迟缓综合征 患病犬从出生到2月龄时与同窝仔犬生长无明显的差异，以后发育明显迟缓，胎毛换毛不全和刚毛缺乏逐渐明显，体格矮小，体重不足正常同窝犬的一半，但犬的体型生长匀称。

（2）骨、齿综合征 永久齿的生长延迟或缺损，长骨骨干端的骨密质小，无骨小梁（甲状腺素缺乏）。叫声似仔犬样高亢。

（3）脱毛 两侧逐渐出现对称性脱毛甚至全身性的脱毛，呈现嗜眠，全身性色素沉着（甲状腺激素缺乏）。

（4）生殖系统生长与功能障碍 外生殖器官发育不全，睾丸和阴茎小，阴茎骨钙化延迟或不全，包皮松弛。雌性犬的卵巢皮质发育不良使发情不规则或缺乏（性激素分泌障碍）。

（5）性格与饮水、排尿异常 患病犬的性格温驯但也有暴躁的，有的多饮多尿（垂体后叶功能障碍）。

2. 性欲低下或出现糖尿病 犬、猫的垂体嫌色细胞瘤使垂体腺相邻部位受到压迫而萎缩，使垂体促激素分泌缺乏，导致靶器官功能下降。表现为性欲减退或不发情，肾上腺皮质萎缩引发低血糖。

3. 垂体减退症 成年犬、猫的肥胖性生殖器官萎缩是各种性腺激素缺乏所引起的。因此，也称为广泛性脑下垂体功能减退症：如①伴有生殖器官明显萎缩的肥胖和尿崩症样多饮、多尿；②被毛脱落，皮肤易损伤和继发性感染。

【诊断】

实验室检查可见尿中卵泡激素低于正常。血浆皮质醇含量降低，尿中17-羟皮质类固醇和17-酮固醇降低。促肾上腺皮质激素兴奋试验后，血皮质醇和尿中17-羟皮质类固醇可增高。

【治疗】

1. 治疗原则 对垂体肿瘤和头颅咽头肿瘤的病例可采用手术或放射线治疗，激素缺乏所致的病例可采用补偿疗法。

2. 治疗方法 对生长激素分泌障碍的犬、猫给牛生长激素 0.1~0.15IU/kg 体重，皮下注射，每日 1 次，每周 2~3d，连用 4~6 周。

对肾上腺皮质激素分泌障碍的犬、猫，泼尼松龙 2mg/kg 体重，2 次/d，口服。

对甲状腺激素分泌障碍的犬、猫，给予甲状腺素，犬：22μg/kg 体重，口服 2 次/d；猫：20~30μg/kg 体重，口服 1 次/d。

对性激素分泌障碍的犬、猫，根据情况给予丙酸睾酮制剂 0.3mg/kg 体重，每 4 周肌肉注射 1 次（雄性）；苯甲酸雌醇剂 0.3mg/kg 体重，每 4 周肌注 1 次（雌性）。

第四节 糖尿病

糖尿病是由于胰岛素相对或绝对缺乏，致使糖代谢发生紊乱的一种内分泌疾病。以多尿多饮，体重减轻，高血糖及糖尿为特征。糖尿病是犬、猫的主要内分泌疾病。公猫发病多于母猫，9 岁以上多发。母犬发病是公犬 2~4 倍，小型犬居多，多见于 8~9 岁的犬。

【病因】

1. 自发性糖尿病 分为 I 型（胰岛素依赖型）和 II 型（胰岛素非依赖型）。与糖尿病发生有关的原因有，胰腺外伤、肿瘤、感染、自身抗体、炎症等胰腺损伤；生长激素、甲状腺激素、糖皮质激素、儿茶酚胺、雌激素、孕激素等引起的 β-细胞衰竭；受体数目减少，机能或结构缺陷、受体后效应缺陷等导致的胰岛素生成障碍。自发性糖尿病已见于犬、猫的以 I 型居多，且常见于 8~10 岁的犬、猫。

近年来，有人提出病毒特别是犬细小病毒与幼龄犬糖尿病的发生有关。据调查，70%以上的糖尿病病犬存在抗胰岛素或抗胰岛细胞浆抗原的自体抗体，说明犬糖尿病的发生与自体免疫也有一定的关系。

2. 继发性糖尿病 见于急性和复发性腺泡坏死性胰腺炎所致的胰细胞破坏和胰岛淀粉样变。胰岛素抗激素过多也可导致 β-细胞衰竭，如医源性或自发性肾上腺皮质机能亢进引起的糖皮质激素过多，机能性嗜铬细胞瘤引起的儿茶酚胺过多，生长激素治疗或自发性肢端肥大症引起的生长激素过多，医源性或自发性甲状腺毒症引起的甲状腺激素过多，自发性或肿瘤性分泌引起的雌激素或孕酮过多；高血糖素瘤或细菌感染引起的高血糖素过多。

此外，镇静药、麻醉剂、噻嗪类及苯妥英钠等药物亦可损害胰岛素的释放引起本病。

【症状】

临床上将糖尿病分为非酮酸中毒性、酮酸中毒性及非酮病性高渗透性 3 种类型。

非酮酸中毒性糖尿病，体温多半不高，精神状态正常，常表现夜尿，多尿，烦渴，轻度脱水，食欲亢进，但体重减轻；有的可触及肿大的肝脏；有的患病母犬因伴有细菌性膀胱炎而呈现排尿困难和尿频的症状，1/2 的病犬患有白内障；多半为星状白内障，典型经过为数天至 2 周。即使空腹状态下亦呈明显的高脂血，眼底镜检查视网膜血管内的血液呈奶油状，故称为视网膜脂血。血清甘油三脂和胆固醇含量升高，有时可引起皮肤斑疹样黄瘤和腱黄瘤。黄瘤呈疹、脓疱和结节样，周围为淡红色红斑，多发生于腹部下方和腿部。

酮酸中毒性糖尿病，食欲减退或废绝，精神沉郁，体温可能升高，中度乃至重度脱水，呕吐，腹泻，少尿或无尿。空腹性高血糖，血糖含量可高达 11.1mmol/L 以上，酮血症、代谢性酸中毒,可发生库斯毛氏呼吸。

非酮病性高渗透糖尿病昏迷是血糖超过33.3mmol/L,血清钠低于145mmol/L,血浆渗透压大于340mmol/L的一种少见的病理状态,血浆渗透压高使动物突然昏睡和昏迷。

【诊断】

根据典型的"三多一少"征候群,即多尿、多饮、多食和体重减少,可初步建立诊断。确定诊断应依据血糖、尿糖检测结果,并参考糖的量试验。重复检测空腹血糖含量超过7.77mmol/L,空腹或食后血糖含量超过11.1mmol/L,可诊断为糖尿病。

【治疗】

1. 治疗原则 降低血糖,纠正水盐代谢及酸碱平衡紊乱。
2. 治疗方法

(1) 口服降低血糖药物 如乙酰苯磺酰环已脲、氯磺丙脲、甲苯磺丁脲、优降糖等磺酰脲类,具有促进内源性胰岛素分泌和增加胰岛素受体数量的作用。

(2) 胰岛素疗法 非酮酸酸中毒性糖尿病可于早饲前30min皮下注射中效胰岛素0.5U/kg体重,每日1次,为使夜间血糖含量也保持在7.77~8.33mmol/L,应在原剂量的基础上增加1~2u(犬、猫)。对酮酸酸中毒和高渗性糖尿病,可选用结晶胰岛素或半慢胰岛素锌悬液或连续小剂量静脉注射,或小剂量肌肉注射。静脉注射剂量为0.1U/kg体重,用林格氏溶液稀释,缓慢滴注。肌肉注射剂量是,体重在10kg以上的0.25U/kg体重,体重10kg以下的2U,3kg以下的1U,其后每小时注射1次;血糖降至13.87~8.33mmol/L时每6~8h注射1次,剂量为0.5U/kg体重,夜间血糖稳定在5.55~8.33mmol/L和清晨不超过11.1mmol/L时,每日注射1次。

(3) 液体疗法 对酮酸酸中毒或高渗性糖尿病,应及时实施液体疗法。静脉注射液体量一般不超过90ml/kg体重,可先注射20~30ml/kg体重,然后缓慢滴注。常选用乳酸林格氏液、0.45%氯化钠和5%葡萄糖液,补充磷酸钾可同时纠正低血钾和低血磷。

(东北农业大学 王福军 山东畜牧兽医职业学院 朱俊平)

【本章复习思考题】

一、名词解释

1. 甲状腺功能亢进症
2. 甲状腺功能减退症
3. 甲状旁腺功能亢进症
4. 甲状旁腺功能减退症
5. 阿狄森氏病
6. 糖尿病

二、简答题

1. 引起甲状腺机能亢进的原因有哪些?如何治疗?
2. 甲状腺机能减退有哪些症状?如何治疗?
3. 库兴氏综合征是怎样引起的?有哪些症状特征?
4. 简述阿狄氏病的临床特征及防治措施。
5. 简述糖尿病的发病机理和主要症状,如何防治?

第六章 神经系统疾病

第一节 概述

神经系统主要功能是协调机体各器官的活动，使之成为统一的整体，以适应外界环境的变化，从而保证机体与外界环境的相对平衡。但当动物机体受到强烈的内在因素和外界不良因素侵害时，神经系统的正常反射或运动机能就会受到影响或破坏，从而引起临床病理变化，导致神经功能的障碍甚至丧失。

随着犬、猫饲养数量的增多和纯种化倾向的发展，神经系统疾病在临床上开始增多，尤其是与先天性因素有关的神经系统疾病，如脑积水、癫痫等慢性中枢神经异常在临床上比较多见。在后天神经系统疾病中，因交通事故或管理不当导致的脑脊髓炎、外周神经损伤及中暑等占一定比例。

一、引起神经系统疾病的一般原因

(一) 病原微生物感染及寄生虫的侵害

生物性因素如犬瘟热病毒、链球菌、破伤风毒素、脑包虫等均可导致中枢与外周神经系统的损害，引起神经系统疾病的发生。

(二) 中毒或毒素的作用

外源性及内源性毒物中毒，如食盐中毒、有机农药中毒、重金属元素中毒以及各种细菌毒素和异常的代谢产物均能对神经系统产生毒性损害作用。此外，一些有机溶剂、一氧化碳、某些过量的药物也可引起神经系统发病。

(三) 血液循环障碍

中枢神经系统，尤其是大脑皮层对氧十分敏感，因此各种原因导致的大脑缺血、脑血栓、脑充血和水肿以及脑出血等，都可引起脑部血液循环障碍而出现严重的神经症状，甚至引起死亡。

（四）理化因素或机械因素的影响

日射、挫伤和震荡可能对神经组织造成直接损伤，伴发循环障碍，严重的挫伤和震荡可导致休克。

（五）肿瘤的侵占与压迫

许多原发性或继发性肿瘤可生长于神经组织而造成压迫性损害，如生长于软脑膜的各种肉瘤，生长于外周神经的神经节细胞瘤等。

（六）营养性因素

许多维生素如维生素 A、维生素 E 等和微量元素如硒的缺乏可导致神经细胞变性、脑软化、髓鞘脱失、视神经萎缩及失明等多种病理变化。

此外，变态反应能引起神经系统的病理变化。遗传、品种、性别和年龄等诸方面，在神经系统的某些疾病的发展过程中也有一定的联系。

二、神经系统疾病的主要临床表现

（一）意识障碍

犬、猫神经系统疾病时表现精神兴奋或精神抑制两种类型。

精神兴奋是中枢神经功能亢奋的结果。动物表现为狂暴性发作，对外来刺激感受性降低，出现不能控制的运动和攻击行为。精神兴奋常见于颅腔内压或脑内压突然升高、脑及脑膜充血、炎症、中毒、暴型狂犬病等。

精神抑制包括沉郁、嗜眠、昏睡、昏迷、晕厥等，是病因作用后，大脑皮质机能受到不同程度的抑制，可见于各种引起颅内压升高的疾病以及脑脊髓炎、大脑缺氧和低血糖症，大脑出血、脑震荡和挫伤、雷击及电击均可引起晕厥。尿毒症、热射病和多数中毒病与传染病可导致昏迷。

（二）感觉障碍

外周感受器或传入神经纤维以及大脑皮层感受器的任何部位受到损伤都可以发生感觉障碍，表现为感觉丧失、感觉过敏、感觉异常。

1. 感觉丧失　鉴于外周感受器、传入神经纤维受到器质性损伤，或因刺激而转入抑制状态时由于受损部位不同，表现为全部或部分感觉丧失，如触觉、痛觉、温觉等的丧失。

2. 感觉过敏　这是由于神经中枢或感觉神经末梢的兴奋性升高所致。其兴奋性升高的原因，可能与局部轻微病灶，或邻近部位有较强的刺激病灶有关。

3. 感觉异常　多发生于外周神经遭受各种病理性刺激作用，如神经炎、皮炎等。

（三）运动障碍

运动障碍分为中枢性和外周性两类。主要临床表现是：麻痹、痉挛、共济失调和植物性神经机能紊乱。

1. 麻痹　中枢麻痹是由中枢神经的不同部位损伤或传导障碍所形成的，它常发生于大脑、脑干和小脑出血与血栓形成或肿瘤生长期。患病动物可出现偏瘫、单瘫和截瘫。

外周性麻痹是因脊髓运动神经元及以下部分受损伤所致，发生于脊髓外伤，脊髓腹角灰白质炎，外周神经干损伤及因硫胺素缺乏所致的多发性神经炎。外周性麻痹的特点是随意运动丧失，随后可发生肌肉萎缩。

2. 痉挛　是指机体运动过强。最常见的原因是神经系统受病毒（如狂犬病病毒等）和细菌毒素以及药物等的作用，此外大出血、过热、外伤和电击也能发生。

3. 共济失调　当调节肌肉的收缩和肌群协调运动的神经系统受到损伤时，则肢体的运动就可出现异常，失去准确性和协调性，患病宠物主要表现为躯体的平衡失调，步态踉跄和动作不协调。

4. 植物性神经系统机能紊乱　根据受损部位，可分为植物性神经紊乱以及中枢性神经紊乱两种。

交感或副交感神经受损可引起植物性神经机能紊乱，最常见于外伤、炎症、中毒和肿瘤等因素损害交感和副交感神经，表现机能亢进和机能丧失。当发生机能亢进时，相应部位的皮肤-血管发生收缩，温度下降及出汗增多。而当机能丧失时，则相应部位的皮肤-血管扩张、充血、发热、排汗减少、皮肤干燥。

中枢神经性植物性神经紊乱的发生主要是因控制植物性神经机能的中枢（如脊髓、延髓、下丘脑和大脑皮层）的外伤、炎症和肿瘤等病变所致，也可因血液循环障碍以及感染因素引起。临床上病犬可出现排粪、排尿障碍，出汗，吞咽障碍，体温下降和嗜眠等症状。

三、神经系统疾病的诊断

（一）病史的调查

对于病史的调查和准确记录必须给予特别的注意。犬猫的临床表现、开始的方式、发生发展过程等必须查明。

（二）临床检查

在进行神经系统疾病诊断时，除了进行神经系统检查外，还要进行一般整体检查和相关系统的检查，这样有利于全面收集资料，进行综合判断时，分析病因、病性、严重程度和预后。

神经系统检查除注意观察临床表现（意识障碍、感觉障碍、运动障碍、反射功能障碍）外，必要时进行神经系统的特殊检查，包括神经系统的骨外科检查、脑脊液检查、放射照相检查、脑活组织检查、脑电图描记、CT 检查、核磁共振检查等。

四、神经系统疾病的治疗

（一）消除和控制感染

中枢神经系统炎症多为病毒、细菌和衣原体等病原体感染引起。病毒性感染因对抗生素或化疗药物不敏感，可使用生物制剂如抗血清等进行治疗；细菌和衣原体的感染则可选用能透过血脑屏障而且敏感的抗生素进行治疗。

（二）减压

在脑发生外伤、炎症、充血、维生素A缺乏时，可引起脑水肿，导致脑组织发生物理性损伤，此时必须给予脱水药物，控制脑水肿，减轻脑组织的物理性损伤。通常使用甘露醇、山梨醇等，可迅速起到脱水和降低颅内压的作用。高渗葡萄糖虽然也具有明显的脱水作用，但是由于其代谢较快，在开始的暂时的减压4~6h之后继之发生脑脊液压力增高，病情出现反复甚至加重，因此在脑水肿时很少应用。

（三）中枢神经系统兴奋剂

通常在高度精神抑制，危及生命如出现神经性休克、急性呼吸性衰竭、急性可逆性缺氧等情况时，尾部下使用中枢神经系统兴奋剂，能够使神经功能得到暂时性的改善。

（四）中枢神经系统抑制剂

对兴奋不安和惊厥的宠物要使用中枢神经系统抑制剂进行镇静以防止其自身遭受创伤性损伤，避免攻击行为和得到对其进行专门检查的时间。

第二节　中枢神经疾病

一、脑膜脑炎

脑炎是指脑实质的炎症，多数在实质中形成非化脓性炎性病灶，少数有化脓性病灶出现。脑膜炎是指脑膜的炎症。脑膜与脑实质多同时发炎，一般通称为脑膜脑炎。临床上以伴发高热、脑膜刺激症状、一般脑症状和局部脑症状为特征，犬的发病率高于猫。

【病因】

1. 原发性　由病毒、细菌（如犬瘟热病毒、伪狂犬病毒、大肠杆菌等）感染性疾病及汞、铅、有机磷中毒引起。颗粒性脑膜脑炎是犬的一种特发性疾病，多发生于1~8岁的雌性观赏犬，如哈巴犬、玛尔济斯犬等。外伤性脑炎多是由于病犬头部遭受击打、碰撞等外伤，损伤脑膜与脑而发病。

2. 继发性　多见于邻近部位感染（如中耳炎、鼻额窦炎及颅腔附近的蜂窝织炎）蔓延及其他部位感染（如心内膜炎、败血性子宫炎等）随血液转移至脑部引起。体温过高，在关闭的火车车厢内长途运输及过度疲劳也可能引起浆液性脑炎。此外，受寒、感冒、脑挫伤、脑震荡、日光直接照射头部、夏季酷暑、饲喂腐败食物等都是本病的诱因。

【发病机制】

病原微生物或有毒物质沿血液循环或淋巴途经侵入，或因外伤或邻近组织炎症的直接蔓延扩散进入脑膜及脑实质，引起软脑膜及大脑皮层表在血管充血、渗出，蛛网膜下腔有炎性渗出物积聚。炎症进入脑实质，引发脑实质出血、水肿，炎症蔓延至脑室时，炎性渗出物增多，发生脑室积水。由于蛛网膜下腔炎性渗出物聚积，脑水肿及脑室积液，造成颅内压升高，脑血液循环障碍，致使脑细胞缺血、缺氧和能量代谢障碍，产生脑机能障碍，加之炎性产物和毒素对脑实质的刺激，因而临床上产生一系列的症状。

【症状】

病犬表现的临床症状与炎性病灶在脑组织中的位置、大小有很大关系。多数病例都表现出以意识障碍为特征的神经症状。其共同症状为：不同程度发热，食欲减少或废绝，常有惊厥，眼球震颤，咬肌痉挛，流涎。功能性丧失引起各种程度的麻痹，共济失调，轻瘫或瘫痪等。

1. 急性　意识障碍，精神沉郁，目光无神，运动失调。经数小时后，常出现兴奋症状，眼结膜充血，狂躁不安，磨牙及脉搏加快，有时乱奔，大声吠叫，胡乱跑或作圆周运动或后退、惊恐，甚至不认主人，每当触及身体即发出嚎叫，如捕捉便要咬人。严重时呈癫狂样，但此兴奋状态持续时间较短，很快陷于沉郁，呈昏睡状态，眼半睁，头下垂，瞳孔散大，呼吸、脉搏变慢。严重时卧地不起，头颈向后仰，四肢作游泳样运动，呈抽搐或痉挛状，粪尿失禁，最后呼吸抑制死亡。脑底脑膜炎时，眼肌痉挛，眼球上下颤动及斜视，瞳孔散大或缩小，两侧大小不一致，对光反射减弱或消失。三叉神经及面神经麻痹导致歪嘴，咽和舌肌麻痹，吞咽困难。急性脑室脑膜炎时，严重昏迷，运动失调和机能异常，主要由于颅内压升高所引起。化脓性和细菌性脑膜炎，多在2～3d完全表现症状。也有的突然高度兴奋，继之昏迷，于12h内致死。

2. 慢性　多伴有脑内积水和表现呆笨。大脑穹窿部的脑膜发炎时，神志不清，兴奋或痉挛。

【诊断】

如果临床症状明显，结合病史调查、临床观察及病情发展过程，进行分析和论证，可以建立诊断。若临床病症不十分明显，可以进行穿刺，采取脑脊髓液检查，其中蛋白质与细胞的含量显著增多，化脓性脑膜脑炎，脑脊髓液中的沉淀物除嗜中性粒细胞外，尚有病原微生物，若因病毒或中毒性因素引起的，则淋巴细胞增多。

在临床实践中，有些急性、热性传染病或中毒性疾病，常伴有脑功能紊乱，容易与本病误诊，故须注意鉴别。如犬瘟热有发热、结膜炎、咳嗽等症状；狂犬病表现流涎，咽下困难，异嗜。

【治疗】

1. 治疗原则　加强护理，治疗原发病，降低颅内压，消除炎症，调整大脑皮层机能以及对症治疗等。

2. 治疗措施　降低脑内压，可适量泻血，随即输入与泻出血液等量的25%葡萄糖溶液。也可使用20%甘露醇液1g/kg体重，静脉注入，或用相同剂量的山梨醇液静脉注射。必要时用速尿2mg/kg体重皮下注射，4次/d。同时应用糖皮质激素类药物，如地塞米松、强的松龙。

（1）对于兴奋不安的病犬　可给予镇静剂和抗惊厥药，如苯巴比妥2～5mg/kg体重口服，2次/d。也可用盐酸氯丙嗪1.1～6.6mg/kg体重肌肉注射，或13.3mg/kg体重口服，2～4次/d。

（2）抗菌消炎　常用青霉素、氟喹诺酮类和磺胺类药物等能通过血脑屏障的抗生素药物。病毒所致无特效药物。

（3）对细菌性感染　采用青霉素或氨苄青霉素（2~7mg/kg体重肌肉注射或静脉注射，1~2次/d）、先锋霉素（头孢噻吩钠或头孢噻啶35mg/kg体重肌肉注射，3次/d；头孢氨苄33mg/kg体重口服，2次/d）或环丙沙星（5~10mg/kg体重口服或注射，2次/d）。应首选磺胺类药物。亦可配合清开灵，增强治疗效果。

（4）对厌氧菌感染　采用甲硝唑（首次量44mg/kg体重，维持量22mg/kg体重口服，4次/d）。

（5）对真菌感染　采用氟胞嘧啶（犬25~50mg/kg，猫30~40mg/kg体重口服，3~4次/d）、酮康唑（10~20mg/kg体重口服，1~2次/d）、两性霉素B（0.15~0.5mg/kg体重静脉注射，1次/2d）或利福平（10~20mg/kg体重口服，3次/d，可与两性霉素B和氟胞嘧啶配合使用）。

（6）对特发性脊髓炎　可用糖皮质激素治疗，如用强的松每日2mg/kg体重，分2次口服，连用2周，逐渐将剂量减至0.5mg/kg体重，1次/2d，至少连用4周。

喹诺酮类药物已广泛用于犬的脑炎，如诺氟沙星10~20mg/kg体重口服或肌肉注射，2次/d；环丙沙星5~15mg/kg体重口服或2.5~5.0mg/kg体重肌肉注射，2次/d；恩诺沙星2.5mg/kg体重口服或肌肉注射，2次/d，或用5.0mg/kg体重口服或皮下注射，1次/d。

在使用抗生素的同时，可给予磺胺增效剂三甲氧苄胺嘧啶10~14mg/kg体重口服、肌肉注射或静脉注射，2次/d。

3. 加强护理　将病犬置于阴凉通风处，保持犬舍安静，多铺垫草，防止外伤。给予牛奶、鸡蛋、肉汤等易消化的营养丰富的食物。

4. 对症治疗　当心力衰竭时可用安钠咖、强尔心、复方樟脑合剂等强心剂。当肠道弛缓，排便迟滞时，可内服果导或直肠投注开塞露。

【病程及预后】

本病的病情发展急剧，病程长短不一，一般3~4d，也有在24h内死亡的。本病的死亡率较高，多预后不良，有的病例可转为慢性脑积水。

二、中暑

中暑是犬猫在高温环境下因热作用而发生的一种疾病，又称热衰竭。按致病因素的不同，分为日射病和热射病。在强烈的日光直射下，引起脑及脑膜充血和脑实质的急性病变，导致中枢神经系统机能严重障碍现象，称为日射病。在高温和高湿而又通风不良的环境中，新陈代谢旺盛，产热多，散热少，体内积热，引起严重的中枢神经系统机能紊乱的现象，称为热射病。临床上以体温显著升高、循环衰竭和一定的神经症状为特征。犬对热的耐受性弱，较多发生，本病多见于短头品种犬。猫对热抵抗力强，较少发生。

【病因】

在强烈的日光直射下，长途跋涉，长时间的训练或竞赛，可发生日射病。在密封的室内、运输车箱内、船舱内或犬箱内，因温度过高，湿度过大，通风不良，容易引起热射病。另外，体质肥胖，心脏衰弱，被毛粗厚，汗腺缺乏，长期休闲，缺乏锻炼，饮水不足，缺乏食盐等均是中暑诱因。

【发病机制】

1. 日射病 由于头部受到强烈日光持续照射，日光中的红外线透过颅骨直接作用于脑膜和脑实质，引起血管扩张、充血；又因日光中的紫外线的光化作用，导致脑神经细胞炎性反应和组织蛋白的分解，从而引起脑脊髓液增多，颅内压增高，影响中枢神经系统调节机能，新陈代谢异常，导致自体中毒，以致心力衰竭，呼吸浅表，陷于窒息，卧地不起，痉挛抽搐，陷于昏迷。

2. 热射病 在潮湿闷热的环境中，因产热多散热少，体内积热，体温升高，新陈代谢旺盛，氧化不全的中间代谢产物大量蓄积，引起酸中毒。由于组织缺氧，碱贮下降，脑脊髓液与体液间的渗透压急剧变化，影响中枢神经系统对内脏的调节作用，心、肺代偿机能衰竭，静脉淤血，黏膜发绀，终于导致窒息和心脏麻痹而死亡。

由此看来，日射病与热射病的发生发展过程，彼此之间有内在的联系，往往同时并发，所以，一般称为热衰竭或中暑。

【症状】

根据临床表现的不同。可将中暑分为痉挛型、衰竭型及热射病型。

1. 痉挛型 表现精神兴奋，狂暴不安，意识异常，目光狰恶，眼球突出，神情恐惧。步态不稳，共济失调。突然倒地，肌肉痉挛和抽搐，有时四肢做游泳样运动。体温升高，心动亢进。呼吸急促，静脉怒张，瞳孔散大。

2. 衰竭型 精神沉郁，四肢无力，步态踉跄，站立不稳，卧地不起，呈昏迷状态。肌肉颤抖，皮肤干燥。心音微弱，脉搏疾速，呼吸浅表无力，肺部可发现湿性啰音。静脉萎陷，瞳孔缩小。

3. 热射病型 体温急剧升高达41℃以上，反复呕吐，突然晕厥倒地，意识丧失，从嗜睡陷入昏迷，脉搏疾速而微弱。呼吸急促，节律失调，出现陈-施式呼吸。张口伸舌，口吐白沫或血沫。结膜发绀，血液黏稠，呈暗红色，静脉塌陷，终因心脏麻痹而死亡。

【诊断】

根据酷热夏季特点、发病突然、经过急剧及明显的神经症状，结合病史调查，容易确诊。但应注意与脑膜脑炎、脑震荡、急性肺水肿相鉴别。

【治疗】

1. 治疗原则 防暑降温、镇静安神、强心利尿、缓解酸中毒、采取急救措施。

2. 治疗措施

（1）迅速消除病因 降温，采用物理降温疗法，简单的方法有用冷水冲洗，头颈部放置冰袋，灌服冷水或静注等渗盐水等，也可用酒精擦拭体表，以促进散热。药物降温方法是应用氯丙嗪，用量为3～5mg/kg，肌肉注射或混于5%葡萄糖氯化钠溶液中静脉注射。

（2）镇静安神 对昏迷者，可口服或皮下注射洋地黄或安钠咖；对兴奋狂躁者，可肌肉注射利血平、眠尔通，或用水合氯醛灌肠。对心力衰竭、虚脱者，皮下注射尼可刹米。

（3）防止肺水肿 静脉注射地塞米松1～2mg/kg体重。对伴发肺水肿者，立即静脉泻血，随即静脉注射复方氯化钠溶液或10%葡萄糖溶液适量。对心脏机能不全的，可肌肉或皮下注射10%安钠咖，或去乙酰毛花苷。对伴有酸中毒者，可采用洛克氏液（氯化钠8.5g、氯化钙0.2g、氯化钾0.2g、碳酸氢钠0.2g、葡萄糖1g、蒸馏水1 000ml）静脉注射500ml。有脑水肿症状的犬，静脉滴注20%的甘露醇。对短头品种有上呼吸道障碍、黏膜发绀的犬，可进行气管插管，充分输氧。

【预防】

为防止本病的发生，高温季节应做好防暑工作，给以充足的饮水，每日凉水冲澡，加强犬、猫舍的通风，加喂绿豆汤等解暑食物。有条件的可安装空调防暑降温。

【病程及预后】

病情发展缓慢，可持续数年，很少痊愈。随环境条件变化，常呈现周期性好转与恶化。如病情逐渐恶化，预后不良。

三、晕车症

晕车症是犬乘坐汽车、火车、飞机、轮船等时，表现以流涎、干呕、呕吐等为主要特征的病症。

【病因】

晕车主要是由于持续震动，前庭器官的机能发生变化而引起的一种应激反应。如果动物胆小、易紧张、恐惧，更易发生晕车。

【症状】

主要表现为精神较差，头低耳耷，流涎、干呕和呕吐，也有不安和打呵欠的。

【治疗】

一般下车后休息一会，症状即减轻或消失。可用氯丙嗪1mg/kg体重，肌肉注射。将动物安置在安静的环境下休息。为预防晕车，可用苯巴比妥（片剂）1~2mg/kg体重，口服。有晕车史的动物，乘车前12h和前1h，按上述剂量口服苯巴比妥，或乘车前1h肌肉注射盐酸乙酰丙嗪0.22mg/kg体重，药效最低可维持12h。

【预防】

在平时犬的管理方面，应注意加强犬的乘车锻炼。

为防止犬在运输过程中出现呕吐，可在出发前12h、前1h口服苯巴比妥片1~2mg/kg体重，也可口服乙酰丙嗪0.5~2mg/kg体重或氯丙嗪3mg/kg体重。夏天高温季节运输犬只时，给犬口服氯丙嗪或乙酰丙嗪，有助于降温解暑，减少应激反应和死亡。

四、癫痫

癫痫是由于大脑皮层机能障碍引起的中枢神经系统功能失调的一种慢性疾病。呈周期性突然发生的以暂时性意识丧失和肌肉痉挛为特征的脑机能异常。本病多见于西班牙长耳犬。犬的发病率高于猫。

【病因】

按其病因可分为真性（功能性或原发性）癫痫和症状性（器质性或继发性）癫痫。

真性癫痫其病因尚不清楚，可能由于脑组织代谢障碍，大脑皮层或皮层下中枢受到过度刺激，以致兴奋和抑制过程间相互关系紊乱而引起。往往因体内、外环境的改变而诱发，有时与遗传因素有关，胎儿在母体内受各种不良因素作用而致使大脑皮层发育缺陷，或因难产胎儿在无脐带供血情况下时间较长，胎儿因脑缺氧而引起某些脑组织缺损。德国牧羊犬、猎兔犬、荷兰卷尾犬的癫痫具有遗传性。犬的第一次癫痫发作在6月龄到5岁之间，发病率为1%，雌犬多于雄犬，发作频率有随年龄增多的倾向。

症状性癫痫的原因是多方面的。颅内疾病引起的脑及脑膜炎、脑内新生物、脑内寄生虫、先天性脑异常、脑震荡、脑挫伤、脑水肿等，常呈现癫痫发作。传染病引起的，犬瘟热、结核病、狂犬病等常呈现癫痫发作。营养代谢病引起的，如低钙血症、低血糖症、低镁血症、妊娠毒血症、维生素B_1缺乏症等，常呈现癫痫发作。中毒病引起的，如铅、汞等重金属中毒，有机磷、有机氟等农药中毒，二氧化碳中毒等。外耳道炎、内分泌机能紊乱、过敏反应等均可继发本病。过度刺激如惊吓与恐吓也会引起某些神经质犬发病。

【发病机制】

由于暂时性或持续性改变脑机能因素的作用，脑组织的神经元兴奋性增高，存在于大脑中的癫痫灶的异常活动向脑的其他部位扩散，临床上出现癫痫发作。癫痫发作重剧的，则病犬发生昏迷，全身抽搐和惊厥。轻微的，病畜短时间内意识障碍、昏迷，而无抽搐和痉挛现象。研究表明，癫痫灶中神经元的特征是，膜去极化大幅度延迟，并伴有高频率的尖峰，脑电图显示膜电位改变引起发作性放电，因而癫痫性神经元的数目与癫痫发作的频率相关。

【症状】

癫痫发作的特点为突然性、暂时性和反复性。主要症状是突然发生意识障碍，倒地不起，肌肉先呈强直性痉挛，后转为阵发性痉挛，同时伴有瞳孔散大、流涎及粪尿失禁。犬的真性癫痫有四个阶段组成：先兆期、前驱症状期、发作期和发作后期。

1. 前驱期　表现不安、焦虑及微细的行为异常。
2. 前驱症状期　病犬安静，知觉丧失。
3. 发作期　临床表现分为大发作、小发作、局限性发作和精神运动性发作。

（1）大发作（定型发作）　是动物常见的一种类型。发作前的先兆症状：皮肤感觉过敏，不断点头或摇头，用后肢扒头等，极短暂，仅为数秒。大发作发生，突然倒地，惊厥，全身僵硬，呈现强制性或阵发性痉挛，10~30s不等，四肢伸直，口吐白沫，角弓反张，轧齿咀嚼，眼睛斜视，眼球旋转，瞬膜突出，瞳孔散大。排粪、排尿失禁，流涎。被毛竖立，鼻孔开张，鼻唇颤动。大发作可持续1~2min。发作后恢复正常，惊厥消失，意识感觉恢复，病犬自动起立，环视四周。少数病犬，兴奋性增强，奔走追人、咬人。有的病犬神情淡漠，定向障碍，不安，视力丧失，可持续数分钟至数小时。

（2）小发作（非定型发作）　动物极为少见，其特征为短暂的意识丧失，只有几秒钟，一过性的意识障碍，呆立不动，呼叫无反应。痉挛症状轻微、短暂，眼睑闪动、眼球旋转、口唇震颤等。

（3）局限性发作　肌肉痉挛动作限于身体某部分，如面部肌肉或某一肢体。常常由于局限性的小发作引发大发作。

（4）精神运动性发作　精神状态异常，如癔症、愤怒、幻觉及流涎等。

4. 发作后期　知觉恢复，自行起立，或仍伴有视觉障碍、肌肉无力、沉郁、共济失调等症状。此期可持续数分钟、数小时甚至数天。

癫痫发作的间隔时间长短不一，有的在一天内发作几次，有的经数天、数月甚至数年发作一次。在发作间期，患病犬猫的外观与健康犬猫几乎完全一样。

继发性癫痫常是包括脑病在内的原发病的症状。脑病常引起局灶性症状，而颅外疾病时仅反映大脑皮质机能障碍状况，除癫痫以外还伴有原发病的症状。

【诊断】

本病以反复发作和慢性病理过程为特征，而中枢神经系统和其他器官无病理解剖学变化，根据病史、临床症状可作出诊断。继发性癫痫应注意鉴别由犬瘟热、弓形体病、有机磷中毒、破伤风等引起的癫痫。

1. 犬瘟热　有病毒性传染病的发病史，发热，结膜炎，表现高度的兴奋或沉郁。
2. 弓形体病　表现有慢性疾病的症状，衰弱，消瘦，呈进行性癫痫发作。
3. 有机磷中毒　流涎，瞳孔缩小，呼吸困难。
4. 破伤风　犬耳竖直，瞬膜突出，受刺激后肌肉强直加重。

【治疗】

1. 治疗原则　减少发作次数，防止发作时的意外事故。
2. 治疗措施

(1) 控制或缓解症状　真性癫痫病程长，要控制或缓解症状，无根治方法。为增强大脑皮层保护性抑制作用，恢复中枢神经系统正常的调节机能，可应用抑制痉挛发作的药物。

扑癫酮（普里米酮）　犬每日 20~40mg/kg 体重，分 2~3 次，皮下注射；猫每日 0.125mg/kg 体重，分 2 次皮下注射。

西地泮每日 1.5~5.0mg/kg 体重，分 2~3 次口服，在发作时，可肌肉注射或静脉注射，对犬效果迅速，安全性高，抗痉挛作用强。

苯巴比妥　犬 2~6mg/kg 体重口服，2~3 次/d；猫 2~3mg/kg 体重口服，4 次/d。

苯妥英钠　犬 2~6mg/kg 体重口服，2~3 次/d；猫 0.5~1.0mg/kg 体重口服，2 次/d，该药不能长期应用。

三溴合剂（溴化钠、溴化钾、溴化铵各 0.5g）　口服，2 次/d。

以上药物当用药后，发作次数虽减少，但未完全控制，可调整剂量或另加一种药物，更换新药时应将新老药同时试用一段时间，待新药见效后，方能停用老药。

(2) 消除病因　对症状性癫痫，应除去病因，积极治疗原发病，控制或缓解症状，采取抗感染、驱虫、补钙、补镁、颅腔手术摘除肿瘤或寄生虫。

(3) 加强护理　尤其是在癫痫发作时，要使病犬安静，避免外界刺激，保定头部，以免发生意外事故。

(4) 不能作种用　考虑到本病可能有遗传因素，故不宜作为种用。

【病程及预后】

本病多取慢性经过，可持续数年乃至终生，原发性癫痫很难治愈，继发性者依原发病而不同，若原发病能治愈，癫痫可终止，否则预后不良。

五、脊髓炎

脊髓炎即脊髓实质发炎、软化和变性，具有局限性、散布性或弥漫性的炎症病变。与脊髓膜炎同时存在，或两者之间相互蔓延、相互感染。临床上以呈现感受、运动障碍和肌肉萎缩为特征。多发生于犬,而猫的发病率较低。

脊髓炎按炎性渗出物性质,可分为浆液性、浆液纤维素性及化脓性。按炎症过程的分布,可分为局限性、弥漫性、横贯性、散布性脊髓炎。

【病因】

本病除由椎骨骨折、脊髓挫伤、脊髓震荡及出血等引起外,继发于犬瘟热、狂犬病等传染性疾病、细菌毒素、弓形虫病等,感冒、寒冷、过度疲劳等也都是发病的诱因。犬瘟热引起的脊髓炎多为弥漫性点状病灶,而外伤性的多为椎间盘突出。

【发病机制】

当病原微生物及有毒物质经血液循环或淋巴途经侵入脊髓膜及脊髓实质后,引起炎性充血和渗出,出现局部刺激症状。由于炎性渗出物及脊髓液的逐渐增多,加之化脓菌的侵入,形成大小不等的脓肿,因而压迫脊髓神经节及其神经元,造成脊髓的神经细胞变性和坏死,致使脊髓的感觉传导与运动传导发生阻断,因而引起相应的效应器官感觉障碍、运动机能障碍、反射机能亢进等临床表现。

【症状】

本病症状较为复杂,炎症部位、病灶的大小及其病理变化过程不同,症状也不一样。原发性急性脊髓炎,突然发病,体温升高。有的不愿运动,有易疲劳、四肢疼痛等前期症状。随病情的发展出现脊髓机能障碍。其临床症状有:

1. 运动障碍　表现兴奋和麻痹两种症状,病初脊背强硬,肌肉痉挛和抽搐,步态强拘,容易跌倒;进一步发展,后躯完全麻痹或不完全麻痹,病犬拖拽后躯行走。当腰椎发病,仅引起后肢和尾麻痹;如果颈髓发病,则四肢完全麻痹。

2. 感觉障碍　主要表现为感觉过敏、减弱或消失。

3. 中枢障碍　当支配膀胱、直肠和生殖器官的低级神经中枢机能发生障碍,初期发生尿闭、便秘、阴茎勃起等,后期发生尿失禁、阳痿等。

4. 反射障碍　病灶部的皮肤、肌肉和腱的反射机能发生异常减弱或消失,或反射亢进。颈髓炎时,多表现为反射亢进;腰髓炎时,引起反射机能减退或亢进。

【诊断】

可根据突然发生麻痹症状,结合病因分析,一般诊断不难。但在临床上容易与脑膜脑炎、臀部风湿病、肾炎、脊髓压迫、脊髓肿瘤、血红蛋白性疾病、寄生虫等原因引起的麻痹症状相区别。

【治疗】

1. 治疗原则　抗菌消炎,加强护理。

2. 治疗措施　保持病犬安静,避免对脊髓有刺激作用的运动,注意防止褥疮,对有膀胱积尿或便秘的病例,应定时导尿、灌肠,及时排出宿粪。

炎症初期可用冰袋冷敷,后期在麻痹部涂擦刺激剂,如樟脑酊、四三一合剂、松节油等,也可内服碘化钾或碘化钠 $0.2 \sim 1g$,$2 \sim 3$ 次/d,以促进炎症的吸收。

用红外线、超短波、热敷等物理疗法,以促进血液循环。

为兴奋中枢神经系统,增强脊髓反射机能可用 0.2% 硝酸士的宁皮下注射。

为促进脊髓内渗出液吸收,可用盐酸毛果芸香碱,必要时也可应用肾上腺皮质激素进行治疗。

为了恢复神经细胞的机能，改善神经营养，可用维生素 B_1、维生素 B_2、辅酶 A 及 ATP 等。

针对感染性质，给予不同的抗菌制剂，具体用法见脑炎的治疗。

【病程及预后】

本病病程与病变性质及部位有关。若病畜卧地不起，可在数天内死亡。有的病例即使未迅速死亡，病情逐渐恶化，预后不良。病情轻者，经适当治疗，可痊愈，但病程缓慢，可持续数月。

六、慢性变性性脊髓障碍

慢性变性性脊髓障碍也称德国牧羊犬的变形性脊髓障碍，主要是胸腰段脊髓发生横贯性损害。见于高龄德国牧羊犬渐进性后躯不全麻痹或运动失调。

【病因】

病因不明，但多发于 6 岁龄以上的德国牧羊犬及其杂交犬。

【症状】

主要表现后肢失调性不完全麻痹，渐进性后肢拖地，爪有擦伤，两后肢分开或交叉，站立和行走困难，发生麻痹的后肢肌肉萎缩。

【诊断】

本病极少发生知觉障碍和膀胱括约肌障碍，可与椎间盘突出脊髓压迫症、变形性脊髓症和弥漫性脊髓炎等相鉴别。此外，根据犬种、年龄、病史以及临床症状，参考脊髓造影等辅助诊断。

【治疗】

尚无可靠的治疗方法。多采取对症治疗，给予维生素 B_1、ATP、辅酶 A、肌苷、细胞色素 C 等。

七、犬肝性脑病

犬肝性脑病是由于严重的肝脏疾病所引起的大脑和脑干功能紊乱及其对各种异常代谢产物和有毒物质敏感性增高为特征的综合征。

【病因】

目前发现有三种类型的肝脏疾病可以导致肝性脑病：一是先天性的门静脉异常；二是尿素循环酶缺乏；三是进行性肝脏疾病如肝硬化、肿瘤、中毒。患有肝脏脂肪浸润、急慢性阻塞性黄疸和肝脏被动性充血的病犬可发生肝性脑病。此外，摄取大量蛋白质、胃肠道出血、碱中毒、低钾血症、尿毒症、感染症、脱水、投与利尿剂、镇静剂等，可诱发本病。

【症状】

神经症状主要是精神沉郁，不愿活动或作转圈、低头、运动失调。有的癫痫发作或突发狂躁不安，震颤；有的定向障碍、凝视、失明、昏迷不醒。患病犬与同窝犬相比，发育不良，食欲不振，呕吐，多尿，腹泻，口臭，流涎，发热，生长迟缓，有泌尿系统结石的出现血尿。腹围膨胀，有腹水，随之出现周期性神经症状。

【发病机制】

1. 血液检查　红细胞增加，血清总蛋白和血清尿素氮降低，丙氨酸氨基移位酶和碱性磷酸酶升高，血氨于食后明显升高。

2. 酚磺酞溴钠排泄实验　静脉注射酚磺酞溴钠每千克体重 5mg，30min 后滞留超过 5%。

3. 氨负荷实验　疑似本病的犬，氯化铵 0.1g/kg，口服，30min 后血氨明显高于投与前。

4. 尿沉渣检查　多见尿酸铵结晶。

5. X 线检查　可见肝萎缩或轮廓不清，有腹水、肾肿大或泌尿系统结石。

【诊断】

根据临床症状和临床病理检查可以作出诊断。

【治疗】

1. 治疗原则　以支持疗法为主。

2. 加强饲养管理　在饲料中限制蛋白质和脂肪摄入量，以减少氨的产生和减轻肝脏负担。为降低胃肠内含氮物质产生，可口服新霉素 20mg/kg 体重，每 6h 1 次，以抑制分解尿素的菌群；同时，口服乳果糖溶液，或投服石蜡油，有利于胃肠内含氮物质的清除。

3. 抗生素疗法　口服广谱抗生素，如卡那霉素 10mg/kg 体重，口服，3 次/d。

4. 清理胃肠　可以采用硫酸镁或硫酸钠溶于水中灌服。

5. 防止碱中毒　重度昏睡犬多为碱中毒，应静脉输乳酸林格氏液。

6. 输氧　氧的吸入对纠正肝、肾缺氧有好处，可以提高肝和肾的功能，减少尿氮循环。

治疗过程中，要严格禁止使用镇静剂、麻醉剂，以免加重病情。

八、犬恐惧性精神病

犬恐惧性精神病是犬突然发生以恐惧为特征的神经系统疾病。多发于幼犬。

【病因】

本病的病因尚未完全弄清。可能与维生素 B 族，尤其是烟酸缺乏有关。

【症状】

具有以下几种临床病型：

1. 逃遁型　突然站立，后退数步，发出尖叫声，有极度恐惧的表情，迅速逃遁而奔跑，不听主人的呼唤，甚至不顾障碍物。如病犬在犬舍内，则企图越舍逃跑，或躲缩在犬舍的一角。

2. 眩晕型　重者突然全身战栗，来回摇晃，嚎叫，继而侧卧但又迅速起立，恢复正常。轻者只嚎叫几声，不协调地行走数步，然后恢复正常。

3. 幻觉型　有的蜷伏于犬舍一角，有的表现出攻击或防御的姿态。

4. 癫痫型　病犬在逃遁过程中嚎叫几声后突然摔倒，四肢肌肉先呈强直性痉挛，后转为阵发性痉挛，口吐白沫，瞳孔散大，粪尿失禁，几分钟后恢复正常。

【治疗】

将病犬置于干燥、洁净、光线较暗的房舍内，保持安静，避免刺激，给予富含维生素B的饲料。

药物治疗 烟酸50～100mg/kg体重注射；同时使用眠尔通0.1～0.4g/kg口服或安定2.5～10mg/kg体重口服。

第三节 外周神经疾病

一、多发性神经炎

多发性神经炎是指各种不同疾病引起的全身多数周围神经的对称损害，主要表现四肢远端对称的运动、感觉障碍及植物神经障碍，它的病理改变主要是周围神经的节段性脱髓鞘或轴突变性。该病本属于神经科疾病而不是肌肉疾病，但由于四肢远端对称性无力，皮肤肌肉感觉障碍的表现，属于中医"萎症"。

【病因机理】

1. 营养缺乏 犬多发性神经炎的发病机理较为复杂，但维生素B族的缺乏是主要诱因之一。不同品种、不同年龄的犬都易发病。主要是因为长期的、以肉食为主的单一饲喂方法，导致犬的体内某些维生素的缺乏，特别是维生素B族（如B_1、B_6、B_{12}）的缺乏。B族维生素对维护神经系统的功能起至关重要的作用，一旦缺乏就会导致运动神经机能障碍，引发运动神经丛发生炎症，故也称神经根炎。

2. 感染因素 临床上最常见的是急性感染多发性神经炎。本病并非由病原体直接作用于神经系统所致，而是由病毒感染后（或接种疫苗后）引起的一种神经变态反应，属于感染性免疫性疾病。主要病变是上述神经组织的水肿、淤血乃至坏死。

3. 代谢障碍 一些代谢疾病如糖尿病容易并发周围神经损伤，尿毒症、肾功能衰竭易并发周围神经损坏。

【症状】

主要表现为后躯神经麻痹性瘫痪，个别的犬出现四肢瘫痪。一般为突然发病，少数有前期预兆，表现为行走时后肢无力或摇摆，不敢上高处，逐渐发生瘫痪。犬多数体温正常，个别犬发病初期有体温略高现象（高于正常体温0.5～1.0℃），有的出现大小便失禁。正在发作的病犬表现为两前肢驻立，伸着脖子喘粗气，有的连喘数日，不能伏卧。后躯瘫痪7d以上者，背腰、腹肌群、股肌群迅速萎缩，此时触摸腰荐部干瘪无肉，如摸"脊瓦状"。

【诊断】

根据临床症状：如对称性的四肢远端感觉、运动及营养障碍和腱反射消失；生活史调查：长期吃以肉食为主的单一食物；病史调查：具有明显的感染史或疫苗注射史，可以得出正确诊断。由于大多数神经炎其主要表现为后躯瘫痪，应注意与急性缺钙和椎间盘突出症的鉴别诊断。

1. 急性缺钙 急性缺钙主要发生在产后哺乳的母犬，由于大量钙质进入乳汁而出现钙平衡失调，导致血钙急剧降低而发生的。诊断的依据是：体温升高40℃以上，血钙测定值低于正常值，静脉点滴葡萄糖酸钙后可迅速缓解。

2. 间盘突出症（脊髓压迫症） 病因是椎间盘组织突入脊髓腔，压迫脊髓或脊神经根，容易发生本病的犬主要是：腊肠犬、比格犬、北京宫廷犬、贵妇犬、美国可卡犬、西施犬和 Welsh corgis 犬，发病年龄 3~7 岁，其中腊肠犬发病率比其他各种犬发病率总和高 10~12 倍。诊断的依据是：指压椎间盘突出部位可诱发疼痛，X 线摄片检查可确诊本病。

【治疗】

针对各种可能存在的病因，如感染、维生素缺乏等给予相应的治疗。

1. 消炎 特别对体温高的犬应给予消炎药，如氨苄青霉素（0.1g/kg 体重）或阿咪卡星（0.05 g/kg 体重），每日 1 次。

2. 补充维生素 以维生素 B_1、B_{12} 为主，其他可以根据临床具体情况对症给药；维生素 B_1 肌注或静注（0.01g/kg），每日 1 次，维生素 B_{12} 肌注（0.05~0.1mg/kg 体重），每日 1 次。可根据临床情况适量补充微量元素和钙。

3. 辅助治疗 为了防止肌肉萎缩，每日按摩数次，也可用 TDP 治疗仪照射促进血液循环。有呼吸麻痹征候时，使用人工呼吸装置。病初也可用地塞米松，初期量为每日 0.5~2.0mg/kg 体重维持量减半，分 2 次口服，可减轻神经损害，甲基硫酸新斯的明肌注也有一定的效果。

二、舞蹈病

舞蹈病是头部、四肢躯干的某块肌肉或肌肉群剧烈地间歇性痉挛和较规律、无目的的不随意运动。因痉挛发生于颈部和四肢，行走时呈舞蹈样步态，所以称为舞蹈病。

【病因】

主要为脑炎所致。见于犬瘟热、一氧化碳中毒、脑肿瘤、脑软化、脑出血等。

【症状】

患病肌群多为颜面、颈部、四肢、躯干等，严重的可波及全身各肌群。多伴以癫痫样发作、运动失调、麻痹或意识障碍，很快进入全身衰竭。

头部抽搐发生于口唇、眼睑、颜面、咬肌、头顶及耳等。颈部抽搐时，颈部肌肉上下活动和点头活动。横膈膜抽搐可见沿肋骨弓的肌肉间歇性痉挛。四肢抽搐限于单肢或一侧的前后肢同时抽搐。

【诊断】

根据临床症状、病史调查基本可以做出诊断。

【治疗】

目前还没有理想的缓解抽搐症状的治疗方法，可参照犬瘟热的治疗原则，对犬瘟热的治疗采用免疫血清皮下或肌肉注射，用免疫犬全血进行静脉注射效果更好。血清以 2~5ml/kg，连用 3~4d。应用抗病毒注射剂或口服剂，如病毒唑、中草药、干扰素、特异性转移因子等，静脉输注复方生理盐水、葡萄糖、维生素 C 和抗菌药物等；应用各种对症疗法，如止吐、止泻等。加强护理，对不食者进行人工灌食。

（东北农业大学 吴明福 黑龙江农业职业技术学院 陆江宁）

【本章复习思考题】

一、名词解释

1. 麻痹 2. 痉挛 3. 共济失调 4. 中暑 5. 日射病 6. 热射病
7. 癫痫 8. 舞蹈病

二、简答题

1. 神经系统功能障碍有哪些临床表现？
2. 如何进行神经系统疾病的诊断？
3. 脑膜脑炎的病因有哪些？临床上有哪些异常表现？如何进行治疗？
4. 什么是日射病和热射病？如何进行治疗？
5. 对患有脊髓炎的动物应如何进行治疗？
6. 癫痫有哪些临床表现？诊断依据是什么？

三、病例分析

病例：有一个京巴犬，雄性，6岁，体重9 kg。主诉：常年饲喂肉食，如猪肝、鸡肝等，无其他食物，2天前发现，走路后腿有时打晃。当日早晨发现后腿不能活动，发病前并没有任何击打、碰撞等情况。临床检查：食欲正常，体温正常，针刺反应迟钝。

诊断：根据该犬生活史和临床症状，初步确诊为多发性神经炎。

治疗：(1) 改变食物结构，以含维生素丰富的杂食为主。(2) 静脉注射，5%葡萄糖150 ml、葡萄糖酸钙1 g、地塞米松30 mg、维生素B_1 0.01g/kg、维生素B_6 0.2 g、维生素C 0.5 g，每日1次。(3) 肌注维生素B_{12} 0.1mg/kg体重，每日1次，连续7d。(4) 建议畜主为了防止肌肉萎缩，每日按摩数次。

请分析确诊为多发性神经炎的根据是什么？如果与急性缺钙和椎间盘突出症鉴别诊断，还需要做哪些检查？

第七章 皮肤病

第一节 概述

犬、猫皮肤病在临床疾病中占有较大的比例,由于病因复杂,种类繁多,加上有些兽医工作人员对犬、猫皮肤病认识不够深入,检验设备和技术手段相对落后等多方面因素的影响,故在临床上皮肤病的诊治方面还有待进一步加强。

一、犬、猫皮肤病的分类

临床上根据实际情况明确犬、猫的皮肤病类型是诊断和治疗的基础。从临床分析,将犬、猫皮肤病大致分为16种,它包括:寄生虫性皮肤病、虱子、跳蚤、钩虫和犬恶丝虫的幼虫等引起;细菌性皮肤病,多见于球菌等引起;真菌性皮肤病,如大小孢子病、须毛癣菌、石膏样小孢子菌、球孢子菌、隐球菌、组织胞浆菌和孢子丝菌等引起;病毒性皮肤病,见于伪狂犬病、猫白血病和犬瘟热的脚垫和鼻端硬化干裂等;与物理性有关的皮肤病,由冻伤、电伤、烧伤、烫伤、创伤、欧斗伤等引起;与化学性有关的皮肤病,如酸或碱性物质引起的皮肤损伤;皮肤过敏与药疹,由昆虫叮咬、粉尘过敏、食物过敏药物过敏等引起;自体免疫性皮肤病,由系统性红斑狼疮、寻常天疱疮、自身免疫溶血性贫血、免疫介导性血小板减少症等引起;激素性皮肤病,由甲状腺机能减退、肾上腺皮质机能亢进、性激素不足或亢进、生长素不足等引起;皮脂溢,见于皮脂溢性皮肤病,临床上有分为油性皮脂溢和干性皮脂溢等;中毒性皮炎,由抗凝血杀鼠药中毒、碘中毒等引起;营养代谢性皮肤病,由维生素 A、维生素 B_2、生物素、锌和碘缺乏引起;与遗传因素有关的皮肤病,见于皮肤过度松弛的犬品种,如沙皮犬、腊肠犬、巴赛特猎犬等;皮肤肿瘤,如脐疝、猫的嗜酸肉芽肿和其他皮肤病,见于耳尖缺血性坏死,洗澡不合理性脱毛,皮肤角化过度等。

二、皮肤损害的类型

在犬、猫皮肤病的发生发展过程中,皮肤上出现各种各样的变化,皮肤的损害被分为原发性损害和继发性损害两大类。

1. 原发性损害　它是各种致病因素造成皮肤的原发缺损。一般又分为9种：

（1）斑点　斑点和斑是指皮肤局部色泽的变化，皮肤表面没有隆起，也没有质度的变化。斑点的形态是：皮肤表面平整，有颜色变化，这些颜色的变化可能主要是由于黑色素的增加，也可能是色素的消退，如白斑或急性皮炎过程中因血管出血而出现的红斑。

（2）斑　斑点的直径超过1cm称为斑，比如华法令中毒时可见到犬皮肤上的中毒性出血斑。

（3）丘疹　它是指突出于皮肤表面的局限性隆起，其大小在7~8mm以下，针尖大至扁豆大。形状为圆形、椭圆形和多角形，质地较硬。丘疹的顶部含浆液的，称为浆液性丘疹；不含浆液的，称为实质性丘疹。皮肤表面小的隆起是由于炎性细胞浸润或水肿形成的呈红色或粉红色；丘疹常与过敏和瘙痒有关。

（4）结或结节　是突出于皮肤表面的隆起，7~30mm大小，它是深入皮内或皮下有弹性坚硬的病变。

（5）肿瘤　更大的结，是由于含有正常皮肤结构的肿瘤组织构成的。

（6）脓疱　脓疱是皮肤上小的隆起，它充满脓汁构成小的脓肿。常见葡萄球菌感染，毛囊炎，犬痤疮（粉刺）等感染所致的损害。

（7）风疹　风疹界限很明显，隆起的损害常为顶部平整，这是因水肿造成的。隆起部位的被毛高于周围皮肤，这在短毛犬更容易看到。风疹与荨麻疹反应有关，皮肤过敏试验呈阳性反应。

（8）水疱　水疱突出于皮肤，内含清亮液体，直径小于1cm，疱囊容易破损，留下湿红色缺损，且呈片状。

（9）大疱　大疱的直径大于1cm，由于易破损而难以被观察到；在犬的疱病损伤处常因多形核白细胞浸润而出现胀疱。

2. 继发性损害　继发性损害是犬皮肤受到原发性致病因素作用引起皮肤损害之后，继发其他损害。鳞屑是表层脱落的角质片。成片的皮屑蓄积是由于表皮角质化异常造成的。鳞屑生于许多慢性皮肤炎症过程中，特别是皮脂溢、慢性跳蚤过敏和泛发性蠕形螨虫感染的皮肤病过程中。

（1）痂　痂是由于干燥的渗出物形成的，它包括血液、脓汁、浆液等。它们黏附于皮肤表面，病患处常出现外伤。

（2）瘢痕　皮肤的损害超越表皮，造成真皮和皮下组织缺损，由新生的上皮细胞和结缔组织修补或替代，因为纤维组织成分多，有收缩性但缺乏弹性而变硬，称为瘢痕。瘢痕表面平滑，无正常表皮组织，缺乏毛囊、皮脂腺等附属器官组织，肥厚性瘢痕不萎缩，高于正常皮肤。

（3）糜烂　当水疱和脓疱破裂时，由于糜烂和啃咬，丘疹或结节的表皮破溃而形成的创面，其表面因炎液漏出而湿润，如破损未超过表皮则愈合后无瘢痕。

（4）溃疡　溃疡是指表皮变性，坏死脱落而产生的缺损，病损区达到真皮，它代表着严重的病理过程和愈合过程，总伴随着瘢痕的形成。

（5）表皮脱落　是表皮层剥落形成的，因为瘙痒，犬会自己抓、摩、咬；常见于虱子叮咬感染及特异性、反应性皮炎等。表皮脱落为细菌性感染打开了通路。经常见到的是犬泛发性耳螨性皮肤病造成的表皮脱落。

（6）苔藓化　因为瘙痒，动物抓、摩、啃咬皮肤，使皮肤增厚变硬，表现为正常皮肤斑纹变大。病患部位常为高色素化，呈蓝灰色，一般常见于跳蚤过敏的病患处。

（7）色素过度沉着　黑色素在表皮深层和真皮表层过量沉积造成色素沉着，它可能随着慢性炎症过程或肿瘤的形成而出现，而且常常伴随着犬的一些激素性皮肤病有关的脱毛。在甲状腺功能减退过程中的脱毛与犬色素沉着有关，未脱掉的被毛干燥、无光泽和坏死。

（8）色素改变　色素变化中以黑色素变化为主，其色素变化和脱毛可能与雌犬卵巢或子宫的变化有关。

（9）低色素化　色素消失多因色素细胞被破坏，使色素的产生停止。低色素常发生在慢性炎症过程中，尤其是重型红斑狼疮。

（10）角化不全　棘细胞经过正常角化而转变为角质细胞，它含有细胞核并有棘突，堆积较厚者称为角化不全。

（11）角化过度　表皮角化层增厚常常是由于皮肤压力造成的，比如多骨隆起处胼胝组织的形成。更常见于犬瘟热病中的脚垫增厚、粗糙，鼻镜表面因角化过度而干裂，以及慢性炎症反应。

（12）黑头粉刺　黑头粉刺是由于过多的角蛋白、皮脂和细胞碎屑堵塞毛囊而形成的。黑头粉刺常见于某些激素性皮肤病。如犬库兴氏综合征（肾上腺皮质机能亢进）中可见到黑头粉刺。

（13）表皮红疹　表皮红疹是由于剥落的角质化皮片而形成的，可见到破损的囊疱、大疱或脓疱顶部消失后的局部组织。常见于犬葡萄球菌性毛囊炎和犬细胞性过敏性反应的过程中。

三、皮肤病的诊断

皮肤病的诊断是治疗皮肤病的基础，犬、猫皮肤病的一般症状是脱毛或掉毛，这种情况多因动物瘙痒，自己抓、咬、摩擦患部皮肤引起感染。在夏季，尤其是闷热的雨季，是犬患螨虫感染的高峰期，它与家庭的地毯、犬是否常去草地活动有很大关系，也与犬、猫的品种有关。宠物医生在诊断皮肤病时，一般采用问诊，做一般检查，在正规的动物医院，可以做实验室检查。对于犬、猫的主人，应懂得如何防治犬猫的皮肤病，配有常用药，仔细观察犬、猫的皮肤情况和用药后的效果，以便兽医问诊时能全面地回答问题，这十分有利于宠物医生的诊治工作。专业的临床兽医在诊治犬、猫皮肤时，通常采用问诊，做一般检查，通过实验室诊断，然后进行治疗。

1. 问诊

（1）病程　首先要了解病初期犬、猫的表现；用过什么药，用药后症状逐渐减轻还是继续加重；犬、猫生活的环境，有无地毯、垫子、是否常去草地戏耍；有无接触病犬或病猫；用过什么洗发液，如何使用洗发液，以及洗澡的方式和次数；犬、猫哪个部位皮肤有病损，是否瘙痒以及瘙痒的程度等。

（2）病史　以前是否患过同样的疾病，症状如何；患病有无季节性；是否患过螨虫感染、真菌感染；是否处于分娩后期；有无药物过敏史、接触性皮炎史和传染病史。

2. 一般检查　观察被毛是否逆立，有无光泽，是否掉毛，掉毛是不是双侧性，局部皮肤的弹性、伸展性、厚度、有无色素沉着等。

3. 病变　部位，大小，形状，集中或散在，单侧或对称，表面情况（隆起、扁平、凹陷、丘状等），平滑或粗糙，湿润或干燥，硬或软，弹性大或小，局部的颜色等。

4. 实验室检查　正规的动物医院都应有完善的实验室检验设备和临床诊疗必备的设备，因为，在许多情况下仅凭宠物医生的双眼进行判断会出现很大的误差。

5. 寄生虫检查　玻璃纸带检验，即用手贴透明胶带，逆毛采样，易发现寄生虫。皮肤材料检验，注意刮取的深度，检验蠕形螨时应当适当用力挤刮患处的皮肤，提高蠕虫的检出率。粪便检查，饱和盐水的方法比涂片法准确。

6. 真菌检验　镜检时，剪毛要宽些，将检部皮肤用刀片刮到真皮，渗血后，将刮取物放到载玻片上。紫外灯检查，对于大小孢子菌感染的检出率高。真菌培养（加美国 Moore 指示剂）：在健康处与病灶交界处取毛，经过真菌培养基的培养，观察真菌的菌落，确定真菌的种类。

7. 细菌检验　直接涂片或触片标本进行染色检验，细菌培养和药敏试验等。

8. 皮肤过敏试验　局部剪毛或剃毛消毒后，用装有皮肤过敏试剂的注射器，分点做不同的过敏源试验，局部出现黄色丘疹则为过敏。

9. 病理组织学检查　直接涂片或活体组织检验。

10. 变态反应检验　皮内反应和斑贴试验。

11. 免疫学检查　免疫荧光检验法。

12. 内分泌机能检验　检验甲状腺、肾上腺和性腺的机能。

第二节　宠物常见的皮肤病

一、脱毛症

脱毛症又叫无毛症或秃毛症、稀毛症，是指皮肤在无可见病变的情况下发生的局部或全身被毛非正常的脱落症状。

【病因】

其病因较为复杂，临床上常见的病因有先天性和后天性两种，后天性多继发于全身性疾病，如神经性疾病、内分泌病（甲状腺、垂体和性机能失调等）、热性病（肺炎、某些传染病）、慢性病（寄生虫病、慢性消化器官疾病）、营养障碍（碘、维生素、脂肪酸等物质缺乏）、慢性中毒病（碘、汞、铵、甲醛）以及恶病质等疾病。外部因素有物理性、化学性因素的刺激，如 X 线、摩擦、涂脱毛剂等，均可引起本病的发生。

【症状】

一般从局部开始脱毛，逐渐扩大，然后几个局部互相融合，变成较大面积的脱毛。常伴有皮屑脱落，如神经性、内分泌性疾病引起脱毛，多呈对称性。其瘙痒程度不一。如果局部皮肤摩擦、连续使用刺激性过大的化学物质等物理、化学性因素造成被毛脱落，常表现局限性。如犬、猫的皮肤真菌感染、细菌感染性皮肤病、跳蚤感染、螨虫性皮肤病、连续遭受辐射、食物过敏等情况下，导致全身性脱毛。皮肤皮屑、鳞屑较多，呈片状脱毛或者断毛。另外局部皮肤摩擦导致被毛脱落常见于皮褶多的犬（如沙皮犬），或者脖套不适引起的颈部脱毛等。

【诊断】

诊断脱毛症主要根据临床症状结合病史调查，结合实验室检查。皮肤刮取样镜检、细菌或者真菌的培养与药敏试验、局部或组织检查、血清中激素的分析等。问诊在脱毛症的诊疗中占有重要地位，问清病初的症状和曾用药情况，有助于进一步诊断。

【治疗】

1. 治疗原则　查明原因，根据致病原因采取对症治疗及时治疗原发病。
2. 加强喂养管理　营养代谢障碍，应加强营养，补充某些矿物质。注意卫生，特别皮肤的卫生。
3. 内分泌紊乱　如甲状腺机能减退，服甲状腺制剂；性机能失调应用性激素药物。
4. 过敏性疾病　在病因不能确定时，按照0.8mg/kg体重，每2周肌肉注射1次醋酸甲基氢化泼尼松，2次或3次为一个疗程；也可以口服氟羟强的松龙1~3d，4mg/kg体重；对于复发的病例，每6d注射1次醋酸甲基氢化泼尼松。对病犬治疗可以口服强的松或强的松龙0.5~2mg/kg体重，3周后逐渐减量；有些复发病犬需要每2天口服1次低剂量的皮质类固醇。
5. 局部治疗　局部治疗效果可疑，只能用无刺激的并能迅速干燥的洗剂，常用间苯二酚5.0g、蓖麻油5.0ml、乙醇200.0ml混合而成；也可用水杨酸5.0g、橄榄油50.0ml、秘鲁香脂3.0g，混合涂患部；或用水杨酸18.0g、鞣酸18.0g、乙醇600.0ml，混合后涂患部。

二、皮炎

皮炎是指皮肤真皮和表皮的炎症。临床上以红斑、水疱、湿润、结痂、瘙痒等为特征。

【病因】

引起皮炎的病因很多，涉及外界刺激剂、烧灼。过敏原、细菌、真菌、外寄生虫等病因。皮炎在某些情况下是其他疾病的部分症状，变态反应在小动物皮炎中占有一定的比例。外伤性皮炎是由于皮肤受到机械性的刺激，如犬颈环套的摩擦，经常搔痒抓伤引起；化学性皮炎是皮肤接触化学物质引起的，如给犬涂擦刺激性药物；洗涤剂、肥皂、洗衣粉的刺激等。

【症状】

皮炎的特点是在接触部位发生病变。皮损的性质、疹疱类形、范围和严重程度取决于机体的反应性、接触物的性质、浓度、接触方法和接触时间长短。犬、猫等小动物皮炎的主要症状之一是皮肤瘙痒，引起患病犬、猫的搔抓，早期皮损与接触物的部位较一致，呈局限性、潮红、轻度肿胀、增温、发痒和疼痛等。一般伴有皮肤的继发感染而且病情加重。皮肤损伤轻者局部呈红斑、丘疹并有肿胀，甚至发生水疱、糜烂、渗出、坏死和结痂鳞屑等；慢性皮炎以皮肤裂开和红疹、丘疹减少为主。

【诊断】

皮炎治疗的首要因素是避免在未明确病因的情况下盲目用药。诊断应从问诊开始，注意皮炎发病初期症状，是否瘙痒、有无季节性、环境改变的因素、食物有无变化、是否感染等情况，同时问明用药情况和用药后动物的疗程症状变化。有条件的要做实验室检验如病原微生物的鉴定和分离培养，活组织检查，皮内反应试验和内分泌测定等，可做出诊断。

【治疗】

治疗根据诊断情况而定，包括皮肤局部药物涂擦和全身用药两种途径。

首先，剪毛，对于急性湿疹性皮炎可以使用收敛性吸附剂或者类固醇类洗液与软膏。去除皮肤鳞屑和痂皮可以使用硫磺和水杨酸，柏油（猫禁用）及硫磺洗毛剂。在排除传染病因后，给予超短效皮质类固醇药，如强的松、强的松龙，按1mg/kg体重的剂量做病初治疗，每日1次，逐渐变成隔日1次。如果动物瘙痒，搔抓严重，可以限制动物的四肢，给予镇静药或者颈部佩带伊丽莎白项圈，防止自咬患处。继发感染时应用抗生素予以控制。

三、脂溢性皮炎

犬的脂溢性皮炎是皮肤脂质代谢紊乱的疾病。常见于杜伯曼犬、可卡犬、德国牧羊犬和沙皮犬等几个品种。本病与人的脂溢性湿疹不同，是包括鳞屑型到严重皮炎的一类脂溢性疾病群。

【病因】

分原发性和继发性两种。

1. 原发性因素　有先天性因素和代谢性因素。先天性因素与遗传有关。代谢性因素有甲状腺功能减退，生殖腺功能异常，食物中缺乏蛋白质，脂质吸收不良，胰、肠、肝等功能障碍引起的脂质代谢异常等。

2. 继发性因素　有体表寄生虫（如螨、蜱、疥螨等）寄生、脓皮症、皮肤真菌病、过敏性鼻炎、落叶状天疱疮、菌状息肉症、淋巴细胞恶性肿瘤等。

【症状】

1. 原发性　患犬皮炎散在发生于背部、头部和四肢末端。根据症状不同，可分为干性、油性和皮炎型3种。干性型：皮肤干燥，被毛中散在有灰白色或银色干鳞屑，脱毛轻，呈疏毛状态。多见于杜伯曼犬和牧羊犬。油性型：皮脂腺发达的尾根部皮肤与被毛含有多量油脂或粘附着黄褐色的油脂块，外耳道有多量耳垢，有的发生外耳炎。可闻到特殊的腐败臭味。皮炎型：患犬表现为瘙痒、红斑、鳞屑和严重脱毛，明显形成痂皮，患部多见于背、耳廓、额、尾背、胸下、肘、飞节等处。患犬因瘙痒啃咬而使患部扩大且病变加重。

2. 继发性脂溢性皮炎　患部不局限于皮脂腺发达的部位，应注意原发病灶对皮肤的损害，如蚤过敏性皮炎的病灶，见于腰和荐部；犬疥螨病的病灶分布在面部及耳廓边缘；蜱感染症在背部，短毛犬的脓皮症在背部；真菌病在面部，耳廓及四肢末端；落叶状无疱疮在鼻梁；菌状息肉症和病变呈全身性分布。不同部位的皮肤病变表现出不同阶段的变化。

【诊断】

有胃肠功能紊乱症状的患犬，可检查食物中的脂肪酸含量和血清，患犬磷脂明显升高。

食物和血脂无异常时，应检查甲状腺功能。直接测定 T_3 和 T_4 值。也可投予甲状腺刺激素（TSH）后，而甲状腺功能减退的犬则升高不明显。此外，可检查肝功能（丙氨酸氨基转移酶、碱性磷酸酶、溴酚酞排泄试验）和粪便脂肪率。

继发性患病犬的确定。检查体外寄生虫（疥螨、蠕形螨虫等），菌状息肉症可活组织检查诊断，落叶状天疱疮的特征是病灶有多量鳞屑。

【治疗】

可选用肾上腺皮质激素，如泼尼松龙 0.2～2 mg/kg 体重，或地塞米松 0.15～0.25 mg/kg 体重，皮下注射或口服。也可外用泼尼松龙喷雾。

也可选用患部涂布止痒剂和角质软化剂，如 0.5%～10% 鱼石脂、松馏油、糖馏油、1% 二硫化硒、10% 水杨酸乙醇液、10%～50% 间苯二酚软膏等。也可用 2.5% 硫化硒洗液，对患部或体表每周清洗 1 次。

对先天性和营养性脂质缺乏犬，日常食物中要少量添加玉米油或花生油及猪油、牛肉、鸡肉等，注射维生素 A、维生素 D。先天性脂质缺乏患犬可能与遗传有关，应禁止用于繁殖。

对激素性患犬，可投予甲状腺粉 0.1～0.3mg，每日 3 次，到 T_4 值正常为止。若连续用药 6 周后，皮肤仍无好转，要停止用药。生殖腺功能异常的犬，可去势或摘除卵巢和子宫。

四、过敏性皮炎

过敏性皮炎是由免疫球蛋白 E 参与的皮肤过敏反应，也叫特异性皮炎。本病的临床特征为瘙痒，季节性反复发作，多取慢性经过，用类固醇治愈后可复发。

【病因】

一般分为内源性和外源性两种，内源性因素有遗传性、激素异常和过敏性素质。

外源性因素有季节性和非季节性的环境因素，如吸入花粉、尘埃、羊毛等；食入马肉、火腿、牛乳等食品；此外，注射药物、蚊虫叮咬、内外寄生虫和病原体感染以及理化因素等也可引起外源性过敏而发病。

【症状】

本病多发 1～3 岁的犬、猫。初期发病部位为眼周围、趾间、腋下、腹股沟部及会阴部，跳蚤叮咬的过敏性皮炎易发生于腰背部。病犬、病猫主要表现为剧烈瘙痒、红斑和肿胀，有的出现丘疹、鳞屑及脱毛。病程长的可出现色素沉着、皮肤增厚及形成苔藓和皲裂。慢性经过的患病犬、猫瘙痒较轻或消失，但有的病程长达一年以上。正常情况下冬季初次发生的可自然痊愈。季节性复发时，患部范围扩大，常并发外耳炎、结膜炎和鼻炎。

【诊断】

根据发病特点和临床症状可做出诊断，但一定要查明致敏源。多存在于食物中，或为蚤咬、吸入尘埃等环境因素。血浆检查，多数患病犬、猫嗜酸性白细胞增加。

【治疗】

除去可能的病因，局部用药可按皮炎疗法进行治疗。可选用复方康纳乐霜外擦，每日2~3次。也可选用抗组织胺药，苯海拉明 2~4mg/kg 体重，口服，每日4次。也可选用钙制剂，如10%氯化钙或10%葡萄糖酸钙 10~30ml 稀释后缓解静脉滴注。每天或隔日1次。

五、黏蛋白病

黏蛋白病是有特殊的纤维细胞（黏液细胞）使结缔组织精蛋白产生过多而形成的局限性、无炎性肿胀。临床上以丘疹、结节、脱色斑及于病灶部挤出黏蛋白物质为特征。该病仅发生于沙皮犬，无性别差异，无传染性。

【病因】

目前尚不清楚。有人认为与遗传和内分泌紊乱有关。

【症状】

急性病犬全身散在性凹陷水肿或产生丘疹或产生大小不等的水泡，肿胀处皮肤呈半透明状，无红、热、痛、痒等反应，被毛稀少、脱落，皮肤透明度降低，可见鳞屑结痂、红斑等病变。慢性患犬头颈、躯干、尾部或肢端出现散在内含黏稠丝状或胶胨样黏蛋白物质的丘疹或结节，质软，偶有化脓或溃疡。患部呈斑块状脱毛，残存的被毛易拔出，不易折断。

【诊断】

根据犬品种特征和临床症状及特征性病理组织学变化，可做出确诊。

活组织检查 初期可见外根鞘和皮脂腺水肿，腔隙中有黏蛋白沉积。个别毛囊变成空腔，其腔内含有黏蛋白，毛根鞘细胞变性。真皮上部可见局限性界限不清、大小不等的囊肿，有大量黏蛋白沉积，在无定形黏液基质中，散布梭形或星芒纤维细胞。

【治疗】

应用糖皮质类激素药物如地塞米松，0.25mg/kg 体重，或氢化可的松 0.2mg/kg 体重，口服，每日2次，连用3~5日。严重病犬可增加用药时间。少数病犬不治疗长到成年后，其症状也可自行消退。

六、鼻镜脱色素

鼻镜脱色素是由各种原因引起的鼻镜皮肤黑色素部分或全部脱色的病理状态。柯利牧羊犬和德国牧羊犬的鼻日光性鼻炎不属于此病。

【病因】

鼻镜的颜色是由基底细胞层的黑色素细胞产生黑色的量和表皮有棘细胞摄取黑色素的比例来决定的。当犬用鼻端拱物或嗅闻损伤鼻端后，可出现相应大小的脱色斑。整个鼻镜全脱色可能与激素有关。此外，自身免疫性疾病和其他系统疾病也可引起本病。

【症状】

患犬鼻镜有大小不等的脱色斑，当外伤或溃疡等继发感染时，局部红肿、触之有疼痛反应；内分泌等全身性疾病时，整个鼻镜全脱色，并伴有眼睑、口唇、外阴部及触球等脱色。

【诊断】

根据鼻镜出现大小不等的脱色，结合患病犬的品种及嗅物、接触病史等可做出诊断。

【治疗】

对外伤或溃疡等局部性脱色，要治疗原发病，基底细胞层修复后，色素自然恢复。鼻镜皮肤缺损时，可涂以墨汁，修饰外观。此外，涂布乳酪药物，避免日光暴晒，也可促进色素恢复。当患部继发感染时，应涂布抗生素软膏，口服维生素类药物。

七、黑色素表皮增生症

黑色素皮肤增厚症是以表皮增厚、角化和色素沉着为特征的疾病。腊肠犬多发。

【病因】

有人认为是垂体－甲状腺系统功能紊乱所致。病变多发生于物理摩擦部位，局部机械性作用对本病的发生也有一定的影响。

【症状】

病变呈两侧对称性，初期多出现于腋下和鼠蹊部，表皮明显增厚、脱毛及发生严重的黑色素沉着。随着病情的发展，病变蔓延至耳廓、肷部、四肢中部和末端，皮肤形成深的皱褶，皮肤表面常见多量油脂或呈蜡样，并有脱屑和痂皮。原发病灶无痒感，但因脂溢和继发感染而发生瘙痒。

本病呈慢性经过，激素疗法可控制，但难以完全治愈。

【诊断】

根据临床症状可以做出诊断。

【治疗】

用抗脂溢性洗发液清洗患部皮肤，涂擦肾上腺皮质激素软膏。L－甲状腺素钠，10～20mg/kg 体重，口服，每天 2 次；配合应用三碘甲状腺氨酸，1.1μg/kg 体重，连投 28d，停药 2 周后再恢复使用；也可用泼尼松，0.5～1.0mg/kg 体重，口服，每天 2 次。对严重色素沉着的老龄犬，需长期给药。

八、犬自咬症

犬自咬症是以自咬躯体的某一部位（多是咬尾巴），造成皮肤破损为特征，自咬程度严重的可继发感染而死亡。本病无明显的季节性，但春秋两季发病率略高。

【病因】

病因尚不十分清楚，有人认为是营养缺乏病、传染病、外寄生虫感染引发皮肤瘙痒所致，或神经质犬（多为进攻时达不到目的而属自残现象）所造成的习惯性自咬。

【症状】

患犬在舍内自咬尾尖而原地转圈，并不时地发出"喔喔"的叫声，表现极强的凶猛性和攻击性。尾尖处脱毛、破溃、出血、结痂，也有的犬咬尾根、臀部或腹侧面而使被毛残缺不全，个别病犬将全身毛咬断。患犬散放或在牵引时不出现自咬现象。

【诊断】

根据临床表现结合病因调查可以做出诊断，但要注意与各种病因的皮肤病、神经末梢炎、某些微量元素缺乏、神经质的犬相鉴别。

【治疗】

目前尚无特效疗法，但主要治疗原发病，以控制犬的兴奋亢进及攻击性为主。采取镇静、外伤处理的方法可收到一定效果。同时加强饲养管理，使犬安静，减少或避免外界刺激。主人要带犬多活动，满足其易动心理，分散犬的精力，可逐渐克服习惯性自咬。

（河南周口农业职业学院　王怀友　黑龙江畜牧兽医职业学院　李忠显）

【本章复习思考题】

一、名词解释

1. 脱毛症　2. 皮炎　3. 脂溢性皮炎　4. 过敏性皮炎　5. 犬自咬症

二、简答题

1. 简述皮肤病的诊断方法。
2. 简述犬、猫皮肤病的分类。
3. 简述犬自咬症的发病原因。如何诊治？
4. 简述犬脂溢性皮炎的发病原因。如何诊治？

三、病例分析：

有一只白色母犬，脱毛，就诊。主诉：该犬脱毛60d左右，病初发现先有颈瘙痒脱毛，继而胸部及躯干及全身。跳蚤较多，曾使用速敌百虫喷洒和跳蚤粉。临床检查：脱毛，皮肤瘙痒，并有较多皮屑脱落，脱毛部位的皮肤增厚，尤其颈部和胸部皮肤增厚明显，摩擦的皮肤有出血斑点和斑痕。

诊断为脱毛症。治疗，可使用水杨酸、鞣酸、乙醇混合液，涂患处，每日2次。

第八章 营养与代谢障碍性疾病

第一节 概述

随着生活水平的提高,犬已不再是单一作为看护、狩猎、侦察、畜牧等工作之用,越来越多的犬类,特别是小型犬和其他小型动物,已经成为人们的伴侣动物(即宠物);但由于人们喂养宠物往往缺乏一定的专业知识,以及对宠物的生活习性缺乏了解,在宠物的喂养和管理上经验不足,宠物的运动量减少,就容易使它们患上各种疾病,给饲养者的精神和经济上带来不小的损失。但近几年来,随着宠物医疗保健水平的提高,在犬、猫及其他的宠物恶性传染性疾病的发生逐渐减少的同时,因食物中某种营养物质缺乏、过剩或比例不当,或因为机体的吸收和利用障碍引起犬、猫及其他宠物的营养与代谢性疾病的危害日益明显增多。碳水化合物、脂肪、蛋白质、矿物质、维生素等是犬、猫及其他宠物的基本营养物质,也是营养代谢性疾病中主要的相关因素,其影响涉及内科、外科、产科疾病等领域。在这些相关因素中,营养物质的缺乏在某些情况下仍然是引起该类疾病发生的主要原因,但随着生活水平的提高和宠物食品的普及,碳水化合物、脂肪和蛋白质等基本营养物质的缺乏,在一般情况下已经不是主要致病因素,相反营养物质的过剩或比例不当引起的危害,开始成为临床上的重要问题。因此,在本章中将选择性讨论肥胖症、高血脂症、犬低血糖症、维生素过剩或不足、矿物质代谢性疾病等。

一、概况

营养代谢性疾病是营养性疾病和代谢障碍性疾病的总称。前者是指动物所需的某类营养物质缺乏或过多(包括绝对性的和相对性的)所致的疾病;后者是指因机体内的一个或多个代谢过程异常,导致机体内环境紊乱而引起的疾病。营养代谢性疾病包括糖、脂肪和蛋白质代谢障碍,矿物质和水、盐代谢紊乱,维生素缺乏症及微量元素缺乏症或过多症等四个主要部分。据南京市康乐宠物医院门诊部2006年2月、3月两个月的资料记载,曾接触到宠物犬产后瘫痪、睾丸萎缩、四肢无力、白内障、幼犬生长缓慢、急性胰腺炎等病例,经过询问主人发病犬的症状与临床检查,初步判定其为缺乏(或过量)某一种营养成分或微量元素而致,及时采取措施对症治疗,收到了明显的效果。

二、病因

营养性疾病的主要病因是某些营养物质摄入不足或过剩：饲料的短缺、单一、质地不良，饲养不当等均可造成营养物质缺乏。为提高宠物的生活质量，盲目采用高营养饲喂，常导致营养过剩，如日粮中动物性蛋白饲料过多，常引发痛风；高钙日粮，造成锌相对缺乏等。

营养物质需要量增加：在宠物生长发育期间，母犬在哺乳期间，对各种营养物质的需要量增加；某些慢性疾病对营养物质的消耗增多。

营养物质吸收不良：见于两种情况，一是消化吸收障碍，如慢性胃肠疾病、肝脏疾病及胰腺疾病，使饲料消化、吸收、运输、合成受到不同程度的影响。很明显，这一方面的影响多数是个体的，不会造成群体性问题；二是饲料中存在干扰营养物质吸收的因素。

参与代谢的酶缺乏：一类是获得性缺乏，见于重金属中毒、有机磷农药中毒；另一类是先天性酶缺乏，见于遗传性代射病。

内分泌机能异常：如锌缺乏时血浆胰岛素和生长激素含量下降等。

三、疾病发生的比例与种类

经过调查发现，动物医院宠物门诊除了常见的传染性疾病和内科病外，患营养代谢病的占75%。宠物犬的营养代谢性疾病主要有以下几种：①碳水化合物、脂肪和蛋白质代谢性疾病；②维生素代谢性疾病；③矿物质代谢性疾病。营养代谢性疾病一般有病程时间长、发病率高（特别是处于发育、妊娠、泌乳阶段）、临床症状多样化、具有某一特征性器官的病理变化等特点。

四、发病的年龄

宠物犬的营养代谢性疾病主要发生在6～18月龄和6岁以上的犬，发病率分别为35.21%和33.80%，这主要是因为6～18月龄的犬正处于生长发育的高峰阶段，对营养物质的要求相对比较高，也容易引起缺乏症；6岁以上的犬属于大龄犬，各器官的功能逐渐衰退，所吸收的营养物质不易被机体利用，因此也容易造成缺乏症；18～42月龄的犬发病多是由于某一营养物质、维生素或矿物质过量导致疾病。

五、发病的种类

调查发现，在发病的宠物犬中，由矿物质缺乏引起的疾病占了相当大的比重，为43.66%，这主要是因为宠物犬的食物结构相对单一造成的。患营养代谢病的犬大多由于主人饲养管理不当造成，犬的主人有的对犬过分关心，吃的食物过多而丰富，希望犬的营养更为全面，往往造成其体内脂肪大量聚集，引起一系列病变；而有的主人给犬的食物单一、量少，造成营养缺乏，引起疾病，后一种情况也比较常见。

六、营养代谢病的临床特点

1. 群体发病　在集约饲养条件下，常呈群发性，同舍或同群宠物同时或相继发病，表现相同或相似的临床症状。

2. 起病缓慢　营养代谢病的发生一般要经历化学紊乱、病理学改变及临床异常3个阶段。从病因作用至呈现临床症状常需数周、数月乃至更长时间。

3. 常以营养不良和生长性能低下为主症　营养代谢病常影响宠物的生长、发育、成熟等生理过程，表现为生长停滞、发育不良、消瘦、贫血、异嗜、体温低下等营养不良征候群等。

4. 多种营养物质同时缺乏　在慢性消化疾病、慢性消耗性疾病等营养性衰竭症中，缺乏的不仅是蛋白质，其他营养物质如铁、维生素等也不足。

5. 地方流行　由于地球的原因，土壤中有些矿物元素的分布很不均衡。我国缺硒地区分布在北纬21°~53°和东经97°~130°之间，呈一条由东北走向西南的狭长地带，包括16个省、市、自治区，约占国土面积的1/3。我国北方省份大都处在低锌地区，以华北面积为最大，在这些地区应注意宠物的硒缺乏症和锌缺乏症。

七、诊断与亚临床监测

营养代谢病的诊断首先应从以下几方面考虑：

1. 临床症状检查　如生长发育迟缓或停滞；毛粗乱，骨棱外露，母犬、猫低产，死胎，宠物跛行，骨质关节变形；脱毛，异嗜，充血，母犬、猫不能站立，或视力降低，运动失调，均是与某些营养缺乏相关的症状。

2. 流行病学调查　着重调查疾病的发生情况，如发病季节、病死率、主要临床表现及既往病史等；饲养管理方式，如日粮配合及组成、饲料的种类及质量、数量、饲养方法及程序等；环境状况，如水源资料及有无环境污染等。

3. 病理学检查　剖检变化对多数营养代谢病没有特征性，但有些营养代谢病可呈现特征性的病理学改变，如关节型痛风时关节腔内有尿酸盐结晶沉积；硒缺乏症等有时可能有典型的病理变化。

4. 治疗性诊断　为验证依据流行病学和临床检查结果建立的初步诊断或疑问诊断，可进行治疗性诊断，即补充某一种或几种可能缺乏的营养物质，观察其对疾病的治疗作用和预防效果。

5. 实验室检查　主要测定患病个体及发病群血液及组织器官等样品中某种（些）营养物质及相关酶、代谢产物的含量，作为早期诊断和确定诊断的依据。

6. 饲料分析　饲料中营养成分的分析，提供各营养成分的水平及比例等方面的资料，可作为营养代谢病，特别是营养缺乏病病因学诊断的直接证据。

7. 病畜群实验室诊断及亚临床监测　在分析饲料的基础上，或临床上根据观察到的症状特点，可直接对动物的血液、肝、肾等组织进行相关项目生化分析，以反映动物当时的营养状态。测定的指标有血糖、总蛋白、白蛋白、球蛋白、血红蛋白、BUN（血浆尿素氮)、PCV（红细胞比积）、血清 Ca、P、Mg 以及 Fe、Cu、Se 等，此外相关的血清酶，如 ALP 等。对于检查出的结果，解释起来有时是有困难的。通过平时监测，可判断是否存在临床或亚临床异常，可以最少的检测开支换来最大的预防效果，保证宠物的生长性能得到充分发挥，不出问题或少出问题。

八、营养代谢病的防治要点

营养代谢病的防治要点在于加强饲养管理，合理调配日粮，保证全价饲养；开展营养代谢病的监测，定期对群体进行抽样调查，了解各种营养物质代谢的变动，正确估价或预测宠物的营养需要，早期发现是否患病，实施综合防治措施。

第二节 糖、蛋白质、脂肪代谢障碍性疾病

一、肥胖症

肥胖症是犬猫易发的一种脂肪过多性营养疾患，由于机体的总能量摄入超过消耗，过多部分以脂肪形式蓄积，脂肪组织的量增加，能引起运动机能障碍。目前这种宠物病症的发生率在不断增高，尤其是饲养条件好的成年犬、猫，如不尽快加以控制，几年之后就很有可能成为威胁宠物健康的头号杀手。其发病率远远超过各种营养缺乏症。按照国际标准，犬和猫一般超过正常体重 10% 至 15% 以上即被视为肥胖。西方国家大约有 20% ~ 44% 的肥胖犬，而体重不足的瘦弱犬仅占 2% ~ 3%；6% ~ 12% 猫身体超重。持续性的肥胖可并发糖尿病或肝、胆的疾病及循环障碍性疾病。

【病因】

引起犬猫肥胖症的原因主要是能量的摄取超过消耗。因此，犬猫摄取量仅比必需量增加 1%，到中年时就会超重 25%。但一般不外乎以下几个方面：

1. 肥胖与品种、年龄和性别有关　一般来说，10 年以上的犬和老年猫肥胖的几率在 60% 左右，且母犬母猫多于公犬母猫；犬类中的巴哥犬、比格犬、科卡犬、德国牧羊犬、腊肠犬和短毛猫等都是容易肥胖的品种。

2. 遗传因素　父母肥胖的犬猫，它们的子女往往也易肥胖。

3. 公犬猫去势、母犬猫阉除卵巢和某些内分泌疾病　如糖尿病、甲状腺机能减退、肾上腺皮质机能亢进、垂体瘤、下丘脑损伤等，也可能引起犬猫食欲亢进和嗜睡，导致体重逐渐增加而变胖。

4. 生活方式引起的发胖　这也是造成宠物肥胖的主要原因。如在食欲方面对宠物过于溺爱，给予热量极高的食物如奶油蛋糕和过于精细的食物，且在时间和食量上无节制；每天的活动量很少，未养成良好的遛狗、逗猫习惯，使宠物长期处于贪吃贪睡、嗜暖怕冷状态。

5. 其他疾病　如患有呼吸道疾病、肾病和心脏病的犬猫也容易肥胖。

【临床病理】

血清总胆固醇升高，肥胖犬为 6.72mmol/L ± 2.66mmol/L，给予高脂肪食物的犬可达

10.34mmol/L 以上。血清 β-脂蛋白、中性脂肪及脂质也明显升高，血清胰岛素升高。

【症状】

其表现为皮下脂肪层增厚，尤其是腹下和躯体两侧，体态丰满浑圆，走路摇摆，反应迟钝，不愿活动。由于品种、年龄、性别和营养及管理条件的差异，对所养宠物是否超重肥胖，主人往往不容易识别，因此，为了及时发现病状，专家们总结出一些简单而直观的判断方法：比如，你可以用手触摸犬猫的肋骨，如果没有分明的层次感，或根本就摸不到，便是肥胖的明显表现；也可以站在犬的身后，双手拇指按在它的背部脊柱中线上面，其他手指放在肋骨上，双手前后滑动，若在肋骨的边缘摸出脂肪层，沟部有明显的脂肪堆积，就说明你的宠物已经患上了肥胖症。食欲亢进或减退，不耐热，易疲劳，灵活性降低，迟钝或贪睡，容易和主人失去亲和力；肥胖的犬猫容易发生关节炎、椎间盘病、膝关节前十字韧带断裂等骨关节病；患心脏病、高血压、脂肪肝、糖尿病、胰腺炎、脂溢性皮炎、便秘、肚胀、溃疡。繁殖障碍的可能性加大，麻醉和手术危险性增加；对传染病的抵抗力下降；寿命缩短。由内分泌和其他疾病引起的肥胖症，除上述肥胖的一般症状外，还有各种原发病的症状表现。如甲状腺机能减退和肾上腺皮质机能亢进引起的肥胖症有特征性的脱毛、掉皮屑和皮肤色素沉积等变化。患肥胖症的犬猫血液胆固醇和血脂升高。

【诊断】

通过视诊，结合血清脂质的变化可以诊断。

内分泌肥胖，特别是甲状腺功能减退、性腺功能障碍及肾上腺皮质功能障碍引起的肥胖症有特征性皮肤变黑和脱毛。

肾上腺皮质亢进及甲状腺功能减退引起的肥胖与单纯性肥胖的鉴别表如 8-1。

表 8-1 肥胖的类症鉴别

症 状	单纯性肥胖	肾上腺皮质功能亢进症	甲状腺功能减退症
发病年龄	全年龄	中年期	5 岁以下
体重增加	+ +	±	±
脂肪蓄积	躯干	腹部	躯干
多饮多尿	−	+ +	−
多食	±	+ +	−
发情的缺乏	−	+	+
嗜眠	±	+	+ +
对运动负荷反应性减退	±	+ ~ ±	+ +
脱毛症	−	+	±
体热散发障碍	−	+	−
对寒冷反应	−	−	+

【防治】

肥胖症的防治应以预防为重点。在治疗方面可以采取以下措施：

1. 目前对本症无特效药物　可试用安非他明制剂 1~3mg，饲喂前 30~60min 口服；盐酸苯甲吗啉 5~25mg 口服；羟甲基纤维素钠 0.5~3.0g 口服。有高脂血症和脂肪肝的犬，5% 巯丙酰甘氨酸 50~150mg 肌肉注射或口服，1~2 次/d。

2. **减食疗法** 制定限制食物供给的计划，并得到所有相关人员的充分理解和全力配合。一是减少给食量和次数，可以每天饲喂平时量的60%~70%，分3或4次定时定量饲喂。二是饲喂高纤维、低能量全价减肥处方食品，以每周减少体重的1%~2%为好。一旦达到标准体重，确定并供给必要的维持食量。

3. **药物减肥** 可以使用缩胆囊素等食欲抑制剂、催吐剂、淀粉酶阻断剂等消化吸收抑制剂，使用甲状腺素、生长激素等提高代谢率。

4. **加强饲养管理，纠正不合理的生活方式** 在食欲方面要改变食谱，多喂一些低脂肪、高纤维的食物。同时应定时定量饲喂。采用多次少量的方法，把一天食量分为3~4次喂给，平时不再另喂其他零食；对过度肥胖的犬猫，要减少食量，犬只喂平时正常食量的60%，猫只喂平时正常食量的65%即可。

5. **增加运动量** 每天进行有规律的中等强度的运动20~30min。可加速热量消耗，减少脂肪合成。

6. **加强对可能引起宠物肥胖的内分泌系统疾病的防治**

7. **增加基础代谢** 甲状腺机能减退引起的肥胖症，为了增加基础代谢，可口服甲状腺素浸膏30mg，每天2次，根据反应情况，可逐渐加量，但不能超过300mg。

8. **改善生殖机能** 生殖机能减退者，肌肉注射己烯雌酚0.1~0.5mg或丙酮睾丸酮25~50mg。

9. **调节代谢机能** 代谢机能减退者，内服或皮下注射硫酸苯异丙胺0.4~0.6mg/kg。

【预防】

防止发育期的动物肥胖，是预防成年动物肥胖的最有效方法。重视防止减重成功后再复发肥胖。

二、高血脂症

高脂血症是指血液中脂类浓度过高。犬、猫血液中的脂类主要有游离脂肪酸、磷脂、胆固醇和甘油三酯。血液中的脂类和蛋白质结合形成脂蛋白，由于密度不同，脂蛋白分为乳糜微粒（CM，富含外源性甘油三酯）、极低密度脂蛋白（VLDL，富含内源性甘油三酯）、低密度脂蛋白（LDL，富含胆固醇和甘油三酯）和高密度脂蛋白（HDL，富含胆固醇及其酯）。血液中的脂类，特别是胆固醇或甘油三酯及脂蛋白的浓度升高，就是高脂血症，是血清呈乳浊状态的疾病。

【病因】

高脂血症的病因分为原发性（内源性）和继发性（外源性）两种。

1. **原发性** 高脂血症见于自发性高脂蛋白血症、自发性高乳糜微粒血症（见于犬和猫）、自发性脂蛋白酯酶缺乏症（见于猫）和自发性高胆固醇血症。

2. **继发性** 高脂血症多由内分泌和代谢性疾病引起，常见于糖尿病、甲状腺机能降低、肾上腺皮质机能亢进、胰腺炎、胆汁阻塞、肝机能降低、肾病综合征等，内分泌腺对脂质代谢调节障碍、肝脏合成脂质异常或肾脏疾病等，都可引起本病。

3. **另外** 糖皮质激素和醋酸甲地孕酮（见于猫）也能诱发高脂血症。犬猫采食后可产生一过性高脂血症。此外，运动不足的肥胖可成为本病的诱因。

【症状】

病犬主要表现为肥胖、不愿活动、体重增加。

1. 继发性　高脂血症的临床症状主要是原发病的表现。实验室检验，犬猫饥饿12h，血浆或血清出现肉眼变化，如血清乳白色，即为血脂异常。血清甘油三酯大于2.2mmol/L，一般就会出现肉眼变化。脂血症是血液中甘油三酯浓度升高，同时CM和/或VLDL及胆固醇也增多。饥饿状态下成年犬血清胆固醇和甘油三酯分别超过7.8 mmol/L和1.65mmol/L，成年猫分别超过5.2 mmol/L和1.1 mmol/L，即可诊断为高脂血症。高脂血症血清在冰箱放置过夜，如果是乳糜颗粒，在血清顶部形成一层奶油样层；如果是VLDL，血清仍呈乳白色。单纯胆固醇血症，血清无肉眼异常变化，但仍是脂血症。高甘油三酯血症时，除甘油三酯浓度升高外，血清胆红素、总蛋白、白蛋白、钙、磷和血糖浓度出现假性升高，血清钠、钾、淀粉酶浓度出现假性降低，同时还可能发生溶血，影响多项生化检验值发生改变。

2. 自发性

（1）自发性高脂蛋白血症　多发生在中老年小型德国髯犬，其他纯种和杂种犬也有发生。病因不清，可能与家族遗传有关。临床表现腹部疼痛、腹泻和骚动不安。血清呈乳白色、血脂变化特点为高甘油三酯血症，轻度高胆固醇血症，血清CM、VLDL和LDL浓度也升高。

（2）自发性高乳糜微粒血症　一般发生于猫和犬，病因不明，可能是脂蛋白酶活性低，不能分解甘油三酯和从血清中清除乳糜微粒，猫可能还与常染色体隐性有关。猫患此症多数无临床症状，如果出现症状为外周神经症，表现为皮肤黄瘤、脂血性视网膜炎和眼色素层炎。腹部触诊可摸到内脏器官上有脂肪瘤。血清呈乳白色，血脂变化特点为高甘油三酯血症，血清VLDL轻度增多，胆固醇正常或稍增多。犬患此病除无临床症状外，其他与猫基本相同。

（3）自发性高胆固醇血症　多发生在杜伯曼和罗得维尔犬。病因不清，临床上除角膜脂肪营养不良外，无其他症状。血脂变化特点为高胆固醇血，血清LDL浓度也升高。

【临床病理】

患病犬的总胆固醇、中性脂肪及β-脂蛋白含量比健康犬高一倍，血清（浆）呈乳白色。

【治疗】

继发性高胆固醇血症首先治疗原发病。同时适当配合饲喂低脂肪高纤维性食物。原发性自发性高脂血症主要饲喂低脂肪和高纤维性食物或减肥处方食品。高CM血症应限制形成的CM长链脂肪酸，可以给予碳原子数在6~10的饱和脂肪酸组成的中链脂肪酸，使其不形成CM，并且代谢良好。高VLDL血症要限制饲喂糖。高LDL血症要限制胆固醇的摄取。

经1~2个月食物疗法不见效或血清甘油三酯仍高于5.5 mmol/L，胆固醇高于20.8 mmol/L时，可试用降血脂药物。常用降血脂药物有烟酸，犬猫0.2~0.6mg/kg，口服，3次/d。降胆灵口服0.5~4g/次，3~4次/d。中药血脂康对治疗混合性高脂血症较好。犬口服或静脉注射巯酰甘氨酸100~200mg/d，连用2周。降血脂药物副作用较多，应用时应注意。

三、低血糖症

低血糖症是一种由多种原因引起的血糖浓度过低所导致的征候群，或低血糖症在母犬是产仔前后应激和多胎胎儿对营养的过大需求，或产后大量哺乳发生的血糖降低性代谢病。

当血糖值低于 2.78mmol/L 或更低时，就称为低血糖症。本病多发生于幼犬和成年母犬。

【病因】

1. 母犬猫低血糖　母犬发生低血糖症的主要原因是妊娠后期和哺乳期严重营养不良，再加上所怀胎儿数过多，产前产后营养需要和泌乳过多所致。临床上多见于分娩前后 1 周左右的母犬猫。

2. 幼犬猫低血糖　幼犬低血糖症是饥饿或因母犬猫产仔多，奶少或质量差，仔犬猫受凉体温低于 34.4℃ 时，胃肠功能紊乱导致体内消化吸收功能停止或败血症等所致。临床上多发生于出生后至 3 月龄血糖含量过低。尤其是玩具犬及小型品种犬，又以贵妇犬、约克夏犬、吉娃娃犬发病率最高。

3. 犬工作量超负荷　多发生于工作犬、猎犬（如拉布拉多犬等），在工作时饲喂量没有增加，而导致低血糖。

4. 用药不当　临床治疗胰岛素使用量过大，可诱发犬猫低血糖。

5. 继发于肝脏疾病　因肝脏疾病可导致肝糖原的分解和合成异常而引起低血糖。

6. 继发于犬的胰腺癌　犬的胰腺癌临床发病率可达到 60% 左右。临床多发生于成年犬、老龄犬（多数为 6~13 岁）。各品种都可发生，但主要是发生于拳师犬。

7. 继发于非胰腺性肿瘤　如肺癌、胃肠癌等。

【症状】

1. 母犬低血糖症　主要临床特征是出现类似于产后缺钙的神经症状，母犬发生低血糖症表现肌肉痉挛，步态强拘，反射功能亢进，全身呈间歇性或强直性抽搐。体温升高达 41~42℃，呼吸和心搏加速。尿酮体检验阳性，严重者尿有酮臭味，这是低血糖时，机体动员大量的体内脂肪代谢，使酮体生成增加的结果。生产过程发生低血糖时容易见到阵缩无力。

2. 幼犬低血糖症　主要表现虚弱和不愿运动，精神不振，虚弱，步态不稳，嘶叫，心跳缓慢，呼吸窘迫。后期出现搐搦，很快陷入昏迷状态而死亡。

3. 实验室检验　母犬或幼犬低血糖症时，血糖为 1.68~2.24 mmol/L 或更低，母犬血液酮体量增高。

【诊断】

根据病史、临床症状，结合血糖测定即可建立诊断，临床上注意与低钙血症进行区别。

【治疗】

1. 补糖　母犬用 20% 的葡萄糖溶液 1.5ml/kg，50% 的葡萄糖 1ml/kg 或静脉注射，静脉注射困难时也可口服葡萄糖 250mg/kg。

2. 肾上腺皮质激素疗法　应用醋酸泼尼松 0.2mg/kg，皮下注射或口服。也可使用氢化可的松或地塞米松，以后每 3~4h 静脉注射或口服葡萄糖，至临床症状消失为止。

3. 镇静、保暖、加强饲养管理　尤其是幼犬猫发病要注意保持体温，多吃母乳或替代性乳制品。

【预防】

在预防上平时要加强饲养管理，分娩前后注意营养供给，可以适量多饲喂些碳水化合物，或产前 20d 和哺乳期饲喂幼犬商品粮。同时让其多吃母乳或替代性乳制品。

四、吸收不良综合征

吸收不良综合征是小肠黏膜功能障碍引起的各种营养物质吸收不良，导致营养异常低下的病理状态的统称。本综合征包括引起消化不良和吸收不良的多种疾病。根据发生的原因可分为原发性、继发性和消化障碍性吸收不良综合征。

【病因】

1. 原发性吸收不良　是由于小肠黏膜本身损害所致。如口炎性腹泻的小肠绒毛上皮细胞含有多量的谷胶蛋白或致酶物质，使绒毛萎缩、融合或消失，黏膜面变平造成吸收障碍。

2. 继发性吸收不良　见于各种消化器官疾病或全身性疾病的经过中。如浸润增生性疾病（肠炎、肠淋巴肉瘤、淀粉样变性）、先天性异常（乳糖酶缺乏症）、肠淋巴管扩张症（小肠淋巴管回流的淋巴结肿瘤或重度炎症）等。

3. 消化障碍性吸收不良　见于胰腺疾病（胰腺炎和胰腺癌时，胰腺消化液分泌障碍，淀粉酶和脂肪酶减少），肝、胆疾病（肝汁分泌或排泄障碍时，由于缺乏复合胆汁酸盐而不能形成脂肪微粒）。犬发病约 75% 为胰腺外分泌障碍所致。

【症状】

本病的病因较多，其临床表现也不尽相同。

1. 原发性吸收不良（口炎性腹泻）　常取慢性经过。食欲较好，但体重逐渐减轻和消瘦，多有呕吐。顽固消化不良的犬长期排酸性恶臭的脂肪便或灰白色便，排便 4~6 次/d，投喂无麸质食物多可好转。病犬低蛋白血症、低钠血症，有的呈低血糖症。

2. 继发性吸收不良　其临床表现与原发病有关。通常，病犬精神沉郁，食欲旺盛，排泄大量脂肪便，腹部胀满，渐进性消瘦，贫血。

3. 消化障碍性吸收不良　其临床特征为体重减轻，消瘦，食欲增加，腹泻和有轻度或重度的脂肪便，日排便次数增加。

【诊断】

可根据以下检查项目予以诊断。

1. 脂肪的检查　取新鲜粪便涂抹于载玻片上，加 3~4 滴苏丹Ⅲ液，放上盖玻片，用高倍镜检查，一个视野有 5 个以上脂肪球即为脂肪消化不良。这是胰液分泌不足或胆道堵塞的结果。

2. 蛋白质的检查　饲喂新鲜生肉后，粪便涂片，复方碘甘油染色，发现有肌纤维时即为蛋白质消化不良。

3. 粪便胰蛋白酶活性试验 取1g粪便和15%碳酸氢钠9ml混合,将X线胶片放入混合液中2.5h,若X线胶片透明,则胰蛋白酶阳性。可以排除胰液性消化不良。

4. 脂肪吸收试验 绝食16h后,投与植物油3ml/kg,2~3h后,若血浆发白、混浊,则表示胰脂肪酶的分泌和消化吸收功能正常。

5. 活体组织检查 对本病型的鉴别诊断非常重要。剖腹手术,在十二指肠、空肠和回肠横向切下椭圆形各一块,对肠系膜淋巴结、肝脏和胰腺各取一部分,对6个样品进行检查,确认病变部位。

6. 苏丹Ⅲ液 70%乙醇和等量丙酮混合,加过量溶解苏丹Ⅲ染料,用前过滤。

【治疗】

1. 查明病因 有针对性地治疗。

2. 更换饲料 停止饲喂含有麸质的饲料,改喂高蛋白、高能量、低脂肪的食物。若添加脂肪,应添加容易吸收的中链甘油三酯。

3. 药物治疗 维生素 B_{12} 3μg/kg、叶酸0.5mg/kg和铁制剂等口服,同时投与淀粉酶、脂肪酶、蛋白酶、纤维分解酶、胆汁合成复合制剂、次硝酸铋等健胃助消化药。对食欲减退和明显脱水的病犬,要进行输液和纠正酸碱失衡。输液要根据犬的何况,采取不同的途径给药,而且液体的量一定要补足。

第三节 矿物质缺乏症

组成动物机体的元素约有50余种,机体中的各种元素,除碳、氢、氧和氮以碳水化合物、脂肪和蛋白质等有机物形式存在外,其他各种元素无论其存在形式如何,含量多少,统称为无机盐。其中含量占机体总重量的万分之一以上者(有人认为万分之五以上)称为常量元素,如钙、磷、钾、钠、氯、镁和硫等。

无机盐是构成动物机体组织和维持正常生理功能所必需的重要元素,但它们不能提供热能,如钙、磷和镁是骨骼和牙齿的主要成分,无机盐是细胞内、外液的组成成分,并具有维持体液渗透压的作用;体内酸性和碱性无机离子的适当配合,是维持机体酸碱平衡的重要机制;在体液中的各种无机离子,特别是钾、钠和钙离子,是维持神经肌肉兴奋性、细胞膜通透性及所有细胞正常功能的必要条件;无机离子是很多酶系统的活化剂、辅助因子或组成成分。

犬、猫的矿物质代谢,由于无机盐在食物中分布较广,通常都能满足其机体的生理需要。但在特殊地理环境中或其他特殊条件下,也有可能发生矿物质代谢性疾病。

一、软骨症

本病是成年犬、猫因日粮中钙、磷不足,比例失调代谢障碍,而引起的骨组织发生进行性脱钙,所造成的骨质疏松的慢性骨营养不良的骨质疾病。在临床上,以消化机能紊乱,异嗜癖,跛行,骨质软化及骨骼变形为特征。特征性病变是骨质进行性脱钙,呈现骨质软化及形成过量的未钙化的骨基质。

【钙和磷的生理功能】

动物机体中的钙和磷占总灰分的 70% 以上，总钙量的 99% 以上和总磷量的 80%~85% 存在于骨骼和牙齿中，其余的钙和磷分布于细胞外液和细胞内。体液中的钙和磷含量虽然很少，但在维持动物机体生理功能中起着非常重要的作用。如心脏正常搏动，肌肉、神经正常兴奋性传导和适宜感应性维持等。如果血液中钙离子浓度下降，可使犬猫神经和肌肉兴奋性增高，从而引起抽搐；相反若血液中钙离子浓度过高，又可抑制神经和肌肉兴奋性。此外，钙还参与血凝过程，是各种生物膜的必需成分。磷是软组织结构的重要成分，如多种蛋白质以及细胞膜脂质均含有磷等。动物机体中的磷酸盐还有很多非结构性功能，如 ATP 储存能量；参与很多酶系统的辅基的组成以及调节机体内酸碱平衡等。

【病因】

食物中钙磷不足或钙磷比例失调是导致佝偻病发生的重要原因之一。食物中理想的钙磷比例，犬是 1.2:1~1.4:1，猫为 0.9:1~1:1，并应占饲料总成分的 0.3%。尤其要注意磷含量过多，如大量饲喂动物肝脏引起的钙磷失调。生、熟肉中含钙较少，钙磷比例为 1:20，用去骨的鱼或肉喂犬猫时容易发生钙缺乏。生长发育期的幼龄犬猫，妊娠和哺乳犬猫对钙需要量大，不注意钙的供给，也可发生钙缺乏。维生素 D 摄取不足或长期阳光照射不足，也影响钙的吸收。小肠内 H^+ 浓度升高，由于酸性物质和钙生成不溶性的钙盐而导致钙不能吸收。饲料中金属离子（铁、镁、锶、锰、铝等）过剩，与磷酸根形成不溶性的磷酸盐复合物，影响钙磷的吸收。锶过剩还能影响肾对维生素 D 的活化。慢性消化障碍及寄生虫病，食物中蛋白不足或锰含量过高，慢性维生素 A 中毒，慢性肾机能不全等，也能直接或间接影响钙磷代谢，导致该病的发生。食物中钙磷不足或比例失调，或阳光照射不足及维生素 D 缺乏，引起的幼犬骨组织钙化不全，骨质疏松、变形的疾病称为佝偻病。如果发生在成年犬，称为骨软病。

【发病机制】

由于矿物质代谢紊乱，骨骼发生明显的脱钙，呈现骨质疏松，同时这种疏松结构又被过度形成的未曾钙化的骨样基质所代替，它与佝偻病的主要区别在于不存在软骨内骨化方面的代谢紊乱。骨质疏松通常开始于骨的营养不足，以后借破骨细胞产生二氧化碳以破坏哈佛氏管，因此管状骨的许多间隙扩大，哈佛氏管的皮层界限不清，骨小梁消失，骨的外面呈齿形及粗糙，结果则使骨组织中呈现多孔，且容易折断。无论管状骨或扁骨，由于脱钙作用的同时又出现未钙化的骨基质增加，于是导致骨柔软、弯曲、变形、骨折、骨痂形成，以及局部灶性增大和腱剥脱。伴随时间的延长，沉积的钙质其密度也在增高，而且胶性基质又部分地呈现萎缩，这个阶段当骨骼受到重压或牵引时，就可引起病理性的骨折。

【症状】

本病在 1~3 月龄的幼犬容易发生。本病初期表现不明显，只呈现不爱活动，逐渐发展表现关节肿胀，前肢腕关节变性疼痛；四肢变型，呈 X 形（外弧）或 O 形（内弧）肢势。病犬喜卧、异嗜。病犬站立时，四肢不断交换负重，行走跛行；头骨、鼻骨肿胀，硬腭突出，牙齿发育不良，容易发生龋齿和脱落。肋骨扁平，胸廓狭窄。肋骨和肋软骨结合部呈佛珠状肿胀，两侧肋弓外翘。异嗜及胃肠卡他，排绿便。有时不能站立，体温、脉搏、呼吸一般无变化。犬缺乏时，还常伴有甲状腺机能亢进。产后母犬缺钙，常于产后 10~20d 发生产后抽搐。

实验饲喂低磷性食物，能使青年犬发生磷缺乏，表现食欲减退，生长发育缓慢。成年犬出现骨质软化症状。犬食入过量的磷，还能引起钙缺乏症的症状。

病犬血清检验，佝偻病表现低钙和低磷，碱性磷酸酶活性显著升高。骨软症表现低钙、高磷和碱性磷酸酶活性显著升高。

青年猫钙缺乏时，病初类似健康，随病势发展逐渐出现不爱活动，喜卧，讨厌人们捉它。最后表现跛行和轻瘫。严重缺钙的幼猫，腰荐部凹陷。X射线照片检查：骨骼显示结构疏松，骨髓腔扩大，骨骺的骨小梁稀疏和粗糙。肩胛骨弯曲外展，形成翼状肩胛，骨骺和脊柱易发生骨折。猫食物中钙和磷比例失调，还有可能引起泌尿系综合征（见镁代谢病）。

【防治】

1. 日光浴　尽量多晒太阳。

2. 给予维生素D制剂　可一次性口服或肌肉注射维生素 D_3，1500~3000IU/kg。注意不要造成维生素D过剩。饲料中添加鱼肝油，每日400 IU/kg。

3. 给予钙制剂　如骨粉、鱼粉等，0.5~5g/kg，拌料饲喂。口服碳酸钙，1~2g/kg，1次/d或内服乳酸钙。维生素 D_2 胶性钙注射液（骨化醇胶性钙注射液），每次0.25万~0.5万IU，肌肉或皮下注射。也可静脉注射10%氯化钙或10%葡萄糖酸钙液，犬10~30 ml，猫5~15ml，注射时速度宜慢。根据粪便检验结果，如发现寄生虫或虫卵时要驱虫。腹泻时需要给予健胃助消化药，同时还应给予品质优良的蛋白饲料。为了防止钙和磷比例失调，犬猫每饲喂鲜肉100g，添加碳酸钙0.5g；每100ml牛奶添加碳酸钙0.15g。猫食物中添加5%~10%骨粉，可满足猫对钙的需要量。另外，还可让患病犬猫啃吃一些生骨头，是较好的补钙和补磷方法，同时能除去犬猫齿垢，清洁牙齿。

二、佝偻病

佝偻病是指幼龄犬或幼龄猫在生长发育期，由于维生素D缺乏，钙、磷缺乏或比例不当，而使钙磷代谢失常，钙盐不能正常地沉着所发生的一种钙磷代谢障碍的骨骼疾病，又称为维生素D缺乏症。临床主要特征为消化紊乱、生长缓慢、异嗜癖、跛行及骨骼关节变形等。病理特征为成骨细胞钙化作用不足，未钙化的类骨组织形成过多，软骨内骨化障碍，成骨组织的钙化沉积减少，造成持久性软骨肥大、骨骺增大的暂时钙化不全。本病是1岁以内的犬猫，尤其是2.5~5个月龄左右的犬猫常发的一种疾病。该病影响发育，引起机体变形，降低体质并易继发其他疾病。

【病因】

由于犬、猫机体内能产生维生素 D_3，一般情况下只要成年犬、猫能够保证充足的阳光照射，一般饲养管理条件下，犬、猫是不会发生佝偻病的。有研究资料报道：在生长发育阶段的幼龄猫，即使不能从食物中获得维生素D，又没有充足的阳光照射，只要是食物中钙磷含量及其比例恰当，在一定时间内也不会发生佝偻病。

维生素 D_3 对骨骼的形成非常重要，它不仅能促进钙和磷在肠道当中的吸收，还可作用于骨骼组织，促使钙磷最后沉积为骨质组织。处于正在生长发育时期的幼龄犬，维生素D缺乏时即可发生佝偻病。生长发育时期的幼龄猫患佝偻病，最主要的原因是食物中钙含

量或钙磷比例不当所引起,而与维生素 D 缺乏关系不大。犬猫发生佝偻病通常与下列因素有关:

1. 食物中钙磷不足或比例不当　是导致犬、猫发生佝偻病的最主要的原因,犬猫食物中最适合的钙磷比例是犬为 1.2∶1~1.4∶1,猫为 0.9∶1~1.1∶1。如生、熟肉中钙磷比例为 1∶20,所以大量肉为给犬、猫,可导致钙磷比例不当,易引发佝偻病。

2. 食物中维生素 D 不足　由于喂养不当,母乳不足或早期断乳,幼犬猫的饲料以淀粉类食物为主,缺乏矿物质、蛋白质和维生素 D。

3. 需要量增加　生长迅速的犬,如德国牧羊犬,西藏獒犬,需要维生素 D 多,容易发生维生素 D 缺乏。

4. 光照不足　舍饲犬由于运动场狭小,运动不足,缺乏阳光照射,尤其冬季出生的犬更易发病。

5. 维生素 A 摄入过量　绝大多数犬、猫喜欢吃肝脏(含有大量的维生素 A),过量的维生素 A 可竞争性抑制维生素 D 在肠道内的吸收,从而影响骨骼的生长和代谢而发生骨质疏松。

6. 先天性佝偻病　由于怀孕母犬猫营养失调或缺乏阳光照射,运动不足,饲料中缺乏矿物质、维生素 D 和蛋白质,以致胎儿发育不好而发生佝偻病。

7. 其他特殊情况　慢性腹泻可影响脂溶性维生素 D 的吸收;由于肝肾疾病,使肝脏细胞的线粒体中所含 D_3-25 羟化酶,即能催化维生素 D_3 转变 25-羟胆骨化醇酶的作用受到影响;先天性缺乏必需的酶类,如维生素依赖性佝偻病是肾脏缺乏羟化酶所引起。

微量元素如铁、铜、锌、锰、硒等缺乏,会促使佝偻病的发生。

【发病机制】

佝偻病是以骨基质钙化不足为基础而发生的,而促进骨骼钙化作用的主要因子则是维生素 D。当食物中钙、磷比例平衡时,机体对维生素 D 的需求量是很小的;而当钙、磷比例不平衡时,哺乳幼犬猫对维生素 D 的缺乏则极为敏感。

当维生素 D 被小肠吸收后进入肝脏,通过 25-羟钙化醇,再通过甲状旁腺激素的分泌,降低肾小管中磷酸氢根离子的浓度,在肾脏通过 1-羟化酶将 25-羟钙化醇催化,转变为 1,25-二羟钙化醇,后者既促进小肠对钙、磷的吸收,也促进破骨细胞区对钙、磷的吸收,血钙和血磷浓度升高。因此,维生素 D 具有调节血液中钙、磷之间最适比例,促进肠道对钙、磷的吸收,刺激钙在软骨组织中的沉着,提高骨骼坚韧度。

在哺乳幼犬猫的骨骼发育阶段中,一旦食物中钙、磷缺乏,且体内钙、磷不平衡,如果伴有任何程度的维生素 D 不足,就可使成骨细胞钙化过程推迟,同时甲状旁腺促进小肠降低对钙的吸收作用,导致骨基质不能完全钙化,出现佝偻病。

【症状】

1. 先天性佝偻病　出生后犬骨质软弱、肢体有异常弯曲,出生后数天仍不能站立。

2. 后天性佝偻病　患病初期往往被忽视,而至关节肢体变形后才引起人们的注意。病初动物精神不振,食欲减退,消化不良,逐渐消瘦,生长发育缓慢。进行期症状是患病动物发生异嗜,喜欢舔食墙壁和地板,喜食泥土、砖石或食自己的粪便。表现为腹泻或便秘等消化障碍,随后骨骼出现畸形。但在骨骼变形之前,患病犬猫表现为四肢关节疼痛,运步时四肢僵硬,屈伸不灵活,出现跛行或卧地不能站立。

3. 骨骼改变的特征

(1) 胸部畸形　肋骨与肋软骨交界处膨大成钝圆形，呈串珠状。由于肋骨内陷，胸部凸出，成为鸡胸。膈肌牵引肋骨使肋骨凹陷，从而导致胸廓变小。

(2) 四肢畸形　常发生腕（跗）球关节的粗大。四肢负重时管骨逐渐变形，呈现各种异常姿势，如两膝和两腕分离者呈"O"形腿；分离方向相反者呈"X"形腿（图8-1、图8-2）。骨盆部左右压扁而变狭小。

(3) 脊柱畸形　因负重关系，而使脊柱向上凸起呈弓形弯曲。

图8-1　犬的"O"形腿

图8-2　犬的"X"形腿

佝偻病是一种全身性疾病，除骨骼系统外，其他系统亦受影响。患病犬猫骨骼肌萎缩无力，关节膨大，胃肠弛缓，若患犬血钙降低，可出现神经症状，如尖叫、痉挛和肌肉疼痛敏感，其神经症状发作是短暂的，但可间歇性频繁发作。

重症佝偻病的犬骨骼异常疏松，易引起四肢骨盆和脊柱的骨折，卧地不能起立。由于胸壁畸形影响肺扩张及肺循环障碍。因腹肌无力，胃肠弛缓常导致便秘，膀胱积尿。

恢复期神经症状消失，骨骼改变不再进行，血钙、血磷恢复正常。早期轻型佝偻病如能及时治疗，可完全恢复正常，重型佝偻病，至恢复期后可遗留轻重不等的骨骼畸形。

【治疗】

应重视早期治疗，治疗愈早，恢复愈快，并不留任何后遗症。除应用维生素 D 制剂外，应特别重视合理饲养和使动物多进行运动，尤其是早、晚的运动。患佝偻病的犬多照射太阳对疾病的恢复有积极作用，因为动物皮肤里的 7-脱氢胆固醇在紫外线照射下可转化生成维生素 D_3。早期应口服维生素 D，犬每天 1000～3000IU，猫 300～500IU。治疗可适当增加用量，至症状开始消失时即用预防量。

活动期的佝偻病可口服鱼肝油，口服有困难时，可以考虑肌注维生素 D_3 10万～30万IU。在用维生素 D 之前，对犬猫应补充钙盐和磷盐，如贝壳粉、骨粉、蛋壳粉等，犬每天 4g，猫 1～2g，或静脉注射 10% 葡萄糖酸钙 10～20ml 或 10% 氯化钙 10～20ml，每日 2～3次。用药 2～3d 后，再大剂量补充维生素 D，以防出现高血钙症；也可用维丁胶性钙肌肉注射，犬每次 1～2mg，每天 1 次，连用 4～7d。骨粉或贝粉或石粉 1.5～3g/d，拌入饲料中喂给。

【预防】

加强对妊娠、哺乳母犬猫的饲养，经常补充维生素 D 和钙。幼龄犬猫要经常运动，多晒太阳，光线要充足。及时治疗胃肠道疾病。调整日粮中钙、磷比例，一般应控制在1.2∶1～2∶1，骨粉、鱼粉及脱氟磷酸钙是较好的补钙、磷的添加剂，因其比例在正常范围内，不必调整。

第四节　维生素及微量元素代谢性疾病

维生素是构成动物体酶系统的辅酶（或辅基）成分，参与物质代谢，是维持动物生长和生命活动的必需营养物质。虽然动物对维生素的需要量很少，但它对体内蛋白质、脂肪、糖类、无机盐等代谢起着重要的作用。

维生素是一类有机化合物，但不是化学性质和结构相近似的一类化合物，将其归为一类化合物是基于其生理功能和营养意义有类似之处。它们都是以本体形式或可被利用的前体形式存在于天然食物中。维生素与其他营养物质的不同之处，在于它们既不能供给机体热能，也不能构成动物体组织原料，但动物机体的生命活动、物质代谢是离不开它们的。

动物对维生素的需要量很少，仅占犬、猫食物的二十万分之一到二亿分之一，但其生理功能却很大，缺乏或不足就会引起犬、猫发病，甚至死亡。某些维生素在犬、猫体内可以合成，而多数维生素不能合成或合成量很少，必须由食物供给。

维生素缺乏的原因有原发性和继发性两种。由于食物中缺乏，或体内不能合成的某种维生素缺乏，属于原发性的；由于维生素的吸收和储备过程发生障碍，或在机体内的氧化加速，以及生理或病理性对维生素需要量的增大而引起维生素缺乏，属于继发性的。动物机体维生素缺乏或不足是一种渐进过程，长期轻度维生素缺乏并不一定出现临床症状，但可使患病动物呈现活动能力下降，对疾病的抵抗力降低等。因此，犬猫食物中供给合理的维生素，不仅可预防缺乏症的发生，而且也能不断提高健康水平。

目前共发现的维生素有 20 多种，化学结构差异很大，通常按溶解性质分为水溶性和脂溶性两大类。

微量元素是指动物需要量非常少的一类矿物质元素。微量元素本身不供给机体能量，但却是动物体营养必需的物质。它们主要是动物酶系统、激素和某些维生素的组成成分，对酶的活化、物质代谢和激素的正常分泌均有重要影响。因此，如果缺乏时可引起动物的各种疾病，过多时则引起中毒。

一、维生素缺乏症

（一）维生素 A 缺乏症

维生素 A 缺乏症，是由于食物中维生素 A 原或维生素 A 不足或缺乏，或吸收机能障碍，导致维生素 A 缺乏所引起的一种慢性营养性疾病，临床上以共济失调、生长迟缓、角膜角化干燥、夜盲、皮肤疹、成年犬猫主要表现为生殖机能低下为特征。幼龄犬猫多发生本病。本病又可称为维生素 A 缺乏病。维生素 A 也称为视黄醇，有两种衍生物——视黄醛和视黄酸，它们都是不饱和的一元醇类。上述三种同分异构体和胡萝卜素对热、酸及碱稳定，一般烹调和加工也不被破坏，但易被氧化，尤其是在高温条件下氧化更快，紫外线照射可促进氧化破坏。

维生素A的生理功能与视觉有密切关系。眼的光感受器是视网膜上的杆状细胞和锥状细胞，在这两种细胞中都含有对光敏感的色素，这些色素的形成及其生理功能都与维生素A的存在有关。维生素的生理功能与上皮细胞的正常形成有关。维生素A不足时可影响黏膜上皮细胞的正常结构和生长。维生素A可促进动物生长以及骨骼、牙齿发育，提高免疫功能。此外，维生素A还与动物生殖功能有密切的关系。

【病因及发病机理】

1. 食物中维生素A不足　成年犬对维生素A的日需要量为220IU/kg，仔犬为110IU/kg，如果饲料中维生素A原（胡萝卜素）和维生素A不足，就会引起维生素A缺乏症，如采食减少或食物中缺乏青绿蔬菜、胡萝卜、肉类等。

2. 食物中其他成分的影响　也是维生素A缺乏症的常见原因，如维生素C、E缺乏时，饲料在消化过程中维生素A散失过多；饲料中磷酸盐过多时，影响维生素A在体内贮存；饲料内硝酸盐过多时，不利于胡萝卜素转变为维生素A，均可促进本病发生。

3. 维生素A吸收利用不良　胃肠病或肝脏疾病过程中，经常促使本病发生。因为饲料中的维生素A原和胡萝卜素，需在胆汁的协助下，经酶的催化变成维生素A，然后与脂类一起被黏膜细胞吸收，运至肝脏贮存。当患胃肠疾病时，可影响维生素A的吸收，肝脏疾病时，则不能利用及贮藏维生素A，从而致使维生素A缺乏。

4. 对维生素需求量增加　妊娠和泌乳期的犬猫对维生素A的需要量增大，此时如果不加大食物中含量，不但使犬猫易患维生素A缺乏症，而且还影响胎儿和幼龄犬猫的生长发育和抗病能力。食物中脂肪能促进消化道对维生素A的消化吸收，而食物中蛋白质又有助于维生素A在血浆中的运输，当食物中脂肪和蛋白质缺乏时，也可导致维生素A缺乏症的发生。

【症状】

1. 夜盲症　在阴暗的光线中不能视物是维生素A缺乏症的最早出现的病征，在傍晚或月夜中光线朦胧时，盲目前进，行动迟缓，碰撞障碍物。

2. 干眼病　病犬角膜增厚、角化、形成云雾状，有时出现溃疡和穿孔，造成失明。

3. 皮肤干燥　被毛粗干、蓬乱，皮肤干燥。有时亦可见到皮脂溢出性皮炎。生长迟滞，逐渐消瘦。

4. 生殖功能降低　公犬曲细精管生殖上皮变性，睾丸萎缩，精液中精子少或无，活力降低。母犬重症不发情，轻者虽然发情、妊娠，但易流产或死胎，即使产下虚弱活仔，也易患呼吸道疾病，成活率也低。

5. 胎儿先天性缺陷　母犬严重缺乏维生素A时，所生仔犬常呈现无眼球、小眼球、眼睑闭锁、裂腭、兔唇、附耳、后肢畸形、肾位异常、心瓣膜缺损、生殖器官发育不全、脑积水和全身性水肿等。

6. 神经系统损害　包括外周神经根损伤而发生的骨骼肌麻痹，颅内压增高而发生的惊厥、视神经管受压而发生的视乳头水肿而导致失明。此外，维生素A缺乏症的幼犬，机体抵抗力降低，容易发生肺炎、肠炎、中耳炎、泌尿生殖器官感染等疾病。

7. 实验室检查　犬血浆中维生素A含量最适宜的水平为$0.875\mu mol/L$，维持正常生长所必需的水平应为 0.349μmol/L 以上。当降低至 0.245~0.280μmol/L 时，可出现临床病征，若低于 0.175μmol/L，则认为是危症。

【诊断】

根据病史和临床病症，进行综合分析，可作出初步诊断。确诊须测定血浆和肝脏中的维生素 A 水平。此外，测定脑脊髓液压力增高，也有辅助诊断意义。

【预防及治疗】

参考成年和正在生长发育的幼龄犬、猫维生素 A 需要量，增加妊娠和泌乳期的犬、猫供给量，促进对维生素 A 的消化吸收。食物中添加适量的脂肪。猫 1 次肌肉注射维生素 A，可维持 4~6 个月维生素 A 的需要；如饲喂含有维生素 A 的动物肝脏，1~2 次/周，就可满足对维生素 A 的需要量。

在加强运动和光照的同时，内服鱼肝油，或肌肉注射浓缩维生素 A 3 万~5 万 IU，每日一次，连用 5~10d。

（二）维生素 D 缺乏症

维生素 D 是固醇类衍生物，种类很多，其中与动物营养有密切关系的，主要是维生素 D_2（麦角骨化醇）及维生素 D_3（胆骨化醇）。维生素 D 缺乏症是因维生素 D 长期缺乏或不足，或缺乏紫外线照射，而引起的骨组织软化，骨骼变形的疾病。

【病因】

1. 食物中维生素 D 含量不足　食物中维生素 D 添加量不足；食物久置、霉变，维生素 D 大量被破坏。

2. 光照时间不足　光照时间不足，动物皮肤内的 7-脱氢胆固醇不能转化成维生素 D，从而导致维生素 D 缺乏。

3. 继发性因素　食物中钙、磷比例不当，犬猫对维生素 D 的需求量增加。蛋白质、脂肪缺乏以及胃肠疾病，也会使维生素 D 吸收减少，从而导致维生素 D 缺乏症。

【发病机制】

维生素 D_2 是由酵母菌或麦角中的麦角固醇经紫外线照射后的产物；维生素 D_3 是由动物皮肤和脂肪中的脱氢胆固醇经紫外线照射后的产物。不管是维生素 D_2 或 D_3，吸收后都被运往肝和肾脏，经羟化为具有活化型后才能发挥其生理功能。由于动物机体中能产生维生素 D_3，一般成年犬、猫只要保证有足够的紫外线照射，在通常饲喂食物条件下不会发生维生素 D 缺乏症。成年猫甚至正在生长发育的幼龄猫，即使不能从食物中获得维生素 D，又得不到适宜紫外线照射，只要在食物中钙磷浓度及其比例得当，或通过动员哺乳时期在机体中贮存的维生素 D_3 来供应其需要，在一定时内也不会发生维生素 D 缺乏症。维生素 D_3 对骨骼形成极为重要，它不仅能促进钙和磷在肠道中的吸收，还可作用于骨骼组织，使钙磷最终成为骨质的基本结构。如正在生长发育时期的幼犬，维生素 D 缺乏时可发生佝偻病。幼猫不像幼犬那样易患缺乏维生素 D 性佝偻病。维生素 D 在骨骼的骨化过程中起着很大的作用，能刺激骨样组织钙质沉着，并能调节被破坏的钙与磷之间正常的数量比例。因此，维生素 D 不足会使骨骼呈现病理性骨化，从而影响骨的硬度和坚固性，发生骨软病，骨弯曲变形。

【症状】

正在发育的幼犬维生素 D 缺乏时可出现佝偻病，主要表现为消化紊乱，生长发育迟缓。最明显的是骨质钙化不全，导致软骨肥大，骨变形，胸廓狭窄；肋骨与肋软骨处形成球状肿胀，呈串珠状排列，脊柱弯曲变形，四肢骨呈现内弧或外弧状，出现"X"形腿或"O"形腿，跛行。犬维生素 D 缺乏还有的表现贫血，四肢、鼻、尾出现红斑，尾尖坏死，抽搐，皮炎和脱毛症状，还可导致佝偻病。

【诊断】

1. 症状诊断　幼犬猫生长发育不良、骨骼变形、肋骨与肋软骨交界处呈串珠状肿大，可得出初步诊断。

2. 特殊诊断　有条件的可用 X 线摄影检查，骨密度降低，软骨肥大和长骨末端呈"羊毛状"或"蛾蚀斑状"外观。

【治疗】

1. 治疗原则　消除病因，补充维生素 D，调整食物中钙、磷比例。

2. 治疗措施　供给富含维生素 D 的食物，增加户外活动和晒太阳时间等。还可使用鱼肝油 5~10ml，一次内服；维生素 A、D 注射液 0.5~1ml，一次肌肉注射。维生素 D_2 胶性钙注射液 0.25 万~0.5 万 IU，一次肌肉或皮下注射。也可应用骨化醇治疗，1000~1500IU/次，肌肉注射，1 次/15d，2~3 次。

【预防】

配合日粮应含有充足的维生素 D，维生素 D 主要来自动物性食物，以肝脏、鱼、蛋黄、牛奶等含量最高，平时需注意维生素 D 的补充。

增加光照时间，加强户外运动，有良好的预防作用。

（三）维生素 E 缺乏症

维生素 E 又叫生育酚或抗不孕维生素，现在已知天然维生素 E 有 8 种，如 α、β、γ、δ……，其中 α-生育酚活性最强，具有维生素 E 的生物活性，常以生育酚作为维生素 E 的代表。生育酚是黄色油状液体，属于脂溶剂，对热和酸稳定，对碱不稳定，可缓慢地被氧化破坏。因此，在酸败的油脂中往往遭到破坏。生育酚广泛地分布于所有绿色植物组织中，尤其是谷物及植物油（如棉籽油、花生油和芝麻油）中含量最多。在肉、奶油、奶、蛋及鱼肝油中也都含有此种维生素。因其缺乏或不足而引起的疾病称为维生素 E 缺乏症，临床上幼犬猫表现为跛行，平衡失调，母犬猫不孕、流产和胎衣不下等症状。

各种年龄都可发生，尤以幼年犬猫发病较多。

【病因】

1. 食物中维生素 E 缺乏　食物中维生素 E 受到破坏；或食物中维生素 E 添加量不足等原因都可导致本病。

2. 食物中其他成分的影响　饲料中不饱和脂肪酸过多（如亚麻油、花生油、豆油等），它们的游离根与维生素 E 结合，使维生素 E 的有效含量降低。或食物中含有维生素 E 的颉颃成分，如鱼粉、鱼脂、鱼肝油等这些含不饱和脂肪酸较多的食物，能使体内维生素 E 消耗过多，导致维生素 E 缺乏。硒可通过硒酶或硒蛋白的形式，参与机体的抗氧化功能，可促进或协同维生素 E 的抗氧化功能。因此，食物中硒缺乏，也会使维生素 E 破坏。

3. **继发性因素** 慢性消化道疾病，肝胆功能障碍，胆汁分泌不足或排泄受阻等都会影响到维生素E的吸收与利用。

【发病机制】

维生素E是一种抗氧化剂，保护食物和动物机体中脂肪，保护并维持骨骼肌、心肌、平滑肌以及外周血管系统结构完整性和生理功能。维生素E还与提高免疫功能、维持生殖和神经功能有关。维生素E的生理功能与微量元素硒有密切关系，它的需要量与动物食物中不饱和脂肪酸含量呈正相关，食物中不饱和脂肪酸含量增多，如饲喂含不饱和脂肪酸多的金枪鱼，维生素E的需要量也多。酸败的脂肪可破坏维生素E，犬猫应避免食用这类变质性食物。

【症状】

犬缺乏维生素E时可引起骨骼肌萎缩，睾丸生殖上皮细胞变性，母犬难以妊娠。猫缺乏维生素E时，尤其当食物中含有大量不饱和脂肪酸时，将引起体内脂肪变性，质度变硬，称为脂肪织炎或黄脂病。患黄脂病的猫，多见于母猫，平均年龄2.5岁，一般表现食欲不振，无精神，发热，嗜睡。严重时因皮下脂肪发炎，抚摸皮肤时有明显的疼痛反应；触诊可感知皮下结节状的脂肪或纤维素性沉积物，尤其在腹股沟区多见，在X片中皮下组织可见斑点状；通常发生中性粒细胞明显增多的核左移；有时发生低蛋白性腹水。

【防治】

注意营养平衡，避免猫过量食用含不饱和脂肪酸过多的鱼类。每天口服维生素E，30mg/kg体重，至临床症状消失。初期作为支持疗法也可给予皮质激素。

（四）维生素K缺乏症

维生素K是萘醌的衍生物，自然界中有两种类型的维生素K，即K_1和K_2是脂溶性的维生素。K_3和K_4是人工合成的甲萘醌，易溶于水。通常是以维生素K_3为主。维生素K_3为结晶体，性质稳定。维生素K缺乏是其在动物体内不足引起的新生幼龄动物出血素质的疾病。

【病因及发病机制】

机体摄取食物中的维生素K含量不足，或胆汁生成及分泌障碍，均可引起维生素K的缺乏。维生素K可促进肝脏合成凝血酶原，当其缺乏时（血液中凝血酶原含量降低），可发生出血性综合征状，血液不易凝固。其原因是由于血浆的一些蛋白成分，首先是血液正常凝固所必须的凝血酶、凝血活素H_{11}因子的生物合成迟延，甚至停止引起的血液凝固性障碍和毛细血管通透性增强。由于其缺乏，内脏和皮下大量的出血而贫血。绿色食物中含有维生素K。健康犬、猫在其小肠中微生物群合成的维生素K的量可满足机体的需要，因此，很少发生缺乏症。

犬、猫维生素K缺乏症见于应用抗凝血药物香豆素，此药与维生素K具有颉颃作用。磺胺类药物也具有抗凝作用，使用磺胺类药物可大大增加维生素K的需要量。抗生素会抑制动物肠道中微生物群合成维生素K的能力，使其需要量也增加。另外，犬猫患球虫病和其他寄生虫病时，也会增加维生素K的需要量。饲喂壮龄动物过多维生素K食物时，可引起贫血和其他血液异常，但无特殊中毒表现。

【症状】

病犬感觉过敏，食欲不振，皮肤和黏膜出血，血液呈水样，凝固时间延长，黏膜苍白，心搏动加快。

妊娠期发生维生素 K 缺乏时，可发生新生的幼龄仔犬死亡，并表现出贫血性素质。

【诊断】

由于本病缺乏特异性症状，致使诊断较难。但具有出血性素质，排除其他的出血性疾病，可以疑似为本病。

【治疗】

应用维生素 K 注射液 2ml、肝泰乐 1ml，肌肉注射，1 次/d，连用 2d。但不可应用时间过长，否则可引起中毒。当大量出血时，应立即输入新鲜血液，补给凝血酶原。

【预防】

在妊娠期在食物中加入 1～2mg/d 维生素 K，最好同肉食混喂。严禁喂腐烂变质的食物。

（五）维生素 B_1 缺乏症

维生素 B_1 缺乏症是由于体内硫胺素缺乏或不足而引起的食欲不振，尤其以神经机能障碍为特征的营养代谢病。

维生素 B_1 因其分子中含有硫和氨基，故又称为硫胺素，常以盐酸盐的形式存在，呈白色结晶，溶于水，微溶于乙醇，不易被氧化，比较耐热，特别是在酸性溶媒中极其稳定，但在碱性溶媒中对热极不稳定。富含硫胺素的食物有谷类、豆类、酵母、心、肝、肾、脑以及蛋类等。

【病因】

1. 摄入不足　硫胺素在豆类、酵母中含量较多，成年犬对硫胺素的日需要量为 0.044mg/kg 体重，仔犬为 0.022mg/kg 体重。

2. 硫胺素被破坏　食物中的硫胺素被硫胺酶或某些药物、植物、细菌、真菌等颉颃物破坏，也可发生维生素 B_1 缺乏症。

【发病机制】

硫胺素进入机体后被磷酸化为焦磷酸硫胺素，这是发挥生理功能的活化型物质。它主要以辅酶参与两类酶系统中（即羧化酶和转羟乙醛酶）。前者有酶系统中催化酮酸的氧化脱羧反应，从而使来自糖酵解和氨基酸代谢的酮酸进入三羧酸循环。后者在酶系统中起着转运二碳单位的作用。以上都是糖类代谢过程，若机体硫胺素缺乏不仅影响整个糖类代谢过程，还影响氨基酸和脂肪酸合成代谢。此外，硫胺素对神经细胞膜传送高频脉冲还起着重要作用。

【症状】

犬、猫维生素 B_1 缺乏时可引起对称性脑灰质软化症。猫对维生素 B_1 的需求量比犬多，猫主要因喂给全鱼性食物，狗喂给熟肉而发生。主要表现为厌食，平衡失调，惊厥，勾颈，头向腹侧弯，知觉过敏，瞳孔扩大，运动神经麻痹，四肢呈进行性瘫痪，惊厥，四肢强直，昏迷，死亡。

【诊断】

根据饲养病史和临床特征，可做出初步诊断；根据症状结合实验室检查尿液、血液中硫胺素和焦葡萄酸的结果。同时对日粮进行分析可确诊。

【治疗】

维生素 B_1 临床上常作为辅助药物，治疗神经炎、心肌炎、食欲不振、消化不良等。治疗的早期宜口服维生素 B_1 制剂，犬 10～100mg/d，猫 5～30 mg/d，疗效明显。严重病例由于大脑受损，疗效较差。

【预防】

加强饲养管理，注意及时的补充维生素 B_1，喂给蔬菜是一种很好的维生素 B_1 的来源。

（六）维生素 B_2 缺乏症

维生素 B_2 缺乏症又称为核黄素缺乏症，是由于体内核黄素缺乏或不足所引起的一种以生长缓慢、皮炎、胃肠及眼的损害为主要特征的营养代谢病。

维生素 B_2，又称为核黄素，呈橙黄色结晶化合物，在水溶液中出现黄绿色荧光。对热稳定，但在碱性溶液中较易破坏。游离的核黄素对光特别是对紫外线敏感，但食物中的核黄素多以结合形式存在，对光比较稳定。动物性食物一般含核黄素较多，其中肝、肾和心脏最多，许多绿色蔬菜和豆类中也有一定含量。

核黄素是动物机体中许多酶系统的重要辅基组成成分。由核黄素形成的活性辅基通常为黄素腺嘌呤二核苷酸，有时为黄素单核苷酸，它们与各种酶蛋白结合，形成各种黄素蛋白，并且作为递氢体系参与机体中复杂的生理氧化还原反应。当机体中核黄素不足时，可引起物质和能量代谢紊乱。

【病因与发病机制】

犬猫小肠内微生物群能合成部分动物机体需要的维生素 B_2。饲喂高碳水化合物、低脂肪性食物，更有利于其合成维生素 B_2，食物中含量不足或吸收障碍可导致维生素 B_2 缺乏症的发生，同时可破坏氢的传递、糖的分解和细胞呼吸，引起肝糖原减少，机体氨基酸合成和脂肪消化障碍。

【症状】

犬、猫皮屑增多，胸部、后躯皮肤出现红斑，水肿，脑、脊神经变性，痉挛，平衡失调，易惊厥。表现厌食，消瘦，脱毛，结膜炎以及角膜混浊，甚至发生白内障。后腿肌肉萎缩、无力，睾丸发育不全等，重症病例也可死亡。

【诊断】

根据临床症状及对日粮分析即可确诊。

【治疗】

口服维生素 B_2 犬 10～20mg/d，猫 5～10mg/d。

【预防】

调整食物，在食物中添加酵母、肉类、牛奶等；在日粮中脂肪含量大时，要增加维生素 B_2 的给予量。

(七）泛酸缺乏症

泛酸是构成辅酶 A 的组成部分，在参与蛋白质、碳水化合物和脂肪的代谢过程中，尤其对脂肪的合成和分解代谢起着十分重要的作用。与动物皮肤和黏膜生理功能，被毛色泽以及对疾病抵抗力等方面均有着密切的关系。泛酸广泛地存在于自然界和多数动植物组织中，所以犬、猫一般不易发生泛酸缺乏症。

【症状】

犬、猫泛酸缺乏时，表现为生长发育迟缓，胃肠机能紊乱，胃炎、肠炎，甚至溃疡。发生低血糖症、低氯血症，出现昏睡甚至死亡，死后剖解可见脂肪肝。在犬还出现脱毛。

【治疗】

犬、猫泛酸缺乏时，口服量 0.055mg/kg 体重。

（八）尼克酸缺乏症

尼克酸又称为烟酸、维生素 PP 或维生素 B_5，尼克酸缺乏症又成为癞皮病、黑舌病。尼克酸在机体内以尼克酰胺形式存在。尼克酰胺呈白色针状结晶，易溶于水，性质最为稳定，不易被酸、碱和热破坏。尼克酸及其尼克酰胺广泛地存在于动植物组织中，其中含量较多的为酵母、谷物、豆类和肉类，特别是肝脏。尼克酸在动物机体内较快地转化为尼克酰胺，尼克酰胺是构成辅酶 I 及辅酶 II 的组成成分，这两种酶是动物组织中极其重要的递氢体，为电子转移系统的起始传递者。辅酶 II 在微粒体系统中，对生物氧化还原过程起着重要作用。

【病因】

当饲喂动物性食物少的时候也发生本病，成年犬日需要量为 0.5mg/kg 体重，仔犬为 0.25mg/kg 体重。

长期饲喂缺乏烟酰胺的饲料，妊娠、高热、发育、感染等使机体对其需要量增加可导致缺乏症的发生。在犬和其他哺乳动物体内，能将色氨酸转化为尼克酸，猫却无这种能力。因此，在猫食中即使含有色氨酸，也可发生尼克酸缺乏症。

【症状】

犬、猫口腔和舌部变化明显，开始是红色，以后为蓝色素沉着，俗称黑舌病。唾液呈臭味，口腔溃疡，拉稀。精子生成减少，精子活力降低。有神经症状、虚弱、惊厥、昏迷。

【治疗及预防】

犬用烟酰胺 50～100mg 口服，2～3 次/d，或 10～15mg，2～3 次/d，皮下或肌肉注射。猫 2～5mg/d，口服或注射。多给动物性蛋白饲料，必要时使用抗生素控制感染。

（九）维生素 B_6 缺乏症

维生素 B_6 又称为吡哆醇，是吡啶的衍生物。在生物组织中有吡哆醇、吡哆醛及吡哆胺 3 种，都具有维生素 B_6 活性。维生素 B_6 溶于水和乙醇，对热稳定，但在碱性环境中对紫外线较敏感。维生素 B_6 分布很广，在蛋黄、肉、鱼、谷物及豆类等动、植物性食物中含量较多，肠道中微生物群也能合成一部分。

维生素 B_6 在组织中被氧化为吡哆醛，再经磷酸化形成磷酸吡哆醛，作为多种酶系统中的活性辅基，参与的生化反应有氢基酸脱羧作用、氨基酸转移作用、色氨酸与含硫氨基酸代谢、氨基酮戊酸形成和不饱和脂肪酸代谢等，此外，磷酸吡哆醛也是糖原分解过程中磷酸化酶的辅助因子。

【病因】

摄取的维生素 B_6 日需要量在成年犬不足 $44\mu g/kg$，幼犬不足 $22\mu g/kg$ 的情况下；慢性腹泻造成吸收不良；妊娠时需要量增加，或使用具有颉颃维生素 B_6 作用的药物，如异烟酸、异烟肼（雷米封）等，都会发生维生素 B_6 缺乏症。

此外，由于维生素参与蛋白质代谢，当动物饲喂高蛋白质食物，对维生素 B_6 的需要量增多，也易发生维生素 B_6 缺乏症。

【症状】

由于正铁血红素合成障碍，发生小红细胞低色素性贫血。临床上表现有神经症状，过敏反应，胃肠障碍，痉挛，口膜炎，舌炎，口角炎等症状。眼睑、口唇周围及耳根和颜面等部位易发生瘙痒性红斑性皮炎及脂溢性皮炎。幼犬缺乏时可导致发育不良。成年犬缺乏时，食欲减退，体重减轻。猫由于草酸钙结晶在肾小管内沉积，可发生不可逆性肾损伤。

血清铁显著升高、尿中可检出黄尿烯酸。肝脏、脾脏和骨髓发生含铁血黄素沉淀。

【诊断】

本病的诊断必须依靠精确的日粮分析。

【治疗】

维生素 B_6 注射液 $10\sim30mg$，肌肉注射。然后用片剂 $1\sim5mg/kg$ 体重，$2\sim3$ 次/d，连用 10d。

【预防】

主要预防措施是合理的计算日粮中维生素 B_6 的含量，在日粮中注意补给。

（十）生物素缺乏症

生物素缺乏症是由于体内生物素缺乏或不足所引起的一种以皮炎、脱毛和神经障碍为特征的营养代谢病。

生物素的生理功能和辅酶一样，参与碳水化合物、嘌呤、色氨酸等物质的代谢过程，还能促进不饱和脂肪酸的合成。动物肠道微生物群能合成生物素，多种食物中都含有丰富的生物素，用一般食物饲喂动物，不易发生生物素缺乏。

【病因】

应用大量抗生素、磺胺类药物或抗球虫药后，抑制了肠道中微生物生成生物素或给予犬猫饲喂大量生鸡蛋蛋白时，由于其中含有抗生物素蛋白，能与食物或肠道中生物素牢固结合而丧失活性，这时动物才有可能发生生物素缺乏症。

【症状】

缺乏的早期阶段，出现鳞状性皮肤炎。猫长期饲喂生鸡蛋可出现食欲不振，眼睛和鼻有干性分泌物和唾液增多。表现衰弱，腹泻，进行性痉挛，后躯麻痹，后期出现明显消瘦和血便。

【诊断】

根据临床症状即可作出诊断。

【治疗及预防】

抗生物素蛋白对热较敏感，用煮熟的鸡蛋饲喂犬猫，可避免生物素缺乏症。治疗时给予生物素7~30mg/d，口服或肌肉注射。

（十一）叶酸缺乏症

叶酸缺乏症是体内叶酸缺乏或不足引起的一种以造血机能障碍、皮肤病变、生长缓慢及繁殖功能降低为主要特征的营养代谢病。

叶酸是由一个蝶啶核连接一个对氨基苯甲酸，再与一个谷氨酸结合而成的黄色晶体，微溶于水，其钠盐易溶于水。在中性和碱性溶液中对热稳定，但在酸性溶液中对热不稳定，日光可使其失活，常温储存也能使其大量破坏。食物中叶酸多以谷氨酸形式存在，最常见的是三分子谷氨酸叶酸和七分子谷氨酸叶酸。谷氨酸叶酸不能被小肠吸收，只能在小肠上皮中被结合酶水解为游离叶酸后才能被小肠吸收。在叶酸在肝脏、肾脏、牛肉、绿叶蔬菜和小麦等动植物食物中含量最多。

游离叶酸在吸收过程中被还原成四氢叶酸，这是叶酸的生理活化型，它可以携带各种一碳单位。通过一碳单位的转运，可以合成较多重要生物分子，参与蛋白质和核酸的代谢。叶酸还可与维生素C和B_{12}共同促进红细胞、血红蛋白以及动物机体中抗体的生成。

【病因】

犬、猫肠道中微生物群能合成足够的叶酸供机体需要。因此，通常不易发生叶酸缺乏症。当犬、猫大量出血或长期吸收不良，或服用大量抗生素和磺胺类药物，抑制了肠道中微生物群合成叶酸时才会发生叶酸缺乏症。

【症状】

动物叶酸缺乏时，临床上除出现厌食和体重减轻外，还发生大红细胞性贫血，白细胞总数减少，血凝时间延长、骨髓形成不全、舌炎等。叶酸能通过胎盘传给胎儿，因此，妊娠后期的犬猫只要不缺乏叶酸，所生产的幼龄犬、猫不会发生叶酸缺乏症。

剖检时，动物体消瘦，肝、脾、肾贫血，胃内有小出血点，肠黏膜有出血性炎症。

【诊断】

在诊断本病时，不仅要注意临床症状和病理剖检的变化，而且必须考虑日粮的组成，特别要考虑在正常条件下参于叶酸合成的肠道微生物的抑制因素。

【治疗】

犬、猫叶酸缺乏时，可口服叶酸盐，犬5mg/d，猫2.5mg/d。

【预防】

在饲料的调配上注意补充给予富含叶酸的食物。当发生胃肠机能失调的疾病时或长期大剂量应用抗生素时，更应注意叶酸的补给。

（十二）维生素B_{12}缺乏症

维生素B_{12}又称为抗恶性贫血维生素。维生素B_{12}缺乏症又称为钴胺素缺乏症，是由于体内维生素B_{12}缺乏或不足引起的一种以机体物质代谢紊乱，生长发育缓慢，恶性贫血及繁殖机能障碍为主要特征的营养代谢病。

维生素B_{12}主要来源于肝脏以及奶、肉、蛋、鱼等动物性食物，植物性食物中不含有

维生素 B_{12}。犬、猫对维生素 B_{12} 需要量较少。

在有钴存在的条件下，其肠道中微生物群可合成维生素 B_{12} 以满足需要。

维生素 B_{12} 含有微量元素钴，它的生理功能与叶酸类似。维生素 B_{12} 不仅参与蛋白质的合成和促进红细胞形成，而且也参与奇数碳原子脂肪酸的代谢过程。犬猫食物中含蛋白质多时，维生素 B_{12} 可通过与内因子糖蛋白结合而被吸收，然后与血浆中的特异性蛋白结合后转化为钴胺，运送到所需要的组织中去。

【病因及发病机理】

由于机体内维生素 B_{12} 不足，破坏骨髓内血液生成的正常过程以及氨基酸代谢和核酸合成。由于其缺乏，破坏肝脂肪的代谢过程，促使肝脂肪性营养不良。

【症状】

维生素 B_{12} 缺乏对机体内的所有细胞产生影响，尤其对细胞分裂快的组织影响最为严重，如影响骨髓的造血组织，使之产生巨红细胞，从而引起恶性贫血。神经组织也可受到影响而引起神经纤维变性，出现食欲不振、异食癖和渐进性消瘦，甚至恶病质。常有肝病的表现。

【治疗】

维生素 B_{12} 常与其他 B 族维生素同时缺乏，防治时最好应用多种 B 族维生素。维生素 B_{12} 用量，$10\mu g/d$。

【预防】

加强饲养管理，及时地补给维生素 B_{12}。

（十三）胆碱缺乏症

胆碱广泛地存在于动植物组织中，动物性蛋白质、大豆粉、干酵母菌和某些油渣粉中胆碱含量都十分丰富。胆碱是合成乙酰胆碱和磷脂的必需物质，磷脂是细胞膜的组成成分。胆碱也是卵磷脂的组成成分，并参与脂肪代谢、运输等过程（有防治脂肪肝作用）。胆碱和蛋氨酸一样，起甲基供体作用，并能刺激肝细胞生成抗体。

【发病机制及症状】

犬猫对胆碱需要量受食物中蛋氨酸含量的影响，动物食物中增加蛋氨酸供给，可减少对胆碱的需要。在猫食物中增加蛋氨酸，能完全替代对胆碱的需要。胆碱缺乏时可引起严重的肝和肾功能障碍，如脂肪代谢异常，肝内大量脂肪沉积，肝脂肪变性，低蛋白血症，胆碱酯酶升高，凝血酶原时间延长，血红蛋白和红细胞积压增加。犬摄取量超过 $10g/d$，可出现顽固性腹泻的中毒症状。

【剖检】

机体营养不良，病理变化主要表现在肝脏上，其质地松软、易撕裂。

【诊断】

根据临床症状和剖检诊断较困难。

【防治】

饲料中加胆碱 $2g/kg$ 左右。

（十四）巴洛氏病

本病临床症状及 X 线检查与婴儿坏血病相似，又称为婴儿坏血病。本病由莫拉巴洛氏首次发现,因而命名为巴洛氏病(或莫拉巴洛氏病)。其特征性变化是骨形成减退,毛细血管性溢血。本病多发生于2~6月龄的幼犬,偶见于中、大型犬种,有时小型犬种也有发生。

【病因】

坏血病主要见于人、灵长类、豚鼠等维生素C缺乏症,但在犬已经证明能在体内合成维生素C。因此,本病的病因尚不明确。有人对患病犬维生素C的代谢进行了很多研究,患病仔犬比同龄健康仔犬合成和排泄维生素C的量都多。对患病犬大量投与维生素C可明显改善症状。

另外,本病还可能与无机物或维生素(特别是维生素A和维生素D)摄取过量、降钙素过多或某些激素失衡等有关,但尚未被证实。

【症状】

病犬不愿活动,跛行。触摸时因疼痛而鸣叫。长骨远侧端肿胀。本病的骨病变呈全身性,以桡骨远侧端最严重。

若血肿分解产物被吸收,可引起体温升高达40~41℃。发热时精神沉郁,食欲不振,饮水较多。

【诊断】

X线摄影可见特征性的骨质疏松变化。骨膜上的出血灶有钙盐沉着,呈骨膜性骨质增生。骨的病变在生长迅速的骨端处最明显,阴影加重,与骨干端相接处形成坏血病带。骨膜下血肿引起的钙沉着发生于骨外缘,与骨皮质间形成狭小的间隙。此外,有时可见新生骨小棘,骨干端变粗,骨皮质变薄。

【治疗】

大量投与维生素C 500~100mg/d,可很快减轻骨胀和疼痛,体温恢复平稳。有的虽然四肢肿胀持续多月,但经治疗后,疼痛和发热多在24h内消退。

持续疼痛的犬给予维生素C的同时,投与肾上腺皮质激素和镇痛剂。泼尼松龙2mg/kg体重,口服,阿司匹林30mg/kg体重,口服,3次/d,连用1周。维生素C要连续给予数周为宜。

二、微量元素缺乏症

(一)白肌病(硒代谢病)

硒是维持动物机体正常生理功能的微量元素。根据近年来的研究,哺乳动物红细胞内谷胱甘肽过氧化物酶含有硒。在硒缺乏时,红细胞中谷胱甘肽过氧化物酶活力降低。此酶作用是通过还原型谷胱甘肽保护红细胞,以防止过氧化物的堆积。硒的生理功能主要是以谷胱甘肽过氧化物酶形式发挥抗氧化作用,以保护细胞膜。维生素E也有强大的抗氧化作用,不过二者发挥作用的阶段不同。维生素E主要阻止不饱和脂肪酸被氧化成氢过氧化物;谷胱甘肽过氧化物酶则是将产生的氢过氧化物迅速分解成醇和水。两个系统可以相互补充,共同保护细胞膜的完整性。

【症状】

硒与铅、镉和汞呈颉颃作用。硒缺乏的动物,对食物中铅、镉和汞的敏感性升高,易发生中毒。实验和流行病学调查还表明，硒还具有一定的抗癌作用。硒的主要来源是肝脏、肾脏和海产品，谷物中的硒含量随其地区土壤硒含量而定。

犬发生硒缺乏症，骨骼肌和心肌变性，出现白肌病和心肌病。生殖力紊乱和心性水肿。

硒的毒性较大，食入过多可引起中毒。硒的生理需要量和中毒量之间差异较小，因此，食物中添加硒时，应特别注意。硒过剩会发生神经质，食欲不振，呕吐，衰弱，运动失调，呼吸困难，出现肺水肿后数小时到数日内死亡。

【治疗】

及时的补硒和维生素 E，既可达到治疗的目的，又能达到预防的目的。

(二) 镁代谢病

动物机体中 70% 以上的镁是以磷酸盐形式参与骨骼和牙齿的组成，约 25% 的镁存在于软组织中，主要与蛋白质结合生成络合物。镁（细胞内的阳离子）对许多酶系统的生物活性极为重要。镁也是糖代谢及细胞呼吸酶系统不可缺少的辅助因子。此外，细胞外液中镁与钙、钾、钠协同，共同维持肌肉、神经兴奋性。镁离子是维持心肌生理功能和结构所必需的成分，实验性镁缺乏可引起动物心肌坏死。

【病因、发病机制及症状】

镁普遍存在于各种食物中，富含叶绿素的蔬菜是镁的主要来源，谷类、豆类和肉类中含较多，但奶中镁含量很少。动物饲喂一般的食物不会发生镁缺乏症。但慢性腹泻使镁排出过多，可发生镁缺乏症。镁缺乏时表现发育迟缓，肌肉无力，指（趾）间缝隙增大，腕关节和跗关节过度伸展，过敏症，痉挛，软组织钙盐沉积，长骨的骨端肥大，严重时发生惊厥。

应用含大量镁的食物饲喂猫时，可发生猫泌尿系综合征，特征为排尿困难、血尿、膀胱炎及尿道阻塞，其固体结晶为磷酸铵镁（鸟粪石）。

【预防及治疗】

预防方法：一是降低食物中镁含量，干食物中镁含量应低于 0.19%；二是每 100g 猫干食物中加 3.5g 氯化钠，可增加猫的饮水量，使排尿量增多以降低尿中镁浓度。同时由于尿中氯离子增多，抑制尿道中磷酸铵镁的形成，杜绝或减少猫泌尿系综合征的发生。犬尿道结石的发生，通常不是由于食物成分引起的，而是由于尿道感染所致。一次性大量地摄入镁，会发生腹泻。

(三) 铁代谢病

动物机体中的铁主要存在于两大类物质中，一类物质是血红蛋白、肌红蛋白以及一些酶系统，如细胞色素酶、过氧化氢酶和过氧化物酶等。前两者的作用是运输氧气和二氧化碳；后者的作用是参与组织呼吸，推动生物氧化还原反应。另一类物质是以铁传递蛋白和铁储备形式，存在于铁传递蛋白、铁蛋白及含铁血黄素中。铁蛋白是动物机体铁储备的主要形式，含铁血黄素是铁过量时的沉积物。以上各种形式的铁都与蛋白质结合在一起，而游离的铁离子极少，这是生物机体内铁的一个特点。机体中 60%~70% 的铁存在于血红蛋白中，3% 的铁存在于肌红蛋白中，其他存在于铁传递蛋白、铁储备及各种酶系统中。铁传递蛋白主要储存于肝脏、脾脏和骨髓。

【病因及发病机理】

多种因素可影响食物中铁的吸收。通常在植物性食物中，由于其中含有较多的植酸盐、草酸盐等，将影响铁的吸收；动物性食物中蛋白质具有促进铁吸收的作用，但牛奶、奶酪和蛋类则无此作用。二价铁化合物比高价铁化合物容易吸收。

【症状】

长期应用牛奶或奶制品饲喂犬、猫，动物体内外寄生虫和慢性出血等，都可引起铁缺乏症。应用肉类饲喂犬猫，则不易发生铁缺乏症。犬、猫铁缺乏时表现无力和容易疲劳。发生小红细胞低色素性贫血、红细胞大小不同症、异形性红细胞增多症。

应用过多铁，尤其是毒性较大的二价铁饲喂犬、猫，易发生铁中毒。犬中毒后表现厌食、体重减轻、低蛋白血症和胃肠炎。幼龄动物铁过剩，特别是在缺乏维生素 E 和硒的情况下会发生死亡。

（四）铜代谢病

铜分布于动物所有组织中，其中浓度最高的是肝脏和脑，其次为肾脏、心脏和被毛，骨骼和肌肉中含量也较多。血浆中 90% 铜与载体蛋白结合，称为铜蓝蛋白；其余的约 5% 与白蛋白结合，铜的吸收要靠肠黏膜细胞中的载体蛋白，铜和锌之间的颉颃可能与竞争相同的载体蛋白有关。

【病因及发病机制】

铜的主要生理功能是以酶的形式出现，目前已知有多种酶（含铜金属酶）与铜有关，这些酶又都是氧化酶，主要有铜蓝蛋白、细胞色素氧化酶、超氧化物歧化酶、赖氨酰氧化酶、尿酸酶、多巴-β-羟化酶等。血浆铜蓝蛋白是一种多功能氧化酶，可以催化很多生理代谢物的氧化，如肾上腺素、褪黑激素等，其最主要的作用还是催化二价铁氧化成三价铁，从而有利于机体内储存铁的动用和食物铁的吸收。铜缺乏时影响铁的吸收和运输，降低血红蛋白的合成。赖氨酰氧化酶主要存在于弹性组织和结缔组织中，主要功能是催化胶原肪链中赖氨酸的氨基氧化脱氨并形成醛赖氨酸。醛赖氨酸是结缔组织形成过程中，胶原发生交联不可缺少的化合物，如铜缺乏，则不能形成交联，影响胶原的正常结构，可增大骨骼的脆性。

【症状及预防】

犬猫食物中都含有铜，而铜含量最多的是肝脏、肾脏和甲壳类等，奶类中铜含量很少。铜的缺乏往往由于锌、铁或钼的过剩所引起，表现与钙缺乏症同样的发育迟缓、骨病变、异嗜。铜缺乏时尽管铁含量正常，仍能引起贫血。此外，犬还有发生被毛褪色和腹泻等，猫不发生。由于铜缺乏，常可使含铜酶活性减弱，从而导致骨骼胶原的坚固性和强度降低，发生犬猫骨骼疾患。

食物中铜浓度过高时，也能引起贫血，这是由于铜和铁在小肠吸收中竞争的结果。伯灵顿猃犬具有一种特殊性缺陷，就是肝脏铜储量过多易引起铜中毒。中毒症状为肝炎、肝硬化，并且还能遗传给下一代。对于此品种的犬，绝对不能饲喂铜含量过高的食物。

（五）锰代谢病

目前，有关犬猫对锰需要的研究还不多，只知道锰元素也是犬猫所必需的微量元素。

锰主要来源于植物性食物，动物组织中锰含量极低。锰是动物机体中许多酶的激活剂，参与生化反应。锰对脂肪代谢和蛋白质生物合成都起着重要作用。犬猫缺乏锰时，由于不能激活一种或多种酶参与生化反应，从而引起了动物生长停滞，骨骼变形，关节肿大，生殖机能紊乱，出现抽搐，强直，不爱活动以及新生动物运动失调等。

锰是一种毒性极低的微量元素，猫一旦过量也能引起锰中毒。泰国猫的锰中毒，表现生殖力降低和局部皮肤白化病。另外，食物中过多的锰在消化道内还能与铁竞争吸收，使铁吸收减少，影响血红蛋白的生成。

（六）锌代谢病

动物机体中的锌主要存在于骨骼、皮肤和被毛中，血液中的锌大部分在红细胞中，主要以碳酸酐酶和其他含锌金属酶类的形式存在。血浆中的锌与蛋白结合，被毛中的锌含量一般作为反映食物中锌的供给水平的一个指标。

【病因及发病机制】

锌是多种金属酶的组成成分或酶的激活剂，如碱性磷酸酶、碳酸酐酶、乳酸脱氢酶、谷氨酸脱氢酶等。锌主要参与动物机体 DNA、RNA 和蛋白质的合成。锌能协助葡萄糖在细胞膜上转运，一分子胰岛素含两个锌原子，说明锌与胰岛素活性有关。

一般蛋白质食物中锌含量较多，海产品是锌的主要来源，奶类和蛋类次之，蔬菜及水果中锌含量较少。

锌的吸收与铁类似，它受肠道黏膜细胞中锌含量的影响。过饲植物性蛋白质食物的猫，对锌的需要量增多，每 100g 干食物中需添加锌 10mg（正常为 3mg）。食物中高钙能减少犬对锌的吸收，用高钙性食物饲喂幼犬，幼犬厌食，生长缓慢，个体小，趾垫增厚、龟裂。脸、四肢和身体上有痂片和鳞片损伤。

【症状】

锌缺乏症的主要临床表现是食欲不振，体重减轻，发育迟缓，呕吐，全身被毛稀疏，皮屑性皮炎，被毛脱色，睾丸发育不全，创伤愈合能力下降，沉郁及末梢淋巴疾患。成年犬猫，尤其是青年爱斯基摩犬缺乏锌时，发生被毛粗糙，眼、口、耳、下颌、肢端、阴囊、包皮和阴门周围出现厚痂片和鳞片，睾丸萎缩，身体局部色素沉着过多。

【治疗】

饲料中添加硫酸锌，每日 10mg/kg，一般 2 周后有疗效。

食物中锌含量过多，虽对动物毒性不大，但可影响动物对食物中铜和铁的吸收和利用。一般每 100g 干食物中，锌含量超过 30mg 时，才会影响动物对食物中铁和铜的吸收。

（七）碘代谢病

碘的生理功能是参与甲状腺激素合成。因此，甲状腺激素的功能等同于碘的生理功能。甲状腺分泌的甲状腺激素包括甲状腺素（T_4）和三碘甲腺原氨酸（T_3）两种，前者分泌量大于后者，而后者生理活性又为前者的 3~4 倍。动物机体中碘约 20% 存在于甲状腺中。食物和饮水中碘离子容易被消化道吸收进入血浆，血浆中的碘主要是蛋白结合碘。被吸收的碘部分由甲状腺利用合成甲状腺激素，从而发挥其生理功能。碘含量最多的食物是海产品。

【发病机制】

碘缺乏时，使甲状腺代偿性机能增强，使腺体增生，发生甲状腺肿。甲状腺肿是动物碘缺乏的主要症状。另外，还有其他因素对甲状腺肿也起重要作用，除某些传染病外，食物（如大豆）中含有致甲状腺肿物，它具有抑制甲状腺激素的合成、释放等作用；酶系统中的遗传缺陷，也能影响甲状腺激素的生物合成。

【症状及防治】

长时间碘缺乏，甲状腺活力严重降低，可使正在生长发育的犬猫发生呆小病，使成年犬猫出现黏液水肿。临床表现被毛短而稀疏，皮肤硬厚、脱屑。精神迟钝、呆板、嗜睡，钙代谢发生异常。成年母犬母猫不易妊娠或妊娠后胎儿被吸收。甲状腺活力降低的猫，碘给予量过大（高于正常2倍），可引起碘中毒，出现呼吸和脉搏增快、厌食、体温升高和消瘦。有的产生急性类碘缺乏症，这是由于大剂量的碘损伤甲状腺激素合成的结果。

第五节　其他宠物常见的营养代谢障碍性疾病

一、鸽维生素缺乏症

维生素对于维持鸽体正常生理机能必不可少的，它是一种微量有机化合物，机体对其需要量虽小，但作用大，它的化学结构、营养作用、生理作用都各有不同。维生素既不能供给机体能量，也不是鸽体的组成部分，它们的作用主要是控制、调节代谢。大多数维生素在体内不能合成，有的虽能合成，但不能满足机体的需要，经常会出现某种维生素的缺乏或不足，就可引起疾病，在临床表现出不同的症状。

引起维生素缺乏或不足的原因很多，但主要有以下几种：一是饲养粗放，造成日粮中维生素的含量长期不足；二是配合饲料在加工、贮藏、运输及使用过程中，维生素遭受不同程度的分解、破坏；三是某些生理过程如哺喂乳鸽的生长期或配种旺季时对维生素的需要量增加；四是某些疾病发生时对维生素的需要量增加或吸收、利用率降低；五是消化道机能障碍，影响对维生素的利用与吸收等。

（一）维生素A缺乏症

维生素A是幼鸽正常生长发育所必需的有机化合物，故也称为生长维生素，它能增强鸽的体质，加强鸽对疾病的抵抗力，还能维持鸽正常的视觉，促进其生长发育。当鸽出现体内维生素A缺乏时，会破坏新陈代谢而患有多种疾病，如痉挛、麻痹、肌肉衰弱、眼炎或失明，生长发育迟缓等。

成年鸽子发病后呈现眼睑闭合，两眼周围的皮肤粗糙，眼球干涸，眼内有乳白色或黄白色的干酪样物质。产蛋减少及蛋的孵化率下降，蛋内还可能有血斑。病鸽的羽毛松乱，精神不振，肌肉痉挛、麻痹，消瘦，衰竭。幼鸽有时可出现与维生素E缺乏或小鸡疯狂病相似的头颈扭转或作后退运动的神经症状。

根据临床症状可初步确诊。剖检时，首先见到的是咽部黏膜上皮角质化病变，这些上皮内充满分泌物及坏死物。随着病情的发展，病变向腭裂、咽部、鼻内、食道以至嗉囊等邻近部位扩展，黏膜出现小脓疱状凸起，分离时不引起出血。上述部位的黏膜因病变，易引起病原微生物的侵入，造成继发感染。当维生素 A 严重缺乏时，剖检可见肾、输尿管、心、心包、脾等器官有白色的尿酸盐沉积，亦称为内脏痛风，这是肾功能严重障碍所致。

本病的治疗原则在于尽快消除病因。具体方法是，短期内补充大量的维生素 A，可连续 2 周给予正常需要量的 2 倍，维生素 A 0.1～0.4mg/kg 体重，或内服鱼肝油丸。

此外，维生素 A 极容易被氧化，它与维生素 E 有颉颃作用，所以平时在添加使用时要加以注意。

（二）维生素 D 缺乏症

维生素 D 是类固醇衍生物，其中维生素 D_2 和维生素 D_3 有营养作用，维生素 D_2 是麦角固醇转化来的，维生素 D_3 是 7－脱氢胆固醇经过阳光照射后逐渐形成的。维生素 D 能促进胃肠道对钙磷的吸收，而且还参与钙磷代谢过程。

当维生素 D 缺乏时表现为成年雌鸽产软壳蛋、薄壳蛋或畸形蛋（这些蛋在孵化后期绝大多数胚胎死亡，死亡的胚胎表现为上腭过短或喙结构不完整），产蛋数不足。这种情况不是很快就出现，而是在缺乏后 2～3 个月才逐渐表现出来。个别的成年雌鸽可能发生暂时性的脚无力，但当产下第一个软壳蛋后又可自行消失。幼鸽发病后表现为，鸽的喙、爪、龙骨、胸骨变软、弯曲，或可出现垂直站立，像企鹅站立的姿势。幼鸽常表现为骨骼变软导致的佝偻病。

防治方法是给病鸽 1 次喂给大剂量维生素 D（15000U），可收到较快的治疗效果。平时要注意鸽对维生素 D 的需要情况，但补充时也不能过量，超量可引起鸽维生素 D 中毒，尤其是对肾脏造成严重损害。

（三）维生素 E 缺乏症

缺少维生素 E 时可引起生殖器官的形态和机能发生变化，严重时造成神经、肌肉的机能障碍，并且能够使内分泌机能减弱。

发病后，成年鸽多不易出现症状，但繁殖力及所产的蛋孵化率下降。

幼鸽发病后有如下两种类型：

1. 脑组织软化症　表现行走困难，不能站立，头后仰、向下挛缩、扭转。两脚急速收缩与放松、外伸，脚趾弯曲。血液凝固不良，有时呈现转圈运动，最后死于衰竭。剖检可见到小脑软化肿胀，有小的出血点，坏死区呈淡红、不透明变化，胸肌出现淡的梳齿状条纹，即所谓的白肌病。

2. 渗出性素质　突出的表现是皮下水肿，以腹部皮下最为明显，严重时呈分腿站立姿势。

用 100 mg/kg 浓度的维生素 E，进行饮水可收到良好的效果。用维生素 E 治疗脑软化症的疗效，取决于脑损坏的程度，治疗效果也不好。

平时的预防要保证鸽子能够从日粮中获得充足的维生素 E。

（四）维生素 K 缺乏症

维生素 K 是构成凝血酶原必不可少的一种物质，可参与血液正常的凝固性，对鸽子来说，不能在肠道中大量地合成，所以说鸽子非常容易发生维生素 K 缺乏症。

当鸽子长期缺乏维生素 K 时会表现出全身机能障碍，贫血，排出血样稀便，鸽蛋在孵化的后期，胚胎死亡率增高。

剖检时，主要的肉眼可见的病变是血液凝固不良和出血，出血呈点状或条纹、斑状，胸肌、腿肌、翅及腹腔较为严重。

对渗出性素质如能及时注射维生素 K 则收效较快。但是贫血症状消失得很慢，要注意补充维生素 K 并且加强饲养管理。

（五）维生素 B 缺乏症

B 族维生素种类较多，由于是水溶性，所以当鸽体组织内达到一定量，不能在鸽体内存贮太多，部分可以从尿液中排出。鸽的维生素 B 的功能及缺乏时的主要症状叙述如下：

1. 维生素 B_1　具有抗神经类的作用，为生长发育所必须的，鸽子缺乏时，表现为食欲减少，起立困难，痉挛，视力受阻，常发生头后仰。

2. 维生素 B_2　主要的功能是促进生长，提高孵化率，缺乏时，雏鸽发生腹泻，生长发育迟滞，眼、嘴和脚趾周围发炎，严重缺乏时，能造成鸽腿的麻痹或瘫痪。剖检时，主要的肉眼可见病变是臂神经、坐骨神经等较大的外周神经明显肿大和松软。

3. 泛酸　是辅酶 A 的组成部分，泛酸不足会使消化出现不良、生长减慢，鸽的关节发炎，经常先表现为口角生痂，然后脚底硬裂。

4. 尼克酸　主要对糖的分解和合成起重要作用，缺乏时，口腔、食道上部发生炎症，食欲不好，生长缓慢，羽毛发育不良，严重时鸽会发生抽搐或痉挛。剖检时，主要的变化中趾关节肿大，脚骨短粗和弯曲变形。幼鸽出现精神、食欲不佳，羽毛生长迟滞或松乱、易折、脱落。长骨短粗，口角有痂样物，眼睑周围长有颗粒状物或小痂。皮肤角质层逐渐脱落，脚部皮肤发生龟裂甚至形成疣状赘生物，影响走动。成鸽生产性能受影响。剖检时，幼鸽主要病变为皮肤粗糙的皮炎，口内或有脓性坏死物。腺胃增厚并有不透明的灰白色渗出物。肝、肾肿大。青年鸽可有皮下出血及水肿。

此外，可见到口腔、食道有干酪样物和十二指肠溃疡、坏死的变化。

5. 维生素 B_6（吡多醇）　其功能为促进蛋白质代谢，特别是对色氨酸的代谢。鸽体缺乏时，表现为异常的兴奋，甚至两腿僵直，不能起立，生长率差，食欲也差。

6. 维生素 B_{12}　有治疗贫血和促进幼鸽生长的作用，一旦缺乏时呈现雏鸽生长迟缓，死亡率增高，贫血，孵化率低和脂肪肝等症状。剖检时，幼鸽黏膜和结膜苍白，肌胃糜烂等。

7. 胆碱　有预防肝肥大的作用。是细胞磷脂质的重要成分，它能与胱氨酸一起合成蛋氨酸，鸽体内胆碱不足时，鸽脚生长弯曲，鸽爪麻痹，剖检呈现脂肪肝。

8. 叶酸（维生素 B_{11}）　具有抗贫血的功能，还可能抑制肿瘤，促进泌乳机能，缺乏时，鸽尤其是雏鸽，生长发育不全、贫血，成年鸽产蛋率、孵化率都降低，哺喂仔鸽性能下降，影响产量。剖检的主要变化是，胃肠道黏膜有出血点，肝、肾、脾苍白。肌胃可能增大，充满液体，出血及水肿。

（六）维生素 C 缺乏症

维生素 C 又称为抗坏血酸，鸽体本身合成的维生素 C 的量即能满足正常生长和骨骼发育的需要，所以一般鸽子不会发生本病。但是饲料加工不当或发生某些热性病时，能导致鸽子维生素 C 的不足或缺乏。

发病后表现为精神、食欲不振，出现进行性的消瘦，机体倦怠无力，贫血及关节炎等症状。

剖检时，可见皮下、肌肉、关节、内脏器官及黏膜不同程度的出血，口腔炎，脂肪心、脂肪肝及脂肪肾的病理变化。

维生素 C 缺乏症一般采取对症治疗的方法，病鸽有口腔炎，精神、食欲不振的，可给予磺甘油涂布，供给糖水饮用，添加酵母等，必要时可补给维生素 C。但有人认为，如鸽在长期处于热环境下补给，对鸽的生长、繁殖不利。

（七）生物素缺乏症

生物素缺乏，鸽子不如小火鸡那样敏感。缺乏时表现为，主翼羽断折，脚部、嘴的基部和眼、泄殖腔的周围发生与维生素 B_3 缺乏症类似的皮炎。母鸽产蛋数不足及种蛋的孵化率降低。胚胎畸形、并趾、翅短或有鹦鹉嘴，附跖骨变短或扭转，胫骨严重弯曲，胚胎在孵化的第一周及最后 3d 出现两个死亡高峰。

主要是在饲料中及时地添加生物素，0.15～0.35mg/kg 体重。平时要使日粮中含有充足的维生素 H，以满足鸽的需要。

二、鸽的营养缺乏症

营养物质不仅是鸽而且是所有生物生存、生长、发育、繁殖的全部生命活动过程中所必不可缺少的物质基础。充足的营养是增强鸽的体质及抗病能力，保证养鸽业健康发展的基本和重要的措施。如果某一种营养物质长时间的缺乏，就会导致鸽营养缺乏症的发生。这里所论述的是鸽的三大营养物质（蛋白质与氨基酸、碳水化合物、脂肪）的缺乏。

（一）蛋白质与氨基酸缺乏

蛋白质是生命的基础，由 20 多种氨基酸组成，其中有 10 种属于必需氨基酸，因为它们不能在鸽体内合成，必须从体外的营养物质中摄取，如果我们能按鸽子的需要合理的提供，就可满足其正常的需要，否则就会出现蛋白质缺乏症。

【症状】

蛋白质和氨基酸缺乏时，幼鸽表现为生长停滞、发育不良，食欲不振、采食量明显减少，精神沉郁、翅膀下垂，体衰畏寒。

成年鸽发病后，主要是体质下降，消瘦、体重下降，产蛋率下降，蛋重。但轻度缺乏时，仅表现为食料量增加，或采食量虽未发生改变，但体重却逐渐下降。与之相比，脂肪的沉积明显增加。成年鸽的病情进展较缓慢，与此同时，鸽的抵抗力下降，容易感染其他的疾病。

【病理剖检变化】

贫血、消瘦、水肿、少脂，脂肪性胶样浸润及体腔积液等是本病的较为重要的变化。剖检时，病鸽的肌肉萎缩严重，体脂肪几乎消失，口眼黏膜苍白，血液稀薄色淡，表现为凝固不良，皮下水肿，腹腔及心包积液，肝脏缩小。

【诊断】

根据疾病的发生，症状，病变，饲料调查，特别是饲料营养成分的分析结果，不难作出诊断。此外，调整饲料配方，增加蛋白质，特别是增加鱼粉、肝粉、血粉、骨肉粉等动物性蛋白质的添加量，看鸽群病情是否有好转，这有助于本病的诊断。

【病程及预后】

本病发现及时的，给予相应的治疗，都可收到良好的效果。因本病的发展较慢，故病程较长。大多数预后良好。如有继发病，预后要慎重。

【预防与治疗】

本病的预防工作，主要是平时应根据鸽子的生长需求，供应足够的豆类、蛋白质饲料与氨基酸，一旦发现鸽患此病，应立即补给所缺的营养物质，并注意营养的平衡和制约的关系，这对初期患病的鸽群效果非常明显，病程过长的病鸽，这种补给的效果不理想。

（二）碳水化合物缺乏

碳水化合物是植物中部分有机化合物的总称。包括植物中的纤维素、半纤维素、木质素、多缩戊糖等，它们不易被消化吸收，但其含有的糖分和乙酸、丙酸、丁酸等多种低级脂肪酸，这些物质进入鸽体后，一方面能充填胃容积，促进消化液的分泌，刺激胃肠蠕动；另一方面又是体内的能源，为机体提供能量或转化为贮藏脂肪。但脂肪酸的氧化酸败，不仅使各种脂肪酸本身受到破坏，而且还影响机体对氨基酸的利用，并破坏脂溶性维生素及水溶性维生素的活性。然而，碳水化合物不足，实际上并不引起特殊的缺乏病，这种情况较少，因为鸽子的日粮一般都不缺乏碳水化合物。

（三）脂肪缺乏

脂肪是鸽子日粮中必不可少的营养物质，是高能量的物质，其能量是碳水化合物的2.25倍，是鸽子体内能量的重要来源。脂肪进入鸽子体内后，受胆汁、胰腺和肠的脂肪酶作用，分解为甘油和脂肪酸，被肠道吸收后，以脂蛋白的形式暂时储存于肝脏中，然后再运送、沉积到鸽体的其他部位形成体脂。幼鸽若营养中的脂肪酸缺乏，表现为生长不良，肝肿大和脂肪变性。鸽体中脂肪的主要来源很丰富，只要合理配制鸽料，选用少量的油菜籽，就能满足其生长、生理的需要。

三、无机盐缺乏病

无机盐占鸽体活重的3%~4%，它对维持鸽正常的生命活动，生长发育与繁殖，与氨基酸、维生素一样都极为重要。按无机盐的元素在体内中所需要的量，可分为常量元素和微量元素。常量元素有氯、钠、钾、钙、磷、镁等；微量元素有铁、铜、钼、锌、硒、碘、钴等。钙磷镁主要分布于骨骼中，其他元素主要分布在肌肉、软组织及体液中。当这些元素任何一种缺乏或长时间不能满足机体需要时，都会引起鸽体不同程度的疾病。

（一）钙、磷缺乏症

钙是骨骼和蛋的主要成分，磷能促进骨骼的形成，它们的缺乏与维生素 D 的缺乏相似，可引起佝偻病，母鸽产蛋数不足，蛋壳变薄，骨骼变形，易骨折，不能平稳的站立，病鸽在发病后应及时的治疗和预防，一旦病重，即使补足钙磷，也不能恢复正常，所以，平时就应注意保健砂中骨粉和磷酸氢钙的补充。

（二）钾、氯、钠缺乏症

这些元素的生理作用，主要在于维持血液、细胞浆等体液的正常渗透压和酸碱的平衡，以保持水分的正常代谢及调整神经、肌肉的活动。此外，这三种元素还存在一定的生理关系，如钾与钠两者中，一个过多会导致另一个缺乏。钾过多时会使镁的含量降低，是低镁性痉挛的重要因素之一。

1. 钾缺乏　会导致幼鸽生长发育受阻或死亡增加，种鸽的繁殖水平下降，所产蛋的蛋壳变厚，钾过多时也不好，会引起低镁性痉挛。
2. 氯缺乏　可使鸽的体重下降，对声音过敏，并还可出现两腿后伸、倒地类似痉挛的神经症状。
3. 钠缺乏　能引起鸽的生长发育不良和繁殖率下降，造成的原因常常是钾与钠的供应量失调，因为钾钠的失控，会导致其中之一的缺乏，因此要注意平时补充食盐。

（三）镁缺乏症

镁在机体的蛋白质与碳水化合物的代谢中有重要的作用，它们是很多酶系统的催化剂，在谷类等植物性饲料中含量丰富。镁缺乏时常常是因日粮中钾的含量过高引起的，表现为幼鸽出现痉挛，先是短期的惊厥，随之是多能自行恢复的昏迷，偶有死亡，也能造成产蛋率下降，所产蛋的孵化率下降，繁殖力也下降，甚至导致昏迷致死。

（四）锰缺乏症

锰缺乏时，可引起幼鸽跟腱滑落，这与维生素 H、胆碱缺乏症的情况相类似。表现为单腿或双腿的跗关节增大、扁平、跟腱从踝突上滑落，跗趾骨及跗关节部位的胫骨扭转，长骨变短、变厚。缺锰的鸽蛋孵化率低下，胚胎呈现软骨营养不良，表现为腿翅变短、球形头、鹦鹉嘴、腹部突出、大多有明显的水肿，这类胚胎于出壳前 1~2d 出现死亡高峰，日粮中钙磷过多可使这种症状加剧。同时，锰在铜参与造血中起辅助作用，锰的过量能引起缺铁性贫血。

（五）铁、铜缺乏症

铁和铜缺乏时，都可导致鸽的贫血，深色的羽毛褪色，生长不良，皮毛粗乱苍白。锰能够辅助铜参与造血功能，所以锰过量时可引起缺铁性贫血。

（六）锌缺乏症

锌缺乏时，会引起鸽子的生长迟缓，食欲不佳，角化不全，长骨变短，变厚，跗关节肿大及出现鳞片状皮肤。缺锌能造成鸽的繁殖力下降和鸽蛋的孵化率降低。胚胎可能缺少肢体或体壁，仅见到只有脊椎骨，但头部与内脏尚完整的情况。

（七）碘缺乏症

碘缺乏时，鸽的甲状腺肥大、增生、黏液性水肿、幼鸽的生长和羽毛的生长不良。羽毛成花边状，鸽产蛋的蛋重及孵化率都下降。

（八）硒缺乏症

鸽体在缺乏硒时，能引起鸽的白肌病和营养性肝坏死。雏鸽胸腹皮下水肿，生长停滞不前，繁殖机能紊乱与维生素缺乏症有些相似。

（九）钴缺乏症

钴与蛋白质及碳水化合物代谢有关，鸽缺乏钴时，表现食欲不振，精神萎靡不振。幼鸽生长停滞、消瘦、蛋的孵化率和雏鸽成活率下降。肝脏中维生素B_{12}的含量降低。

以上钾、镁、锰、铁、铜、硒、锌、钴等缺乏症，只要平时加强饲养管理，注意在保健砂中微量元素的添加，一般不难防治。

四、水缺乏症

水在鸽体中与其他营养成分相比占量最大，在雏鸽与鸽蛋中大约含70%，在成年鸽中含量在50%左右。水对鸽的新陈代谢起着极其重要的作用，它参与体温的调节，参与维持渗透压及酸碱度的平衡，体内营养物质及代谢产物的运送都离不开水分。水缺乏时，会导致全身性的代谢障碍，使消化、吸收、循环、呼吸、排泄的正常生理机能受到严重的影响。而排泄机能障碍又可引起体内有害物质的积聚，而导致自体中毒。在鸽体中如丧失10%的水分便可造成死亡。暂时性的轻度缺水在各种因素影响下时有发生，若不予以注意，可能会导致严重缺乏而造成鸽的死亡。

【病因】

发生缺水的原因是多方面的。在炎热的天气中，水被喝光后未及时的补给；放水量过少；水管、水杯放置不当或漏水，使鸽群喝不到水；在大群围网放养的鸽群中进行配对或防疫接种时捕捉，使之剧烈飞动又不敢喝水；远途运输前供水不足；在异常情况下，如患有失水过多的疾病，使水排泄过多、摄入过少等。均可导致缺水或水缺乏病。

【症状】

轻度或病初的缺水时，表现兴奋不安，病鸽不断的奔跑或不断的鸣叫。严重时眼球深陷，皮肤干燥。缩头，垂翅，精神沉郁，神志昏迷，阵发性痉挛，最后衰竭死亡。

【诊断】

根据发病经过，结合症状和病变即可作出诊断。

【剖检变化】

剖检时，主要肉眼可见的病变是，口黏膜、眼结膜呈蓝紫色，皮肤干燥和难以剥离。肌肉暗红，血液浓稠、色暗红。嗉囊空虚或干燥，肝脏缩小，胆囊胀大。肾有多量的白色尿酸盐沉积。

【预防与治疗】

应迅速供给饮水，但只可适量，以免鸽群从缺水状态中突然饮水过量，造成暴饮死亡。平时应注意做好供水工作，消除导致缺水的各种原因，以减少、杜绝本病的发生。

五、佝偻病（软骨病）

本病是幼鸽骨骼发育过程中，由于饲料中钙磷缺乏或比例不当及笼养鸽光照不足引起的维生素D缺乏，导致成骨细胞钙化不足所致的疾病。本病包括软脚病和胸骨歪曲病。主要损害为持久性软骨肥大及骨骺增大的暂时性作用衰竭。临床上以消化机能紊乱，异嗜，跛行，骨骼变形为特征。本病主要见于雏鸽和幼鸽。

【病因】

本病发生的主要原因是摄取的维生素D不足或缺乏；饲料中钙磷含量不足或缺乏或钙磷比例失调，妨碍了成骨过程中的完全钙化作用。光照不足也是主要的原因。患慢性胃肠炎疾病时可影响钙的直接吸收。霉菌或其他某种毒素的干扰，可间接影响钙的吸收。

【症状】

本病的过程非常缓慢，软脚病主要表现为有异嗜，腿软无力，站立不稳，或不能站立，常卧地不起，体质虚弱，嘴和脚爪软而易弯，羽毛生长不良，从外表即可看出骨骼变形，脊柱在荐部和尾部向下弯曲；胸骨歪曲病主要表现为龙骨变形，胸廓内陷，胸腔变小，严重时肋骨与脊椎骨连接处关节肿大。成年鸽称为软骨病。

【病理剖检变化】

骨骼变形、变软、易折断，与肋软骨连接部的肋骨内侧面出现明显的结节，呈串珠样，肋骨向下向后弯曲，骨骼钙化不全。

【诊断】

根据临床症状和病理剖检的变化即可确诊。此外，血液中碱性磷酸酶升高可作为辅助性的诊断指征。

【预防与治疗】

日常饲喂富含钙磷和维生素D饲料，增加室外活动。或提供给含有维生素D的饮水，连用5~7 d，在保健砂中增加骨粉、碳酸钙、乳酸钙等，调整饲料配合比例。

治疗时口服鱼肝油，或滴喂维生素D_3（15000IU/ml）5~10滴/d；或肌肉注射维丁胶性钙0.5ml，1次/d，同时在饲料中补加鱼粉。

六、痛风病

痛风病是鸽的一种尿酸血症，在血液中蓄积大量尿酸，不能被迅速排出体外，形成高尿酸血症，尿酸盐沉积在关节囊、关节软骨、软骨周围及胸腹腔、各种脏器表面和其他间质组织上的一种代谢病。在临床上是以厌食，瘦弱，关节肿大，运动障碍，跛行，粪便中有大量尿酸盐为特征。痛风分为内脏型痛风和关节型痛风。

【病因及发病机制】

1. **饲料中核蛋白和嘌呤碱含量过大** 当使用动物的内脏（胸腺、肝、胰等）、肉屑、鱼粉、大豆粉等作为鸽子体内蛋白质的来源时，而且比例很高，使得核酸和嘌呤的代谢终产物生成太多，从而引起尿酸症；当鸽摄取的核蛋白过多时，体内核酸的嘌呤代谢产物（次黄嘌呤、黄嘌呤）增高，肝脏和血液尿酸水平也随之增高。

2. **肾脏损害** 由于大量尿酸都须经肾脏排出，又使肾脏的负担加重，导致尿酸排泄障碍，形成恶性循环，结果发生尿酸血症，并在肾脏、输卵管及腹腔内脏和骨关节等部位都有尿酸盐沉积。引起痛风的过量蛋白质，主要来源于对鸽子饲喂过多的富含核蛋白成分的动物性饲料，如肉屑、鱼粉、动物内脏组织。有些植物性饲料如黄豆、豌豆等也含较多的核蛋白。

引发痛风的另一个原因是肾脏机能障碍导致尿酸排泄受阻，或是在某些疾病过程中，组织细胞受到严重破坏，体内核酸的嘌呤代谢产物增高。如饲料中含钙过多时，大量碳酸钙导致肾小管阻塞；或吃富含草酸盐的植物（马齿苋、甜菜等），草酸盐夺取血钙，以草酸钙结晶阻塞肾小管。

3. **遗传因素** 有些品种的鸽子痛风病发病率高，认为是和遗传因素有关，特别是关节型痛风与高蛋白饲料和遗传因素关系密切，此种现象已经由人报道发生。

4. **诱发因素** 纯品种、飞行量少、受到惊吓等可促进痛风病的发生。

【症状】

1. **内脏型痛风** 突出的表现是粪便中含有大量白色的尿酸盐，呈石灰样，污染肛门及下部羽毛，并且鸽精神不振，食欲不振，消瘦，贫血，产蛋量下降。剖检时可见肾肿大呈花斑状，肾小管和输卵管充满白色的尿酸盐，心、肝、脾、肠系膜等部位都覆盖一层白色的尿酸盐，同时检查血液中尿酸及钾、钙、磷的浓度升高，钠的浓度降低。

2. **关节型痛风** 尿酸盐沉积在腿和翅膀的关节腔内，使关节肿胀疼痛，活动困难，剖检时可见关节内充满白色黏稠的液体，本型较为少见，有时与内脏型的混合发生。

【诊断】

本病根据临床症状，结合剖检的变化即可确诊。

【治疗】

本病目前还无特效的药物可供治疗。首先是停用可疑的饲料或药物，再供饮1%碳酸氢钠溶液2d。也可用金钱草、车前草等利水中草药适量煎水，加糖调味后供给2～3d饮服。近几年推荐试用别嘌呤醇口服，因为其化学结构与次嘌呤相似，作为黄嘌呤氧化酶的一种竞争抑制剂，可抑制黄嘌呤的氧化，减少尿酸的形成。

【预防】

不宜过多饲喂动物性蛋白饲料，控制饲料中粗蛋白的含量在20%左右，减少动物性下脚料供给，禁止饲喂动物的腺体组织，调整日粮中的钙磷比例，添加维生素A，都可起到一定的预防作用，平时注意饲料中各种营养物质间保持平衡和补充充足的饮水。饲养在草坪上、广场上的鸽要特别注意此病。

(辽宁医学院动物学院 陈强 信阳农业高等专科学校 王瑞)

【本章复习思考题】
一、名词解释
1. 营养代谢型疾病 2. 肥胖症 3. 软骨症 4. 佝偻病 5. 痛风病

二、简答题
1. 谈谈营养代谢病的临床特点。
2. 简述犬高血脂症的发病原因。
3. 简述犬、猫软骨症的发病机理,如何预防?
4. 简述白肌病的临床症状及防治措施。

第九章 中毒性疾病

第一节 概述

一、毒物

(一) 毒物的概念

在一定条件下,能对活的有机体产生损害作用或使机体出现异常反应甚至造成死亡的物质,称为毒物。毒物是一个相对的概念,与非毒物之间无绝对界限,正如毒理学家 Paracelsus 所说:"物质本身并非毒物,只有在一定剂量下才变成毒物,毒物和药物只是剂量的不同。"在特定的条件下,几乎所有的外源化学物都有引起机体损害的潜力。一种物质是否有毒,不仅取决于毒物本身的结构和理化性质,还取决于接触外源化学物的剂量、途径、动物种类和机能状态等。

(二) 毒素

毒素是由活的机体产生的一类特殊毒物。毒素根据其来源分为植物毒素、动物毒素、霉菌毒素和细菌毒素等。细菌毒素又可分为内毒素和外毒素。凡是通过叮咬(如蛇、蚊子)或蜇刺(如蜂类)传播的动物毒素称为毒液。一种毒素在确定其化学结构和阐明其特性后,往往按它的化学结构重新命名。

(三) 毒物的分类

1. 内源性毒物 指在动物体内形成的毒物,主要是机体的代谢产物。正常情况下,由于自体解毒机制和排泄作用,这些物质对机体不产生毒性作用,当机体正常生理机能发生紊乱时,即可产生毒性作用,如肾功能障碍引起的尿中毒、代谢障碍引起的酸中毒等。

2. 外源性毒物 即环境毒物。在一定条件下,从自然环境中进入机体内的毒物,致病作用往往较强,有些还能促进内源性毒物的形成,加重中毒的临床症状和病理过程,因此,外源性毒物对动物中毒的发生和发展具有特别重要的作用。目前常用的"外源化学物"一词通常都是毒物。外源化学物根据其用途和分布范围可分为:

(1) 与工业化学物生产有关的毒物 包括生产原料、辅料以及生产过程中产生的中间体、副产品、杂质、废弃物和成品等。

(2) 与食品或饲料有关的毒物　包括各种食品添加剂、饲料添加剂、着色剂、调味剂、防霉剂、防腐剂以及食品和饲料变质后产生的毒素等。

(3) 与药用化学物有关的毒物　包括人医和兽医用于诊断、预防和治疗的化学物，以及各种消毒剂、改善犬猫生长性能的各种药物添加剂等。

(4) 与环境有关的毒物　如环境中的各种污染物，生产过程中产生的废水、废气和废渣中的各种化学物质等。

(5) 与日用化学物有关的毒物　如化妆品、洗涤用品、家庭卫生品、防虫杀虫用品等。

(6) 与农用化学物有关的毒物　包括农药、化肥、除草剂、植物生长调节剂、瓜果蔬菜保鲜剂等。

(7) 生物毒素　如动物毒素、植物毒素、霉菌毒素和细菌毒素等。

(8) 军事毒物　如芥子气等化学武器毒剂。

此外，毒物还可按化学结构与理化性质、毒物作用的性质、毒性的级别、作用的靶器官、毒物作用机制等进行分类，如肝脏毒物、无机毒物、剧毒毒物、膜毒物等。

二、中毒

(一) 中毒的概念及分类

中毒是指毒物进入机体后引起的病理过程。中毒可分为急性中毒、亚急性中毒、慢性中毒三种类型。急性中毒是动物在短时间内一次或多次接触或摄入较大剂量的毒物而引起的中毒；慢性中毒是指动物在较长时间内（几天、几个月甚至几年）连续摄入或接触较小剂量的毒物，逐渐引起的中毒；亚急性中毒介于急性中毒与慢性中毒之间，一般是指在几天或几个月内，动物多次接触毒物引起的中毒过程。

(二) 中毒原因

动物中毒原因很多，总体上分自然因素引起的中毒和人为因素引起的中毒，两者之间有时没有明显的界限，由于人为因素的干扰常使自然状态存在的危险物进入动物机体引起中毒。

1. 自然因素引起的中毒　包括有毒矿物质、有毒植物、有毒动物、霉菌和某些藻类等引起的中毒。

(1) 有毒矿物质引起中毒　主要是某些地区土壤中的有毒物质或某种正常的元素含量过高，使饮水、牧草或饲料中含量亦增高，引起动物急慢性中毒。如动物采食聚硒植物，引起急慢性硒中毒；某些地区土壤中含氟量很高，易引起地方性氟中毒。这些因素引起的动物中毒都有明显的地区性。

(2) 有毒植物引起中毒　主要是宠物误食有毒植物而引起的中毒。有毒植物主要有自身能产生天然有毒物质的植物、能蓄积有毒物质（如重金属、氟、硒及亚硝酸盐）的植物，也包括被有毒物质、病虫害及农药等污染的植物及条件性有毒植物等。

（3）有毒动物引起中毒　分泌毒液的爬虫和昆虫的叮咬或随同牧草被食入等可引起动物中毒，如蛇毒中毒、蜂毒中毒、斑蝥毒中毒、蟾蜍毒中毒及蚜虫毒中毒等。

（4）霉菌和藻类中毒　某些霉菌在一定条件下，能产生霉菌毒素，如黄曲霉毒素。死水中的蓝绿藻能引起动物中毒。

2. 人为因素引起的中毒　人为因素包括来自工业污染和农药、兽药的使用不当以及劣质饲料或饮水等。

（1）工业污染引起中毒　工业"三废"中的有毒物质，未经无害化处理进入环境，污染空气、牧草、土壤及饮水引起动物中毒。放射性物质等均可污染饲草、饲料和饮水而引起动物中毒。

（2）农药、兽药引起中毒　因为农药、兽药使用管理不当或滥用，使动物误食、过量等引起动物中毒，甚至死亡。

（3）饲料毒物引起中毒　饲料配合调剂不当、混合不匀和饲喂有毒饲料等引起动物中毒。如长期大量饲喂未经脱毒处理的棉籽饼或菜籽饼引起中毒；饲料在保管、贮存不当时，发霉腐败而产生有毒物质，引起动物中毒，如霉玉米中毒、发芽马铃薯中毒等。此外，饲料营养物质不全可提高中毒病的发生率，如缺钙可促进氟中毒的发生，缺乏维生素A可促进棉籽饼中毒的发生。

（4）饲料添加剂引起中毒　饲料添加剂使用不当，如用量过大、应用时间过长、配比不当，或添加剂中有毒杂质含量过高等，均可引起动物中毒甚至大批死亡。已经报道引起动物中毒的添加剂有：微生物添加剂、微量元素添加剂、抗生素添加剂及其他饲料添加剂。

（5）恶意投毒　恶意投毒引起宠物中毒事件时有发生，多是人为故意或破坏活动。

（6）其他方面　毒气体和军用毒剂中毒。

三、中毒的症状

宠物中毒后由于毒物的破坏作用，引起全身和某些器官系统机能变化，从而表现出一系列的临床症状。由于毒物种类、中毒途径、毒性作用的不同，所引起的症状也有差异，总括起来，中毒之后会出现下列一些症状。

1. 消化系统机能紊乱　由于毒物多经消化系统侵入，首先破坏消化器官，使消化器官机能紊乱。表现食欲减少或废绝，流涎，呕吐，吞咽困难，下痢，粪便混血或黏液等，特别是流涎和呕吐是其最容易表现的病症之一。

2. 神经系统机能紊乱　毒物被吸收后，作用于神经系统，引起神经系统机能紊乱，从而表现兴奋、抑制或痉挛、麻痹等现象。

3. 心、肝、肾、肺等器官机能紊乱　心脏、肺脏、肾脏、肝脏等器官被毒物作用后，使之发生变性坏死，从而表现心律不齐、心力衰竭、肺充血水肿、呼吸困难、无尿、血尿、黄疸等病症。

4. 血液性状改变　有的毒物作用于血液，使血红素变性，从而机体乏氧，呼吸困难，黏膜发绀。

5. 其他　除个别中毒病体温升高外，大部分中毒病都表现体温降低或保持常温。这一点是中毒病与热性传染病的重要不同之处。

四、中毒病的诊断

无论如何饲养，一旦突然大批发病，而且症状相同，就应该怀疑是否发生了传染病。如果病畜体温不高，发生在食后，而且肥胖体壮的动物发病严重，这就应该怀疑是否发生了中毒。一旦怀疑为中毒，应该从下列几个方面进行诊断：

1. 临床检查　发现一切可以发现的症状，并做好记录，以作为确诊的根据之一。
2. 了解病史　查清发病前的饲养管理、饲料、饮水的情况，发病后的表现，采取的治疗措施和效果。
3. 现场调查　查清剩余饲料及饮水色泽、气味有无变化以及添加物的状况；查清放牧地的牧草情况，有无毒草生长和采食毒草的情况。
4. 尸体剖检　记录各器官、组织的变化情况，尤其对胃内容物应该仔细检查，弄清其中是否混有毒物及毒草碎片。
5. 化验分析　必要时，对可疑饲料、胃内容物、呕吐物、血、尿等进行毒物化验分析，或做动物试验，以补充诊断。
6. 防治效果　防治效果可作为诊断的验证。停喂可疑饲料不再发病，经综合治疗，特别是针对毒物应用特效解毒剂，而得到良好效果等均能作为诊断依据之一。

五、中毒性疾病的治疗原则

一旦发生中毒，对中毒的治疗原则应该是：不使毒物继续进入体内；制止机体对毒物的吸收；尽快排除已进入体内的毒物；对已被机体吸收的毒物，采取解毒、稀释毒物、增强解毒器官机能，加速毒物排出等方法，促使毒物消失。为此，可采取下列治疗措施。

（一）病因疗法

1. 排毒法　为排出毒物可采取如下措施。
（1）催吐　可应用催吐剂，如盐酸去水吗啡、藜芦素、吐根末、吐酒石、硫酸铜等。
（2）泻下　一般用盐酸类泻剂，如硫酸铜、硫酸镁等。
（3）放血　一般从尾尖、耳静脉放血，大动物从颈静脉放血。放血后补液。
（4）利尿　利用利尿素、醋酸钾等。
2. 解毒　为解毒目的，可应用解毒剂。
（1）化学解毒　酸或碱中毒时，可利用碱或酸解毒，使之形成盐和水而变为无毒。生物碱中毒，可用高锰酸钾解毒，使之氧化无毒，也可用鞣酸解毒。鞣酸能和生物碱化和成难溶解的单宁化合物，变为无毒。也可用碘或碘化钾解毒，它能和生物碱化和使之沉淀无害。

砷、汞中毒时，二巯基丙醇是特效解毒剂。砷中毒也可用铁制剂解毒，使之形成难溶解的砷酸铁，沉淀无毒。

有机磷中毒时，可用阿托品，解磷定解毒是特效解毒剂。

氰化物类中毒可用次亚硫酸钠、大苏打或硫代硫酸钠解毒，使之变为硫氰化合物而无毒。

重金属中毒可用次硫酸钠解毒，使之变为不溶解的硫酸盐沉淀而无毒。

亚硝酸盐中毒，可用美蓝解毒，是特效解毒剂。

（2）综合解毒法　处方：活性炭 50%，氧化镁 25%，鞣酸 25%；用法：猫犬视体重酌情给药。

本合剂内服有吸附、氧化、沉淀作用，对一般中毒均可使用。

（3）生理解毒法　是一种颉颃物所产生的作用的解毒方法，如水合氯醛中毒可用咖啡因解毒，溴化物、酒精中毒，也可用咖啡因解毒。

（4）物理解毒法　用牛奶、蛋清等内服，使蛋白质遇胃酸变性凝固，将毒物包埋的原理，防止损害消化道黏膜并减缓或阻止吸收，也可内服炭末、氢氧化铝、白陶土、滑石粉等吸附毒物，防止吸收和刺激消化道。灌服这些包埋药或吸附药后，最好内服泻剂，加速排出。

（二）对症疗法

一般的中毒病都应该采取综合疗法，即应用病因疗法的同时，也要采取对症疗法。如心脏衰弱时，要强心，兴奋不安时可用镇静药，全身痉挛时，应用解痉药等。

全身疗法：主要是补液，既可补给营养、稀释毒物，又可加速排出，必要时可应用维生素 C。为保护肝脏，可静脉注射高渗葡萄糖溶液。

六、中毒性疾病的预防措施

1. 食物检查　对宠物食物应进行检查，尤其变换食物时更应检查，查明有无中毒的可能。禁止用发霉变质的食物喂给猫、犬或其他宠物。

2. 驱虫用药　要注意用药的剂量和方法。

3. 均衡营养　平时注意宠物食物的营养均衡，防止因其体内缺乏某种营养而出现异食癖，吞食不卫生或有毒物质。

第二节　常见的中毒病

一、士的宁中毒

士的宁中毒是由于宠物食入含士的宁的鼠饵或吃了由于士的宁中毒的鼠类，或临床用于治疗时剂量过大、时间较长而引起的中毒性疾病。主要临床表现恐惧、紧张、肌肉强直、磨牙、流涎、呼吸困难等特征。

士的宁属生物碱类，可用于杀灭老鼠、田鼠、地鼠、山狗等；大多数应埋在田中使用；鼠饵常被做成紫色、红色、绿色的蜜丸。鼠饵中药物浓度不超过 0.3%。士的宁为不稳定有机碱，在胃内转化为离子状态。

【病因】

犬猫士的宁中毒是由于误食毒饵或毒死的老鼠，也见于临床上治疗剂量过大，连续治疗时间过久，使药物在体内蓄积致使中毒，临床上应用时应特别注意用量。致死剂量：犬 0.75mg/kg 体重，猫致死量小于 1mg/kg 体重。

【病理】

士的宁可抑制脊神经节和延髓的突出后神经元。对脊髓神经节及延髓产生的抑制性介质——甘氨酸，具有颉颃作用，使神经反射活动进行性增强。

【症状】

中毒症状在摄入毒物后 10min 至 2h 之内出现。早期表现为：恐惧、紧张、肌肉强直，腹部颈部肌肉较明显。同时动物出现剧烈阵发性抽搐，或继发于外界刺激（光、声、接触）。全身肌肉强直，伸肌更明显，呈木马状姿势。

阵发性抽搐的频率及程度增强：四肢及躯体僵直，竖耳，上下唇由于肌肉紧张而收缩，瞳孔散大，呼吸停止，未出现四肢的无意识运动，磨牙，流涎；由于缺氧呼吸窒息而死。

死后剖解可见：显微镜检查未见损伤；肉眼观察，胃内充满未消化食物或饵剂。

【诊断】

根据动物接触毒物、临床上有使用或摄入毒物病史，临床症状典型，未见明显损伤，可作出诊断；大型犬，尤其公犬多发。患病犬、猫对突然的拍手声敏感，可作为辅助诊断方法。胃内容物化学成分检验有助于确诊。

【病程及预后】

本病的病程短而急，预后不良。

【治疗】

1. 阻止毒物吸收　动物未出现感觉过敏、痉挛时进行催吐。用 1%~2% 鞣酸或 0.5% 的高锰酸钾洗胃，之后服用活性炭及硫酸钠导泻剂。

2. 维持肌松，防止缺氧　戊巴比妥静脉注射。出现呼吸衰竭时，可考虑气管内插管，给氧，人工呼吸。

3. 吸入麻醉　地西泮，2.5~20mg，必要时可静脉注射。愈疮木酚甘油醚，110mg/kg 体重，必要时静脉注射。美素巴莫，首次用药时剂量，150mg/kg 体重，静脉注射。

4. 促进已吸收毒物的排出　利尿：氯化铵每天 100~200mg/kg 体重，分 4 次口服，直至排出尿液。毒物完全清除需要 24~48h。

注：吗啡由于对脊神经节兴奋作用，抑制呼吸而忌用。

【预防】

在治疗时，用药的剂量准确，是预防本病的最有效的方法。

二、香豆素类及相关化合物中毒

香豆素类及相关化合物中毒是由于宠物食入含香豆素类及相关化合物的鼠饵或吃了由于香豆素类及相关化合物中毒的鼠类而引起的中毒性疾病。主要临床表现口腔、脑、心包、胸内出血以及呼吸困难等特征。

【毒物介绍】

香豆素（如华法令）为第一代抗凝血药物，毒性不大，体内存留时间短。

1. 灭鼠药及衍生物　主要有香豆磷、杀鼠灵、脯氨酸肽酶等，药饵中毒物浓度一般在0.025%~1%之间。

2. 茚满二酮类　化学结构主要包括1,3-茚满二酮。化合物有杀鼠酮、氯鼠酮、敌鼠。其有效成分浓度和香豆素类相似。

3. 某些因素能使药物毒性增加　包括：有些口服类抗生素，能抑制肠内微生物K的合成，从而使毒性增强；磺胺类、保泰松、皮质激素类药物，改变血浆蛋白的结合；胆道阻塞；肝脏疾病。

4. 不同药物吸收后急性中毒，半数致死量不同

灭鼠灵：犬、猫半数致死剂量为5~50mg/kg体重。

杀鼠酮：犬半数致死量为5~75mg/kg体重。

敌鼠半数致死量：犬，5~50mg/kg体重；猫，5~50mg/kg体重。

溴鼠隆：半数致死量，犬，0.2~4mg/kg体重；猫，25mg/kg体重。

螯合物半数致死量：犬，11~15mg/kg体重；猫，7~25mg/kg体重。

5. 蓄积中毒剂量　灭鼠灵：犬，1~5mg/kg体重，连续用药5~15d。猫，1mg/kg体重，连续用药5天。敌鼠与螯合物由于半衰期长，蓄积毒性也比较大。

【作用机制】

双香豆素通过抑制维生素K环氧化物还原酶而起作用。维生素K环氧化物还原酶减少，抑制了维生素K的活性。活性维生素K是肝脏合成凝血因子Ⅱ、Ⅷ、Ⅸ、Ⅹ所必需的。

【症状】

临床症状随毒物剂量及出血部位而异。动物出现血凝异常的潜伏期为2~7d。急性中毒时，动物突然死亡，口腔、脑、心包、胸内出血。

亚急性中毒时有如下症状：患病犬、猫贫血、虚弱；天然孔出血，鼻出血、呕吐、血尿、粪中带血、血便。

内在性出血：胸内、腹腔内出血，出现呼吸困难；脑出血、脊神经节出血时，出现神经症状；关节腔内出血而跛行；稍有外伤即出现皮下血肿、淤血；贫血。

【诊断】

1. 凝血状况　初期凝血酶原延迟，血凝因子Ⅶ半衰期最短为6.2h；促凝血酶原激酶激活时间延长（中毒早期，可能仍正常）；血凝时间延长（初期可能正常）；血小板总数、纤维蛋白原、纤维蛋白原降解产物在中毒早期正常，中毒后期血小板总数下降、纤维蛋白原减少，纤维蛋白降解产物可能增加。

2. 血浆或肝脏的抗凝血水平　根据血浆或肝脏的抗凝血水平进行诊断。

3. 对维生素K治疗有效　犬抗凝血灭鼠药中毒后，经维生素K_1治疗，动物体内维生素K环氧化物、维生素K环氧化物与维生素K_1比例升高，治疗有效果。

【鉴别诊断】

与其他对维生素K治疗有效的疾病相区别，如胆道堵塞、吸收障碍综合征、应用抗生素引起的肠道菌群紊乱。

【治疗】

1. **阻止毒物吸收** 催吐，宜在吞食毒物之后尽早进行。

2. **急性中毒的解救** 处理过程中动作要轻柔，防止动物擦伤，避免肌肉注射药物。输鲜血：全血，10~20ml/kg，静注。前一半快速注入，后一半缓慢输入，控制在每分钟20滴。缺氧或严重贫血时给氧。出现呼吸困难时可考虑放射学诊断或穿刺术，以确诊胸内有无出血。给予维生素 K_1。

3. **亚急性中毒的解决** 维生素 K_1 每天2~5mg/kg体重，口服，同时饲喂高脂食物以促进吸收。口服给药比注射给药有效，而且可以避免注射药物引起的动物出血。如果必须注射维生素 K_1，应用尽量小的针头注射，3~5mg/kg体重。注意：有无过敏反应，曾有静脉注射维生素 K 引起过敏反应的报道。维生素 K_1 2~5mg/kg体重，口服，连用7~14d，半衰期长的杀鼠药（杀鼠灵、溴鼠隆）中毒，应连续服用30d（维生素 K_3 效果不如维生素 K_1）。治疗停止后应检测动物凝血状况。

4. **促进已吸收毒物排出** 给予安定药或巴比妥类轻度麻醉，有助于对中毒动物的处理，同时能增强肝脏对毒物的生物转化能力。灭鼠灵（华法令）完全从体内代谢掉需48~96h，而敌鼠与溴鼠隆的半衰期长达15~20d。

对可能接触灭鼠灵的动物，无论是否摄入毒物，均可口服维生素 K_1。

【预防】

注意食物的来源，防止中毒的发生。

三、磷化锌中毒

磷化锌中毒是由于宠物食入含磷化锌的毒饵或吃了由于磷化锌中毒的昆虫类而引起的中毒性疾病。主要临床表现呼吸急促、呼吸困难、厌食、昏迷、尖叫、共济失调等特征。

磷化锌为黑灰色粉末，不溶于水，通常按2%~5%比例与食物配制成颗粒毒饵使用，也有熏剂颗粒制剂。可用于昆虫病害的防治。有微弱的乙炔气体或腐败鱼腥味。大多数动物中毒剂量为：20~50mg/kg体重。动物进食后，由于胃酸分泌增多，而使磷化锌毒性增强。

【作用机制】

磷化锌在胃酸作用下，分解释放出的磷化氢刺激呼吸道，引起呼吸困难，重者窒息。磷化锌对肝、肾有损害，能引起胃肠道出血。

【临床症状】

多于摄入毒物后15min至4h出现症状。呼吸急促，呼吸困难，厌食，昏迷。腹痛，呕吐物中带血为常见症状。有时出现尖叫、狂奔、共济失调。动物出现酸中毒、体温升高。中毒后期呼吸极度困难、挣扎，有时出现感觉过敏、痉挛，缺氧窒息而死。

【诊断】

呕吐物或呼出气体有乙炔气味；取胃内容物进行检验。

【鉴别诊断】

注意与士的宁中毒、1080复合物中毒相区别。

【治疗】

阻止毒物吸收：中毒早期可用 5% $NaHCO_3$ 洗胃；口服 5% $NaHCO_3$ 提高胃内 pH 值，减少磷化氢气体产生。限制饮食 24h，减少胃酸产生。

尚无特效解毒剂。支持疗法是必要的。纠正酸中毒。

四、磷中毒

磷中毒是由于宠物食入含磷毒饵或被磷化物污染的食物或用于体外杀虫而引起的中毒性疾病。主要临床表现呕吐、腹泻、饮欲增加、大量流涎、腹痛、痉挛等特征。

磷分为黄磷和红磷。因红磷不溶解，吸收困难，所以引起中毒的主要是黄磷。黄磷的毒性很大。犬对磷的毒性感受性又特别强。摄取 0.1g/kg 体重含黄磷 4%～8% 的物质，即出现中毒症状。

【病因】

黄磷是灭鼠药、体外杀虫药、农药等的成分，爆竹、火柴盒的擦过部分也含黄磷，如果犬误食这些物质则可引起中毒。

【病理】

病初红细胞压积值、血清尿素氮及总蛋白量稍高，以后尿逐渐减少乃至尿闭。随病情发展，血清总胆红素增高（直接值大于间接值）、血清酶（ALP、ALT、AST、γ – CPT 等）活性升高，血清总蛋白和 A/G 比值降低，血清胶体反应阳性（交叉反应、卢戈尔反应等），血糖降低，血氮升高，由于肾功能衰竭而出现蛋白尿及血尿，甚至少尿或无尿。

取样镜检，呕吐物及排泄物可发荧光。

【症状】

磷中毒的症状与磷的形状、重量及胃肠内容物多少有关，食入 30min 至数小时后表现消化道刺激症状，持续 2～3d 后，出现肝脏肿大、变性或肾功能障碍。

病犬频频呕吐（血性物）、腹泻、饮欲增加、大量流涎。呕吐物及排泄物呈大蒜臭味。重症犬表现腹痛、不安、黏膜点状出血、黄疸、循环虚脱、痉挛等神经症状。

【诊断】

本病根据症状结合毒物的分析，可作出诊断。

【病程及预后】

本病发现及时，用药及时，预后良好。否则预后不良。

【治疗】

抑制酶在体内氧化，减少氧的消耗和碳酸生成。

1. 催吐、洗胃、促进排泄　硫酸铜 0.1～0.5g 用 5～10ml 水溶解后灌服催吐。0.1%～0.2% 高锰酸钾 50～100ml 洗胃。为抑制磷对消化道的刺激，减少磷的吸收，口服矿物油。

2. 对症疗法　生理盐水或林格氏液和 5% 葡萄糖等量混合后，40ml/kg 体重静脉滴注或皮下注射。出现肝功能障碍时，静脉注射葡萄糖 5～10g，每日 3～4 次，并用肝泰乐、DL – 蛋氨酸等保肝药。10% 葡萄糖酸钙或天门冬氨酸钙 5～10ml 与等量的 20% 葡萄糖液混合后缓慢静注，每日 3 次。根据病情可考虑用强心剂、维生素 B 族及维生素 K 等。

【预防】

减少对病因的接触,是预防本病的最有效的方法。

五、胆骨化醇中毒

胆骨化醇中毒是由于宠物食入含胆骨化醇毒饵或被磷化物污染的食物而引起的中毒性疾病。主要临床表现呕吐、食欲减退、倦怠、昏睡、多饮多尿、体温升高或偏低等特征。

胆骨化醇通常以 0.075% 比例,制成颗粒状毒饵使用。每小包中含毒饵 25~30g。半数致死量为 88mg/kg 体重,最小中毒剂量为 2~3mg/kg 体重。犬、猫易发生中毒。10kg 以下犬摄入胆骨化醇 20~30mg 即可引起死亡。

【作用机制】

胆骨化醇(维生素 D_3)在肝内转化为 25-H-胆骨化醇,能引起肝、肾、胃肠道异常钙化,出现高钙血症。尽管最近有人认为它可替代灭鼠灵,也有报道认为犬、猫胆骨化醇中毒呈上升趋势。

【临床症状】

多于摄入毒物 18~36h 后出现症状。呕吐,食欲减退,倦怠,昏睡,多饮多尿;体温可见升高或偏低。

【诊断】

可以肯定已摄入毒物。发现急性高钙血症症状(Ca>3mmol/L),尤其是幼龄健康犬。

1. 实验室检验 高钙血症、高磷酸盐血症;尿毒症、低渗尿、蛋白尿、糖尿;血清或组织中胆钙化醇高于正常值(正常状态下动物体内胆钙化醇的浓度为 10~40 mg/L 或 10~40mg/kg 体重)。

2. 剖解变化 肾脏出现出血点;甲状腺肿大,颜色苍白;主动脉钙化;软组织矿化。

【鉴别诊断】

与其他可引起高钙血症的疾病、颗粒灭鼠药中毒相区别。

【治疗】

1. 阻止毒物吸收 吞食后进行呕吐;口服活性炭溶液(配制比例为 1g 活性炭溶于 5ml 水中),给予硫酸钠导泻剂;摄入毒物之后,摄入毒物后 48h、96h 分别测定其血清钙水平。

2. 治疗高钙血症 利尿,生理盐水每天 60~80ml/kg。呋塞米(速尿):1~2mg/kg 体重,口服或静注,每日 3 次。

3. 皮质激素类药物

(1) 泼尼松 1mg/kg 体重,口服,每日 2~3 次。

(2) 地塞米松 每日 1mg/kg 体重,分 4 次皮下注射。

4. 降血钙素

(1) 剂量 皮下注射 4~62U/kg 体重,每 2~3d 一次。

(2) 药量酌减 血钙稳定后,用药量酌减。

(3) 血清钙水平 血清钙应维持在 3mmol/L 以下。

5. 肠道内磷的吸附

(1) 磷的吸收 减少肠道内磷的吸收。

（2）氢氧化铝　10~30mg/kg体重，口服，每日2~3次。

犬、猫吞食中等量的毒物后，静脉注射生理盐水可以起到一定解毒作用。胆骨化钙中毒后，第1周应喂低钙食物，避免晒太阳，有一定的效果。

六、溴化物中毒

溴化物中毒是由于宠物食入含溴化物的毒饵或被溴化物污染的食物而引起的中毒性疾病。主要临床表现肌肉震颤、兴奋、运动失调、无意识运动、体温升高、感觉过敏、抽搐等特征。

溴化物为灭鼠灵的换代产品；通常制成0.01%浓度的绿色或棕褐色制剂，每袋中含毒饵16~42.5g。犬的半数致死量为4.7mg/kg体重，猫为0.54mg/kg体重。

【作用机制】

溴化物为神经毒素，它能阻止氧化磷酸化作用，引起"Na/K – ATP – 泵"改变，出现脑水肿。经肠道吸收迅速，血浆中半衰期为5~6d，经肝脏代谢。

【临床症状】

吞食毒物量不同，中枢神经系统受损程度不同。大剂量摄入毒物引起的急性中毒症状：肌肉震颤、兴奋过度、运动失调、四肢无意识运动、体温升高、感觉过敏，对声、光敏感而出现抽搐。

小剂量摄入引起的轻度中毒症状与摄入饵剂相似，往往在吞食后1~2d出现迟发性综合征，后躯瘫痪，上行性运动失调，反射性降低，肌肉震颤，沉郁，瞳孔大小不等，呕吐。

【诊断】

有接触性病史及典型临床症状，脑电图异常，中枢神经系统白质区出现弥散性空泡化组织病理学变化，组织中残留毒物检测。

【鉴别诊断】

士的宁中毒、有机磷中毒、避蚊胺中毒、狂犬病、氯化烃中毒。

【治疗】

阻止毒物吸收：在摄入毒物2h之内效果最佳。中毒动物进食少量食物后，呕吐。重复服用活性炭、导泻剂，每4~8h一次，至少服用2~3d。

减少脑膜水肿：早期可用甘露醇、地塞米松。若临床症状进行性恶化，说明治疗所用药物效果不佳。给予地西泮、戊巴比妥以缓解肌肉震颤。

七、多聚乙醛中毒

多聚乙醛中毒是由于宠物食入含多聚乙醛毒饵或被多聚乙醛污染的食物而引起的中毒性疾病。主要临床表现呕吐、腹泻、不安、流涎、肌肉震颤、体温升高等特征。

多聚乙醛可用于杀灭蜗牛、蛞蝓、老鼠；在美国南部、太平洋沿岸地区、夏威夷岛屿多用。通常做成含量小于4%的液体、颗粒或粉末状毒饵，用于杀灭菜地、花园的害虫。比较老的制剂中含有砷，犬的中毒剂量100~1000mg/kg体重。

【作用机制】

多聚乙醛中毒的作用机理尚不清楚,有人认为中毒机理为多聚乙醛进入体内水解产生的乙醛引起,现已证实这种理论是不可能的。也可能是由多聚乙醛本身引起的 γ - 氨基丁酸及 5 - 羟色胺含量下降,脑中的单胺氧化酶含量上升,引起中枢神经系统功能异常。单胺氧化酶上升引起机体严重的代谢性酸中毒也起一定作用。

【临床症状】

摄入多聚乙醛 1~4h 后出现中毒症状;动物烦躁不安、感觉过敏、共济失调;心动过速、呼吸急促、大量流涎;肌肉震颤,不受外界刺激的影响。

有时出现呕吐、腹泻;猫出现眼球震颤;极高热,体温可达 42.5℃;严重的代谢性酸中毒,意识丧失,呼吸微弱,黏膜发绀,呼吸衰竭而死。

【诊断】

发病的地域性及相关的临床症状,呕吐物或吸出的洗胃液体中发现毒饵,呼出气体或胃内容物具有乙醛气味,取胃内容物作实验室检验。

【鉴别诊断】

士的宁中毒、1080 复合物中毒、氯化烃中毒、有机磷中毒、溴化物中毒。

【治疗】

1. 阻止毒物吸收　如果动物意识清醒,可进行催吐;先以牛奶、石灰水或碳酸氢钠溶液洗胃,之后再用活性炭吸附胃肠道内毒物。

维持肌松,防止缺氧:地西泮(安定)2.5~20mg,必要时静脉注射。

2. 肌松药　美索巴莫 150mg/kg 体重,静脉注射;二甲苯胺噻嗪 1.1mg/kg 体重,静脉注射;巴比妥由于可与机体内的乙醛降解酶竞争性结合,使中毒症状加剧而应慎用。

呼吸衰竭时刻考虑进行气管内插管、给氧、进行人工呼吸。

支持疗法,以缓解脱水,纠正酸中毒。

八、有机磷中毒

有机磷中毒是由于宠物食入含有机磷毒饵或被有机磷污染的食物而引起的中毒性疾病。主要临床表现呕吐、腹泻、不安、流涎、抽搐、强直性痉挛、分泌增加、瞳孔缩小等特征。

兽药为最常见的来源之一,药浴液、喷雾剂、粉末、驱虫项圈、口服药物,农业及家庭花园中用的杀虫剂,敌敌畏、敌百虫、乐果、育畜磷、马拉硫磷、对硫磷、皮蝇磷、地五农、毒死蜱、地虫磷、亚胺硫磷、乙拌磷、蝇毒磷、氨黄磷、甲拌磷、倍硫磷等。

有机磷为剧毒,动物摄入少量(例如 1~3mg/kg 体重)即出现急性中毒。

【作用机制】

有机磷可抑制毒蕈碱受体、烟碱受体、神经肌肉突触处的胆碱乙酰化酶,而出现烟碱样症状、毒蕈碱样症状;许多有机磷对胆碱酯酶的抑制作用,长时间后成为不可逆的;有些有机磷经皮肤迅速吸收。

【症状】

摄入毒物几分钟或几个小时后出现;并非每只患病犬、猫均能出现所有症状,中毒晚期毒蕈碱样症状已很弱。

1. 毒蕈碱样症状　流涎，多泪，排便水样腹泻，胃肠道蠕动增强，腹痛，瞳孔缩小，偶尔放大；黏膜苍白，发绀，呼吸困难，呕吐。

2. 烟碱样症状　面部肌肉、舌肌抽搐，进而扩散至全身肌肉组织，麻痹。

3. 中枢神经症状　极度沉郁；强直性痉挛（少见）。猫毒死蜱中毒症状出现较晚（通常在染毒后1~5d出现中毒症状），主要表现为神经系统症状：肌肉震颤、沉郁、共济失调、抽搐，持续2~4周。

4. 缺氧窒息而死　呼吸肌麻痹、支气管收缩、肺分泌物增多，出现肺水肿、心动过缓。

【诊断】

有染毒史及典型临床症状。取胃内容物或被毛做成分分析，测定全血中胆碱乙酰化酶活性，重症患犬其胆碱乙酰化酶抑制可达75%~80%。阿托品解救有效。

【鉴别诊断】

士的宁中毒、氯化烃中毒、多聚乙醛中毒、溴化物中毒。

【治疗】

切断毒物来源，阻止毒物进一步吸收；去掉除蚤项圈，皮肤接触而引起的中毒用大量清水冲洗，确实摄入毒物时即刻催吐，并用活性炭洗胃。

救护人员应戴手套、穿围裙，防止毒物侵入人体。

1. 特效解毒剂　硫酸阿托品不能解除胆碱酯酶的抑制作用，但可阻断乙酰胆碱的毒蕈碱样作用。

（1）剂量　0.2mg/kg体重即可见效（瞳孔散大，流涎减少）。

（2）用药　通常前1/4静脉注射，其余3/4皮下注射或肌肉注射，视具体情况可于3~6h重复用药一次，连用1~2d。

氯磷定可与有机磷与胆碱酯酶复合物——磷酰化胆碱酯酶的磷原子结合，使其活性恢复。

中毒早期（染毒12h之内），有机磷与胆碱酯酶形成的复合物尚未老化，应用氯磷定效果明显；超过12h后应用氯磷定通常无效；重复使用氯磷定有助于纠正烟碱样症状；剂量：20mg/kg体重，静脉注射，每天2次。

苯海拉明对中毒后以烟碱样为主的动物有效；苯海拉明可减轻烟碱受体的蓄积；剂量：1~4mg/kg体重，口服，每日3次。

2. 支持疗法　出现呼吸衰竭时，将动物置于通风处，给氧。吗啡、琥珀酰胆碱、酚噻嗪、安定药禁用。

九、氨基甲酸酯中毒

氨基甲酸酯中毒是由于宠物食入含氨基甲酸酯毒饵或被氨基甲酸酯污染的食物而引起的中毒性疾病。主要临床表现呕吐、腹泻、不安、流涎、抽搐、强直性痉挛、分泌增加、瞳孔缩小等特征。

许多杀虫剂中均可有氨基甲酸酯类：卡巴肿、灭多虫、残杀威、恶虫畏、涕灭威、呋喃丹等；不同药物，中毒剂量不同。

【作用机制】

氨基甲酸酯类可抑制毒蕈碱受体、烟碱受体、神经肌肉突触处的胆碱乙酰化酶，而出现与有机磷中毒相似的症状。

氨基甲酸酯对胆碱乙酰化酶抑制作用是可逆的，无老化现象。

除涕灭威外，氨基甲酸酯类皮肤毒性弱于有机磷。

【临床症状及诊断】

症状与有机磷中毒相似，但持续时间要短些。氨基甲酸酯中毒诊断，除胆碱酯酶活性测定应在中毒早期进行外，与有机磷中毒相似。

【治疗】

同有机磷中毒相似，由于胆碱乙酰化酶——氨基甲酸复合物在体内水解相当迅速（2～24h内），因此氯磷啶治疗效果不明显。

同有机磷中毒解救一样，操作者应做好防护、防止毒物侵入人体。

十、氟乙酰胺烃中毒

氟乙酰胺中毒就是犬或猫吃了用氟乙酰胺毒死的老鼠和其他动物，或误食了有机氟化物（尤其是氟乙酰胺）污染的食物、毒饵、饮水等引起中毒性疾病。临床上主要表现兴奋、狂暴、嚎叫、抽搐、角弓反张、心肺活动加快等特征。

有机氟化物主要有氟乙酰胺（敌芽胺）、氟乙酸钠和 N–甲基–N–萘基氟乙酸盐剧毒农药，通常用于杀灭农林蚜螨和鼠害。由于有机氟对人、畜、禽有剧毒，国家已经明文规定不许生产和使用有机氟化物，特别不许使用氟乙酰胺作为杀鼠药使用，但目前市场仍有出售，因此还可能成为犬、猫发生中毒的来源。

【病因及发病机制】

氟乙酰胺可经过消化道、呼吸道和皮肤进入机体。动物中犬、猫对其最敏感，犬、猫吃入 0.05～0.2mg/kg 体重，便可致死。

氟乙酰胺在机体脱胺成氟乙酸，氟乙酸经活化与草酰乙酸结合，生成氟柠檬酸。氟柠檬酸颉颃柠檬酸，阻断柠檬酸代谢。抑制乌头酸酶，中断三羧酸循环，导致体内柠檬蓄积和 ATP 生成不足。其毒性作用对脑和心脏危害最大，引起犬、猫神经症状和猫心搏加快，脉搏微弱。

【症状】

氟乙酸胺进入机体后，30min 后就中毒发病，毒物主要毒害宠物的中枢神经系统及猫的心脏。急性中毒表现精神沉郁、呕吐和频频排粪尿失禁。严重中毒主要表现为兴奋、狂暴、嚎叫、狂奔、跳跃和爬墙，不久倒地打滚、抽搐、角弓反张、呼吸加快，猫心搏快而弱。安静片刻后又重复发作，发作数次后，强直而死亡。病程只有十几分钟至 1h 左右。

病理病变为脑膜充血、出血、心肌变性松软，心包及心内膜有出血点。肝和肾脏肿大淤血，有卡他性或出血性胃肠炎。

实验室检验：血液中柠檬酸含量增多，经口食入的毒物，食物和胃内容物中含有氟乙酰胺毒物。

【诊断】

根据病史、临床症状、实验检验和尸体剖检等，可以做出中毒诊断。

【治疗】

1. 远离毒物　使患病的宠物迅速脱离毒物现场，更换可疑食物或饮水。

2. 催吐　也可用万分之二的高锰酸钾溶液洗胃，然后口服鸡蛋清，保护胃黏膜，最后用硫酸钠，犬每只10~25g，猫5~10g，配成5%~10%溶液，口服导泻。

3. 应用特效解毒药　解氟灵（乙酰胺），每日0.1~0.3g/kg体重，分2~4次肌肉注射，每次用日量一半，连用3~5日。此外，可用乙二醇乙酸酯（或醋精）100ml，加入500ml水中，让犬、猫自饮或灌服；或用95%酒精10~20ml，加水口服，每日1次；也可用5%酒精和5%醋酸溶液，犬、猫2ml/kg体重，口服。

4. 对症治疗　镇静用氯丙嗪，犬、猫1.1~6.6mg/kg体重。解除呼吸抑制可用尼克刹米，犬0.12~0.5g/次，猫7.8~31.2mg/kg体重，皮下或肌肉注射，必要时2h后重复1次。解除痉挛可静脉输钙和葡萄糖溶液。控制脑水肿，可静脉输注甘露醇溶液等。可应用维生素C、地塞米松等缓解病情。

十一、二甲苯胺脒中毒

二甲苯胺脒中毒是由于宠物食入含二甲苯胺脒毒饵，或被二甲苯胺脒污染的食物，或用于体表杀虫被犬舔食引起中毒而引起的中毒性疾病。主要临床表现食欲下降、呕吐、腹泻、瞳孔放大、共济失调、体温降低、心动过缓、血压降低、肌无力等特征。

二甲苯胺脒为强效杀螨剂，可用于控制杀灭动物体表寄生虫。如蜱、羊蜱蝇、虱、螨虫。19.9%的二甲苯胺脒溶液用于除去犬体表蠕形螨，12.5%二甲苯胺脒用于驱除犬、猫体表螨虫、虱子、蜱。含二甲苯胺脒的项圈，用于除去犬身上蜱，有时犬舔食引起中毒。二甲苯胺脒产品不能用于猫。

【作用机制】

二甲苯胺脒机理不太清楚，似乎对细胞膜有局部麻醉作用。

【临床症状】

临床症状与毒物剂量有关。

在治疗剂量下，动物出现2~6h的暂时镇静，食欲下降、呕吐、腹泻等轻度胃肠炎症状。大剂量时，中枢神经系统抑制，瞳孔放大，共济失调，体温降低，心动过缓，血压降低，肌无力，呕吐，无法控制的声音痉挛，排尿。

【诊断】

有接触二甲苯胺脒病史及相关的临床症状。

【治疗】

使用杀虫剂出现不良反应时，应停止用药；用药过量时，若由皮肤接触引起的中毒，可用大量水冲洗动物；若经消化道吸收而引起的中毒，可进行呕吐、洗胃或服用活性炭。犬出现心动过缓，可给予育亨宾，0.1~0.2mg/kg，静脉注射，以纠正心动过缓，精神沉郁，防止出现低血压，育亨宾半衰期为1.5~2h，因此应重复用药。

支持疗法：输液、止吐、注意保暖。

十二、萘中毒

萘中毒是由于宠物食入含萘毒饵，或被萘污染的食物而引起的中毒性疾病。主要临床表现食欲下降、呕吐、腹泻、贫血、抽搐、中枢神经系统抑制等特征。

萘为煤焦油衍生物，存在于许多化合物中。常见：卫生球、驱蛾剂和某些驱虫剂。犬一次性摄入毒物1525mg/kg体重，即可引起溶血性贫血。

【作用机制】

胃肠道炎症多见；引起氧化性应激，溶血性贫血；肾脏损伤可继发于血红蛋白尿。兔萘中毒可见视网膜病变，白内障。

【临床症状】

呕吐、腹泻；出现溶血性贫血；肝脏、肾脏损伤抽搐；有时出现中枢神经系统抑制。

【诊断】

已知接触或在呕吐物或吸出的洗胃液中发现卫生球。溶血性贫血，红细胞内出现海因茨氏小体，猫出现高铁血红蛋白血症。

【鉴别诊断】

有机磷中毒、氨甲酸酯中毒、氯化烃中毒，其他引起溶血性贫血的疾病（洋葱中毒、对乙酰氨基酚中毒）。

【治疗】

切断毒物来源，阻止毒物进一步吸收，催吐，服用活性碳及盐类导泻剂。严重溶血性贫血时可进行输血。类固醇类药物可能会减少溶血的发生。

纠正高铁血红蛋白症，维生素C，30mg/kg体重，口服，每日4次，连用7d。

碳酸氢钠50mg/kg体重，口服，每日2~3次，以碱化尿液，促进萘的排出。

十三、硼酸盐中毒

硼酸盐中毒是由于宠物食入含硼酸盐毒饵，或被硼酸盐污染的食物而引起的中毒性疾病。主要临床表现食欲下降、呕吐、腹泻、肌无力、肌肉震颤、抽搐、少尿或血尿等特征。

灭蟑螂药中多含有硼酸及其钠盐，某些灭菌药中也含有硼酸盐（洁厕剂、消毒剂、药膏），小鼠口服后半数致死量约为5g/kg。

【作用机制】

确切的中毒机理尚不清楚；硼酸盐经暴露的皮肤或皮肤炎性部位、胃肠道吸收；局部刺激性；硼酸盐经肾由尿排出体外，高浓度的硼酸盐对肾脏造成损伤。

【临床症状】

局部皮肤的炎症；呕吐、腹泻、常带有黏液及血；肌无力、肌肉震颤、抽搐；少尿、尿毒症、蛋白尿、血尿，尿沉渣中有脱落的上皮细胞。

代谢性酸中毒。

【诊断】

已知接触相应的药物，有典型的临床症状。

尿液分析，检查有无蛋白尿、脱落上皮细胞、红细胞，以确定肾脏有无损伤。

测定尿液中硼酸含量。

【鉴别诊断】

砷制剂中毒、多聚乙醛中毒、铅中毒、不洁食物中毒、非特异性肠炎。

【治疗】

用大量温肥皂水冲洗皮肤染毒处；活性炭洗胃之后，服用盐类导泻剂。

无特效解毒剂，一般采用支持疗法，维持体内水盐代谢平衡，纠正酸中毒，利尿。有条件的，可以考虑腹膜透析。

十四、洋葱中毒

洋葱中毒是由于宠物食入含洋葱食物过量或长期喂饲而引起的中毒性疾病。主要临床表现呕吐、腹泻、精神沉郁、心悸、红（或红棕色）尿、黄疸和溶血性贫血等特征。多见于犬。

【病因】

洋葱会刺激犬的胃肠道，不仅引起炎症，还会影响犬的嗅觉。洋葱含有一种有毒成分正丙基二硫化物，犬食用后可使血红蛋白氧化成海因茨氏小体，网状内皮系统大量吞噬含有海因茨氏小体的红细胞从而引起急性溶血性贫血，并损害骨髓。葱的有毒成分耐热，犬的洋葱中毒多为饲喂有洋葱的熟菜所致。实验性投喂一个中等大小的熟洋葱（中毒剂量为 15~20g/kg 体重）或连续投与洋葱汁，红细胞内即可出现海因茨氏小体，于第 7~10d 引起严重的贫血。

【病理】

1. 急性中毒　血浆呈溶血色。红细胞数、血红蛋白量及 Ht 值中度减少，网织红细胞增加。有明显的多染性红细胞以及大小不等的红细胞，白细胞轻度增加。

2. 慢性中毒　多染色体红细胞和含有海因茨氏小体的红细胞增加。

【症状】

1. 急性中毒　在食后 1~2d 可见病犬排出红色或暗红色血红蛋白尿，同时出现呕吐、腹泻；精神沉郁、心悸、脾肿大等症状。

2. 慢性中毒　长期饲喂少量洋葱则可使犬出现慢性中毒，表现出黄疸和贫血。

【诊断】

根据病因结合临床临床症状即可作出诊断。

【病程及预后】

本病预后良好。

【治疗】

洋葱中毒的犬，轻者停止饲喂洋葱即可自然恢复。对溶血严重者应给予葡萄糖、林格氏液，同时皮下注射强心剂如安钠咖 2ml、速尿 1mg/kg 体重。Ht 值在 15% 以下的严重贫血病犬还应输血。

【预防】

加强平时的饲养管理，减少对病原的接触。

十五、TNT 中毒

TNT 中毒一般是警犬在执行侦破任务时接触 TNT（三硝基甲苯）炸药，或搜爆训练时误吞嗅源物及嗅原物包裹不严发生渗漏等时，均可引起中毒。主要临床表现食欲下降、腹泻、消瘦、精神沉郁、喜卧、行动迟缓或呆立等特征。多见于警犬。

【病因】

病犬有搜爆训练史。有关 TNT 对犬的毒性及解毒机理尚未见专门的报道。根据有关的资料介绍：苯胺及硝基苯进入机体后被吸收进入血液，随后在肝脏氯化为酚、苯三酚等。其转化物使血红蛋白变为高铁血红蛋白，引起高铁血红蛋白症，能使红细胞产生包涵体（即变性珠白小体）引起溶血性贫血。三硝基甲苯（TNT）还能损害造血管官，严重者造成再生障碍性贫血的发生。某些硝基化合物对肝脏的损害较强而造成中毒性肝炎甚至急性肝坏死。苯胺和硝基苯经氯化还原作用后的转化物经肾由尿排出体外。故当 TNT 进入机体的量过大、机体解毒功能较差而不能及时将毒物排除时，可引起一系列中毒症状的发生。

【病理】

红细胞、红细胞容积、血红蛋白明显降低，高铁血红蛋白和血清乳酸脱氢酶升高，ALT 降低，AST 升高。血清胆红素间接反应阳性。

剖检可见肝脏略肿、淤血。脾脏质地变硬，呈黑红色，表面凹凸不平，边缘变圆。消化道和肾脏出血。

【症状】

临床上表现食欲不振、消瘦、精神沉郁、喜卧、行动迟缓或呆立，四肢无力。重症犬眼半闭、后肢摇摆、步态蹒跚、形如醉酒，眼结膜苍白或轻度发绀，口腔黏膜无血色。腹泻，粪便呈粥状或水样，色黄或灰黄乃至暗红色。排便困难，里急后重。尿液呈橘黄色或红褐色。体温无变化，心率和呼吸频率增加，最后导致全身痉挛、抽搐、衰竭。

【诊断】

根据犬的搜爆训练史及临床症状作出诊断。或发现犬误吞 TNT 炸药而确诊。

【病程及预后】

本病治疗及时预后良好。

【治疗】

肝泰乐（葡萄糖醛酸内酯）是本病有效的治疗药物。用药同时补充大剂量的维生素C、静注补充葡萄糖生理盐水可加速毒物排除及增强机体的解毒能力。

1. 洗胃、催吐　病犬吞食毒物不久，可采用洗胃、催吐等措施减少毒物的吸收及减轻临床症状。

2. 肌注肝泰乐及维生素 C　轻症病例肌注肝泰乐及维生素 C 2～3 次即可。

3. 静脉给药　已出现中毒症状的病犬，应尽快采用静脉给药的方法治疗。

4. 注射阿托品　流涎严重的病犬，可皮下注射阿托品。

5. 病犬护理　病犬的护理很重要。应减少对病犬的刺激而安置在清洁、干燥、温暖、安静的环境中,给予充足的清洁饮水及营养丰富、易消化的半流质食物。轻症病例亦应停止工作,注意安静并精心管理。

【预防】

加强平时的饲养管理,减少对病原的接触。

十六、蛇毒中毒

蛇毒中毒是指宠物被毒蛇咬伤后发生的一种中毒性疾病。临床表现因不同的蛇伤表现不同,主要有痛苦呻吟、兴奋不安、全身肌颤、血压下降、呼吸困难、心律失常或发热等症状,局部伤口肿胀、流血不止或不流血、坏死等特征。

毒蛇的种类很多,在我国有47种,其中危害较大的有金环蛇、银环蛇、眼镜蛇、眼镜王蛇(大眼镜蛇)、五步蛇、蝮蛇、蝰蛇、龟壳花蛇、竹叶青和海蛇。这些毒蛇中,除海蛇主要分布于近海地区外,大多数分布于长江以南各省区,而长江以北只有蝮蛇、蝰蛇、龟壳花蛇等少数几种。蛇毒中毒的发生季节与蛇活动的规律有关。在南方蛇的活动期一般在4~11月间,其中以7~9月最活跃,因此蛇毒中毒在这一期间发病率最高。

【病因】

猎犬及警犬,由于执行特殊任务而进入草丛、树林茂密地区,容易被毒蛇咬伤而发生本病。

【发病机制】

本病的病理是,一但动物被蛇咬伤后,蛇毒经伤口部位迅速扩散,而引起全身出现中毒的现象。并迅速危及生命。

【症状】

犬被毒蛇咬伤的部位以颜面、鼻端和四肢较多见。咬伤部位越接近中枢神经及血管丰富的部位,其症状越重,其临床症状常因蛇毒种类不同而异。

1. 金环蛇、银环蛇等的蛇毒,都属神经毒 咬伤后,流血少,红肿热痛等局部症状轻微,但咬后数小时内即可出现急剧的全身症状。病犬痛苦呻吟,兴奋不安,全身肌颤,吞咽困难,口吐白沫,瞳孔散大,血压下降,呼吸困难,心律失常,最后四肢麻痹,卧地不起,终因呼吸肌麻痹窒息而死。

2. 蝰蛇、蝮蛇、竹叶青等的蛇毒,多属血循毒 局部症状明显,局部剧痛,流血不止,迅速肿胀,呈紫黑色,极度水肿,常发生坏死,肿胀很快向上发展,一般经6~8h就可扩展至整个头部以至颈部,或扩展至全肢以至背腹部。毒素吸收后,则出现血尿、血红蛋白尿、少尿、尿闭、肾功能衰竭及胸腹腔大出血,最后因心力衰竭或休克而死。

3. 眼镜蛇和眼镜王蛇的蛇毒多属混合毒 咬伤后,红肿、热病和坏死等局部症状明显。毒素吸收后,全身症状重剧且复杂,既有神经毒所致的各种神经症状,又有血循毒所致的各种临床表现,最后都因窒息或心力衰竭而死。

【诊断】

根据犬被蛇咬伤,出现中毒症状即可确诊。

【病程及预后】

本病的病程短而急,预后要慎重。

【治疗】

咬伤初期尽可能阻止蛇毒吸收，压迫咬伤部周围，促进毒素流出。必要时切开咬伤部排毒。如果四肢部咬伤，要尽快扎紧咬伤部上部，使犬安静以减少毒素吸收。

毒素是酶蛋白，氧化剂和鞣酸易使之变性。用1%~5%高锰酸钾溶液清洗创口或3%~5%的溶液局部组织内注入。0.5%普鲁卡因和地塞米松注射液在肿胀部周围作深部环状封闭。

季德胜蛇药片8~12片口服，每日4次。快速静脉注射抗毒血清，结合对症疗法。一般不静脉输液。

【预防】

本病难以预防。

十七、氯化苯氧酯衍生物中毒

氯化苯氧酯类经宠物胃肠道很快吸收，经皮肤很难吸收或几乎不吸收。毒物进入机体后很快分布于肝、肾、脑组织中。氯化苯氧酯经机体代谢，转化为低毒产物：2,4-D半衰期为18h左右；氯化苯氧酯类为有机酸，因此碱化尿液能有效促进其排出。犬对苯氧酯的排泄相对较慢。

【作用机制】

氯化苯氧酯类通过阻止氧化磷酸化及核糖核酸酶的合成来发挥其作用机理，中毒犬的肌电图发生变化，氯化苯氧酯类对多数器官系统均有影响，包括胃肠道、肾脏、骨骼肌。

2,4-D经口服吸收，犬半数致死剂量约为100mg/kg体重。犬蓄积致死量为25mg/kg体重，连续服用6d。有些犬，可耐受食物中500 mg/kg体重的2,4-D达2年之久，而未出现不良反应。

【临床症状】

呕吐、腹泻、急性中毒时出现血便；肌肉强直，共济失调，后躯无力；重度中毒时，出现间歇性抽搐；肌肉附着点处活动增强，肌电图异常。

【诊断】

有明确的接触毒物病史；由于肝、肾、肌肉受损，血清碱性磷酸酶、乳酸脱氢酶轻微升高；对草、喷洒剂、尿或肾进行检验，以确诊。

尸体剖解常见肝脏肿大，肾脏充血肿大，肾小管变性坏死。

常用除草剂中毒情况见表9-1。

表9-1 常用除草剂中毒　　　　　　　　　　　　　　　　　　　mg/kg体重

常用名	除草常用浓度	中毒剂量	症状
阿特拉律	150	>150	150mg/kg体重时无明显不良反应
地散磷	1000	致死量8000	胆碱酯酶活性降低，而出现一系列症状
二氯甲氧苯酸	5~7	250	轻度黄疸，未出现其他不良反应，不会引起严重反应
草甘磷	150	7200	安全系数很大，犬中毒剂量未见报道

(续表)

常用名	除草常用浓度	中毒剂量	症状
α-（2-甲基-4-氯苯氧基）丙酸	300	慢性中毒剂量640 急性中毒2560	体重减轻，贫血
百草枯	75~150	300	长期接触引起肺纤维化；慢性中毒的安全系数小
Pendimethalin	80~120	7500	中毒剂量与血清中碱性磷酸酶成正相关，未见持久影响
三氯福司	5~30	1200	安全系数大，食欲下降，体重减轻，肝、肾肿大，脑炎

【治疗】

毒物经消化道进入体内引起的中毒，染毒2d之内可用活性炭吸附剂；皮肤接触引起的中毒，用肥皂水清洗皮肤及被毛。

静脉输液促进排尿，同时口服 $NaHCO_3$，50mg/kg 体重，每天2~3次，促进毒物排出。恢复期的犬，应饲喂清淡而富含蛋白质的食物。

十八、双吡啶化合物中毒

双吡啶为合成的接触性除草剂：百草枯、敌草快。食物中加入 150 mg/kg 体重以上的双吡啶类化合物，2个月可出现食欲减退、呼吸困难、肺纤维化、死亡。家庭用除草剂多为喷雾剂，有些农田喷洒双吡啶专门用于对付犬的进入。

【作用机制】

百草枯经口吸收很少，经皮肤吸收快；敌草快经口、皮肤均很难吸收。双吡啶类除草剂引起哺乳动物中毒的机理，在于双吡啶在氧化还原反应中产生的自由基。百草枯在氧化还原中产生的超氧自由基引起细胞脂质膜的损伤。

双吡啶类化合物半衰期短，大部分药物以原型形式从肾脏排出。百草枯以主动运输的形式进入肺泡，因此即使大部分药物被肾脏清除，肺泡中的药物浓度，仍显著高于其他器官。

【临床症状】

1. 百草枯中毒 常见为黏膜刺激性，呕吐，过度兴奋，共济失调，可见抽搐。与其他动物相比，犬易出现近曲肾小管坏死，肾功能衰竭。中毒3天后，出现明显的肺脏并发症：肺水肿、充血，呼吸急促、困难；胸部X线片可见肺的浸润性变化；肺泡坏死，其表面活性物质的产生下降，出现瘢痕及纤维化；2~7d 后出现呼吸道症状，呼吸衰竭而死。

2. 敌草快中毒 中毒犬表现过度兴奋、抽搐；胃肠道炎症多见，由于大量水及电解质丢失，严重脱水；同百草枯中毒相似，随后出现肾功能衰竭。

由于急性脱水，电解质失衡引起死亡。

【诊断】

有接触毒物病史及典型临床症状，在中毒2~3d内可对尿或可疑吞食物做化学成分分析。

【鉴别诊断】

与有机磷农药中毒，氨甲酸酯中毒，石油类化合物中毒，安妥中毒，过敏，乙二醇中毒，不洁食物中毒，病毒性胃肠炎相区别。

【治疗】

1. 防止继续与毒物接触，阻止毒物吸收　百草枯中毒时，用皂土或漂白土效果比活性炭要好得多；有人建议在紧急处置中可以用地面土、猫砂代替漂白土，但未见有关疗效的报道；做好救护人员的防护，防止毒物侵入人体。

2. 减轻抽搐，控制过度兴奋　地西泮（安定），每千克体重 0.2~0.6mg，必要时可静脉注射；巴比妥静脉注射亦可。理论上讲，氧化物歧化酶、胰腺半胱氨酸（痰易净）有效，但未见相关报道。

3. 支持疗法　维持水分、电解质平衡；利尿，促进毒物排出，减少肾脏功能损害。严禁给氧。预后不良。

十九、细菌毒素中毒

宠物吞食的食物或食物下脚料中含有可产生内毒素的细菌，如葡萄球菌、链球菌等；肠道内的荚膜菌也可以产生内毒素；吞食细菌污染的食物（如大肠杆菌、沙门氏菌等）；在气候温暖的季节，如夏季，动物吞食细菌污染的食物或含有内毒素前体的食物；动物产品（例如牛奶、不洁的副产品）或污染的动物源性产品，或由于金黄色葡萄球菌繁殖而产生内毒素。临床上主要表现腹痛、腹泻、腹胀、烦躁、共济失调、休克等特征。

【作用机制】

大多数内毒素能刺激肠道上皮分泌活动，引起水分及电解质丢失。胃肠道吸收功能可能仍正常；有些内毒素能改变黏膜形态；肠道黏膜上皮坏死出血。有些内毒素能破坏肠道吸收能力；内毒素作用于体温调节中枢和网状内皮系统引起炎性细胞浸润，血小板总数下降，血凝异常，循环系统障碍。

【临床症状】

通常在吞食毒物 15min 至 6h 之内出现呕吐，可见腹痛（腹前部疼痛）、腹泻、有时带血，由于肠道内充满气体而出现腹胀、烦躁、虚弱无力，有时可共济失调，血容量下降或毒血症而出现休克，有时伴有红细胞、白细胞减少症，犬梭菌性肠炎，可出现慢性腹泻。

【诊断】

有吞食食物下脚料或腐肉病史。

腹部 X 线片可见肠道淤积、扩张，胃肠道内有骨头、下脚料等；细菌培养或血清学诊断，可区分葡萄球菌毒素和产气荚膜菌内毒素；内毒素分析或其他内毒素检测方法（非常规性检查）。

【鉴别诊断】

病毒性胃肠炎、铅中毒、肾中毒、立克次氏体病、出血性胃肠炎。

【治疗】

清除胃肠道内毒素：催吐，洗胃，灌肠，怀疑内毒素中毒时，禁用氨基苷类抗生素，以减少对心肌的抑制。支持疗法：抗休克治疗，保护胃肠道，可用白陶土果胶，每千克体重 1~2ml，口服，每日 4 次。

二十、铅中毒

铅中毒是动物直接或间接食入含铅化合物，引起以流涎、腹痛、兴奋不安和贫血为主要临床特征的一种疾病。小动物中铅中毒主要发生于犬，有时也见于猫。

【病因】

铅及其化合物种类多，用途广，动物接触机会多。铅是对环境污染最为严重的金属元素之一，是一种蓄积性毒物，因而少量缓慢接触也可导致蓄积性中毒。动物铅中毒主要是工业污染和意外大量接触所致。如日常用品：油毡，地毯垫料，含铅的玩具，绸缎服装，含铅油画；建筑材料：油灰及填塞物，铅管，焊料，盖屋顶材料，含铅油漆；汽车产品：电池，车轮胎。不常用的材料：汽油防暴剂、机油、润滑油、浮标、含铅小球、子弹。

【发病机制】

各种动物均可发生铅中毒，幼年动物比成年动物敏感。铅的吸收主要从消化道吸收，消化道中的铅仅 5%~10% 经小肠吸收。铅对各组织器官均有一定的毒性作用，主要损害造血系统、神经系统和泌尿系统。对于造血系统的损害，可能是由于铅与一些和血红素合成有关的巯基酶结合，造成血红素合成障碍，从而导致中毒动物贫血。对神经系统的损害，主要是损害小脑和大脑皮质细胞，干扰脑细胞代谢，引起脑内毛细血管内皮细胞肿胀，脑血流量减少，毛细血管通透性增强，发生脑水肿。铅对泌尿系统的损害，主要是导致慢性肾炎，引起肾小管上皮细胞变性、坏死，使肾小管重吸收功能发生障碍。

【临床症状】

通常在吞食毒物后 3~15d 出现。

1. 胃肠道变化　食欲减退，腹痛，尤其是幼龄动物出现"铅绞痛"，呕吐，腹泻，食道扩张。

2. 神经症状　兴奋、有攻击性、狂躁、出现狂叫、共济失调、肌肉阵颤、阵发性抽搐、失明、耳聋、痴呆症。

老龄犬、猫出现多尿，烦渴多饮。

【诊断】

1. 病史　除在高铅环境中外，通常是小于 1.5 岁的幼龄动物多发。雄性动物比雌性多发。以旧建筑及旧家具为主的贫民区多发。新近装修的房屋，包括脱落的油漆、含铅涂料均能引起中毒。

出现可疑的临床症状：胃肠道、神经系统症状同时出现。

2. 实验室检验　血涂片上可见有核红细胞增多，为最常见的血液学变化（占全部病例的 54%）。红细胞有嗜碱性颗粒（25%），由于加入抗凝剂的血经染色之后不易观察，应采取新鲜的血做血涂片，白细胞减少（25%），肝脏转氨酶升高（15%），可出现贫血（8%）；动物血液中铅的水平尚无明确诊断意义。

尽管认为血铅浓度 ≥1.69mmol/L 具有诊断意义，有些犬血铅浓度仅为 0.579mmol/L 已表现出铅中毒明显症状；肝、肾中铅浓度 >0.483mmol/L，可以诊断；尿中 δ-氨基-γ-酮戊酸含量升高；游离红细胞中原卟啉与锌形成的复合物增多。

3. 放射学诊断　胃肠道内出现弥漫性高密度区域（铅或金属异物）；未成年犬慢性中毒时，长骨上出现铅线。

【鉴别诊断】

犬瘟热、癫痫、铊中毒、士的宁中毒、锌中毒、石油类化合物中毒。

【治疗与监护】

阻止毒物在肠道内的进一步吸收：洗胃，催吐。

外科手术：从胃或肠道取出较大的铅块。

1. 特效解毒药　乙二胺四乙酸钙能与铅螯合，促进其排出，在应用乙二胺四乙酸钙之前要明确胃肠道内无铅存在。

剂量：100mg/kg 体重，用 5% 糖盐水稀释后，分 4d 皮下注射。有些犬，尤其最初血铅浓度≥4.83mmol/L 的犬，首次治疗后应再治疗 5d。

每日用药量不超过 2g，由于乙二胺四乙酸钙与铅形成螯合物，可能对肾、胃肠道造成损害，连续用药不能超过 5d。

几天之内症状减轻，说明治疗有效。

2. 青霉胺　有效的口服螯合剂，可以代替乙二胺四乙酸钙或与乙二胺四乙酸钙配合使用。

剂量：每天 35~50mg/kg 体重，分 4 次服用，连用 7d。停药 7d 后可重复用药。

为防止呕吐，可在口服青霉胺前半小时口服苯海拉明 2~4mg/kg 体重。

至少在饲喂前半小时用药，以减少青霉胺与矿物质结合。

青霉胺过敏可能对动物有影响。

3. 琥珀酸盐　一种新的重金属螯合剂，口服给药，对犬的重金属中毒疗效不错。

剂量：10mg/kg 体重，口服，每日 3 次，连用 10d。

不要期望在治疗之前胃肠道内已不存在毒物。

疗效尚可，但费用很高。

支持疗法：补液、补充电解质，维持酸碱平衡；缓解抽搐。

治疗 10~14d 后，测定血铅浓度，如果血铅浓度 ≥ 1.93mmol/L，可继续用螯合剂治疗。

二十一、砷制剂中毒

砷制剂来源较少（有限），包括用作除草剂的三价有机砷制剂等；用于驱除犬的丝虫的三价砷制剂——硫乙砷胺；Na 或 K 的砷制剂可用于灭蚁，可能会被犬猫误食。主要临床表现呕吐、腹泻、腹痛、脱水、体温下降或多尿等特征。

【作用机制】

砷制剂进入体内与酶蛋白的巯基结合，阻止其进入三羧酸循环，抑制细胞呼吸。体内消耗能量多的组织器官（肠黏膜、肾、肝、皮肤）大多受影响。毛细血管脆性增大，出现水肿、脱水。

对多数动物而言，三价无机砷中毒剂量为 10~25mg/kg 体重。家养动物中，猫最易发生。

【临床症状】

呕吐、胃痛及腹痛；严重者 24h 之内出现水样腹泻；脉搏弱、快、循环性休克，脱水，体温下降。亚急性中毒：3~5d 之内出现水样腹泻，肠黏膜坏死脱落（淘米水样粪便）；胃肠损坏，少尿、蛋白尿，由于肾脏损伤引起尿的浓度下降、出现多尿。

【诊断】

特征性症状：脱水、红细胞比容增加、尿素氮升高、蛋白尿、出现尿沉渣。测定尿、呕吐物或患病犬、猫粪便中砷的含量，也可取死亡动物的肝脏和肾脏检验砷。

【治疗】

除去胃肠道内毒物，支持疗法；静脉输液以缓解休克，纠正酸中毒与脱水。特效解毒剂：双硫基化合物能夺取已与组织中含硫基酶结合的砷，恢复酶的活性。

二巯基丙醇最常用：应在中毒早期使用，剂量 3~5mg/kg 体重，肌肉注射，每天 4 次，连用 5d 之后，对肾脏功能检测，防止药物性肾炎的发生。

琥珀酸：实验中有效，但未被广泛使用，剂量 10 mg/kg 体重，口服，每日 3 次，连用 5d 之后，每天 2 次，连用 5d。

恢复期的动物应喂一些清淡而又富含蛋白质、维生素的食物。

二十二、铁制剂中毒

铁制剂中毒是宠物意外摄入或人为饲喂含过量铁的添加剂或铁制剂；或注射含铁补血药物剂量过大而引起的中毒。临床主要表现沉郁、呕吐、出血性肠炎等特征。

【作用机制】

口服或注射大量铁制剂，超过了与转铁蛋白结合的能力；血浆中游离的铁离子增多，从而引起一系列反应：自由基增多，引起肝脏、心脏、脑细胞膜的损伤；毛细血管通透性增加、血管扩张引起静脉回流受阻，休克，出现代谢性酸中毒。

摄入铁 >20mg/kg 体重即可引起中毒；>60mg/kg 体重时引起中毒；>200mg/kg 体重时引起死亡。食物中铁含量 >0.5% 时，可影响磷的吸收。

【临床症状】

铁制剂经口服后数小时，动物出现沉郁、呕吐、出血性肠炎。重度中毒者，24h 之内出现持续性呕吐、脱水、肝坏死、循环性休克、代谢性酸中毒。

【诊断】

血清中含铁量 >300μg/dL，提示中毒；临床症状出现明显黄疸、血红蛋白尿、结合休克、酸中毒、肝坏死，实验室检验结果提示铁中毒。

【治疗】

服用氧化镁乳浊液，促进胃肠道内铁的排出。输液疗法，治疗休克，纠正脱水及酸中毒。

去铁敏，每小时 15mg/kg 体重，静脉注射，可与体内游离的铁离子形成螯合物；治疗过程应对心率、血压进行检测，防止出现心率失常、低血压；去铁敏，也可肌肉注射，剂量为 40mg/kg 体重，每日 2 次。口服维生素 C 可促进铁的排出。

治疗 2~3d 后，应测定血清铁浓度是否恢复正常。

二十三、锌中毒

锌中毒主要是宠物无意中吞食了含锌物质（如螺钉帽、螺钉、镀锌用具、笼子、电池、硬币）或含锌的软膏等而引起的中毒性疾病。主要临床表现沉郁、呕吐、腹泻、贫血等特征。

【作用机制】

锌盐直接刺激胃肠黏膜，引起胃肠黏膜损伤。锌能颉颃铜、铁吸收，影响造血功能，动物出现贫血、出血。口服锌制剂的中毒剂量为 50~100mg/kg 体重，或 1~3 个硬币。

【临床症状】

中毒早期：沉郁、呕吐、腹泻、出现贫血。后期出现黄疸、血红蛋白尿、血尿、轻度或中度贫血。锌中毒后应尽早切断毒物来源，同时进行支持疗法或使用螯合剂，否则会引起动物死亡。

【诊断】

有核红细胞和红细胞里有嗜碱性颗粒的变化；肝脏氨基转移酶活性上升；血清中锌的浓度升高。

放射学诊断可发现胃肠道内完整的金属块。

【治疗】

除去胃肠道内含锌物质；检测并治疗贫血、血小板减少及弥散性血管内凝血。乙二胺四乙酸钙，100mg/kg 体重，皮下注射或每天分 4 次服用，连用 3~5d；青霉胺，可长期使用的螯合剂，每天 35mg/kg 体重，分为 4 次口服，连用 7~14d。

二十四、乙二醇中毒

乙二醇中毒一般是被故意用作投毒剂而引起宠物中毒的，（如汽车用抗凝—抗沸剂为 95% 的乙二醇，彩色胶片暗室冲洗液中也含有乙二醇；中毒或最小致死剂量：犬 6.6ml/kg，猫 1.5ml/kg）。主要临床表现为烦渴多饮、多尿、恶心、呕吐等特征。

【作用机制】

乙二醇经肝、肾氧化为有毒代谢产物；甘油醛为中枢神经系统毒物；乙酸盐、乙醛酸作用于机体能引起代谢性酸中毒；可出现肺水肿，但机理尚不清楚；乙酸盐、草酸盐可引起严重的肾小管上皮细胞坏死。

【临床症状】

临床症状与摄入乙二醇的量及中毒的不同时期有关。一期中毒发生于毒物 30min 至 12h 后，症状与酒精中毒相似，以中枢神经系统症状为主，大剂量中毒时，12h 之内引起动物死亡。主要表现烦渴多饮，多尿；恶心、呕吐；共济失调；代谢性酸中毒；摄入毒物较多时引起昏迷、死亡。

二期中毒发生于摄入毒物 12~24h 之后，症状不典型，大多可恢复。

三期中毒发生于摄入毒物 24~72h，以肾脏功能异常为主；极度沉郁；少尿，贫血，呕吐，口腔溃疡（多见）；急性无尿性肾功能衰竭，酸中毒而引起死亡。

【诊断】

有摄入或接触毒物病史；幼龄动物多发；严重代谢性酸中毒；血清渗透压高，大量阴离子和渗透间隙；摄入毒物6h后出现草酸钙结晶尿；血清及尿中乙二醇含量升高；急性、无尿性肾功能衰竭。中毒早期，尿量明显增多；犬在摄入毒物35~72h后，猫摄入毒物12~24h后，出现尿毒症。

在偏振光灯下进行肾脏活组织检查，可发现草酸钙结晶。

超声波检查时，由于营养不良性钙化，肾区出现弥漫性高回声区域。

【鉴别诊断】

与其他引起急性肾功能衰竭的疾病相区别，如胰腺炎、胃肠炎、摄入食物下脚料引起的中毒、原发性中枢系统功能紊乱。

【治疗与检测】

摄入食物不超过4h的，应阻止胃肠道对毒物的吸收：催吐，洗胃，使用活性炭；特效解毒剂，通过抑制肝脏乙醇脱氢酶作用，阻止乙二醇的代谢，从而使乙二醇以原型形式从肾排出。

预后与摄入毒物与开始治疗的时间间隔有关。间隔时间越长，预后越差。

摄入毒物24h后，通过阻止乙二醇代谢而解毒的效果不明显。

1. 给予20%乙醇

剂量：犬5.5ml/kg，静脉注射，间隔4h，连续用药5d，之后每天4次，连用4d以上。

猫5ml/kg，静脉注射，每天4次，连用5d，然后每日3次，连用4天以上。

2. 5%4-甲基-吡唑 为乙醇脱氢酶抑制剂，对犬效果明显，它对中枢神经系统无抑制作用，而乙醇则有抑制作用。

剂量：犬20mg/kg体重，静脉注射，之后于12h和24h以15mg/kg体重的剂量，静脉注射，36h后以5mg/kg体重剂量，静脉注射。4-甲基吡唑已被批准用于犬，4-甲基吡唑对猫无效。维生素B_1（10~100mg/d，口服）和维生素B_6不能抑制乙醇脱氢酶，但能促进乙二醇转化为无毒的代谢产物。

3. 支持疗法 补液、补充电解质，维护正常排尿量；给予碳酸氢钠纠正酸中毒。

剂量：取决于机体中碳酸盐水平。

若未能做血气分析，静脉缓慢注射碳酸氢钠溶液，6mg/kg体重，每4~6h一次。未出现脱水的动物，可服用速尿以维持排尿量；出现肾衰竭的动物，最好进行腹膜透析术。肾炎随时间推移可治愈，但预后要慎重。

二十五、芳香烃类中毒

芳香烃类主要含在木头腐蚀剂（如木馏油、木焦油醇、松焦油，有机溶剂如甲苯酸、二甲苯）；消毒剂（如碳酸、六氯酚）；除草剂、抗真菌药、杀虫剂（二硝基邻甲酚）中。由于幼年宠物体内缺乏代谢酶而易发生芳香烃类中毒。主要临床表现沉郁、呕吐、溶血、共济失调等特征。

【作用机制】

酚类经胃肠道及破溃皮肤迅速吸收；酚类引起黏膜坏死、脑水肿、肝及肾脏的病理变化；许多酚类代谢产物能抑制线粒体呼吸，从而阻止高铁血红蛋白的合成；有学说认为苯酚能引起肌肉神经接合处乙酰胆碱的蓄积。

【临床症状】

吞食高浓度芳香烃溶液，口腔黏膜出现溃疡，沉郁，呕吐，共济失调；癫痫发作，昏迷，呼吸衰竭，经皮肤缓慢吸收后，引起红细胞的脆性增大，出现溶血、黄疸。

【诊断】

根据病史及临床症状作出初步诊断。

尿中苯酚检验：取尿样10ml，加入20%氯化铁1ml，出现蓝紫色，为阳性反应。

【鉴别诊断】

与氯化烃中毒、低钙血症、食物下脚料中毒、多聚乙醛中毒、灭鼠药中毒相区别。

【治疗】

1. 组织毒物的吸收　经皮肤接触引起的中毒，用清水或肥皂水冲洗。出现口腔黏膜溃疡时，禁用催吐药物，应立即服用牛奶或蛋清，以阻止溃疡的进一步发生。用活性炭洗胃。

2. 支持疗法　补液、补充电解质、纠正酸碱失衡，使用胃肠道黏膜保护剂，缓解抽搐。

二十六、去污剂和肥皂中毒

去污剂和肥皂中毒是宠物因误食含有残留的去污剂的食物或误饮含有去污剂的饮水而引起的中毒。猫、幼龄犬对酚类化合物代谢能力弱，易发本病。

去污剂主要有：阴离子去污剂（如磺胺噻唑的钾盐、钠盐、铵盐，高浓度酒精，苯的长链烃基衍生物磺酸钠盐：洗碗肥皂，香波，洗衣肥皂）；阳离子去污剂（如常用的为烃基、芳香基季胺盐，可用于皮肤、手术器械、厨具、病房用具、尿布等的消毒，如苄索氯铵制剂、苯甲烃铵、苄乙铵制剂、西波林）；非离子去污剂（如烃基或芳香多醚硫酸盐、酒精、磺酸酯类、苯酚衍生物、多聚乙二醇、多聚乙醚乙二醇、苯代乙醚），这类化合物对皮肤刺激性小，其代谢产物——羟基乙酸、草酸盐对机体有毒害作用。

【作用机制】

中毒发生机理尚不清楚；对皮肤有刺激性，正常皮肤表面的油脂被除去；侵蚀黏膜引起损伤。六氯酚能引起犬大脑白质及背神经节明显空泡化。

【临床症状】

红斑性皮炎，多见黏膜损伤。毒物经消化道进入机体，动物出现口腔炎、喉炎、流涎增多、作呕、呼吸困难。呕吐、腹泻、胃肠扩张多见。可见动物萎靡、共济失调、极度沉郁、抽搐。六氯酚引起呕吐、流涎、呼吸急促、沉郁、全身震颤。

【诊断】

有接触毒物病史。有特征性的临床症状。

【鉴别诊断】

与酚类化合物中毒、腐蚀剂引起中毒、涂料稀释剂引起中毒、松节油引起中毒相区别。

【治疗】

出现咽喉肿胀的动物,应将动物放于通风处,用大量温水冲洗皮肤,阳离子去污剂在吸收之前可被普通肥皂水中和而失去活性,用牛奶或活性炭洗胃,或在洗胃之后催吐,给予硫酸钠导泻剂。

支持疗法。

二十七、酸碱腐蚀剂引起的中毒

酸碱腐蚀剂引起的中毒是由于宠物因误食含有腐蚀剂的食物、饮水,或皮肤、黏膜接触腐蚀剂而发生中毒。

腐蚀剂可通过化学反应引起组织的坏死:酸性腐蚀剂(例如:电池酸液、醋酸、清除腐蚀类化合物),碱性腐蚀剂(例如:碱液、清洁剂、制冷剂、脂溶剂)。其毒性与酸或碱的强度、染毒方式有关。

【作用机制】

腐蚀剂引起接触部位皮肤、黏膜坏死;皮肤、黏膜的严重腐蚀引起全身的中毒症状。

【临床症状】

吞食腐蚀剂引起的中毒,动物出现胃炎、咽炎,黏膜由于腐蚀呈灰白色,随时间推移变成黑色,出现皱褶;动物吞食腐蚀剂后,经常出现呕吐、烦渴喜饮症状;咽及声门肿胀、水肿,继而引起呼吸困难,严重者出现窒息;受腐蚀部位处皮肤出现轻度皮炎,严重者皮肤坏死。

【诊断】

有接触腐蚀剂病史,有特征性临床症状。

【鉴别诊断】

与去污剂肥皂中毒、油漆稀释剂中毒、松节油中毒、酚类中毒区别。

【治疗】

维持动物呼吸道的畅通,必要时做气管内插管或气管切开术;用大量温热肥皂水冲洗皮肤,对酸性腐蚀剂可以用1%~5%碳酸氢钠中和;在酸性或碱性腐蚀剂被中和之前,禁止催吐。

对摄入酸性腐蚀剂的动物,可口服如下药物:含有4个鸡蛋清的1 000ml温水;1~5g的氧化镁,用25倍的温水稀释后服用;或1~15ml的氧化镁牛奶溶液。对摄入碱性腐蚀剂的动物,可口服4倍稀释的食醋或1%~5%的醋酸或柠檬汁与1 000ml含有4个鸡蛋清的混合液。在酸或碱中和之后,可进行催吐,应用盐类泻药。

保护损伤的皮肤及胃肠道黏膜:胃肠道保护剂(高岭土或白陶土果胶);皮肤破溃处用绷带包扎,并局部应用抗生素。

二十八、肥料及植物养料中毒

肥料及植物养料中毒就是宠物因误食含有以上化学物质的食物、饮水,或皮肤、黏膜接触到了毒物而发生中毒。

【病因】

许多肥料中均含有氮、磷、钾,有些还含有氨、金属盐、碳酸钾、硫等。

【作用机制】

氮、磷、钾、金属盐对局部皮肤有刺激性,吸收后可能引起一系列全身症状。

【临床症状】

大量流涎、胃炎、肠炎、腹痛;发热、呼吸急促;虚弱、肌肉震颤、可能出现抽搐;有些氮肥能促进高铁血红蛋白的形成,而出现黏膜发绀。有的可能出现高铁血红蛋白血症、角化过度、高碳酸盐血症、血液黏稠(高渗性)、血氨浓度升高。

【诊断】

有接触病史或明确吞食史。

【治疗】

用牛奶或活性炭洗胃,催吐之后用支持疗法,同时注意血清中电解质的变化。

二十九、油漆涂料中毒

油漆涂料中毒就是宠物因误食被油漆涂料的化学物质污染的食物、异物或饮水而发生中毒。

【病因】

许多家用物品,包括铅制剂、石油制品、乳胶、丙烯酸油等;含有石油分馏、甲苯的物品;木头着色剂、聚亚胺酯、油漆;墙上或家具上脱落的油漆碎片。

【作用机制】

大多数油漆对胃肠道具有局部刺激性;石油馏为脂溶性,它能改变中枢神经系统功能,引起肺水肿、肝及肾脏损害;吞食含铅的油漆时引起铅中毒。

【临床症状】

食欲下降,沉郁,大量流涎,呕吐,腹泻,呼吸急促,呼吸困难,吞食石油类化合物后,有时出现中枢神经系统过度兴奋或抑制,出现昏迷、抽搐。

【诊断】

看见动物吞食油漆或皮毛上沾有油漆可作出诊断。

【治疗】

活性炭洗胃之后,服用硫酸钠盐类泻药;温热肥皂水冲洗皮肤;支持疗法及对症治疗。

三十、油漆稀释剂及松节油中毒

油漆稀释剂及松节油中毒就是宠物因误食被油漆稀释剂及松节油污染的食物、异物或饮水以及皮肤被污染而发生中毒。主要临床表现食欲下降、呕吐、腹痛、感觉过敏等特征。

许多油漆稀释剂和脱落的油漆中含有氯甲烷、矿物质酊剂、苯酚、甲酚、碱类;松节油常用作乳胶。

【作用机制】

对局部皮肤有刺激性，引起皮炎。吞食后引起胃炎、咽炎、胃肠炎；毒物经吸收进入体内引起感觉过敏、共济失调、中枢神经系统功能抑制、抽搐、肝损伤、血红蛋白血症（见芳香烃中毒）；松节油对肾可能造成损伤；吸入有毒气体时可引起呼吸系统病变。

【临床症状】

对皮肤、黏膜有局部刺激；食欲下降、呕吐、腹痛；感觉过敏，中枢神经抑制，共济失调；摄入苯酚及碱性制剂时，出现抽搐，肝脏损伤、血红蛋白血症或血红蛋白尿；摄入松节油时，出现蛋白尿、血尿、糖尿。

【诊断】

接触毒物病史，有特征性的临床症状。

【鉴别诊断】

苯酚类化合物中毒、腐蚀剂中毒、去污剂中毒、去污剂及肥皂中毒、石油类化合物中毒。

【治疗】

用大量温水或肥皂水冲洗接触部位；用活性炭浆灌肠后，应用盐类泻药；支持疗法，维持水代谢及正常排尿量。

三十一、对乙酰氨基酚及其他氧化剂药物中毒

对乙酰氨基酚及其他氧化剂药物中毒就是宠物因对乙酰氨基酚及其他氧化剂药物用量过大或被其污染的食物、异物、饮水而发生中毒。临床表现精神沉郁、食欲下降、呕吐、心动过速、贫血等特征。

【毒物介绍】

对乙酰基酚（扑热息痛）、安替比林（从口服剂量到超量325mg），泰乐菌素、对乙酰氨基苯乙醚或阿司匹林－非那西丁－咖啡因合剂，在动物体内迅速代谢转化为对乙酰氨基酚，非那吡啶（尿道镇痛药），亚甲基蓝（尿道抗菌药）。

中毒剂量：猫一次服用乙酰氨基酚 50～100mg/kg 体重（1/2～1 片）或非那吡啶，每天 65mg/kg 体重，连用 3d 均可引起中毒。犬一次喂服乙酰氨基酚 200mg/kg 体重，可引起中毒。

【作用机制】

乙酰氨基酚经胃肠道吸收迅速（1h 之内）；乙酰氨基酚与葡萄糖醛酸化合物、硫酸盐、谷胱甘肽结合后，失去毒性；猫由于体内缺乏葡萄糖醛酸化合物而多发本病。

犬、猫体内硫酸盐与乙酰氨基酚结合能力都比较低。乙酰氨基酚有毒代谢产物对红细胞、肝细胞造成严重的氧化应激。二价铁离子被氧化为三价铁离子，血红素转变为高铁血红蛋白而失去携带氧的能力。血红蛋白氧化过程中由于形成二硫键而析出（出现沉淀），出现海因茨氏小体。

海因茨氏小体被肝脏、脾脏的巨噬细胞吞噬，引起红细胞表面积减少，生命周期变短。有些药物，尤其是中毒剂量的乙酰氨基酚引起犬肝脏损伤。

【临床症状】

猫乙酰氨基酚中毒出现过度流涎，面部水肿；精神沉郁、虚弱、食欲下降、呕吐；呼吸急促、心动过速；高铁血红蛋白血症，黏膜发绀，多于摄食毒物后 6~12h 出现；血尿、血红蛋白尿；急性贫血；猫出现流泪、瘙痒等症状；犬出现急性肝坏死及相关症状。

【诊断】

有乙酰氨基酚用药史；红细胞中出现海因茨氏小体；正铁血红蛋白含量升高；黄疸，丙氨酸氨基转移酶、碱性磷酸酶升高。

【鉴别诊断】

酚类化合物中毒，去污剂、肥皂中毒，铝酸盐中毒，亚硝酸盐中毒。

【治疗】

摄入毒物后尽早催吐，之后用活性炭及盐类泻药；动物处于缺氧状态时，禁用催吐药物；尽早使用活性炭和渗透性泻药。

特效解毒剂：乙酰半胱氨酸（痰易净）首次用药 100~280mg/kg 体重，口服 140mg/kg 体重，用 5% 糖盐水稀释后，静脉注射。之后 70mg/kg，口服，每天 4 次，连用 2~3d。

维生素 C：能还原高铁血红蛋白为血红蛋白；剂量：30mg/kg 体重，口服或皮下注射，每天 4 次，连用 7d。

亚甲基蓝可用于猫的高铁血红蛋白血症，一次用量不超过 1.5mg/kg 体重。

促进乙酰氨基酚排出：碱化尿液可促进萘的排出。

碳酸氢钠：口服，50mg/kg 体重，每天 2~3 次。

支持疗法：输血；补液、补充电解质维持酸碱平衡；皮质类固醇和抗组胺类禁用。

三十二、阿司匹林中毒

阿司匹林中毒就是宠物因阿司匹林用量过大或被其污染的食物、异物、饮水而发生中毒。临床表现恶心、呕吐、急腹痛、腹泻、少尿等特征。

【毒物介绍】

意外吞食阿司匹林（乙酰水杨酸）或药物使用剂量不当。猫、幼龄犬由于体内缺乏代谢酶，尤其是缺乏合成葡萄糖醛酸化合物的酶，而易发本病。犬、猫一次服用量 >60mg/kg 体重，可引起中毒；猫口服剂量 >25mg/kg 体重，每天 3 次，连用超过 5d 引起中毒。

【作用机制】

布洛芬通过抑制前列腺素合成酶，使前列腺素合成减少；胃内布洛芬可能抑制前列腺素的细腻作用；降低细胞的抗氧化能力；布洛芬与血浆白蛋白结合，因此能阻止其他药物或毒物与蛋白质的结合。

【临床症状】

小剂量中毒早期：出现恶心、呕吐、急腹痛、腹泻；精神沉郁、昏睡；代谢性酸中毒症状。大剂量严重时出现如下症状：顽固性呕吐、黑便、共济失调、虚弱；间质性肾炎而出现少尿、急性肾功能衰竭。

【诊断】

有接触阿司匹林的病史；可疑的胃肠道症状及肾脏功能异常症状。

实验室检验：急性中毒时出现尿毒症，过度角化；血尿、蛋白尿、脓尿。

组织病理学变化：胃肠道炎症、溃疡、出血；肾小管或乳突坏死，间质性肾炎。

【治疗及监测】

摄入毒物4h之内进行催吐、洗胃、服用活性炭、盐类导泻药以阻止毒物的吸收；胃肠道溃疡的对症治疗，西米替丁（甲氰脒胍）犬4~8mg/kg体重，静脉注射每日3~4次；猫5mg/kg体重，静脉注射每日3~4次；雷尼替丁犬2mg/kg体重，口服，每日2次；猫0.5 mg/kg体重，口服每日2次；硫糖铝犬1g，口服，每日3次；猫40 mg/kg体重，口服，每日4次；甲氧氯普胺（胃复安）犬0.2~0.4 mg/kg体重，口服或皮下注射，每日4次；米索前列醇（喜克溃 cytotec），是一种人工合成的前列腺素E，它能阻止非类固醇类消炎止痛药对胃肠道黏膜的损害，犬3~5 mg/kg体重，口服，每日3~4次；治疗急性肾功能衰竭。

三十三、甲基黄嘌呤中毒

甲基黄嘌呤中毒就是宠物因甲基黄嘌呤药物用量过大，或摄入含咖啡因的饮料、巧克力食品过多而发生中毒。临床表现恶心、呕吐、倦怠、感觉过敏、心动过速等特征。

【毒物介绍】

1. 咖啡因　常见减肥药、兴奋剂、疲劳解除剂：200mg/片；茶叶、咖啡产品、可乐等饮料。

2. 可可碱的含量　牛奶巧克力：1.4~2mg/g；半甜巧克力：5mg/g；烘焙巧克力：14~16mg/g。犬的中毒剂量为100~150 mg/kg体重。

【作用机制】

咖啡因是强效中枢神经系统兴奋剂，它能引起感觉过敏、脊神经节反射增强。黄嘌呤可颉颃腺苷受体，抑制磷酸二酯酶活性，引起单磷酸腺苷浓度增加。

黄嘌呤直接作用于心肌，使心率加快，心收缩力增强。

黄嘌呤可能是通过增加神经肌肉节处乙酰碱含量，而引起骨骼肌增强。

黄嘌呤使胃活力增强，引起胃肠黏膜溃疡。

由于心输出量增加及尿液中 Na^+、Cl^- 排出增多而出现多尿。

【临床症状】

倦怠、感觉过敏、应激性增强；心动过速，出现期外收缩；呕吐；多尿；骨骼收缩力增强；癫痫样或阵发性惊厥；心跳、呼吸抑制而死。

【诊断】

摄入或接触咖啡因史及特征性临床症状；取呕吐物、血浆、尿样分析其中黄嘌呤含量。

【鉴别诊断】

与士的宁中毒、磷化锌中毒、烟碱中毒、苯丙胺中毒、四聚乙醛中毒区别。

【治疗及临护】

摄入毒物初期，进行催吐、洗胃、导泻以阻止毒物进一步吸收。

支持疗法：呼吸抑制时，给氧并进行人工呼吸。

解除抽搐：地西泮（安定）2.5~20mg，必要时可进行静脉注射；地西泮无效时，可静脉注射巴比妥类；心率过度失常时可用利多卡因（犬）、普萘洛尔（心得安）、酒石酸美托洛尔（美多心安）纠正。

三十四、尼古丁（烟碱）中毒

尼古丁中毒就是宠物因摄入含尼古丁气体过多，或经皮肤、黏膜吸收过多的烟碱而发生中毒。临床表现恶心、呕吐、流涎、腹泻、肌肉震颤、共济失调等特征。

【毒物介绍】

看护动物者使用的含烟碱的飞镖，香烟或雪茄，某些杀虫剂，犬、猫最小致死量为20~100mg，烟碱溶液经皮肤及黏膜吸收迅速。

【作用机制】

小剂量的烟碱对全身的自主神经系统有刺激作用，大剂量的烟碱能阻断自主神经节及肌肉神经节间冲动传导。

【临床症状】

流涎，兴奋呼吸系统，心动过速；呕吐，腹泻；肌肉震颤，共济失调，抽搐；呼吸浅表，缓慢，瘫痪；呼吸抑制而死。

【诊断】

病史及特征性临床症状，呕吐物或胃内容物中发现不完整的香烟或雪茄。

【鉴别诊断】

与士的宁中毒、有机磷中毒、氨甲酸酯中毒区别。

【治疗】

阻止毒物的吸收：催吐，1/2000的高锰酸钾溶液或活性炭洗胃，皮肤接触引起的中毒用肥皂水冲洗。

支持疗法：呼吸衰竭时，给氧并进行人工呼吸；早期应用镇静药地西泮（安定）2.5~20mg，必要时进行静脉注射；中毒后期，应用中枢神经系统兴奋药去氧肾上腺素，0.15mg/kg体重，缓慢静脉注射；苯丙胺硫酸盐，4.4mg/kg体重，皮下注射；补液，补充电解质，纠正酸碱失衡。

三十五、洋地黄糖苷类中毒

洋地黄糖苷类中毒就是宠物因摄入含洋地黄糖苷类物质而发生中毒。临床表现沉郁、瞳孔放大、腹痛、呕吐等特征。

【毒物介绍】

夹竹桃、山谷中的百合、紫花洋地黄。

【作用机制】

与洋地黄中毒相似，心肌传导阻滞，心律失常，心力衰竭。

【临床症状】

沉郁、眩晕、瞳孔放大、视力模糊；胃肠道炎症通常最早出现，也是最明显的症状；腹痛、恶心、呕吐。心律失常；昏迷、痉挛；呼吸及心跳停止。

【治疗】

催吐，洗胃，服用活性炭，硫酸钠导泻剂阻止毒物进一步吸收。

心电图监测：

①血钾高于或低于正常值均能引起心率失常，因此应对血钾值进行测定。

②苯妥英、普萘洛尔（心得安）、利多卡因可用于纠正心室性心律失常。

③抗洋地黄抗体分子可用于严重洋地黄糖苷中毒的解救，可以从当地药剂师处购买。

④避免使用含钙的液体。

三十六、毒蘑菇中毒

毒蘑菇中毒就是宠物因摄入含毒蘑菇物质而发生中毒。临床表现流涎、呕吐等特征。

【毒物介绍】

冬蕈：具有胆碱能受体症状，出现胃肠道及中枢神经系统症状；鹿花菌属：溶血，肝、肾、中枢系统损害；黑色鬼伞属：心律失常、低血压；丝盖伞属和杯伞属：类胆碱能效应。

【临床症状】

1. 毒蕈碱症状　大量流涎；采食毒物 6~24h 后出现呕吐、腹泻，常带有黏液及血液。共济失调、麻痹、昏迷。肝脏病变（伞形毒菌中毒）：急性出血性肠炎出现 8~12h 后，出现黄疸、尿毒症，通常病情严重而引起死亡。

2. 神经系统精神症状　鹅膏蕈氨酸、蝇蕈醇、二甲-4羟色胺磷酸可引起动物出现欣快症、幻觉及其他中枢神经系统症状。

【治疗及监护】

催吐，以 1/2000 浓度的高锰酸钾溶液或活性炭洗胃，之后服用盐类泻药；毒蕈碱类蘑菇中毒可用毒扁豆碱解救，0.02mg/kg 体重，肌肉注射，每日 2 次，但效果不明确；出现心律失常时，可使用心得安纠正；使用青霉素可以减少肝脏对毒物的吸收；对症治疗，支持疗法，并对肝脏功能状态进行检测。

三十七、蟾蜍中毒

蟾蜍中毒就是宠物因吞食蟾蜍而发生中毒。临床表现流涎、兴奋、心律失常等特征。

【毒物介绍】

科罗拉多蟾蜍、海蟾蜍毒性最大、最危险。傍晚、夜间、清早多发，通常在犬吞食蟾蜍后发生中毒。

【作用机制】

毒素为蟾蜍腮腺分泌,其中含有儿茶酚胺、吲哚烷基胺、洋地黄糖苷;毒素作用于副交感神经系统及心脏。

【临床症状】

大量流涎,因疼痛而搔挠口腔周围为最初的中毒症状;中毒动物兴奋、尖叫;口腔黏膜呈砖红色,呼吸困难;明显的室性心律失常,之后出现抽搐、虚脱;体温可能升高,易感犬患继发性中暑;血钾可能升高。

【治疗】

用大量水冲洗空腔,除去毒物;进行冷水浴,控制体温升高;某些蟾蜍毒素具有致死性,因此中毒发生后应迅速检测心脏功能状态;首先治疗继发性中暑;阿托品 0.05mg/kg 体重,肌肉注射或皮下注射,缓解流涎,对于心动过缓、传导阻滞及其他类洋地黄效能有缓解作用;心律失常可服用普萘洛尔(心得安)缓解,2.5mg/kg 体重,口服。

三十八、重金属铊中毒

重金属铊中毒就是宠物因摄入含铊的物质而发生中毒。临床表现口炎为特征。

【毒物介绍】

重金属中毒以及由此引起的口腔炎症和溃疡发生率很低。但食入任何一种重金属都会导致不同程度的口腔炎症。而铊中毒时的临床症状最为严重。

【病因】

食入各种重金属。

【临床症状】

铊中毒的早期动物只表现出精神萎靡等非特异性症状。随后在脚爪、口腔黏膜、唇和结膜上出现散在性的深色红斑,发展为渗出性炎症。

【诊断鉴别】

包括铅中毒和免疫介导疾病(如天疱疮)。另外,在疾病的早期阶段(未出现口腔溃疡之前),还应注意与急性胃肠炎、肠内异物和犬瘟热相区别。

【诊断】

根据临床症状,同时伴有全身的严重疼痛和代谢性酸中毒是具有诊断意义的。尿的铊快速检验结果阳性可以确诊。

【治疗】

一般在得出诊断结果之前,动物的病情就已经严重恶化了,因而没有治疗铊中毒的有效方法。

(黑龙江生物科技职业学院 汤俊一)

【本章复习思考题】

一、名词解释

1. 毒物
2. 内源性毒物

3. 外源性毒物
4. 毒素
5. 中毒

二、简答题

1. 简述毒物的分类。
2. 简述中毒的原因。
3. 简述中毒性疾病的治疗原则。
4. 简述有机磷中毒的临床症状及解救措施。
5. 简述阿司匹林中毒的临床症状及解救措施。

第十章 宠物疾病的类症鉴别诊断

第一节 概述

一、概念

症状鉴别诊断,就是从患病宠物临床表现出发,以主要症状或病征为线索,将一系列相类似疾病联系起来,形成诊断树,而后再分层逐步把它们区分开来,取得最终诊断的方法。

症状鉴别诊断是临床获得正确诊断方法之一,临床症状是诊断疾病的基础材料,它把具有相同主要症状疾病联系起来,又把它们区分开,对于诊断具有重要意义。而患病宠物呈现主要症状及其综合征状群又常可提示诊断的出发点。由于许多疾病可能表现出相同症状,所以在每个基本征候群中包括着多种疾病的可能性。此际,应对这些相互类似的疾病加以比较和鉴别,并通过排出的办法,得出最后结论。

也可以说症状鉴别诊断就是以临床症状为基础,以主要症状及其征候群为出发点,先提出包括在这一征候群中的各种可能性疾病;然后,再根据各种不同疾病不同的特点,通过比较、鉴别过程排除一些疾病并取得诊断的方法。

二、临床症状和种类

由于致病原因、宠物机体的防御反应能力、疾病经过的时期等因素的区别,疾病过程中症状的表现千变万化。从临床诊断的观点出发,一般可把症状作如下分类:全身症状与局部症状、主要症状和次要症状、示病症状或特有症状、早期症状或前驱症状、综合征候群等。

在许多疾病中,某些症状相互联系,同时或相继出现,把这些症状称为综合征或综合征候群。如体温升高,精神沉郁,呼吸、心跳及脉搏加快,食欲减少等症状互相联合出现,称为发热综合征候群。各种综合征候群在提示某一器官、系统疾病或明确疾病的性质上具有重要的临床诊断价值。

临床上很多疾病没有示病症状,而某些局部症状又不是某一疾病的特有表现。为此,收集症状后,应加以归纳,组成综合征候群,对提示诊断或鉴别诊断,也具有非常大的临床诊断价值。

三、建立初步鉴别诊断的步骤

临床鉴别诊断的实质是宠物医生把所获得的各种临床资料经过分析、评价、整理后，排除症状相近的疾病，对宠物所患疾病提出的一种符合临床思维逻辑的判断。如果这种逻辑判断符合疾病的客观存在，为正确的诊断提供重要的依据。如果不符合客观存在，则鉴别诊断就是错误的。鉴别诊断疾病是宠物医生最重要的临床实践活动之一。

鉴别诊断疾病的过程是一个逻辑思维过程，也是宠物医生正确认识疾病、认识疾病客观规律的过程。只有正确的鉴别诊断，才可能正确得出临床诊断，才能恰当的治疗。能否正确及时地鉴别诊断疾病，也是反映宠物医生水平、能力和素质的一个标志。

临床鉴别诊断疾病的程序一般分为四个步骤，即搜集临床资料；分析、评价、整理资料、归纳症状鉴别依据；提出初步鉴别诊断；然后确立及修正诊断。

（一）搜集临床症状

完成正确诊断的第一步工作就是临床症状的收集，然后才能进行鉴别诊断，建立初步诊断，最后是临床诊断。搜集临床症状主要从以下几方面入手：

1. 病史　临床症状是病史的主体。症状的特点及其发生发展与演变的情况，对于形成诊断起重要作用。详尽而完整的病史大约可解决近半数的临床诊断问题。但症状不是疾病，宠物医生应该通过症状，结合宠物医学知识和临床经验，认识、探索客观存在的疾病特点。病史采集要全面系统、真实可靠，病史要反映出疾病的动态变化及个体特征。

2. 身体检查　在病史采集的基础上，应对患病宠物进行全面、有序、重点、规范和正确的身体检查，所发现的阳性症状和阴性表现，都可以成为诊断疾病的重要依据。

身体检查结合病史资料一般可解决半数以上的诊断问题。在体格检查过程中要注意核实和补充病史资料。因此，应边检查边询问，边检查边思索，使获得的资料具有完整性和真实性。

3. 实验室检查　在获得病史和体格检查资料的基础上，选择一些基本的、必要的实验室检验和其他辅助临床检查，无疑会使临床诊断更准确、更可靠。在选择检查时应注意考虑几个问题：①检查的目的和临床诊断价值；②检查的时机；③检查的敏感性和特异性；④检查的安全性；⑤医疗成本与效果分析等。

（二）分析、评价、整理资料

对病史、体格检查、实验室检验以及其他辅助临床检查所获得的各种临床资料进行分析、评价和整理，是非常重要但又常容易被忽视的一个环节。疾病表现是复杂多样的，同时对患病宠物的诊断也受宠物所处的环境因素、宠物的驯养情况以及主人的文化素质、心理状态、知识层次等社会因素的影响，宠物主人所述的病史常常是琐碎、凌乱、不确切、主次不分、顺序颠倒、甚至有些虚假、隐瞒或遗漏等现象。因此，宠物医生必须对病史资料进行分析、评价和整理，使病史具有真实性、系统性和完整性，只有这样的病史才能为正确的临床诊断提供可靠的依据。

对实验室检验和其他辅助临床检查结果，必须与病史资料和体格检查结果结合起来进行分析、评价和整理，切不可单靠某项检查结果诊断疾病。由于临床检查的时机和技术因素等影响，临床出现一、两次阴性结果，往往不足以排除疾病的存在。因此，在分析、评价结果时必须考虑几个问题：①假阴性和假阳性问题；②数据误差的大小；③有无影响检查结果的因素存在；④检查结果与其他临床资料是否相符、如何解释等。

通过对各种临床资料的分析、评价和整理以后，宠物医生应对疾病的主要临床表现及特点、疾病的演变情况等，有一个清晰、明确的认识，为临床鉴别诊断提供依据。

（三）归纳的症状是鉴别诊断的依据

当对类似疾病进行鉴别时，首先要归纳临床搜集的资料，成为症状鉴别诊断的依据。一般症状鉴别诊断，多依据下列归纳的主要内容和条件。

1. 主要症状的特点　例如：发热的类型、程度，呼吸困难的类型，咳嗽的频度及性质，下痢的频度及类似的性状、颜色与混有物，皮肤及黏膜损害部位、形态及特征等。

2. 同时伴发的其他症状　例如：在高热稽留同时有明显的气喘、咳嗽，在有明显神经症状的同时有呕吐及下痢，后肢轻瘫的同时伴有骨骼形态学改变等。

3. 疾病的发生经过及流行病学特征　例如：发病率与死亡率，患病动物的年龄条件，发病的时期及季节性，病的地区性或疫情，患病动物的种类，传播的特点，促进发病的条件或可能的致病原因的形成等。

4. 必要的补助检查或特异性诊断的结果

5. 对病程经过的观察及防治实践效果的验证

6. 死亡动物或典型动物的剖检　主要动物剖检的结果，所见到的主要的或特征性的病理解剖学及病理组织学的变化等有关材料。

（四）对疾病提出初步鉴别诊断

在对各种临床资料进行分析、评价和整理以后，结合宠物医生所掌握的医学知识和临床经验，把可能性较大的几个疾病排列出来，逐一进行鉴别，形成初步临床诊断。

初步临床鉴别诊断有时会带有主观臆断的成分，这是由于在认识疾病的过程中，宠物医生只发现了某些自己认为特异的疾病征象。由于受到病情发展不充分性、病情变化的复杂性和宠物医生认识水平的局限性等影响，这些疾病的征象在临床诊断疾病中的作用常常受到限制，这是导致临床思维方法片面、主观的重要原因。因此，初步临床鉴别诊断只能为疾病进行必要的治疗提供依据，为确立和修正临床诊断奠定基础。

（五）确立及修正诊断

鉴别诊断是确立及修正诊断重要环节之一。临床上认识疾病不是一次就能完成的。初步临床鉴别诊断是否正确，也需要在临床实践中加以验证。因此，提出初步临床鉴别诊断之后应给予必要的治疗；应当进一步客观细致地观察病情，对某些临床检查项目的复查以及选择一些必要的特殊临床检查等，都将为验证诊断、确立诊断和修正诊断提供可靠的依据。

临床上常需要严密观察病情，随时发现问题，提出问题，查阅有关医学文献资料解决问题，或是开展临床病例讨论等，这在一些疑难病例的诊断和修正诊断的过程中将发挥重要作用。

鉴别诊断疾病不能是撒大网。必须按照诊断疾病的步骤进行，这种认识疾病的程序不能遗漏，不能跨越，一般情况下不能颠倒。在临床诊断疾病的过程中，这种思维程序应该成为宠物医生自觉的临床实践活动和思维方法。

四、类症鉴别诊断中注意的问题

在类症鉴别诊断中，对症状的搜集一定要准确。因此，要注意下面几个问题：

（一）现象与本质之间的区别

现象系指宠物疾病时的临床表现，本质则为疾病的病理改变，是疾病的客观存在。在临床诊断分析过程中，要求现象能反映本质，现象要与本质统一。

（二）主要症状与次要症状的区别

患病宠物的临床表现比较复杂，获得的临床资料也较多，分析这些资料时，要分清哪些资料是反映疾病的本质。反映疾病本质的是主要临床资料，缺乏这些资料则临床诊断就不能成立，次要资料虽然不能作为主要的临床诊断依据，但可为确立临床诊断提供佐证。

（三）局部表现与整体变化的区别

宠物疾病的局部病变可引起全身改变，全身改变也可引起局部的病理变化。因此，不仅要观察局部变化，也要注意全身情况，在临床诊断中切不可"只见树木，不见森林"。

（四）典型症状与非典型症状的区别

大多数宠物疾病的临床表现易于识别，所谓的典型与不典型是相对而言的。一般造成临床表现不典型的因素有：①老龄、体弱的患病宠物；②疾病晚期的患病宠物；③临床治疗的干扰；④多种疾病的相互干扰影响；⑤幼龄宠物；⑥宠物医生的临床医学知识、认识疾病的水平等。

五、鉴别诊断思维的基本原则

在疾病的诊断过程中，必须掌握以下几项鉴别诊断思维的基本原则：

1. 首先考虑常见病与多发病　在选择第一诊断时首先要选择常见病、多发病。疾病的发病率可受多种因素的影响，不同的年景、不同地区的宠物所患的疾病也不同。当几种临床诊断的可能性同时存在的情况下，要首先考虑常见病的诊断，这种选择原则符合概率分布的基本原理，有其数学、逻辑学的依据，在临床诊断上可以大大减少诊断失误的机会。

2. 应考虑和首选传染病、中毒病与地方病　如正在当地流行和发生的宠物传染病与地方病，由于很多传染病和中毒病转归太快，不能因为误诊而延误治疗和抢救的时机。

3. **尽可能以一种疾病去解释多种临床表现** 若患病宠物的临床表现确实不能用一种疾病解释时，可再考虑有其他疾病的可能性。

4. **应考虑器质性疾病的存在** 在器质性疾病与功能性疾病鉴别诊断有困难时，首先考虑器质性疾病的诊断，以免延误治疗，甚至给宠物主人带来不可弥补的经济损失。如表现为腹痛的肠套叠宠物，早期诊断可手术根治，如当作急性肠炎病进行治疗则可错失良机。有时器质性疾病可存在一些功能性疾病的症状，甚至与功能性疾病并存，此时亦应重点考虑器质性疾病的诊断。

5. **应考虑可治性疾病的诊断** 当诊断有两种可能时，一种是可以治疗而且疗效好，而另一种是目前尚无有效治疗且预后甚差。此时，在诊断上应首先考虑前者。如患病宠物的胸片显示的肺阴影诊断不清时，应首先考虑肺结核的诊断，有利于对疾病的及时处理。当然，根据宠物主人的要求，对不可医治或预后不良的疾病也不能忽略。这样可最大限度的减少诊断过程中的周折，避免不必要的人力、物力浪费和动物痛苦，减轻宠物主人的负担。

6. **宠物医生必须实事求是地对待临床资料的客观现象** 不能仅仅根据自己的知识范围和局限的临床经验任意取舍，亦不应把临床现象牵强附会地纳入自己理解的框架之中，以满足不切实际的所谓临床诊断的要求。

7. **以患病宠物为整体，要抓准重点、关键的临床表现** 这对急诊重症病例的诊断特别重要。只有这样才能使患病宠物得到及时恰当的诊疗。

六、鉴别诊断的意义

症状鉴别诊断，是古今中外、人医兽医、中医西医都在沿用的一种鉴别诊断法。症状鉴别诊断，是宠物临床诊疗工作中不可缺少的、重要的思想过程，对宠物疾病的正确诊断和防治，有着重要意义。

（杜护华）

第二节　常见的类症鉴别诊断

一、发热为主的症状鉴别诊断

发热是由于物理、化学及微生物等致热因素的作用下，引起丘脑下部体温调节中枢的机能障碍，使体温调定点升高到正常值以上，而呈现的体温升高现象。发热是机体的一种防御功能，而且不同热型又是某些疾病诊断的参考依据。

【原因】

临床上一般引起发热的原因主要有以下四种因素：

1. **致热源** 由内、外源性发热物质刺激体温调节中枢而产生的发热。内源性物质主要为吞噬细胞，特别是粒细胞被破坏所释放出的发热物质所致；外源性致热原的物质有病毒、细菌及其产物、毒物、异种蛋白、可溶性抗原抗体复合物、某些药物、组织炎性坏死产物等。

2. 中枢　体温调节中枢或其周围发生的病理变化。
3. 病理性产热过多　如癫痫、低钙性痉挛、代谢亢进性疾病及剧烈运动等。
4. 环境影响　当外界的高气温及高湿度时，可使机体的体温调节发生障碍。

【热型】

常见的热型主有以下几种：

1. 稽留热　见于犬的大叶性肺炎、肾炎等。
2. 弛张热　见于许多化脓性疾病、败血症、小叶性肺炎及犬瘟热的第二次发热等。
3. 双相热　见于犬瘟热。
4. 短暂热　见于慢性结核病。健康犬有时也往往表现原因不明的短暂热。
5. 不定型热　见于支气管肺炎、渗出性胸膜炎等。

【发热疾病主要鉴别要点】

1. 感染性疾病　各种全身性或局部性感染，包括细菌、病毒、真菌、原虫及其他病原微生物的感染。
2. 体内毒素　使组织细胞的蛋白破坏（心肌梗塞、肺梗塞、烧（烫）伤、放射线照射）、出血（消化道出血、脑出血）、溶血、贫血等。
3. 与免疫有关的疾病　如自身免疫性溶血性贫血、免疫性血小板减少症、皮炎、肌炎、脉管炎、风湿性关节炎等。
4. 肿瘤性疾病　如白血病、恶性淋巴瘤、骨癌、肉瘤及其他器官的肿瘤。
5. 生物制品或药物过敏　如血清、疫苗及药物等过敏反应。
6. 体温调节中枢　如中枢神经系统障碍性脑的疾病（脑炎、脑肿瘤、脑外伤等）及体温调节中枢损坏、障碍等。
7. 其他疾病　如甲状腺功能亢进、癫痫、低钙性痉挛、中暑等。

（杜护华）

二、流涎综合征的鉴别诊断

流涎是唾液腺表现异常分泌增多或吞咽障碍宠物表现流涎症状为特征。唾液腺分泌亢进引起的流涎为真性多涎；唾液吞咽受阻引起的多涎为假性多涎。有些病例这两种情况都可以发生，如狂犬病。

【发病原因】

表现流涎的疾病主要有以下几种：

1. 口炎　也包括舌、咽和齿龈的炎症。发生原因常见于机械性损伤；口、舌接触有剧烈刺激性、腐蚀性的化学药物；采食腐败变质的食物；维生素B族缺乏；口腔感染白色念珠菌等，均可引起口腔黏膜发炎，出现流涎症状。
2. 食道阻塞　常见于粗大的骨头或软骨、肉块、鱼骨或鱼钩、居室内的手套或袜子、小巧的橡皮玩具或塑料玩具等。食道阻塞发生后，病犬立即出现流涎症状。
3. 有机磷农药中毒　宠物中毒的常见原因有：误食有机磷农药拌混的灭鼠毒饵；用有机磷农药驱虫时，投药过量；用浓度偏高的有机磷药水喷淋皮肤或洗澡。

4. 犬瘟热　本病表现的流涎主要发生在咀嚼肌反复出现颤搐的病犬，咀嚼肌出现颤搐是犬瘟热最常见或最典型的神经症状。

5. 狂犬病　狂犬病病毒主要存在于患病动物的脑、脊髓和唾液腺内，随唾液排出体外，因此主要通过咬伤的皮肤黏膜创口而感染，但也有经呼吸道和消化道感染的病例。

【诊断要点】

1. 口炎　一般食欲正常。但采食谨慎或不敢咀嚼即行吞咽，小型犬在采食中常有嚎叫和痛苦表现。检查口腔黏膜，可见充血、潮红，在颊、舌、齿龈或硬腭等黏膜处可发现水泡、糜烂或溃疡面。

2. 食道阻塞　发生在采食过程中，动物突然不安，头颈伸直，两前肢急抓颈部，流涎并频频做呕吐状，但一般仅呕出大量泡沫状黏液或血性分泌物，不见食物呕出。用手触摸颈部食道，或将动物麻醉后用胃导管探诊，做食道 X 线检查，方可做出确诊。

3. 有机磷农药中毒　动物发生中毒大多为急性经过。主要表现为副交感神经过度兴奋，病初精神兴奋，运动失调，很快倒地抽搐，同时大量流涎、呕吐、排粪失禁、全身汗液淋漓，呼吸困难。体温升高，心跳急速，瞳孔缩小。

4. 犬瘟热　一般少有流涎，多在病犬咀嚼肌出现反复颤搐的神经症状之后，可见唾液明显增多，挂满嘴边。

5. 狂犬病　动物感染狂犬病后有长短不定的潜伏期，最短为 8d，最长可数月至数年，犬、猫和人平均 20~60d。病初有 1~2d 的前驱期，表现神经沉郁，喜藏暗处，唾液增多，后躯软弱。接着是 2~4d 的兴奋期，病犬狂躁不安，盲目游荡，攻击性强，流涎和意识丧失。随后为 1~2d 的麻痹期，病犬张口垂舌，大量流涎，后躯麻痹而不能站立，最终因全身麻痹或衰竭而死亡。

【流涎鉴别诊断要点】

1. 口炎　多局限于口腔，一般不引起精神和食欲改变，体温正常。除有轻度流涎和口腔炎症外，无其他全身症状。

2. 食道阻塞　在采食过程中突然发生食道被食物或异物阻塞，立即出现强烈不安、流涎及呕吐等症状。症状极为典型，容易诊断。

3. 有机磷农药中毒　有接触有机磷农药病史，数小时内发病，以上述典型的副交感神经反应为基础的系列临床症状，注射大量阿托品后症状显著缓解，是诊断本病的重要依据。可取胃内容物进行毒物检验。

4. 犬瘟热　病初有双向热型、上呼吸道和消化道感染症状，中后期出现神经症状。流涎现象一般在咀嚼肌颤搐之后，并且不会持续太长时间。

5. 狂犬病　一般都有被其他犬只咬伤病史，潜伏期较长，具有明显的 3 期症状，每期均有唾液显著增多或大量流涎现象。

（王怀友）

三、呕吐为主的症状鉴别诊断

呕吐是指反射性或痉挛性的将胃内容物通过口腔排出体外的状态。

【原因】

1. 反射性呕吐　是除呕吐中枢所在的延脑以外的器官受到刺激时，反射地引起呕吐中枢兴奋所致。一般见于咽和食道异常、胃肠的炎症、胃异常、肠异常、其他器官（肝、胆、胰等）的疾病、胃异物刺激等。

2. 中枢性呕吐　是由于延脑中的呕吐中枢直接受刺激引起。见于神经系统疾病、毒物或毒素刺激、过敏反应、放射线照射及精神因素等。

【鉴别诊断】

1. 咽、食道异常

(1) 咽痉挛　断乳期发病、吞咽困难、咳嗽、流鼻液、持续性呕吐。

(2) 永久性右位主动脉弓　断乳期发病、吞咽困难、颈沟根部肿胀、持续性呕吐。

(3) 食道梗塞　吞咽困难、流涎、不安。

(4) 食道痉挛　断乳期发病、食欲正常、突然吐出、发育迟缓、消瘦。

(5) 食道狭窄　吞咽困难、流涎、食欲减退、咳嗽、消瘦、衰弱。

(6) 食道扩张　一般断奶前后发病，采食固体食物时发生咽下困难，扩张的食管呈纺锤状或梨状。

(7) 食道麻痹　采食和饮水困难，食物和唾液从口鼻返流。

(8) 食道憩室　食欲减退、消瘦、吞咽困难、流涎，吐出未消化的食物。

2. 胃肠炎症

(1) 急性胃炎　食欲减退、胃部压痛、腹痛、口腔恶臭。

(2) 慢性胃炎　食欲减退、消瘦、贫血。

(3) 胃肠炎　腹泻、腹部压痛、脱水、食欲废绝。

(4) 出血性胃肠炎　血便、发热、腹痛、脱水。

3. 某些传染病

(1) 犬瘟热　双相热型，呼吸道炎症、脓性眼屎、神经症状等。

(2) 犬细小病毒病　腥臭血便、拒食、脱水、心肌炎等。

(3) 犬冠状病毒病　腹泻、食欲减退、血便、脱水等。

(4) 伪狂犬病　不食、不安、奇痒、头颈和面部肌肉痉挛、呼吸困难。

(5) 沙门氏菌病　多见于幼犬、腹泻、发热、脱水、腹痛。

(6) 钩端螺旋体病　食欲减退、精神沉郁、黄疸、发热、血便、肾区有压痛。

4. 胃肠异常

(1) 胃扩张　突然腹痛、腹围增大。

(2) 胃扭转　急性腹痛、呼吸困难、急性死亡。

(3) 肠梗阻　腹围增大、黏液便、腹痛、腹胀、多饮。

(4) 肠套叠　黏液血便、里急后重、腹部触诊可摸到香肠样硬物、腹痛、脱水。

(5) 幽门狭窄　采食后呕吐、食欲正常、发育迟缓、解痉药无效。

(6) 幽门痉挛　采食或饮水后，出现间歇性不规则的喷射性呕吐。

(7) 胃肿瘤　吐血、血便、胃部压痛、消瘦、贫血。

(8) 肠变位　一般呈持续性腹痛、食后呕吐、嚎叫、回视腹部、肌肉震颤、肠音消失、呕吐等。

5. 其他疾病

(1) 子宫蓄脓症　多饮多尿、腹围增大、阴门肿胀有分泌物，食欲减退。
(2) 尿毒症　体温降低、神经症状、血清尿素氮和肌酸酐增加。
(3) 肾功能不全　少尿、多饮多尿、蛋白尿、精神沉郁、脱水、贫血。
(4) 铅中毒　腹泻、腹痛、贫血、神经症状。
(5) 磷中毒　腹泻、腹痛、休克、黄疸、出血。
(6) 砷中毒　胃肠炎、腹痛、腹泻、吞咽困难、急死。
(7) 腹膜炎　腹痛、弓背、腹水、腹肌紧张、发热。
(8) 晕车症　流涎、不安。

（张久丽）

四、腹泻为主的症状鉴别诊断

腹泻是指肠蠕动亢进，大肠内的水分吸收不全或吸收困难，含有多量水分的肠道内容物从肛门排出的状态。

【原因】

1. 急性腹泻　急性腹泻是指突然发生且持续数天以上的腹泻。常见的原因有细菌性胃肠炎（沙门氏菌病、大肠杆菌病等）、非细菌性胃肠炎（病毒、真菌、寄生虫）、机械性肠梗阻、中毒以及继发性急性出血性肠炎等。
2. 慢性腹泻　慢性腹泻是持续性、长期甚至几个月的腹泻或反复腹泻。

【鉴别诊断】

1. 急性腹泻

(1) 胃肠炎　呕吐、腹部压痛、腹痛、脱水、发热、血便、拒食。
(2) 急性结肠炎　排便用力、贫血、脱水、血便。
(3) 犬细小病毒病　呕吐、腥臭血便、脱水、心肌炎、突然死亡、群发。
(4) 犬瘟热　发热、结膜炎、流鼻液、神经症状、硬趾症、皮肤发疹。
(5) 疱疹病毒感染　初生仔犬、食欲减退、突然死亡、呼吸促迫、呼吸困难。
(6) 轮状病毒感　多发生在幼龄犬、冬季多发、黏液血便、末期体温低、循环障碍、突然死亡。
(7) 犬冠状病毒感染　呕吐、精神沉郁、食欲废绝、脱水、不发热、突然性死亡、多呈现群发。
(8) 沙门氏菌病　黏液血便、发热、脱水、呕吐、腹痛，见于幼犬。
(9) 弯曲菌病　见于4月龄以下幼犬、血便、精神沉郁、脱水、发热。
(10) 小袋虫性结肠炎　血便、里急后重、消瘦。
(11) 蛔虫病　食欲减退、呕吐、神经症状、腹围大、消瘦、肺炎。
(12) 球虫病　黏液便、脱水、贫血、发热、食欲废绝。
(13) 弓形体病　发热、咳嗽、视力障碍、运动障碍、神经症状。
(14) 阿米巴性结肠炎　黏液血便、里急后重。
(15) 砷中毒　呕吐、腹痛、吞咽困难、突然死亡。

(16) 磷中毒　呕吐、腹痛、休克、黄疸、出血。
(17) 铅中毒　呕吐、腹痛、贫血、神经症状。
2. 慢性腹泻
(1) 慢性胰腺炎　恶臭稀便、脂肪便、收敛药治疗无效、多食、消瘦、低蛋白血症。
(2) 组织胞浆菌病　咳嗽、发热、淋巴结肿大、消瘦、全眼炎。
(3) 念珠菌病　口炎、肺炎、外耳炎、角膜炎。
(4) 球孢子菌病　咳嗽、发热、呼吸困难、跛行、食欲减退、消瘦、皮肤脓肿和溃疡、胸水、腹水、黄疸。
(5) 绦虫病　稀软便、消瘦、食欲增加、被毛粗糙、摩擦臀部、粪中可见米粒状节片、神经症状。
(6) 旋毛虫病　呕吐、肌肉疼痛、流涎、呼吸和咀嚼困难、发热。
(7) 类圆线虫病　湿疹样皮炎、咳嗽、流涎、呼吸和咀嚼困难、发热。

（张久丽）

五、便秘为主的症状鉴别诊断

便秘是肠管的紧张力降低和蠕动机能减弱，肠道内容物停滞，水分被大量吸收，粪便变硬，排便延迟乃至停止的状态。

【原因】

发生宠物便秘的主要原因有以下几种：

1. 食物及环境因素　如食物因素主要为直肠内有骨片、毛团等阻塞；环境因素多为突然变化环境而不习惯，长时间关在舍内而运动量减少等。
2. 排便疼痛　如肛门和直肠疾病以及外伤等。
3. 机械性阻塞　如有肠管内阻塞和肠管受压迫等。
4. 神经功能障碍　如肠管弛缓或麻痹，突发性巨大结肠症等。
5. 其他疾病　如代谢性或内分泌性甲状旁腺机能亢进、甲状腺功能减退、全身性肌无力及脱水等。
6. 一些药物作用　如使用了药物性抗胆碱能药物、抗组织胺药物、利尿剂、吗啡等均可引起便秘。

【鉴别诊断要点】

1. 便秘　排便停滞、努责、食欲减退、黏液血便、肛门部肿胀、蹭臀部。
2. 肠梗阻　呕吐、腹围增大、黏液血便、腹痛、多饮。
3. 巨大结肠症　腹腔内有硬固物、腹围增大、黏液血便、脱水、呕吐。
4. 前列腺肥大　排便努责、黏液便、排尿困难、消瘦，多见于老龄犬。
5. 前列腺囊肿　黏液便、里急后重、尿闭、尿失禁。
6. 前列腺炎　发热、频脉、食欲减退、排便努责、血尿。
7. 前列腺肿瘤　消瘦、后肢跛行、里急后重、排尿困难、腹痛。
8. 直肠憩室　里急后重、会阴部突出。
9. 直肠狭窄　里急后重、排便困难、触诊直肠有狭窄部、疼痛、蹭臀部。

10. 会阴疝 会阴部突出、腹痛、呕吐、脱水，多见于青年犬。
11. 锁肛 仔犬不能排便、出现努责、腹围增大、呕吐、呼吸困难。

（杜护华）

六、腹围增大

腹围增大是以腹围变大为主要特征，可分为腹围增大、腹围局部增大，也是临床上常见的、多病因引起的一个症状。

【病因与发生机理】

1. 腹围增大 腹围增大是临床上常见的、多病因引起的一个症状，由于其病因不同，其发生机理也不同。按照引起腹围增大物质的性状可将腹围增大分为气性、液性、食滞性和实质性四类。

（1）气性腹围膨大 是由于胃肠道内气体生成过多或排出不畅，气体积聚于消化道内，或由于腹腔内、或皮下气体积聚而引起。胃肠道内气体来源于三个途径，即食物消化过程中产生的气体、异常吞咽吞入的气体、经血液弥散进入的气体。消化道内气体排出的途径有胃肠道吸收、嗳气和排气。当某种因素作用于机体后，引起胃肠道内气体来源过多或排出障碍，即可引起胃肠道内积气，导致腹围膨大。腹腔内气体的积聚主要是由于产气菌感染引起，而腹部皮下气体则可能是串入性或腐败性的。引起气性腹围膨大常见的病因有：

消化系统疾病如肠便秘、肠梗阻、肠迟缓等。

腹膜疾病如急性腹膜炎、腹膜肿瘤等。

皮下组织疾病如串入性皮下气肿、腐败性皮下气肿。

其他疾病如腹部手术后等。

（2）液性腹围膨大 是由于腹腔内或腹腔脏器内积聚过量液体而引起，临床上主要见于腹水、液性胃扩张、膀胱积尿、子宫积液等。由于积液性质不同，其发生机制也各不相同，如液性胃扩张，主要是由于胃内液体后送障碍所致；膀胱积尿是由于排出障碍引起；子宫积液可能是子宫炎症或内分泌紊乱所致；腹水则是由于腹膜、肝脏、肾脏、心脏疾病或营养障碍引起。引起液性腹围膨大的常见疾病有：

腹膜疾病如腹膜炎、乳糜性腹水、腹膜肿瘤等。

肝脏疾病如肝硬化、肝脏肿瘤、门静脉血栓和病毒性肝炎等。

心脏疾病如心力衰竭、渗出性心包炎、犬心丝虫病等。

肾脏疾病如慢性肾炎、慢性肾病等。

营养性疾病如低蛋白血症。

消化道疾病如食道阻塞、犬急性胃扩张、小肠梗阻、肠穿孔、锁肛等。

泌尿道疾病如膀胱结石、尿道结石、膀胱平滑肌迟缓、膀胱括约肌痉挛、尿道异物阻塞、膀胱肿瘤等。

生殖系统疾病如子宫积脓、胎水过多等。

其他疾病如胰腺疾病、肿瘤性疾病、胆囊破裂、渗出性素质、犬利什曼原虫病等。

（3）食滞性腹围膨大 是由于食物消化道内容物不能及时后送，停滞在消化道内而引起，临床上主要见于犬食滞性胃扩张、猫盲肠积粪等。

（4）实质性腹围增大　是由于腹腔内实质性病变引起，常见于腹腔脏器肿瘤、囊肿等。

2. 腹围局部增大　局部增大可发生于腹壁的任何一个部位，临床上多提示腹壁疝、肿胀、淋巴外渗、肿瘤、血肿、脓肿等。

【诊断要领】

腹围膨大和缩小，尽管一看便知，然而要做出正确诊断，弄清其间关系，却又是比较复杂的问题。为建立正确的诊断思路，在认症诊断上必须注意如下三个问题。

1. 检查方法上的要求　由于有的腹围膨大，发展急速，病况恶化极快，故在认症和诊断上，必须快而准确。小动物可由上向下观察，以比较法判断是上方膨大还是下方膨大，是左侧膨大还是右侧膨大，是对称性膨大还是局限性膨大，边看边思考，力求准确。

2. 排除生理性腹围改变　动物种类多，品种和饲养条件不一，生理状态下，腹围大小也有所差异。猎犬比一般犬的腹围小，小动物在采食后，腹围也明显增大，雌性动物比雄性动物的腹围大。妊娠动物，两侧腹围均膨大，腹部后1/3尤为明显。所有这些生理性的腹围变化，必须充分顾及，一一排除，避免误诊。

3. 认清腹围变化特征，引出诊断思路　要注意膨大的部位、特征和膨大程度，更要注意腹围变化与体位变化的关系，判断是局限性的还是广泛性的。

【鉴别诊断】

临床上遇到腹围膨大症状时，首先考虑起病的缓急，突然发生的、伴有严重呼吸困难的一般考虑胃肠臌气、食滞性或液性胃扩张，起病缓慢，渐进性病程的，考虑腹水、膀胱积尿、子宫积液、肿瘤性疾病或囊肿性疾病；其次确定是食滞性、液性、气性或实质性腹围膨大；最后，根据病史、伴随症状、穿刺检查及实验室检查，进行类症鉴别。

对于局限性腹围增大，通过触诊有波动感的考虑淋巴外渗、血肿和脓肿，在通过穿刺即可确诊；触诊硬固的提示肿胀、肿瘤，缓慢发生的考虑肿瘤；腹壁疝在触诊时多能触摸到疝轮。

1. 消化道疾病

（1）胃扩张　临床上常见于大型犬，多为食滞性或液性胃扩张，多由于采食易膨胀饲料或胃扭转引起。采食后突然发病，患犬不安、呻吟，时起时卧或徘徊，腹围迅速增大，叩诊呈浊鼓音，冲击触诊有震荡感，呼吸严重困难。X线检查，胃体积增大，含有多量的液体和少量气体，膈前移。

（2）胃扩张和胃扭转　胃扩张和胃扭转是犬偶发的外科急腹症，以急性腹部膨胀和剧烈腹痛为其共同表现，且具有发病急、变化快、病情重的特点，若治疗不及时短时间内会导致发病犬的死亡。单纯性胃扩张是因胃内食物、液体和气体蓄积致使胃过度扩张所引起的疾病，主症为腹部胀满、腹痛、嚎叫不安、干呕或呕吐、眼球突出、呼吸困难、脉搏增数，触诊腹前部增大变硬，叩诊呈鼓音。胃扭转是由于胃的幽门部从腹腔右侧向左侧扭转后，胃贲门和幽门闭塞、胃排空障碍，导致发生急性胃扩张，临床上表现胃扩张—胃扭转并发症，患犬突然发生呕吐，继而腹部膨胀，叩诊呈鼓音或金属音，腹部触诊可触摸到球状囊袋，冲击检查胃下部时，可听到拍水音。

（3）肠臌气　多由于肠梗阻、采食易发酵饲料、肠麻痹和肠壁血液循环障碍等引起。

患病动物不安，结膜发绀，饮食欲废绝，腹部触诊有弹性，叩诊呈鼓音，腹壁触诊检查可以触摸到膨胀的肠管，X线检查可以诊断。

2. 腹膜疾病

（1）渗出性腹膜炎　发生于腹膜的炎症，可以是原发性的感染引起，也可能是胃肠的穿孔、胆管和胰导管的破裂、子宫的破裂等引起。动物体温升高，脉搏细数，呼吸浅表急速，行动谨慎。触诊腹壁疼痛。渗出液多时，可见两侧下腹壁凸出，有振水音。腹腔穿刺液有多量纤维蛋白絮状物和多量红、白细胞，李瓦他氏反应阳性。白细胞总数增多（严重的坏死性腹膜炎时白细胞总数下降），嗜中性白细胞比例上升，核左移。犬、猫腹膜炎时，常有反射性呕吐发生。

（2）腹腔积水　腹腔内积聚大量漏出液，多见于犬、猫。肝脏疾患时门静脉淤血，腹膜结核时结核结节压迫较大的肠系膜静脉和淋巴管，充血性心力衰竭、心肌炎、心包炎、肾炎、营养不良性水肿、慢性寄生虫病（犬恶丝虫病、犬利什曼原虫病、血矛线虫病、肝片形吸虫病、锥虫病等）等，都可成为本病的原因。其典型症状是两侧下腹壁对称性膨大，冲击状触诊时可感知振水音，也能在对侧腹壁上感知液体的撞击，且随动物体位的改变，腹部的形态也发生改变。腹腔穿刺，排出多量漏出液、犬可达20L。有原发病症状、肝病引起的有肝区和肝功能改变、稀血症引起的血液稀薄。具体参照腹水的鉴别诊断。

（3）乳糜性腹水　乳糜性腹水主要是淋巴管破裂引起，淋巴液进入腹腔所致。主要的发病原因有外伤、小肠梗阻、丝虫病、肿瘤性疾病或细菌感染等。缓慢发病时主要表现为腹围膨大等腹水样症状，腹腔穿刺液牛乳样，用乙醚提取后腹水变清。

3. 泌尿生殖系统疾病

（1）膀胱破裂　患病动物不排尿，原有腹痛不安等症状消失，转入高度抑郁或昏迷，两侧下腹壁逐渐对称性增大，腹腔穿刺液有尿味。紫尿酸试验阳性，或用经泌尿道排泄的色素制剂（美蓝、酚磺酞等）注射后，腹腔穿刺液被染上颜色者，确诊为膀胱破裂。

（2）膀胱麻痹　多见于犬、猫等动物，患病动物频繁做排尿姿势，但仅有少量尿液或无尿排出，腹围逐渐膨大，食欲减退或废绝，犬猫常伴有呕吐，精神沉郁。压迫膀胱，能排出大量尿液，停止压迫排尿即停止。

4. 其他疾病

（1）肥胖症　是成年犬猫多见的一种脂肪过多性营养疾患。患病犬猫皮下脂肪丰富，尤其腹下和躯体两侧，体态丰满用手摸不到肋骨。表现呕吐，腹围膨满，食欲亢进，易疲劳，呼吸促迫，频尿，高脂血症。

（2）肿瘤　腹腔脏器肿瘤体积巨大时，腹围亦增大，但腹部形态不随动物体位变化而变化。腹腔穿刺多无漏出液，应进一步进行剖腹探查以及病理学检验，以便确诊。

（3）肾上腺皮质机能亢进　主要发生于中高年犬，散发于猫。多饮、多尿、多食、腹部膨满和下垂、皮肤菲薄、对称性脱毛、皮肤钙质沉着。

5. 局限性腹围膨大疾病的鉴别

（1）腹壁疝　多有腹壁外伤史。如蹴踢，外伤局部往往遗留伤痕。主症为受伤局部肿胀，局部腹围膨大，触诊感肿胀物柔软、疼痛，并可还纳入腹腔内，可摸到疝轮，在该部位听诊能听到肠蠕动音，疝囊体积有时增大，有时缩小，随着肠蠕动疝囊壁也呈现活动，经常出现中等度乃至剧烈腹痛。肠管与囊壁或疝轮粘连时，则脱出的肠管不能完全还纳入腹腔内，疝轮也摸不清楚，经直肠牵拉与囊壁粘连的肠管，可见到囊壁也活动。

(2) 脐疝　因脐孔增大或脐轮未完全闭锁，小肠，结肠或网膜经脐孔脱出而发病。主症为脐部出现局限性、柔软肿胀物，局部腹围膨大，脱出物容易还纳入腹腔，整复后容易摸到疝轮，肠管脱出时可听到肠蠕动音，发生嵌闭时，出现剧烈腹痛。

(3) 腹股沟阴囊疝　肠管或网膜的一部分通过腹股沟内口（内环）脱入鞘膜管内，称腹股沟疝（鞘膜管疝），进入总鞘膜腔内的，称阴囊疝（鞘膜腔疝）。肠管经腹股沟总鞘膜破裂孔脱入阴囊皮下的，称鞘膜外阴囊疝。可复性阴囊疝的主症为患侧阴囊增大，触之柔软而有弹力，疼痛不明显，可听到肠蠕动音，横卧或仰卧时，脱出的内容物可还纳入腹腔内。嵌闭性阴囊疝，则腹痛剧烈。腹股沟疝，在脱出的小肠发生嵌闭时，呈现腹痛。

(4) 肿瘤　腹壁肿瘤、外观局部腹围膨大，可直接摸到硬固的肿胀物。腹腔内肿瘤，经腹壁可摸到肿块，或X线检查可见肿块阴影，且肿块逐渐增大。

(5) 腹壁脓肿及蜂窝织炎　有腹壁创伤感染病史。脓肿及蜂窝织炎局部肿胀，局部腹围膨大、触诊局部热痛，体温升高，白细胞增多，核型右移，动物不愿卧地，或卧向健侧，起立、卧下时动物呻吟。在脓肿局部穿刺，有多量脓汁排出。在封闭性腹膜下脓肿，破溃向腹腔内排脓时，可发生弥漫性化脓性腹膜炎，动物很快死亡。

(6) 犬结肠便秘　犬结肠便秘，于髋结节与季肋部之间，可见限局性隆起。猫也如此，猫盲肠积粪，可见限局性隆起，触压留痕。

（张久丽）

七、贫血为主的症状鉴别诊断

贫血是指单位容积的血液中红细胞、血红蛋白及红细胞容积值低于正常值以下，红细胞向组织输送氧的能力降低的状态。

【原因】

1. 失血性贫血　常见于各种外伤、外科手术时失血、消化道出血、香豆素类杀虫剂中毒、泌尿系统出血等。

2. 溶血性贫血　常见于洋葱中毒、巴贝斯虫病、自身免疫性溶血性贫血、钩端螺旋体病、新生仔犬黄疸症、全身性红斑狼疮等。

3. 营养不良性贫血　缺铁、维生素 B_{12}、叶酸、维生素 B_6 以及蛋白质摄取不足等。

4. 再生障碍性贫血　某些化学物质和制剂，如苯、氯霉素、链霉素等；物理因素，如X线、电离辐射等；生物因素如犬埃利希立克次氏体、白血病等均能使骨髓造血机能发生障碍。

【鉴别诊断】

1. 失血性贫血

(1) 钩虫病　黏液血便、消瘦、嗜酸性、白细胞增多、食欲减退。

(2) 鞭虫病　黏液血便、消瘦、腹痛、里急后重、脱水。

(3) 球虫病　黏液便、血便、脱水、发热、食欲废绝。

(4) 肾膨结线虫病　血尿、脓尿、尿频、体重减轻、腹痛、腹泻、呕吐、脱水。

（5）类圆线虫病　湿疹性皮炎、咳嗽、腹泻、恶病质。
（6）黑热病　头部脱毛、脂溢性皮炎、鼻出血、发热、叫声嘶哑。
（7）日本血吸虫病　里急后重、黏液血便、发热、食欲不振、腹水。
（8）毛滴虫病　见于5~8周龄的幼犬、黏液血便、食欲减退、消瘦、嗜睡。
（9）丙酮苄羟香豆素中毒　血便、血尿、心力衰竭、呼吸困难。
（10）胃出血　吐血、血便、消瘦、皮下浮肿、胸腹水。
（11）全身性红斑狼疮　发热、多发性关节炎、皮肤和黏膜有出血斑及溃疡、血尿、咀嚼困难、淋巴结肿大。

2. 溶血性贫血
（1）洋葱中毒　血色素尿、黄疸、呕吐、腹泻、胆红素尿、红细胞再生血象并有海因茨氏小体。
（2）巴贝斯虫病　发热、黄疸、黄褐色尿、脾肿大、黏膜苍白、腹围增大。
（3）自身免疫性溶血病　黄疸、呼吸促迫、脾肿大、血色素尿、红细胞再生象。
（4）新生仔犬溶血病　色素尿、黄疸、突然死亡。
（5）犬埃利希氏病　发热、白细胞减少、消瘦、出血性素质、淋巴结肿大。
（6）TNT中毒　结膜苍白或发绀、呆立、红尿、高铁血红蛋白症。

3. 其他贫血
（1）间质性肾炎　多饮多尿、蛋白尿、低比重尿、尿毒症、消化道溃疡、脱水、高磷血症、低钙血症。
（2）铅中毒　呕吐、腹泻、腹痛、神经症状。
（3）血小板减少症　出血性素质、紫癜、鼻出血、前眼房出血、吐血、血便、血小板减少。
（4）白血病　消瘦、发热、淋巴结肿大、脾肿大。
（5）胸腔积脓　呼吸困难、发热、脱水、淋巴结肿大、衰弱、白细胞增加、嗜中性白细胞增加及核左移。
（6）骨髓瘤　出血性素质、跛行和疼痛、麻痹、消瘦、高蛋白血症、高钙血症、蛋白尿。
（7）维生素B_6缺乏症　阵发性痉挛、皮炎、舌炎、口炎、消瘦。

（吴明福）

八、发绀综合征的鉴别诊断

发绀就是可视黏膜呈蓝紫色。系血液中还原血红蛋白增多或形成大量变性血红蛋白的结果。全身性发绀见于呼吸与心脏功能障碍，局部发绀见于静脉栓塞。

【发病原因】

一般引起发绀的原因有以下几种：

1. 上呼吸道高度狭窄或肺部疾病　当犬、猫上呼吸道高度狭窄或肺部疾病时会引起的高度吸气性呼吸困难，或肺脏呼吸面积显著减少，如各种类型的肺炎和胸膜炎等，所引起动脉血的氧未饱和度增加，即肺脏氧和作用不足等。

2. 犬、猫的血红蛋白的化学性质的改变　常见于某些毒物中毒、饲料中毒（如亚硝酸盐中毒）或药物中毒，形成变性血红蛋白或硫血红蛋白。

3. 血流过缓（淤血）或过少（缺血）　由于犬、猫血流过缓（淤血）或过少（缺血），而使血液经过体循环毛细血管时，过量的血红蛋白被还原，称外周性发绀。多见于全身性淤血，特别是心脏机能障碍时，如心脏衰弱与心力衰竭，还有循环血量下降等。

【鉴别诊断】

1. 动脉导管未闭　呼吸困难、连续性机械性杂音、左胸部震颤、腹水。
2. 肺动脉瓣狭窄　缩期杂音、易疲劳、左胸部震颤、发育迟缓。
3. 心室间隔缺损　易疲劳、呼吸困难、缩期杂音。
4. 法乐氏四联症　后躯跟跄、颈静脉明显波动、右心肥大、红细胞增加、缩期杂音。
5. 心房间隔缺损　心悸、呼吸困难、缩期杂音。
6. 肺水肿　突发、咳嗽、泡沫状痰、缩期杂音。
7. 气胸　腹式呼吸、易疲劳、患侧胸部隆起、叩诊呈鼓音。
8. 咽水肿　突发性呼吸困难、突然死亡。
9. 肺源性心脏病　呼吸困难、易疲劳、全身淤血、腹式呼吸。
10. 中暑　体温升高、瞳孔散大、痉挛和抽搐、站立困难。
11. 肺出血　咯血、咳嗽、呼吸困难。
12. 有机磷农药中毒　当重度中毒时，犬、猫全身战栗，狂暴不安，盲目奔跑或猛冲，嚎叫，咬牙，瞳孔缩小呈线状，可视黏膜与皮肤发绀，心搏急速，大量流涎，剧烈腹痛，粪尿失禁，昏迷，痉挛麻痹。胆碱酯酶活性测定时，如显示褐色或绿色，确诊为有机磷中毒。及时应用特效解毒剂后，如犬、猫病情明显好转，可进一步确诊。
13. 亚硝酸盐中毒　犬、猫可见张口伸舌，呼吸促迫，口吐白沫，鼻端、耳尖、体表皮肤、四肢发凉，体温降至常温以下，瞳孔散大，可视黏膜发绀，心搏细弱，血液呈酱油色，凝固不良；全身震颤，抽搐，共济失调，卧地不起，昏迷。联苯胺快速试验，如滤纸上的液滴处变为棕红色，即证实含有亚硝酸盐，即可确诊。
14. 心力衰竭　是心肌收缩力减弱，使心脏排血量减少，静脉回流受阻、动脉系统供血不足而呈现的全身血液循环障碍的一系列症状的综合征。急性心力衰竭表现高度的呼吸困难，精神极度沉郁，脉搏细数而微弱，可视黏膜发绀，体表静脉怒张。神志不清，突然倒地痉挛，体温降低，并发肺水肿，胸部听诊可见广泛性湿性罗音，两侧鼻孔流出泡沫样鼻液。慢性心力衰竭的犬、猫不愿活动，易疲劳。四肢末端发生水肿，运动后水肿会减轻或消失。听诊心音减弱，出现机械性杂音和心律不齐。心脏叩诊浊音区扩大。

（王怀友）

九、气喘综合征鉴别诊断

气喘也称为呼吸困难或呼吸窘迫，临床以呼吸用力或气喘为显著特征。气喘是一种复杂的病理性的呼吸障碍。表现为呼吸频率的增减，呼吸深度的加强，辅助呼吸肌参与活动以及呼吸类型和呼吸节律的改变。

【发生原因】

导致动物气喘或呼吸困难的原因可分为以下几类：

1. 上呼吸道狭窄性气喘　主要是鼻腔、喉及器官等上呼吸道狭窄，如严重的鼻炎，鼻腔或副鼻窦肿瘤，喉炎，或喉麻痹等导致通气障碍所引起的。

2. 肺源性气喘　是炎性或非炎性肺病导致肺换气障碍所引起的。常见的炎性疾病主要是各种肺炎，其中包括以肺炎为病理基础的传染病，如犬瘟热、组织胞浆菌病等。常见的非炎性疾病主要是肺充血、肺水肿和肺气肿等。

3. 胸源性气喘　是胸、肋疾病如胸膜炎、肋骨骨折等造成呼吸运动障碍所引起的。

4. 腹源性气喘　是腹、膈疾病如急性弥漫性腹膜炎、膈疝等造成呼吸运动障碍所引起的。

5. 心源性气喘　是心力衰竭，尤其是左心衰竭所致组织供血不足时的表现，主要见于许多疾病的濒死期，也见于心肌或心内膜疾病。

6. 血源性气喘　是因贫血、一氧化碳或亚硝酸盐等中毒造成气体运载障碍所引起的。

7. 乏氧性气喘　是动物到达氧气稀薄地区而表现的一种不适应现象。

8. 细胞性气喘　是细胞内的氧化过程受阻或氧供应不足所表现的一种内呼吸障碍，如氢氰酸中毒。

9. 中枢性气喘　是多种脑病如脑炎、脑水肿或脑肿瘤造成颅内压增高所引起的，也见于高热、酸中毒等导致呼吸中枢抑制或麻痹而发生。

在上述九类导致动物气喘或呼吸困难的原因中，以前四类比较多见，其中又以肺源性气喘最常见。

【鉴别诊断】

1. 上呼吸道性

（1）咽水肿　发绀、高热、突然死亡。

（2）咽麻痹　咽下困难、流涎、咳嗽、咀嚼困难、异常叫声。

（3）软腭异常　呼吸时杂音、呕吐、流鼻液、肺炎。

（4）气管麻痹　咳嗽、发绀、肥胖、发热。

2. 肺原性

（1）支气管肺炎　发热、咳嗽、肺听诊啰音、呼吸促迫。

（2）传染性气管支气管炎　咳嗽、呕吐、发热、食欲不振、鼻液、肺听诊啰音。

（3）肺炎　发热、咳嗽、易疲劳、消瘦。

（4）肺水肿　咳嗽、发绀、张口呼吸、泡沫样咳痰。

（5）肺出血　喀血、咳嗽、发绀。

（6）肿瘤　咳嗽、胸水、食欲不振、易疲劳。

（7）放线菌病　皮下顽固性肉芽肿、消瘦、胸膜炎、发热。

（8）诺卡氏菌病　皮下结节、溃疡和脓肿、唾液腺结节和脓肿、淋巴结肿大、腹水、神经症状。

（9）球孢子菌病　咳嗽、发热、腹泻、消瘦、皮肤脓肿和溃疡。

（10）结核　消瘦、咳嗽、淋巴结肿大、嗜睡、皮肤溃疡。

3. 心源性

(1) 犬心丝虫病　不耐运动、四肢浮肿、收缩期杂音、腹水。
(2) 肺源性心脏病　全身性淤血、腹式呼吸、桶状胸廓、浮肿、发绀。
(3) 动脉导管未闭　不耐运动、心杂音、左前胸部震颤、红细胞增加。
(4) 心房间隔缺损　心悸亢进、发绀、缩期杂音。
(5) 肺动脉瓣狭窄　发育迟缓、不耐运动、颈静脉怒张、胸壁震颤。
(6) 心室间隔缺损　发绀、颈静脉搏动明显、不耐运动。
(7) 法乐氏四联症　发绀、虚脱、缩期杂音、右侧 2~3 肋间震颤。
(8) 心动过速　脉搏无力、增速。

4. 胸、腹腔性

(1) 气胸　腹式呼吸、发绀、胸壁隆起、不耐运动、肺部鼓音，X 线可诊断。
(2) 胸腔积水　呼吸急促、叩诊音异常、犬坐姿势、两前肢叉开、X 线可诊断。
(3) 胸腔积脓　高热、淋巴结肿大、衰弱、白细胞增加。
(4) 胸腔积血　呼吸急促、心音减弱叩诊音异常、黏膜苍白、休克、X 线可诊断。
(5) 乳糜胸　叩诊音异常、消瘦、多饮。
(6) 横膈膜疝　腹部缩小、持续站立、咳嗽胸腔部有肠蠕动音。
(7) 纵膈气肿　食欲不振或废绝、发绀、皮下气肿、捻发音、呕吐。
(8) 腹水　腹围增大、腹部有波动感、不耐运动、消瘦。

5. 全身性疾病

(1) 产后癫痫　神经过敏、全身性痉挛、流涎、异常兴奋、黏膜充血、见于多产的小型哺乳母犬。
(2) 中暑　体温异常升高、黏膜充血、瞳孔散大、痉挛、抽搐、起立困难。
(3) 输血反应　眼睑潮红、流涎、兴奋、呕吐、血色素尿、虚脱。
(4) 胸膜炎　浅表呼吸、咳嗽、发热、发绀、胸膜摩擦音、胸部压痛。
(5) 犬瘟热　发热、咳嗽、鼻液。
(6) 伪狂犬病　拒食、不安、奇痒、头颈部和口唇部肌肉痉挛。

（王怀友）

十、多饮多尿为主的症状鉴别诊断

犬的很多疾病在出现多尿的同时，都伴有口渴性饮欲亢进（多饮）。一般情况下，多饮是每日饮水 100ml/kg 体重以上；多尿是每日排尿 50ml/kg 体重以上。

【病因】

1. 肾小球滤过量增加　给予茶碱类利尿药或注射高渗液。
2. 肾小管重吸收减少

(1) 钠重吸收减少　给予噻嗪类、汞剂、抗醛固酮类利尿剂。
(2) 水重吸收减少　心源性饮欲亢进、真性尿崩症。
(3) 肾小球滤过渗透压增加　真性糖尿病、摄取食盐过多。
(4) 肾小管浓缩尿的功能降低　见于肾病末期、肾病利尿期、肾性尿崩症、甲状腺机能亢进、高血钙性肾功能障碍、甲状旁腺功能亢进。

3. 其他 肾上腺皮质功能亢进、子宫蓄脓症、中枢神经障碍。

【鉴别诊断】

（1）子宫蓄脓症 腹围膨隆、呕吐、阴门肿大、食欲不振、白细胞增加、嗜中性粒细胞核左移、血清尿素氮增高。

（2）间质性肾炎 呕吐、消瘦、脱水、被毛无光泽、腹泻、尿比重降低、高磷血症。

（3）糖尿病 多食、消瘦、呕吐、昏睡、尿糖、尿比重升高、酮尿、高血糖。

（4）尿崩症 低比重尿、高蛋白血症、见于老龄犬。

（5）皮质醇增多症 多食、腹部下垂、对称性脱毛、皮肤菲薄、色素沉着、老龄犬皮肤钙沉着、淋巴细胞减少、嗜酸性细胞减少。

（6）精神性多尿症 尿比重低、水限制试验阳性、后叶加压素试验阳性。

（7）肾性甲状旁腺功能亢进症 下颌骨肿大、下颌支骨折、颜面肿大、牙齿异常萌出。

（8）原发性肾性糖尿 尿糖。

（9）维生素D过剩 食欲减退或废绝、呕吐、发育迟缓、消瘦、肾功能不全、X线影像有变化。

（10）甲状腺机能亢进 多食、消瘦、不安、眼球突出、心动过速、尿糖、低胆固醇。

（11）淀粉样变性 消瘦、蛋白尿、浮肿、腹水、脾肿大、低蛋白血症、高胆固醇血症、血清尿素氮增高。

（12）脑下垂体功能减退症 秃毛症、发育迟缓、见于幼龄犬。

（13）雌激素过剩症 对称性脱毛、皮肤色素沉着、外阴部肿大、外阴部出血、乳头肿大、爬跨雄犬。

（14）肢端肥大症 喘鸣、皮肤形成皱襞、腹围膨隆、不耐运动。

（15）肝性脑病 发育不良、运动失调、神经症状、腹水。

（吴明福）

十一、红尿为主的症状鉴别诊断

红尿是尿液变成红色、红棕色的泛称，并非特指某一种尿。它可能是血尿、血红蛋白尿、或药物性红尿。

健康犬的尿呈淡黄色，若放置过久，亦可发生变化。因此，应以观察刚排出尿的颜色为准。

【病因】

1. 血尿

（1）肾性血尿

①经常出现血尿：尿路外伤或结石、急性肾功能衰竭、出血性疾病、血小板减少症、中暑、急性肾盂肾炎、肾小球肾病、肿瘤、钩端螺旋体感染等。

②不常发生的血尿：动脉血栓引起的肾梗塞、良性肾出血、肾虫病、血丝虫病、肾囊泡、放射线照射。

(2) 膀胱性血尿　膀胱炎、膀胱外伤、膀胱结石、膀胱肿瘤。
(3) 尿道性血尿　尿道结石、尿道炎、尿道外伤及肿瘤。
(4) 尿路外出血　前列腺炎、前列腺肿瘤、阴茎外伤、母犬发情前期。
(5) 血液凝固不良　血友病、全身红斑狼疮。

2. 血红蛋白尿

急性血丝虫病、洋葱中毒、自身免疫性溶血、输血反应、新生犬溶血病、巴贝斯虫病、巴尔通氏体病、烧伤。

【鉴别诊断】

1. 血尿
(1) 尿石症　尿频、血尿、尿闭、努责、腹围增大。
(2) 膀胱炎　尿频、尿混浊、脓尿、碱性尿、血尿。
(3) 前列腺炎　发热、食欲不振、便秘、努责、血尿、脓尿、排尿困难，多见于5岁以上犬。
(4) 尿道损伤　少尿、排尿困难、尿道周围浮肿。
(5) 念珠菌病　皮肤糜烂和肉芽、口炎、腹泻、角膜炎。
(6) 肾虫病　尿频、脓尿、体重减轻、腹痛、便秘、呕吐。
(7) TNT中毒　食欲不振、四肢无力、步态跟跄、黏膜苍白或发绀。
(8) 先天性血液凝固不良　出血性素质、皮肤和黏膜出血斑、血尿、血便、血肿。

2. 血红蛋白尿
(1) 洋葱中毒　黄疸、呕吐、腹泻、海因茨氏小体、红细胞再生象。
(2) 自身免疫性溶血性贫血　贫血、黄疸、呼吸急促、脾肿大、血红蛋白尿、皮肤糜烂。
(3) 输血反应　呼吸急促、流涎、兴奋、呕吐、眼球震颤、黄疸、虚脱。
(4) 新生犬黄疸　贫血、黄疸、同窝犬患病、突然死亡。
(5) 巴贝斯虫病　发热、贫血、黄疸、脾肿大。
(6) 全身性红斑狼疮　发热、多发性关节炎、血小板减少、黏膜出血斑、淋巴结肿大。

（吴明福）

十二、抽搐及痉挛综合征的鉴别诊断

抽搐及痉挛是指脑神经元异常放电引起的暂时性的脑机能障碍，以行为、意识、运动、感觉的变化为临床特征。行为改变包括意识模糊，痴呆，发狂和恐惧甚至丧失意识。运动机能变化表现不随意运动或阵发性痉挛及涉水样动作，发作时牙关紧闭，咀嚼，奔跑，圆圈动作等。对宠物异常表现不难发现，如抓面部，咬尾及撕咬自体等。癫痫发作时还可出现流涎、排粪、排尿和呕吐等症状。抽搐及痉挛不是独立的疾病，而是伴随许多疾病的一种病症。常见于原发性脑病，营养及代谢性疾病，中毒性疾病，传染病，寄生虫病，内分泌性疾病，以及外周神经损伤，过敏反应，心脏病，中暑等。

抽搐与痉挛是犬常见神经症状之一，临床上表现为全身或局部肌群发生强直性和阵发性抽搐，可伴有或不伴有意识障碍。

【原因】
1. 先天性脑损害　癫痫、脑积水等。
2. 后天性脑损害　脑炎、脑肿瘤、髓膜炎、颅骨损伤、低氧血症等。
3. 感染　犬瘟热、弓形体病、隐球菌病、狂犬病、破伤风、幼犬寄生虫病。
4. 中毒　铅中毒、有机磷中毒、氰化物中毒、马钱子中毒。
5. 代谢异常　肝性脑病、尿毒症、低血糖症、低钙血症、维生素 B_1 缺乏、甲状腺机能亢进、中暑等。

【鉴别诊断】
1. 原发性脑部疾病
（1）脑膜炎　突然发生，狂暴不安，无目的地奔走，乱冲乱撞或步样蹒跚，转圈运动，抽搐或痉挛。
（2）脑脓肿　发展缓慢逐渐加重，发热，出现脑炎症状，运动失调，头颈歪斜，转圈运动。
（3）脑积水　多取慢性经过，意识障碍，感觉迟钝，不听呼唤，运动扰乱，盲目奔走，步态不稳。
（4）脑挫伤　有受伤史，意识丧失，出现脑炎症状，呕吐，大小便失禁，偏瘫或癫痫，转圈运动，头摇摆或后仰，运动失调。

2. 低血糖病
（1）母犬低血糖症　产仔时阵缩微弱、全身痉挛、呼吸急促、酮尿、低血糖。
（2）幼犬一过性低血糖症　精神沉郁、全身痉挛、步态蹒跚、昏睡。
（3）胰岛素过剩症　兴奋不安、痉挛、神经错乱、麻痹、昏睡、全身无力、低血糖，见于老龄犬。
（4）猎犬功能性低血糖　步态踉跄，全身性痉挛，低血糖，见于猎犬。

3. 传染病
（1）犬瘟热　发热、双相热型、结膜炎、呼吸困难、咳嗽、流鼻液腹泻呕吐、癫痫、流鼻液、局部肌肉震颤、抽搐或全身痉挛。
（2）隐球菌病　肉芽肿、转圈运动、运动失调、痉挛、跛行、意识障碍。
（3）狂犬病　流涎、兴奋、麻痹、咽下困难、异嗜、有攻击行为。
（4）伪狂犬病　狂叫不安、流涎、吞咽困难、呼吸困难、皮肤奇痒。
（5）破伤风　强直性痉挛，步态强拘，瞬膜露出，角弓反张，牙关禁闭。
（6）弓形体病　厌食，嗜睡，高热，呼吸困难，呕吐，腹泻，结膜充血，对光反映迟钝，甚至眼盲，黄疸，流产，贫血，运动失调，惊厥，视觉丧失，抽搐及延髓麻痹等。
（7）猫传染性腹膜炎　非渗出型猫传染性腹膜炎，各种器官出现肉芽肿，共济失调，轻度瘫痪，定向力障碍，眼球震颤，癫痫发作，感觉过度敏感，外周神经炎等。

4. 代谢障碍
（1）产后癫痫　异常兴奋，呼吸促迫或困难，间歇性强直痉挛、发绀、流涎、高热。
（2）甲状旁腺功能减退　抽搐、步样不稳、肌肉挛缩、呕吐、低血钙症。
（3）原发性甲状旁腺功能亢进　食欲不振、呕吐、骨质脆弱、易骨折、多饮多尿、血尿、痉挛。

（4）甲状腺功能亢进　多食、消瘦、兴奋不安、眼球突出、心搏数增加、糖尿。

（5）维生素 B_1 缺乏　食欲不振、知觉过敏、强直性痉挛、角弓反张、呕吐、双侧麻痹。

5. 中毒性疾病

（1）士的宁与马钱子中毒　强直性痉挛，肌肉僵硬，呼吸困难，瞳孔散大，开口障碍。

（2）有机磷农药　有机氟农药或灭鼠药，灭蟑螂药中毒。有食入毒药或被毒药致死的老鼠、蟑螂的病史，表现呕吐、腹泻、腹痛，狂暴不安，全身震颤和痉挛。

（3）一氧化碳中毒　有吸入一氧化碳的病史，表现呕吐、昏迷，可视黏膜紫绀。

（4）汞中毒　有汞制剂涂在肌肤表面，或被舔食的病史，中枢神经显著异常，病犬震颤、痉挛、战栗、肌肉麻痹，流出脓样鼻液，咳嗽，呼吸困难，皮肤出现湿疹。

（5）铅中毒　食入含铅物质，以消化系统和神经系统损害为主，表现厌食，呕吐，腹痛，便秘或腹泻。痉挛，咬牙、咬肌麻痹，突然兴奋不安，持续性狂叫和奔走，癫痫样发作。

6. 寄生虫病　感染绦虫，蛔虫，钩虫等在粪便或呕吐物中发现虫体，或粪检有虫卵，患病动物贫血，消瘦，黄疸，腹泻，呕吐，痉挛，癫痫，多见于幼犬。

7. 内分泌性疾病　如甲状腺内能减退症特征是肌肉痉挛，抽搐，低钙血症和高磷血症，体温升高，虚弱无力，肌肉疼痛，兴奋不安，呈神经质状或精神沉郁，食欲减退，呕吐，腹痛便秘，心动过速。

8. 过敏反应　接触或使用过能致病的药物，表现呼吸困难，结膜苍白，血压下降，角弓反张，抽搐甚至快速死亡。

9. 心脏疾病　心力衰竭等心脏疾病，表现为无先兆突然发病，呼吸急促，突然倒地，知觉完全消失，可视黏膜苍白，有轻度阵挛性惊厥，听诊心动过速或对缓，两心音减弱，数秒或数分钟内死亡。

10. 中暑　体温异常升高，呼吸急促和困难，瞳孔散大，起立困难，痉挛和抽搐，发病条件是高温环境。

11. 其他

（1）癫痫　突发性痉挛很快恢复、复发、意识丧失、尿失禁、流涎。

（2）脑水肿　颅骨扩大、神经障碍、癫痫。

（3）舞蹈病　点头，左右摇摆，骨骼肌间歇性痉挛、抽搐或局部肌肉抽搐。运动失调，意识障碍。

（王福军）

十三、爬卧不起综合征的鉴别诊断

爬卧不起通常是指完全瘫痪和不完全瘫痪。是由于脑干、脊髓、外周神经或脊神经节功能异常导致的肌肉随意运动能力的减退或丧失。临床上按照神经系统损害的解剖部位可分为中枢性瘫痪和外周性瘫痪，按照瘫痪程度可分为完全性瘫痪和不完全性瘫痪，按照发生瘫痪的部位可分为单瘫、偏瘫、截瘫和四肢瘫痪。动物的随意运动是依靠大脑并通过传导系统支配肌肉来完成的一种有目的的运动，受意识所控制，当控制、传导或完成随意运动的神经肌肉或机能发生障碍时，便会出现爬卧不起症状。

【原因】

1. 四肢瘫痪　脊椎炎、脑炎、维生素 B_1 缺乏、弓形体病、多发性神经根炎、重症肌无力。

2. 后肢瘫痪　椎间盘突出症、犬瘟热、运动失调综合征、变形性脊椎病。

3. 不特定瘫痪　脑水肿、脑肿瘤、运动失调综合征。

【鉴别诊断】

1. 椎间盘疝　后躯麻痹、运动障碍、腰背部压痛。X线可确诊。

2. 脊髓炎　运动麻痹、尿闭、尿失禁、后躯麻痹、步态强拘。

3. 脑炎　意识知觉障碍、运动障碍、尿闭、尿失禁。

4. 维生素 B_1 缺乏症　食欲不振、知觉过敏、强直性痉挛、角弓反张。

5. 变形性脊椎病　腰背部疼痛、跛行、起立困难。

6. 特发性多发性肌炎　强直性步态、咀嚼困难、吞咽障碍。

7. 慢性变形性神经根脊髓障碍　后肢不全麻痹、运动失调、膝盖和根腱反射亢进、运步困难、见于老龄德国牧羊犬。

8. 多发性神经根炎　四肢麻痹、稍有知觉、四肢发凉、体温下降。

9. 脊柱裂　后肢麻痹、粪尿失禁、阴茎麻痹和露出、后肢浮肿。

10. 蜱致麻痹　弛缓性麻痹、吞咽困难、不能起立、散瞳、呼吸数减少。

11. 肉毒梭菌中毒　鸣叫、呕吐白沫、麻痹、呼吸困难、食欲减退或废绝。

12. 弓形体病　发热、咳嗽、视力障碍、腹泻、运动麻痹。

（王福军）

十四、皮肤异常综合征的鉴别诊断

犬、猫皮肤病在临床疾病中占有较大的比例，病因复杂，种类繁多，确诊及治疗都有难度。

【发病原因】

临床上将犬、猫皮肤病大致分为以下16种：

1. 寄生虫性皮肤病　如螨虫、虱子、跳蚤、钩虫和犬恶心丝虫的幼虫等引起。

2. 细菌性皮肤病　多见于球菌等引起。

3. 真菌性皮肤病　如犬小孢子菌、须毛癣菌、石膏样小孢子菌、球孢子菌、隐球菌、组织胞浆菌和孢子丝菌等引起。

4. 病毒性皮肤病　见于伪狂犬病、猫白血病和犬瘟热的脚垫和鼻端硬化干裂等。

5. 与物理性因素有关的皮肤病　由冻伤、电伤、烧伤、烫伤、创伤、殴斗伤等引起。

6. 与化学因素有关的皮肤病　如酸性或碱性物质引起的皮肤损伤。

7. 皮肤过敏与药疹　由昆虫叮咬、粉尘过敏、食物过敏、药物过敏等引起。

8. 自体免疫性皮肤病　由系统性红斑狼疮、寻常天疱创、自体免疫溶血性贫血、免疫介导性血小板减少症等引起。

9. **激素性皮肤病**　由甲状腺机能减退、肾上腺皮质机能亢进、性激素不足或亢进、生长素不足等引起。

10. **皮脂溢**　见于皮脂溢性皮肤病，临床上又分为油性皮脂溢和干性皮脂溢等。

11. **中毒性皮炎**　由抗凝血杀鼠药中毒、铊中毒、碘中毒等引起。

12. **营养代谢性皮肤病**　有维生素A、维生素B_2、生物素、锌碘等缺乏引起。

13. **与遗传因素有关的皮肤病**　见于皮肤过度松弛的犬品种，如沙皮犬、腊肠犬、巴赛特猎犬等。

14. **肿瘤**　与外界因素有关，其中主要是化学因素，其次是病毒和放射线。

15. **猫嗜酸性肉芽肿**　是一组侵害犬、猫的疾病，病因不清楚。

16. **其他皮肤病**　见于耳尖缺血性坏死，洗澡不合理性脱毛，皮肤角化过度等。

【鉴别诊断】

1. 单纯性皮炎

（1）湿疹　瘙痒、糜烂、丘疹、痂皮、皮肤增厚。

（2）皮炎　脱毛、痒觉、糜烂、溃疡。

（3）过敏性皮炎　瘙痒、皮肤红斑、鳞屑、脱毛。

（4）脂溢性皮炎　背部鳞屑、皮肤有特异的臭味。

（5）口唇炎　流涎、口部恶臭、口唇黏膜和皮肤皱襞炎症。

（6）犬瘟热　下腹部脓疱、趾球硬化、弛张热型、双相热型。

（7）脱毛症　脱毛。

（8）荨麻疹　丘疹、浮肿、痒觉、腹泻、便秘。

（9）皮肤瘙痒症　痒觉、皮炎。

（10）脓皮症　脓疱、脓痂皮、毛疮、淋巴结肿大。

（11）趾间性脓皮症　趾间脓肿、发红、湿润、疼痛、脓疱。

2. 自身免疫性

（1）全身性红斑狼疮　多发性关节炎、黏膜出血斑、血小板减少，咀嚼困难。

（2）寻常性天疱疮　溃疡性口炎、黏膜皮肤交界部溃疡、患部痒觉、发热。

（3）类犬疱疹　口黏膜水泡和溃疡、下腹部及鼠蹊部灶状水疱和溃疡、头部有水疱和溃疡、发热。

（4）落叶状犬疱疹　颜面部皮肤水疱和痂皮、患部脱毛、发红、渗出、痒觉。

3. 激素失调性

（1）黑色素表皮增厚症　表皮对称性增厚、黑色素沉着、慢性皮炎，多见于腊肠犬。

（2）甲状腺功能减退症　嗜睡、对称性脱毛、不耐运动、皮肤增厚和形成皱襞。

（3）脑垂体功能减退症　对称性脱毛、发育迟缓、生殖器发育不全。

（4）皮质醇增多症　多食多饮多尿、腹部下垂、皮肤菲薄、对称性脱毛、色素沉着、皮肤钙沉着、见于高龄犬。

（5）雌激素过剩症　对称性脱毛、色素沉着、异常子宫出血、外阴部肿胀、脂溢性皮炎、乳头肿大。

（6）雄犬雌性化综合征　性欲减退、雌性乳房、对称性皮炎、色素过度沉着、皮肤角化、脂溢性皮炎、阴茎萎缩。

（7）腺垂体肿瘤　呼气性喘鸣、皮肤形成皱襞、腹围增大、多饮多尿、不耐运动。

4. 寄生虫性

（1）疥螨病　瘙痒、湿疹、脱毛。

（2）耳痒螨病　摇头、耳有褐色的耳垢和痂皮、眼屎多。

（3）蚤感染症　有蚤寄生、过敏性皮炎、瘙痒、脱毛、皮肤增厚、有蚤排泄物。

（4）虱病　瘙痒、脱毛、断毛、有擦伤、兴奋。

（5）毛囊虫病　头部和口唇周围脱毛、湿疹、皮肤增厚、脓皮症、慢性顽固性皮炎。

（6）皮肤丝状菌病　脱毛、落屑、痂皮、被毛折断、丘疹。

（7）念珠菌病　口炎、趾间糜烂、外耳炎、角膜炎。

（8）隐球菌病　痉挛、颜面和四肢肉芽肿、转圈运动、跛行、葡萄膜炎。

（9）潜蚤病　糜烂、形成痂皮、湿性皮炎、瘙痒。

（10）类圆线虫病　湿疹样皮炎、瘙痒、咳嗽、腹泻、贫血。

（11）麦那地龙线虫病　皮肤呈灶状红斑水肿、硬结、形成水疱和溃疡、水疱内有黄色液体和幼虫。

（12）黑热病　头部脱毛、脂溢性皮炎、鼻衄、贫血、发热、叫声嘶哑。

5. 其他

（1）鼻镜脱色素　鼻镜脱色素、眼睑和口唇脱色素、外伤、溃疡、糜烂。

（2）柯利鼻　鼻镜和鼻端部皮炎、夏季严重、反复发病。

（3）维生素A缺乏症　发育迟缓、角膜干燥、皮肤角化亢进、皮炎、神经症状。

（4）维生素B_6缺乏症　贫血、痉挛、皮炎、舌炎、口炎、消瘦。

（5）烟酸缺乏症　舌炎、口炎、左右对称性皮炎、流涎、贫血、腹泻。

（6）伪狂犬病　奇痒、皮肤有病变、头颈和口唇肌肉痉挛、呼吸困难、不食、不安、呕吐。

（7）皮肤癌　多样局限性肿瘤、溃疡、不疼痛、恶病质。

（王怀友）

十五、脱水综合征的鉴别诊断

脱水是水分和电解质摄入不足及体液和电解质丢失过多，或体液排泄多于吸收，以致循环血量减少和组织脱水的综合病理过程，各种动物均常见和多发。临床上许多疾病都可引起脱水。如传染病、寄生虫病、中毒病、饲料不良与喂食不当，尤其是消化系统疾病过程中的呕吐、腹泻，泌尿系统中的尿频及烧伤等都可引起体液丢失。脱水过程中，水和电解质常同时丢失，唯数量各不相同。严重的脱水往往造成死亡。

【病因】

1. 急性脱水

（1）急性腹泻　常见病因有中毒性、病毒性、细菌性和饲喂不当所引发的急性腹泻。

（2）急性咽下障碍　咽炎、食管梗塞等病，由于不能饮水或水的咽下障碍，可在数日之内，甚至在一夜之间，引起大量脱水。

(3) 唾液分泌过多　如唾液腺炎、有机磷中毒、汞中毒、砷中毒、急性铜中毒等病经过中，因唾液分泌过多，导致大量体液丢失，引起脱水。

(4) 呕吐、出汗　急性胃炎时大量呕吐，中暑时大量出汗，均可引起急性严重的脱水。

2. 慢性脱水

(1) 慢性腹泻　如慢性消化不良，长期腹泻使体液大量丢失。

(2) 慢性咽下障碍　如慢性咽炎、咽麻痹、咽受压迫、食管狭窄以及脑病等，因长时间水的咽下障碍而导致脱水。

(3) 尿量增多　如慢性肾炎、糖尿病、尿崩症等，因长时期排尿量增多，经常引起脱水。

(4) 体腔积液如胸、腹腔炎性及非炎性积液　特别是大量积液，常可出现脱水征象。不显性失水量增多如发热、呼吸频速的疾病，不显性失水量常异常增多，可引起脱水。

【脱水的分类及主要症状】

根据体液丢失的程度可分为轻度脱水、中度脱水和重度脱水，依照脱水的性质可分为高渗性脱水、低渗性脱水和等渗性脱水。

1. 轻度脱水　失水量占体重的4%~5%，血细胞压积（PCV）40%~45%，血浆总蛋白（TP）70~80g/L，毛细血管再充盈时间（CRT）延长，病犬精神沉郁，有渴感，尿量略减，比重增加皮肤弹性减退，口腔干燥，血液轻度浓缩，全血比重升高。

2. 中度脱水　失水6%~8%，PCV45%~50%，TP80~90g/L，CRT大于3S，病犬兴奋不安，有较强饮欲，体弱无力，行动倦怠，喜卧，皮肤弹性减退，皮毛粗乱，眼球内陷，口腔干燥，尿少，比重明显上升，心跳加快，血液浓缩，PCV、Hb、BWC和BRC等平行上升，血清Na^+增加。

3. 重度脱水　失水8%以上，TP90~100g/L，PCV50%以上，CRT大于6S，病犬高度沉郁或昏迷，眼球及体表静脉塌陷，角膜干燥无光，结膜发绀，皮肤弹性消失，口干舌燥，鼻镜龟裂，脉细而弱，频数减少。失水超过12%即有生命危险。

由于脱水的性质不同，临床症状有不相同。

(1) 高渗性脱水　这种脱水是水分丢失多，电解质丢失较少，又称失水为主的脱水。如饮水不足，或咽疾患等咽下阻碍性疾病经过中，因水的咽下障碍而引起的脱水，属于高渗性脱水。主要表现口干舌燥，烦渴贪饮，尿量减少，比重升高。TP升高，血Na^+高达143mmol/L以上，PCV变化不明显。治疗以补水为主，可输注5%葡萄糖液，或2份5%葡萄糖液加1份生理盐水。

(2) 低渗性脱水　是电解质丢失多于水的丢失，又称失盐为主的脱水。如动物在急剧运动、中暑等大出汗后饮水过多，或大量补注含糖溶液，或含盐溶液补注不足，往往引起低渗性脱水。往往表现疲乏，眼球下陷，皮肤发皱，无渴感，缺饮欲，尿量不减少。TP浓缩、Hb和PCV升高，血Na^+减少至143mmol/L以下，尿中Na^+、H^+减少或无。治疗以输注生理盐水为宜，也可以输注2份生理盐水，加1份5%葡萄糖液。

(3) 等渗性脱水　水和电解质以等渗或近似等渗浓度丢失，但因水分不断从尿和呼吸中丢失，所以失水量实际上比钠多，是临床上最多见的一种脱水，如动物的腹泻，烧伤时的血浆丢失等属于等渗性脱水。等渗性脱水也叫混合性脱水。表现为口腔干燥，烦渴贪饮，眼球凹陷，皮肤弹性减退，脉搏细弱，血压下降，肢端发凉，尿量减少，严重者可发生休克，血液浓缩，血细胞数、Hb 及 PCV 明显增多，血清 Na^+ 浓度接近 143mmol/L。治疗以输注生理盐水为宜。

【鉴别诊断】

根据病史、临床症状、脱水指标、血 Na^+ 水平以及血 HCO_3^- 和 Cl^- 的含量，可以诊断出脱水程度和脱水性质。在鉴别诊断上，主要是对引起脱水疾病的鉴别。对脱水性疾病的鉴别主要是根据脱水时伴随症状进行鉴别，现分类叙述如下。

1. **伴随消化系统疾病征候群脱水性疾病的鉴别**　在进行伴随消化系统疾病征候群脱水性疾病的鉴别诊断时，首先要观察消化系统征候中是否有大量流涎和咽下障碍、呕吐、腹泻或胃肠道积液的症状。

（1）伴有大量流涎和咽下障碍　考虑上消化道疾病和神经系统疾病及某些全身性疾病，可考虑唾液腺炎、口炎、有机磷中毒、拟胆碱类药物的应用，可引起不同程度的脱水。咽炎、舌麻痹、木舌症、咽麻痹、咽阻塞、食道阻塞、破伤风、食管炎等可因咽下障碍，导致脱水，这些疾病的鉴别见流涎。

（2）剧烈呕吐　剧烈呕吐使消化道受纳水和营养物的途径中断，由唾液和胃液组成的上消化道分泌液每日多达数千毫升。水来自细胞外液，使细胞外液的渗透压升高，进而使细胞内液移向细胞外隙，造成细胞脱水。伴有呕吐症状的疾病见于传染病如犬细小病毒病、犬传染性肝炎、犬瘟热，寄生虫病如犬蛔虫、食道口线虫等，中毒性疾病如有机磷中毒、呋喃丹中毒、亚硝酸盐中毒等，以及一些常见的普通病如犬胃溃疡、肠梗阻、胃内异物等，这些疾病的具体鉴别方法见呕吐。

（3）腹泻　腹泻使机体损失水和电解质，在大量腹泻时，可丢失更多的钾、钠、钙、氯等。伴有腹泻症状的疾病主要见腹泻性疾病的鉴别。

（4）能够引起脱水症状的胃肠道积液疾病　主要见于犬液性胃扩张。液性胃扩张，多为继发性，因十二指肠逆蠕动，肠液逆流入胃而发生。病犬突然起病，腹围膨大，呼吸困难，站立不安，呻吟，病程短急，穿刺可放出大量酸臭味液体，液体排除后症状得到缓解，但由胃扭转或肠梗阻引起的则很快出现反复。

2. **伴有体腔积液性疾病的鉴别**　体腔积液包括胸腔积液和腹腔积液，按积液的性质可分为渗出液、漏出液、乳糜液等。胸腔积液时，叩诊胸部呈水平浊音，可考虑胸膜炎、胸水和乳糜胸。胸膜炎时，胸部触诊敏感，穿刺液为渗出液。胸水时触诊不敏感，穿刺液为漏出液。而乳糜胸穿刺液为乳白色，触诊不敏感。腹腔积液时，可考虑腹水、渗出性腹膜炎等，叩诊患病动物腹部呈水平浊音，冲击触诊有震荡感。腹部触诊敏感，穿刺液为渗出液的是腹膜炎，触诊不敏感，穿刺液为漏出液的是腹水。

3. **糖代谢紊乱所致的水电解质异常**　糖尿病高渗性昏迷：症状缓起，患病动物烦渴、乏力、多尿、食欲不振、抽搐、神情淡漠、昏迷。患病动物呈失水、血压下降、尿糖强阳性。由于失水及肾脏疾病而细胞外液减少，故血糖升高显著，但无酮症，血浆呈高渗状态；少数动物由于循环容量降低而血钠或血尿素氮显著增高。

糖尿病酮症酸中毒：为糖尿病的严重并发症之一，多见于老龄犬猫，高血糖和高酮血的渗透性利尿引起血容量降低及电解质丢失，并使细胞内液流向细胞外液。失水比失钠严重，失钠又比失氯严重，使酸中毒不易纠正。患糖尿病动物出现食欲减退、呕吐、腹痛、失水时已有明显酸中毒表现；以及至神志不清、呼吸呈烂苹果味，皮肤失去弹性，出现外周循环衰竭时已进入晚期。外周血白细胞明显增多，检查尿、血有酮体及含糖量增高。必须及时输液、补充血容量、注射胰岛素及纠正酸中毒和电解质紊乱等。

4. **内分泌疾病引起的水、电解质异常** 原发性慢性肾上腺皮质功能减退症：主要发生幼龄至中龄犬，雌性动物发病较多。由种种原因使两侧肾上腺皮质遭受严重损害而引起。临床上出现慢性失水、虚弱、消瘦、呕吐、烦渴、多尿、腹泻等，易于诊断。

甲状腺功能亢进症：由甲状腺素分泌过多引起的胃肠道蠕动增快及脂肪吸收不良的腹泻，每日排便次数增多，大便呈糊状，内含未消化食物及脂肪，严重的可引起水、电解质紊乱，如其他甲亢症状不明显易造成诊断困难，必要时需进行血清 T_3、T_4 测试以帮助诊断。

5. **其他**

（1）**热衰竭** 未能适应高温环境的动物数天后就可出现失水失盐，见于年老体弱的动物或饮水不足，引起的高钠血症可减少抗利尿激素分泌。患病动物出现体温升高、虚弱、烦渴、过度呼吸、动作不协调等。

（2）**肝硬化** 损害肝脏的各种病因最后都可引起肝硬化，形成腹水，导致机体脱水。病犬表现食欲不振，呕吐、恶心，消化不良，便秘，腹泻，或便秘与腹泻交替发作。触诊肝区过敏，肝脾肿大，出血素质，低蛋白血症。常有腹水，肝功能测定有助于诊断。

附：脱水综合征的治疗

1. **治疗原则** 先盐后糖，先快后慢，痉补钙镁，见尿补钾。
2. **补液途径**

（1）**口服法** 适用于轻度脱水无呕吐症状者，一般用口服的液盐，按比例稀释后服用。

（2）**静脉注射法** 适用于中重度脱水，对于腹泻与呕吐等幼犬不能从胃肠道补液者必须从静脉补液。

（3）**腹腔内注射法** 较皮下补液吸收快，操作时不应损伤肠管及造成腹腔感染，多用等渗液或低渗液，溶液应加温到38℃左右。

（4）**皮下注射法** 当脱水为8%以下时适用，脱水8%以上时，可用1/3量静脉输液，剩余量同时皮下注射或间隔6~8h皮下注射。皮下补液以背上部最适宜。但应注意皮下输液可用等渗液或低渗液，不要单纯输葡萄糖。

此外，根据临床具体情况也可采用深部灌肠方法补液。

3. **补液的速度** 依病情与脱水程度而定，静脉补液时初生犬为4ml/kg体重，一般幼犬10~15ml/kg体重；对于低血容量性休克或严重脱水的幼犬，当心脏功能正常时可先快后慢，但最大速度为50ml/kg体重。

4. **补液量确定**

（1）**当天生理需要量** 根据体重确定，成年犬为66ml/kg体重。

（2）**当天丢失量** 当天丢失量即当呕吐、腹泻、胃肠减压、创液排出时的当日丢失量，为此每天应做准确记录。

(3) 已丢失量　已丢失量即当天的失衡量。

(4) 估计法　根据临床症状估计脱水程度，按体重减轻的百分比来决定补液量，轻度脱水占体重的4%，中度6%，重度8%。

(5) 计算法　常用的是测定红细胞压积（PCV），公式为 $X = W \cdot B_{V1} (1 - Ht/Ht_1)$（式中X为已丢失量，W为病犬体重，$B_{V1}$为正常血容量，占体重的百分率（7%），Ht为正常的PCV（45%），Ht_1为病犬的PCV值）。补液时通常先补1/3~1/2，然后按病情而定。

5. 其他注意事项　对于幼犬的输液应谨慎小心，如治疗高渗性脱水时，低渗液快速输入易导致脑水肿；治疗低渗性脱水皮下补液时，不应大量注射单纯的葡萄糖（5%或10%），因其在皮下扩散慢，可造成局部扩散状态，使循环血量进一步减少而导致休克或死亡，等渗液一般不单独作为维持输液溶液使用，这是因为机体每时每刻存在着成为高渗性的危险，而等渗液一般不含有可以作为自由水而利用的水分，这些溶液在单独使用时会增加肾脏溶质排泄负担，尤其对肾浓缩功能以及心脏代偿机能较差的幼犬进行等渗输液时必需小心，但也应指出当幼犬腹泻和呕吐而丢失大量消化液以及维持输液时用等渗的盐和葡萄糖以1：2~1：3混合更为适宜。

（张久丽）

【本章复习思考题】

一、名词解释

1. 症状鉴别诊断　2. 反射性呕吐　3. 中枢性呕吐　4. 肺源性气喘
5. 心源性气喘　6. 气胸

二、简答题

1. 简述建立初步鉴别诊断的步骤。
2. 简述类症鉴别诊断中应注意的问题。
3. 简述鉴别诊断思维的基本原则。
4. 简述抽搐及痉挛综合征的鉴别诊断。
5. 简述皮肤异常综合征的鉴别诊断。

第十一章 宠物内科实验实训

一、实训的目的与任务

根据宠物医疗专业的教学计划内容，结合本课程专业特点制定了宠物内科疾病实训内容。目的和任务是使学生掌握宠物内科疾病症状搜集、诊断和治疗的基本方法，特别是消化、呼吸、循环系统、代谢、中毒等常见疾病的诊断要点、急救和治疗方法。同时培养学生诊断、用药、处方开写、处置等动手能力，为学生进入宠物临床工作岗位打下良好的基础。

二、实训内容和要求

（一）实训的内容

1. 宠物消化系统疾病的的诊断与治疗

了解宠物消化系统疾病发生的原因、发病机理，掌握宠物常见消化系统疾病的诊断要点与治疗方法。

2. 呼吸系统疾病的诊断与治疗

了解呼吸系统疾病发生的原因与机理，掌握呼吸系统疾病的诊断与治疗方法。

3. 泌尿系统疾病的诊断与治疗

了解泌尿系统疾病发生的原因与机理，掌握泌尿系统疾病的诊断与治疗方法。

4. 代谢疾病的诊断与治疗

了解代谢疾病发生的原因与机理，掌握代谢疾病的诊断与治疗方法。

5. 过敏性疾病的诊断与治疗

了解过敏性疾病发生的原因与机理，掌握药物过敏性疾病的诊断与治疗方法。

6. 中暑的诊断与治疗

了解中暑发病的原因与机理，掌握中暑的诊断与治疗方法。

7. 中毒宠物的抢救

了解中毒发生的原因与机理，掌握常见中毒的诊断与治疗方法。

（二）实训的要求

1. 突出实践能力

在教学实训中要按实训计划、内容进行，注重传授知识的实用性和对学生能力的培养，切实把培养学生的实践能力放在突出位置。

2. 实现自主参与，提高动手能力

在实训中按照学生形成实践能力的客观规律，让学生自主参与实训活动，在反复练习中，培养学生实践的兴趣，提高动手能力。

3. 培养兴趣，强化诊断、治疗思维

要注意学生的态度、兴趣、习惯、意志等非智力因素的培养，注重学生在实训过程中的主体地位，培养学生的观察能力、分析能力、选药与用药能力和临床实践操作能力。

4. 理论联系实际

教师在实训准备时要紧密结合生产实际的应用，对实训目标、实训用品、实训方法和组织过程进行认真设计和准备。

5. 实训结束必须进行实训技能考核

根据学生实训的需要，在实训结束前，安排实践技能考核，以检验实训效果。

三、实训学时分配

根据动物内科疾病的实训内容合理安排实训课时，实训学时分配见表11-1。

表11-1 实训内容表

序号	实 训 内 容	学时
1	宠物肠梗阻的诊断与治疗	2
2	宠物肠套叠的诊断与治疗	2
3	宠物胃肠炎的诊断与治疗	2
4	出血性肠炎的诊断与治疗	2
5	宠物洗胃技术	2
6	宠物腹腔插管和腹腔灌注技术	2
7	肝炎的诊断	2
8	小叶性肺炎的诊断与治疗	2
9	膀胱结石的诊断与治疗	2
10	钙磷代谢紊乱性疾病的诊断	2
11	过敏动物的抢救	2
12	中暑动物的抢救	2
13	中毒动物的抢救	2
14	技能考核	2
	总　　计	28

四、实训技能考核

根据实训的内容，结合各学院的实际情况，可选实训中其中任何一项的一个内容进行考核，未列入实训技能考核中的实训内容，在理论考试内容中予以考试或考查。

操作技术实训技能考核见表 11-2。

表 11-2 操作技术实训技能考核

考核内容	评分标准		考核方法	熟练程度	时限
	分值	扣分依据			
症状检查	20	根据问诊、听诊、触诊、叩诊等环节，每缺一项扣 5 分	单人操作考核	熟练掌握	30min
初步诊断	20	根据临床检查收集的病因、症状，得出初步诊断。缺中间程序扣 5 分			
开写处方	30	根据开写处方格式是否符合要求；用药是否合理，开写处方格式不合要求，一项扣 5 分；用药一处不当扣 5 分			
处置	30	根据处方进行配药是否合理，操作是否正确；给药一处不当扣 5 分；操作一处不当扣 5 分			

实训一　宠物肠梗阻的诊断与治疗

【目的要求】

掌握犬、猫肠梗阻的诊断方法与治疗措施。

【实习内容】

1. 犬、猫肠梗阻的诊断技术。

2. 犬、猫肠梗阻的治疗措施。

【实习设备】

动物：犬、猫。

器材：棉球、中性肥皂、消毒外科手套、灭菌导尿管、伊丽莎白项圈、小动物 X 线机等。

【实习方法】

1. 观察患病动物的临床症状　发生肠梗阻的宠物显著症状表现为食欲不振、厌食和呕吐，剧烈腹痛，迅速消瘦，精神沉郁。腹痛初期，表现腹部僵硬，抗拒触诊腹部。初期呕吐物中含有不消化食物和黏液。随后在呕吐物中含有胆汁和肠内容物。持续呕吐导致机体脱水、电解质紊乱和伴发碱性中毒。晚期发生尿毒症，最终虚脱、休克而死亡。

2. 腹部检查　用双手置于两侧肋骨弓的后方腹壁，缓慢用力压迫，直至两手指端相互靠近或接触为止。如为肠梗阻，可触摸到梗阻段肠管增粗，并伴有腹痛症状；在梗阻肠段的前方还可触及到充满气体和液体的扩张肠管。

3. X 射线检查　投予造影剂，增加对比度。在直立侧位腹部 X 射线照片上（见图 11-1），可在梗阻部位前方见到扩张肠袢。肠套叠可在照片上见到光密度增加的香肠状物体，还可见到薄层气体，使套叠肠管形成分层的图像。

4. 治疗措施

（1）**药物疗法** 在对于较小的或已进入大肠的梗阻物，可灌服液体石蜡；或直肠灌注植物油，也可以使用开塞露治疗。

（2）**手术疗法** 对于肠道内较大或不易促排的梗阻物，行肠壁纵切术取出异物。如因肠梗阻而肠管坏死的，则手术切除坏死部肠管，而后进行断端吻合术。术后应禁食 5~7d，静脉投给营养。可用10%葡萄糖、ATP、肌苷、能量合剂、维生素C、氨基酸、脂肪乳等。术后一周，给予流质食物，逐步恢复正常饮食。

（3）**纠正水、电解质和酸碱平衡失调** 在林格氏液中加入氢化可的松，防止发生静脉炎和静脉栓塞。为增强肠道蠕动，防止粘连和恢复肠功能，可口服马叮啉或胃复安等。

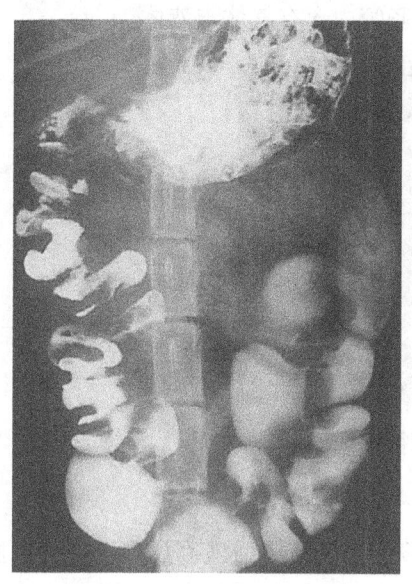

图 11-1 肠梗阻的X线片

【实训报告】

简述宠物肠梗阻的治疗措施。

实训二 宠物肠套叠的诊断与治疗

【目的要求】

掌握宠物肠套叠的诊断与治疗方法。

【实训内容】

学习宠物肠套叠的诊断要点及手术治疗方法。

【实习设备】

动物：犬。

器材：手术刀、剪刀、止血钳、X线机、缝合针、肠线等。

【实习方法】

1. **观察临床症状** 突然发生剧烈的腹痛，病犬高度不安，甚至卧地打滚，应用镇静剂也不能使之安静。病初少量多次排便，排便稀，常混有多量黏液或血丝，严重时可排出黑红色稀便，后期排粪停止；至发生肠管坏死时，病犬转为安静，腹痛似乎消失，但精神仍然委顿，出现虚脱症状。当小肠套叠时，常发生呕吐。触摸腹部，有时可摸到套叠的肠管如香肠样，压迫该肠段，疼痛明显。如无并发症，体温一般正常，如继发肠炎、肠坏死或腹膜炎时，则体温升高。可根据突然发生剧烈腹痛，排出黏液或暗红色血便，应用镇静剂无效等，诊断为本病。

2. **辅助诊断** 腹部触诊与X线钡餐造影检查。对于幼犬或小型犬。腹部触诊容易触到套叠肠段，形态如香肠样，短约4~5cm，长可达20cm以上，指捏手感质地坚实而不硬，而套叠部周围肠管空虚、松软。应用X线造影检查，可以观察到硫酸钡在套叠部位受阻影响（见图11-2）。套叠部位肠管增粗，其前段肠管内含有气体与液体。

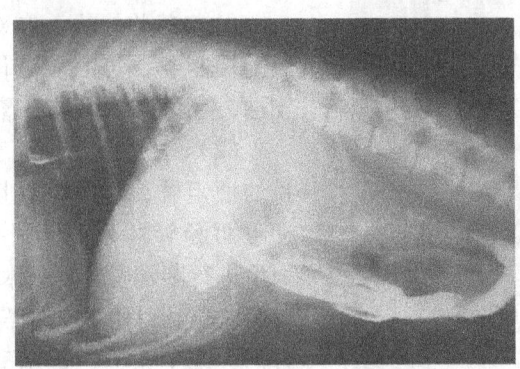

图11-2 X线造影片显示硫酸钡在套叠部受阻

3. 治疗

（1）物理疗法 病初可用温水、肥皂水或0.1%的高锰酸钾溶液高压灌肠，辅以腹部按摩、注射镇痛剂，肠套叠少数病例可自然复位。

（2）手术疗法 如果灌肠不能解决问题，应尽快实施手术修复，因肠管套叠时间过久，肠壁往往发生粘连或坏死。整复的基本术式是：①动物全身麻醉，仰卧位保定，腹底壁无菌准备，正中线切口。②手入腹腔寻找并取出套叠肠段，一只手握住套叠肠管外层，另一只手将套入的肠管轻轻拉出，若发生粘连须谨慎牵拉，若肠壁严重粘连和坏死，则须切除该肠管并实施断端吻合术。③将整复或吻合后的肠管还纳腹腔，连续缝合腹肌与腹膜，结节缝合皮肤切口。术后对单纯整复肠管的患犬少量饲喂，而对接受肠管吻合术的患犬禁食5~7d，每天投服适量庆大霉素注射液，静脉滴注10%葡萄糖溶液和复方生理盐水，并按体重加入适量的氨苄青霉素或庆大霉素等。3d后饲喂温糖盐水或少量流质或柔软食物，10d后逐渐转为正常饲喂。

【实训报告】

简述宠物肠套叠的治疗措施。

实训三 宠物胃肠炎的诊断与治疗

【目的要求】

掌握宠物胃肠炎的诊断与治疗方法。

【实训内容】

宠物胃肠炎的诊断与治疗。

【实习设备】

动物：犬、猫。

器材：内窥镜、犬细小病毒诊断试纸条等。

【实习方法】

1. 观察临床症状 ①呕吐。本病常呈频繁呕吐，呕吐物常混有血液。往往大量饮水后呕吐。②腹泻。肠炎患犬主要表现为腹泻，粪便混有黏液和血液。腹泻物恶臭，肛门松弛，排便失禁。③脱水。由于频繁呕吐与剧烈腹泻，导致机体失水，眼球凹陷，皮肤弹性降低。④腹部压痛。由于胃肠炎症，用手压迫腹部时表现为压痛。当处于昏迷时，腹部压痛减轻。⑤内窥镜检查。胃黏膜充血、肿胀，有出血斑、点。⑥粪便检查。采取粪便，应用犬细小病毒诊断试纸条进行鉴别诊断。⑦血清或分泌物检查。采取血清或分泌物，应用瘟热诊断试纸条进行鉴别诊断。

2. 治疗方法

（1）饮食疗法　禁食24h，只给少量口服补液盐饮水，配方为氯化钠3.5g，碳酸氢钠1.5g，葡萄糖20g，水1000ml，混合溶解，每次200ml，饮服或灌服，2~3次/日。

（2）清理胃肠　排除胃肠内较多的腐败发酵产物。可适量应用吐根末或吐酒石。必要时应用花生油或石蜡油缓泻剂。也可用0.1%高锰酸钾溶液灌肠。

（3）剧烈呕吐　可口服氯苯甲嗪，肌肉注射氯丙嗪。

（4）发生腹泻时　可适量使用鞣酸蛋白、次硝酸铋，2~3次/d。

（5）镇痛　口服或肌肉注射盐酸哌替啶每千克体重10~20mg。

（6）为防止感染和炎症发展　可口服抗生素和静脉滴注抗生素，如磺胺脒按每千克体重0.1~0.3mg，每天4次。庆大霉素按每千克体重肌肉注射3000~5000IU，每天2次。静脉滴注给予广谱抗生素，如氨苄西林按每千克体重5~10mg，头孢菌素按每千克体重12mg，每天2次。

（7）纠正酸中毒　可用碳酸氢钠或乳酸钠，同时补钾。

【实训报告】

简述宠物肠梗阻的诊断要点及治疗方法。

实训四　肛周腺疾病的诊断与治疗

【目的要求】

掌握宠物肛周腺疾病的诊断与治疗方法。

【实训内容】

学习宠物肛周腺疾病的诊断要点与治疗措施。

【实习设备】

动物：犬。

器材：乳胶手套、棉签、消毒防腐液等。

【实习内容】

1. 观察临床症状　突出表现为动物经常保持犬坐姿势，不时擦肛或试图啃咬肛门，排便费力，烦躁不安。接近动物可闻到腥臭味，观察到肛门一侧或两侧下方肿胀，肛周腺管口及肛门周围粘附大量脓性分泌物。触诊肿胀部敏感、疼痛。

2. 诊断　依据肛周腺疾病典型的临床特征容易作出诊断，但须细致检查以确定肛周腺病的性质和程度。可将戴有乳胶手套的一手食指插入肛门，大拇指抵肛周腺外皮肤，两手用力挤压肛周腺，若内容物不易挤出或挤出浓稠皮脂样物，即为肛周腺阻塞；若稍用力即可挤出多量脓性或血样液体，即为肛周腺炎；若肛周腺肿胀严重，囊内浓液量多，即为肛门脓肿（见图11-3、图11-4）。

图11-3 从外压迫肛周腺

图11-4 从内压迫肛周腺

2. 治疗　对于单纯性肛门阻塞，在采用上述方法确诊同时，挤净肛周腺内容物。若内容物浓稠，可用棉签浸适宜的消毒防腐液擦洗囊腔，1~2周后再重复擦洗一次（见图11-5）。此外，应积极改善食物结构，增加运动量和治疗慢性腹泻。对于化脓性肛周腺炎，同样在挤净脓性内容物前提下，应用适宜的消毒防腐液冲洗囊腔，然后向囊腔内注入氨苄青霉素或庆大霉素等广谱抗生素，直肠内塞入人用痔疮栓。若肛周腺已形成化脓性窦道，须施行肛周腺及病变组织切除术。

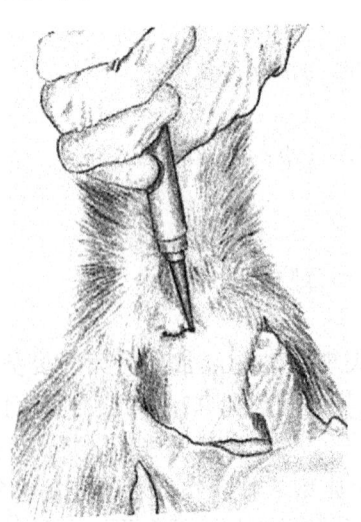

图11-5 通过导管插入肛周腺管的方式或冲洗肛周腺

【实训报告】
简述宠物肛周腺疾病的诊断方法。

实训五 宠物洗胃技术

【目的要求】
掌握宠物洗胃的基本技术，并能运用这些方法，进行临床治疗。

【实习内容】
1. 犬、猫洗胃的适应症：摄入毒物、误食超剂量药物、胃扩张。
2. 洗胃的基本操作方法。

【实习设备】
动物：犬、猫。
器材：经口胃导管、开口器、保定绳、口笼、棍套保定器、伊丽莎白项圈、猫颈夹保定器、猫支架保定器、犬体壁支架保定器；润滑剂、氯胺酮、麻保宁、846合剂等保定药物等。

【实习方法】
1. 宠物保定或麻醉　动物保定的程度依赖于其病情，暴躁的宠物要全麻，而昏迷的动物不需要保定。插管时动物处于胸卧或站立姿势。
2. 对宠物生理检查　应注意动物瞳孔的大小和反应。
3. 选择胃导管　大小适合的胃导管（幼犬选用直径 0.5～0.6cm，大犬选用 1.0～1.5cm 的橡胶管或塑料管）。使用前，用胃导管测量犬鼻端到第 8～9 肋骨的距离后，在胃导管上做好记号（见图 11-6）。
4. 胃管的投入方法　胃导管前端涂以润滑剂。用开口器打开口腔，插入口腔后从舌面上缓缓地向咽部推进，如出现咳嗽，则提示胃导管插入气管，应重新插入。当犬出现吞咽动作时，顺势将胃导管推入食管直至胃内（见图 11-7）。

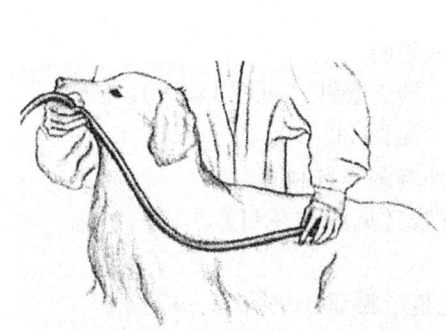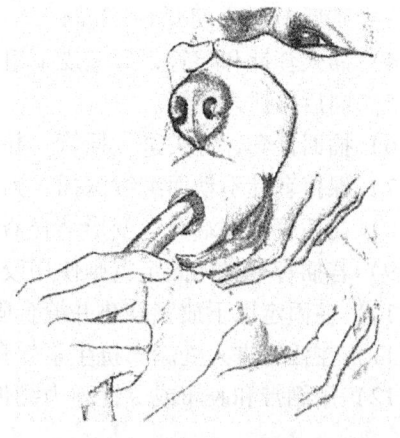

图 11-6　预先测量宠物所需胃管的长度　　图 11-7　从开口器插入润滑过的胃管

5. 插入胃内标志 从胃管末端吸气呈负压，犬无咳嗽表现。然后连接漏斗或大注射器，将温水、生理盐水或吸附剂灌入。每次灌液剂量按 5~10ml/kg 体重计算，可返复灌洗 10~15 次，直至灌洗液变清。如毒物已清楚、可适当加解毒剂，以提高洗胃效果。灌洗完毕，除去漏斗，压扁导管末端，缓缓拔出胃导管。洗胃时要注意动物的呼吸状态，防止发生异物性肺炎。

【实训报告】

简述宠物洗胃的操作技术。

实训六 宠物腹腔插管和腹腔灌注技术

【目的要求】

掌握腹腔插管和腹腔灌注技术，并能运用这些方法，进行临床诊断或治疗。

【实习内容】

1. 犬、猫腹腔插管技术。
2. 犬、猫腹腔灌注技术。

【实习设备】

动物：犬、猫。

器材：腹腔插管一套、输液器一套、11 号解剖刀刀片、腹腔透析溶液、包扎材料等。

【实习方法】

1. 了解适应症 肾衰时腹部诊断、急性胰腺炎、尿路破裂、腹水、疑似腹部出血、疑似脓毒性肠系膜炎及难产子宫破裂。

2. 保定和姿势 在进行腹腔插管前，要让动物排尿或以导尿管排空膀胱。置动物为右侧或左侧卧。

3. 腹腔插管技术

(1) 在腹底部的脐后 1cm 的部位剪毛，约剪 1cm² 的面积。

(2) 皮肤消毒准备无菌手术。

(3) 脐后 1cm 处切开 6~8mm。

(4) 插入套针和导管，通过皮下组织、腹部肌肉，进入腹腔（见图 11-8）。

(5) 向后方插入导管。

(6) 抽回针套，针尖进入插管，并把插管深入腹腔。

(7) 保持套针不动而继续深插，到达位置后，抽出套针（见图 11-9）。

(8) 在插管的外端套上变形结合器和扩张器（见图 11-10）。

(9) 若插管本身无固定翼则使用胶布在插管外端两侧自制固定翼。

(10) 在固定以下放置软垫并缝合固定翼和皮肤（见图 11-11）。

(11) 在插管进入处涂布抗生素软膏。

(12) 用绷带和胶布或黏性弹力绷带仔细包扎整个腹部（见图 11-12）。

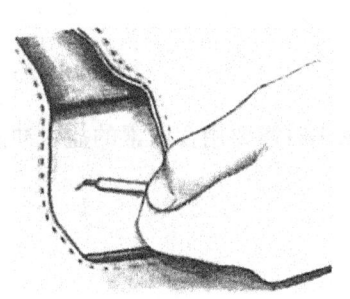
图 11-8　插入套针和插管进入腹腔

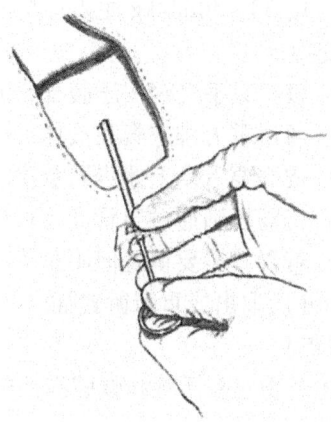
图 11-9　插管进入腹腔后抽出套针

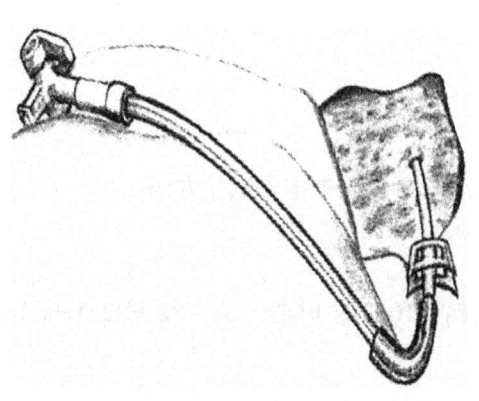
图 11-10　连接变形结合器和扩张器

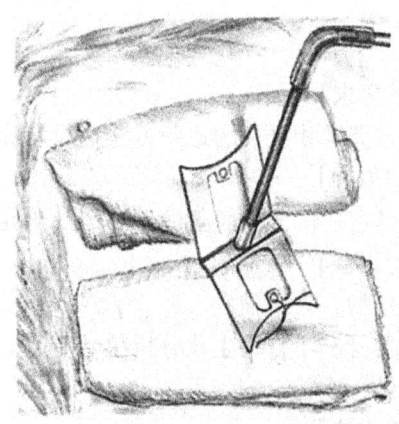
图 11-11　将腹部插管缝合于皮肤上

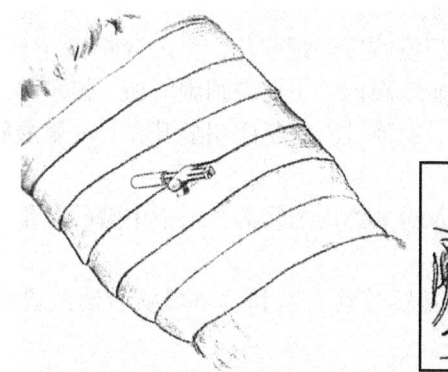
图 11-12　腹导管包扎位置

4. 腹腔灌注技术

（1）将大的注射器或输液器与插管扩张器相连，通过抽引或重力作用从腹部抽出全部积液。若需要，则收集部分积液以备液体分析。

(2) 按 30~50ml/kg 注入透析液。透析液留置腹腔中至少 45min，以保证与腹膜的完全渗透交换。

(3) 以一只手轻轻按压腹部，并通过来回摇晃以混合腹腔内液体。

(4) 通过重力排空腹腔液体。

(5) 按需要重复上述步骤数次。

(6) 若需要则通过导管注入抗生素溶液。

(7) 若导管需要留置但不是为了注液或排液，每小时需要用含肝素的盐水冲洗。

3~4d 后取出或重新留置插管。

【实训报告】

简述宠物腹腔插管和腹腔灌注的技术要点。

实训七　肝炎的诊断

【目的要求】

掌握宠物肝炎的诊断方法以及临床应用。

【实习内容】

学习血清乳酸脱氢酶等成分的测定方法及溴酞酚磺酸钠排泄试验方法。

【实习设备】

动物：犬、猫。

器材：半自动生化分析仪、棉球、70%酒精、10ml 注射器、20~22 号 2.5cm 的皮下注射针、试管、胶带等。

【实习方法】

1. 观察患病动物症状　病犬食欲不振或废绝，全身无力，眼结膜黄染，常有微热。粪便呈灰白绿色，恶臭，不成形。明显消瘦。尿呈豆油色。肌肉震颤、痉挛、过度兴奋、肌肉无力、感觉迟钝、起立困难及昏睡。

2. 诊断　本病缺乏特异的征候，根据临床病理变化，作出诊断。

(1) 中毒性肝炎　粪便恶臭，出血性腹泻，中性粒细胞增加，核左移。

(2) 药物性肝炎　胆汁严重淤滞。血清乳酸脱氢酶明显升高，丙氨酸氨基转移酶稍升高，嗜酸性粒细胞和中性粒细胞增加。

(3) 食物性肝坏死　血清胆固醇及游离脂肪酸升高，血清中磷酸含量、总蛋白及白蛋白降低。

(4) 重症肝炎　血清丙氨酸氨基转移酶活性和溴酞酚磺酸钠试验的滞留率均极度升高。

3. 溴酞酚磺酸钠（BSP）试验

(1) 试验原理　静脉注射 BSP 后，大部分迅速由肝细胞摄取而经胆汁排泄。肝细胞受损时，排泄减慢，其在血液中减低的量与肝脏清除该物质的能力成正比。

(2) 方法　溴酞酚磺酸钠按每千克体重 5mg 配成 5%溶液，静脉注射，30min 或 45min 后，从对侧静脉采血 5ml，分离血清，测血清中的 BSP 滞留率。犬的正常滞留率

30min 为 3.1%，45min 为 5% 以下。

4. 乳酸脱氢酶的测定

方法：速率法

原理：L-乳酸与 NAD 在 LDH 的催化条件下生成 NADH，NADH 在 340nm 波长有最大吸收。在碱性条件下，有高浓度的乳酸及 NAD+ 的存在，使反应正向进行。NAD+ 还原成 NADH 的速率与血清中 LDH 的活力成正比。在 340nm 波长下测定 NADH 上升速率，即吸光度增加的速率，即可测出 LDH 的活力。

工作液配制　取一定量的 Tris、L-乳酸锂、KCl 与 NAD（氧化型辅酶Ⅰ），轻轻摇动，并倒置几次，待完全溶解，放置 10min。

样品　被测样品为血清

测定时，按半自动生化分析仪说明书进行测定（表 11-3）。

表 11-3　乳酸脱氢酶测定时的工作参数

波长：Hg340nm，365nm，334nm	吸光度范围 0~2A
反应温度：25℃，30℃，37℃	工作液体积 2.5ml
方式：速率法	被测样品体积 0.05ml
比色杯光程：1.0cm	延迟时间 30s，线性时间 9min

犬正常 LDH 为 100IU/L　猫正常 LDH 为 63~273IU/L。

【实训报告】

简述乳酸脱氢酶的测定方法。

实训八　小叶性肺炎的诊断与治疗

【目的要求】

掌握宠物小叶性肺炎的诊断方法与治疗手段。

【实训内容】

1. 宠物小叶性肺炎的诊断方法。
2. 宠物小叶性肺炎的治疗手段。

【实习设备】

动物：犬、猫。

器材：血细胞计数板、沙利氏吸血管、1ml 吸管、小试管、显微镜、小动物 X 线机。

【实习方法】

1. 观察临床症状　初期急性支气管炎的症状，如流鼻液、咳嗽、支气管啰音等。病的后期，由于大部分肺组织丧失呼吸功能，则出现呼吸困难，呼吸频率加快，体温升高，呈弛张热。脉搏随着体温的变化而改变，病初稍强，以后变弱，频率增加，可视黏膜发绀。

2. 实验室诊断

（1）肺部叩诊　当病灶位于肺的表面时，可发现灶性浊音区，在浊音区周围，可听到过清音。

(2) 肺部听诊 在病灶部位病初肺泡音减弱,可听到捻发者。以后由于渗出物堵塞了肺泡和细支气管,致空气不能进入,从而肺泡音消失,可能听到支气管呼吸音。而在其他健康部位,则肺泡音增强。

(3) 血液学变化 白细胞总数和嗜中性粒细胞增多,并伴有核左移现象,单核细胞增多,嗜酸性粒细胞缺乏。

方法:白细胞计数 于小试管内加入白细胞稀释液0.38ml,用沙利氏吸血管吸取20μl刻度处,擦去管外粘附的血液,吹入试管内,反复吸吹数次,以洗净管内粘附的血液,充分震荡混合。用毛细血管吸取被稀释的血液,沿计数板与盖玻片的边缘充入计数室内,静置1~2min后,低倍镜观察。将计数室四角四个大方格内的全部白细胞依次数完,注意压在左线和上线的白细胞计算在内,压在右线和下线者不计算在内。

计算:$X \times 50 \times 10^6 = $ 白细胞个数/L

式中:X 为四角四个大方格内的白细胞总数

健康犬、猫的白细胞数值分别为 $6.0 \times 10^9 \sim 17.0 \times 10^9/L$ 和 $5.5 \times 10^9 \sim 19.5 \times 10^9/L$。

(4) X线检查 通常采取侧位和背腹或腹背的两个方向拍摄。

小叶性肺炎侧面像主要以前叶腹侧阴影度增加以及其他部位不规则的阴影度增加。

3. 宠物小叶性肺炎的治疗

(1) 治疗原则 是迅速排出异物,制止肺组织的腐败分解,缓解呼吸困难,对症治疗。

(2) 排除异物 首先让病犬横卧,把后肢抬高,便于异物向外咳出。

(3) 注射促进胃肠蠕动的药物 同时皮下注射2%盐酸毛果芸香碱0.04~0.2mg/kg体重,使气管分泌增加,可促使异物迅速排出。

(4) 输氧 当呼吸高度困难时,应进行氧气吸入。

(5) 抗菌消炎 肌肉注射青霉素、链霉素,每次各1万~3.2万IU/kg体重,每天2次;肌肉注射头孢拉啶,每次20~20mg/kg体重,每天2次,同时配合口服复方新诺明,每次15~30mg/kg体重,每天2次。

(6) 对症治疗 高热者,肌肉或皮下注射复方氨基比林,小型犬每次1~2ml,大型犬每次5~10ml,每天不超过3次。

【实训报告】

简述宠物小叶性肺炎的实验室诊断方法。

实训九 膀胱结石的诊断与治疗

【目的要求】

掌握犬、猫膀胱结石的诊断方法与治疗措施。

【实习内容】

1. 犬、猫膀胱结石的诊断技术。

2. 犬、猫膀胱结石的治疗措施。

【实习设备】

动物：犬、猫。

器材：棉球、中性肥皂、消毒外科手套、灭菌导尿管、伊丽莎白项圈、小动物X线机等。

【实习方法】

1. 观察患病宠物的临床症状　本病主要发生在2～5岁的成年犬、猫，犬以京巴犬为主。犬、猫膀胱结石中，基本上以小碎石为主。患病的犬、猫精神沉郁，厌食或停食，一般京巴犬大多张嘴喘气，不愿运动；体温前期一般正常，而后表现症状时体温升高，后期发生尿毒症后体温下降至死亡；尿道不完全堵塞时，有时呕吐，不愿饮水但有饮欲，排尿困难、痛苦和时间延长，尿频，但量少，尿液呈滴状或线状，有时有血尿，晚上睡觉时不自觉排尿，白天发现窝内已尿湿，尿液含有很浓的氨味；尿道堵塞时，呕吐，食欲废绝；腹围一般增大不明显，触摸紧张有疼痛感。

2. 诊断技术　诊断根据膀胱检查、导尿检查和X线检查。

（1）膀胱检查　触诊时采取站立或者侧卧的姿势，当膀胱充满时，可在下腹壁耻骨前缘触及一个有弹性的球形光滑体，过度充满时可达脐部。检查膀胱有无结石时，最好用以手指插入直肠，另一手的拇指与食指于腹壁外，将膀胱向后方挤压，使直肠内的食指容易触到膀胱。

（2）导尿检查　导尿时，如尿道被结石堵塞则不会导出，但触摸膀胱依然充盈；如导出尿液内有小粒结石也证明膀胱内有结石，导尿后触摸膀胱内还有物体，则可能是膀胱内有大块结石或结石堵塞导尿管；如膀胱破裂，则腹壁紧张，触摸不到膀胱，可麻醉后触摸腹腔。

（3）X线检查　可观察到结石的位置、大小及形态，为手术打下良好的基础。透视时可以发现膀胱中圆或椭圆形的阴影，通过变换体位可观察到其自由移动性（见图11-13）。

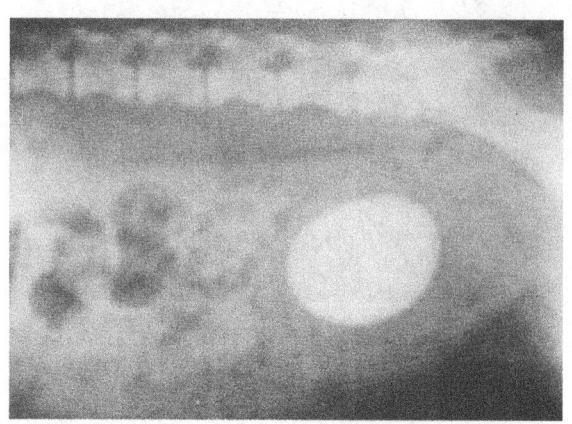

图11-13　侧位X片显示膀胱内有一椭圆形结石

3. 治疗措施

（1）保守疗法　未发生尿道堵塞的犬、猫，可给予富含维生素A的食物，同时喂给排石中药，并给大量清洁的饮水和利尿药等，同时注意观察排尿情况及临床症状。

（2）手术疗法　发生尿道堵塞或膀胱内有较大的膀胱结石的犬、猫，应尽早做手术取出结石。手术如下：皮下注射846麻醉剂0.1ml/kg体重，仰卧保定，术部剃毛，常规消毒，沿腹白线打开腹腔，剥离大网膜，露出膀胱，用注射器抽取尿液将膀胱排空，然后将膀胱拉至体外（见图11-14），在血管稀少处开口，取出结石（见图11-15），如尿道堵塞应用导尿管将尿道通开，如离膀胱近可由外向里通，如离尿道口近可由里向外通。将膀胱反复冲洗干净至无结石析出，在膀胱内放入消炎粉，分两层缝合，内层连续缝合，外层内翻缝合（见图11-16），观察是否出血，用温生理盐水冲洗干净后，膀胱还原腹腔，腹壁连续缝合，皮肤结节缝合。术后碘酊消毒，空腹（禁食禁水）24~48 h，皮下注射消炎药连用7d，7d拆线。

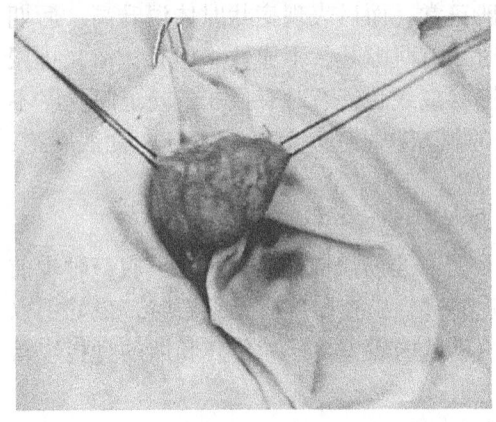

图11-14 在膀胱预定切口两侧作牵引线

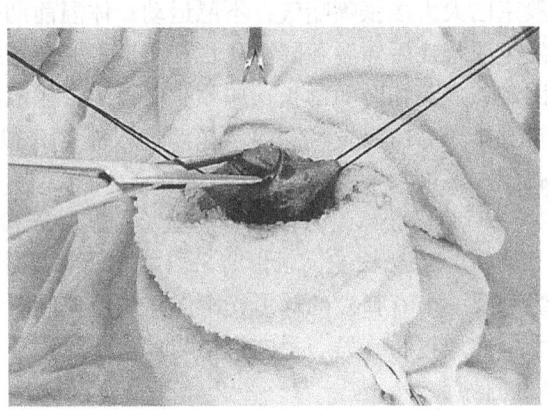

图11-15 对膀胱隔离后切开，用止血钳取出膀胱内结石

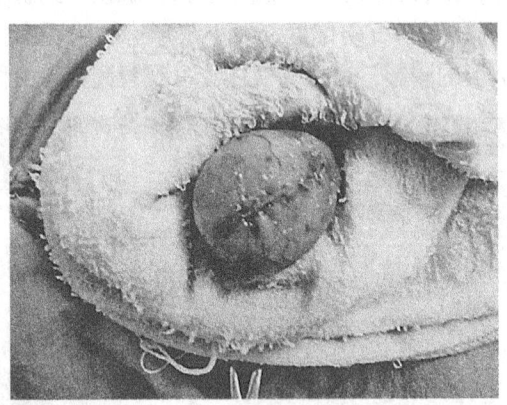

图11-16 连续水平内翻缝合法闭合膀胱切口

【实训报告】

简述宠物膀胱结石的诊断技术及治疗措施。

实训十 钙磷代谢紊乱性疾病的诊断

【目的要求】

掌握犬、猫钙磷代谢紊乱性疾病的诊断方法。

【实习内容】

犬、猫血清中的钙磷的测定。

【实习设备】

动物：犬、猫。

器材：722 型分光光度计、棉球、70% 酒精、10ml 注射器、20~22 号皮下注射针、试管等。

【实习方法】

食物中钙磷不足或钙磷比例失调是导致钙磷代谢紊乱性疾病——佝偻病（幼龄犬、猫）和骨软病（成年犬、猫）的重要原因。

1. 观察临床症状

（1）佝偻病　幼龄犬早期症状出现食欲减少、消化不良、有异嗜癖、精神不活泼、出牙期延长，被毛无光泽。随着病程发展出现发育停滞、消瘦、严重的跛行、骨骺肿大、负重的长骨变形、表现"O"形腿或"X"形腿，重者可有卧地不起，全身骨骼变形疼痛以至瘫痪。患有佝偻病的犬很易发生骨折，往往在自行跳跃、玩耍或稍外力作用时即可出现骨折。幼龄猫表现为异嗜，爱啃墙壁、石块、泥沙和其他异物。换牙晚。食欲不振，腰背变形，弓背，步态发僵，跛行，四肢变形，关节肿大。

（2）骨软病　成年犬、猫由于骨质进行性脱钙，出现异嗜癖，可表现出运动障碍、步态强拘、弓背、跛行，继之可见关节肿大、骨骼变形、易发生骨折。

2. 宠物血清检查

（1）血液的采取　犬血的采取通常在前肢的前臂头静脉和后肢的隐静脉。采血时，犬侧卧保定（见图 11-17），局部剪毛消毒，助手用手握住采血部的向心端，使静脉怒张，用消毒干燥的注射器采血（见图 11-18）。

图 11-17　前肢静脉采血的保定（犬、猫）

（2）血清的制备　血液抽出后，静置一定时间后，血液凝固成块，并析出淡黄、澄清的血清。

3. 钙、磷的检测

（1）钙的检测常用邻-甲酚酞络合酮（OCPC）比色法

原理：钙离子（Ca^{2+}）在碱性溶液中和邻甲酚酞络合酮（OCPC）形成红色复合物，在577nm 处有一个最大吸收峰，加入 8-羟基喹啉消除镁和铁的干扰。在 570/600nm 读取

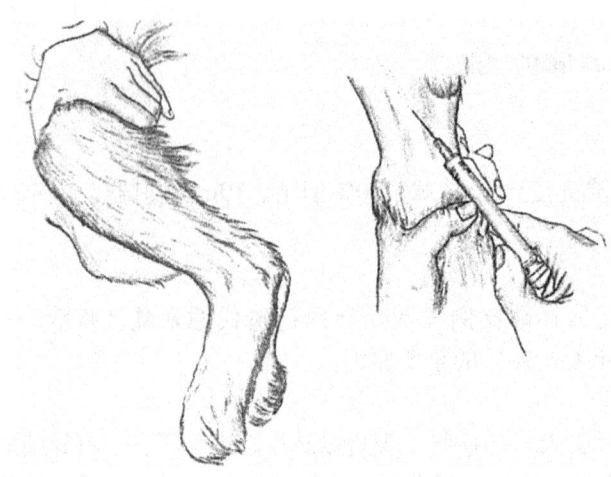

图 11-18 侧面股隐静脉采血

吸光度，复合物显色强弱与血清钙浓度成正比。再通过与同样处理的标准钙比较，经计算可求出血清钙的含量。

试剂：采用商品供应的血清钙测定试剂盒。主要成分为：

试剂 1   邻甲酚酞络合酮   0.22mmol/L

            8-羟基喹啉   0.6mmol/L

试剂 2   磷酸盐缓冲液（pH10.7）   0.2mmol/L

工作液配置：根据测定样品的试剂量，将等体积的试剂 1 和试剂 2 混合均匀。于 30℃ 恒温 5min。

操作方法

①操作参数：波长 570nm；温度：30℃；

②操作：分光光度计比色法

分别混合均匀，在测定温度（30℃）保温 5min。倒入比色杯，于 570nm 波长处，分别读取相对试剂空白的吸光度 A 标准和 A 样品（见表 11-4），用于计算。

表 11-4   钙、磷检测对照表   单位：ml

	空白	标准	样品
工作液	2.50	2.50	2.50
双蒸水	0.05	—	—
标准	—	0.05	—
样品	—	—	0.05

③计算：样品中钙的浓度 C（mmol/L）= A 样品/A 标准 × 标准浓度（mmol/L）

④结果判定：犬猫正常参考值范围分别为 2.25~2.83mmol/L 和 1.55~2.55mmol/L。血清钙的升高临床少见，主要见于甲状腺功能亢进、维生素 D 中毒（犬）。血清钙的降低主要见于甲状腺功能低下、维生素 D 缺乏、佝偻病、肾脏疾病、白蛋白血症等。

（2）磷的检测可用光吸收法

原理：被测样品中的无机磷与钼酸反应生成的化合物在 340nm 波长有最大光吸收，其吸收强度与血清中无机酸含量成正比，再通过与标准无机磷比较，经计算可求出血清无机磷的含量。

试剂：试剂1　钼酸试剂　　试剂2　吐温-80　无机酸标准液1.3mmol/L

工作液：试剂1，13ml与试剂2，0.5ml混合均匀，在室温放置10min后即为工作液

操作

①操作参数：波长340nm；温度：30℃；

②操作：分光光度计比色法

分别混合均匀，在测定温度（30℃）保温10min。倒入比色杯，于340nm波长处，分别读取相对试剂空白的吸光度A标准和A样品（见表11-5），用于计算。

表11-5　磷的检测对照表　　　　　　　　　　　单位：ml

	空白	标准	样品
工作液	2.00	2.00	2.00
双蒸水	0.05	—	—
标准	—	0.05	—
样品	—	—	0.05

③计算：样品中无机磷的浓度C（mmol/L）= A样品/A标准 × 无机磷标准浓度（mmol/L）。

④结果判定：健康犬猫血清无机磷含量参考范围分别为0.84~2.00mmol/l和1.45~2.62mmol/l。

血清无机磷降低见于磷的吸收不足、尿中磷的大量排泄所致的原发性甲状旁腺机能亢进及投给胰岛素或注射大量葡萄糖之后、产期腹泻与吸收不良。

【实训报告】

简述宠物钙磷代谢紊乱引起的疾病症状。

实训十一　宠物药物过敏的抢救

【目的要求】

掌握宠物药物过敏的临床症状及抢救方法。

【实习内容】

1. 了解宠物药物过敏的临床症状。

2. 学习宠物药物过敏的抢救措施。

【实习设备】

动物：犬、猫。

器材：70%酒精、无菌注射器、胶带等。

【实习方法】

1. 观察注射青霉素或鱼腥草注射液出现过敏犬只的临床症状

（1）时间　出现过敏症状的时间在1~30min左右。

（2）皮肤过敏型　皮肤发生红斑，嘴唇、下腹皮下水肿、眼结膜、口腔黏膜潮红发炎。

（3）血清反应型　荨麻疹淋巴结水肿，犬张口喘气。

（4）呼吸系统型　喉头、气管黏膜水肿、痉挛咳嗽，呼吸困难，可视黏膜发绀窒息死亡。

（5）循环系统型　心音亢进，眼结膜苍白。

（6）神经系统型　昏迷晕倒、大小便失禁。

（7）消化系统型　上吐、下泻、腹痛，里急后重。

2. 宠物药物过敏的抢救

（1）采取快速脱敏的药物

①肾上腺素 0.1~0.3ml 一次皮下注射，5~10min 病情可好转。如没有缓解，可反复注射两次。一般在注射 20min 后过敏症状消失。

②地塞米松 1~4mg/体重、氢化可的松 5~10mg/次一次静注。

（2）苯巴比妥、氯丙嗪、安痛定等过敏用强心剂抢救　樟脑磺酸钠犬 50~100mg/次，猫 50mg/次皮下、肌肉或静脉脉注射。

（3）硫酸镁中毒抢救　10%葡萄糖酸钙 0.5~2g 一次静注。

（4）酸中毒的抢救　①硫代硫酸钠 20mg/kg 体重、生理盐水适量一次静注；②林格氏液适量、5%葡萄糖适量一次静注；③生理盐水适量、碳酸氢钠 0.1~1.5g 一次静注。

（5）防止渗出与痉挛抢救　10%葡萄糖酸钙 0.5~2g、5%葡萄糖适量、维生素 C 50mg/kg 体重一次静注。

（6）控制抽搐、软瘫抢救　10%氯化钾 0.2~0.5g/次、5%葡萄糖适量、维生素 C 20mg/kg 体重一次静注。

【实训报告】

简述宠物药物过敏的抢救措施。

实训十二　中暑宠物的抢救

【目的要求】

掌握中暑宠物的临床症状及抢救措施。

【实习内容】

1. 了解犬的中暑症状。

2. 学习中暑宠物的抢救措施。

【实习设备】

动物：犬。

器材：注射器、25 号针头、冬眠灵、异丙嗪、派替啶、葡萄糖等。

【实习方法】

1. 观察犬、猫的中暑症状　轻度中暑的犬，通常在高温环境下一定时间后，出现全身疲乏，四肢无力，结膜潮红，大量流涎，呕吐，若病情进一步加重，则体温升高，皮肤灼热，脉搏细数，血压下降，甚至发展为重度中暑。老年抵抗力差的犬较易发生中暑，出现衰竭状态，主要以心功能不全为特征。表现为血压下降，可视黏膜苍白、皮肤冷感、脉弱或缓慢、脱水时有口渴、虚弱、烦躁不安、四肢抽搐、全身痉挛、行走不稳、共济失调、呕吐、腹泻等。青壮年犬发生中暑时，出现痉挛状态，其特点为四肢肌群短暂、间歇地痉挛和抽搐，发作不超过数分钟。有明显脱水症状。继而体温可超过41℃，最高者甚至可超过43℃，皮肤灼热、干燥、呼吸快而弱，脉速、惊厥，最后出现昏迷。

2. 抢救措施

（1）消除病因　立即将犬移至通风阴凉处休息，如能饮水，给予清凉的含盐饮水。

（2）采用物理降温　用冰水在犬头、颈、四肢内侧、腹股沟内敷擦。全身皮肤用冰水或冷水加少许酒精拭浴，配合电扇降温，如有空调设备，可将环境温度降至22~25℃，或直接将犬置于25℃左右的水池中浸泡30min以上。也可用4℃的5%葡萄糖水500~1000ml经股动脉快速注射，补充水盐和葡萄糖，改善体内循环，以迅速降低体温。

（3）应用药物降温　药物降温与物理降温同用，效果较好。常用氯丙嗪0.5~1mg/kg体重加入5%葡萄糖液或生理盐水适量，静脉滴注1~2h。对于高热、昏迷及抽搐者，用氯丙嗪（冬眠灵）0.5~1mg/kg体重、异丙嗪0.025~0.05mg/kg体重、派替啶2~4mg/kg体重，加入25%葡萄液20ml中，15min内注射完。高热、昏迷无抽搐者，氯丙嗪、异丙嗪适量，加入25%葡萄糖25ml静脉推注。高热、无昏迷抽搐者，用异丙嗪加入25%葡萄糖20ml静脉推注。氯丙嗪、异丙嗪最大用量不能超过25mg/次，派替啶不得超过50mg/次。

（4）支持疗法　中暑犬大量流涎，失水较多，故要及时适当输液，一般成年种犬可补糖盐水适量，速度宜慢。要注意保证呼吸通畅，必要时输氧。也可给病犬输林格氏液，以纠正低钠血症。对于抽搐烦躁不安的犬，肌注安定0.2~12mg/kg体重。急性肾衰者早期静注甘露醇0.5~1g/kg体重缓慢滴注，及速尿2~6mg/kg体重静注。有弥散性血管内凝血可疑时，应用肝素10mg/次，用生理盐水或5%葡萄糖适量稀释后静注，每天3~4次。

【实训报告】

简述犬中暑后的临床症状及抢救措施。

实训十三　中毒犬猫的抢救

【目的要求】

掌握中毒犬猫的基本抢救措施。

【实习内容】

解救发生安妥类灭鼠药中毒的犬。

【实习设备】

动物：犬。

器材：注射器、灭鼠药、阿扑吗啡、维生素K、葡萄糖等。

【实习方法】

1. 抢救原则　在犬、猫中毒后，尽快中断毒物对机体的继续侵害，促进解毒和排毒，给予必要的支持疗法。

2. 消除病因　中断毒物对机体的继续侵害，立即严格控制可疑的毒源，不使犬、猫继续接触或摄入毒物。

（1）外用毒物的清除　若毒物已黏附在体表面尚未被吸收者，根据毒物性质，选用清水或肥皂水洗涤体表。

（2）催吐　在食用毒物4h内催吐，用阿朴吗啡、吐根糖浆等催吐剂催吐。

（3）洗胃　食用毒物4h内可洗胃。用0.1%高锰酸钾溶液破坏生物碱、糖苷和氰化物等。大量溶液反复洗涤后再注入0.2%~0.5%活性炭悬液以吸附残留毒物。

（4）轻泻　加速毒物从胃肠道排出，常用盐类泻剂或石蜡油。

（5）解毒　毒物已被吸收，除上述措施外，应尽快使用特效解毒剂。同时使用利尿剂如甘露醇、速尿等。

3. 支持疗法　缓解以至消除中毒的病理损害。如异常兴奋病例应用镇静剂；抗惊厥与痉挛可静注巴比妥结合肌肉松弛剂如氯丙嗪等。严重出血者采用止血；严重胃肠炎者用黏膜保护剂。抢救休克，可采用补充血容量，纠正酸中毒和给予血管扩张药，如苯苄胺、异丙肾上腺素等。肺水肿、呼吸困难者，首先清除分泌物，使呼吸道畅通，肌注尼可刹米，吸入含5%二氧化碳的氧气。如出现腹泻、呕吐，为维持电解质平衡、防止脱水，常用5%葡萄糖、生理盐水、平衡盐等。

4. 人工制造病例　选择犬一只，人工使其发生灭鼠灵中毒，并进行解救。

（1）人为投毒　先将灭鼠药拌入狗粮，让犬食入。

（2）观察症状　犬食入几分钟至数小时后，呕吐，口吐白沫，继而腹泻、咳嗽，呼吸困难，精神沉郁，可视黏膜发绀，鼻孔流出泡沫状血色黏液。由于呼吸困难犬多采取坐姿，脉速弱，低温。

（3）解救方法　发病初期使用阿朴吗啡0.07mg/kg体重，肌肉注射硫酸镁溶液50~100ml。应用利尿剂（速尿2~4mg/kg体重），对于消除胸水和心包液及减轻肺水肿有效。

（4）应用止血剂　注射具有强化血管的肾上腺色素缩氨脲磺酸钠（5~50mg/d）和维生素K（10~25mg/d），补充糖加林格氏液或生理盐水　此时可在补液中添加维生素制剂和强心剂。当出现肺症状时，应用阿托品、喷洒表面活性剂和实施高压氧吸入。

（5）应用特效解毒药　如有机磷中毒用阿托品和碘磷定，氟乙酰胺中毒用乙酰胺解毒，亚硝酸盐中毒用美蓝解毒。

【实训报告】

中毒犬猫的抢救原则及基本抢救措施。

（信阳农业高等专科学校　王瑞　东北农业大学　邢厚娟）

参考文献

[1] 祝俊杰.犬猫疾病诊疗大全.北京:中国农业出版社,2005
[2] 吴德华.犬猫疾病防治技术.南京:江苏科学技术出版社,2000
[3] 张建平.宠物饲养与疾病防治.上海:上海科学技术出版社,2003
[4] 林德贵.犬猫病诊断与防治手册.北京:中国农业大学出版社,1994
[5] 张泉鑫,朱印生.犬病中西医综合防治和保健手册.北京:中国农业出版社,2002
[6] 王春璈.养犬与犬病防治.济南:山东科学技术出版社,1999
[7] 王立光,沈君艳.犬病临床指南.长春:吉林科学技术出版社,1999
[8] 孙好勤,李成清.肉用犬养殖技术.北京:中国农业出版社,2000
[9] 李忠宽.特种经济动物养殖大全.北京:中国农业出版社,2000
[10] 高得仪.养猫知识与猫病.北京:北京农业大学出版社,1987
[11] 谢慧胜.小动物疾病防治手册.北京:北京农业大学出版社,1990
[12] 李志民,丁岚峰.宠物内科疾病学.哈尔滨:东北林业大学出版社,2007
[13] 郭定宗.兽医内科学.北京:高等教育出版社,2005
[14] 王建华.家畜内科学.北京:中国农业出版社,2003
[15] 李毓义,张乃生.动物群体病症状鉴别诊断学.北京:中国农业出版社,2003
[16] 林德贵.动物医院临床技术.北京:中国农业大学出版社,2004
[17] 侯加法.小动物疾病学.北京:中国农业出版社,2002
[18] 高得仪.犬猫疾病学.北京:中国农业大学出版社,2001
[19] 胥洪灿,郑晓波.犬猫疾病诊疗学.重庆:西南师范大学出版社,2006